TEACHING MATERIALS FOR COLLEGE STUDENTS
高等学校教材

电工学 ②

电子技术

第三版

主　编　刘润华

副主编　王　焱　薛必翠

　　　　曲朝霞　孙秀丽

中国石油大学出版社

图书在版编目(CIP)数据

电工学.2,电子技术/刘润华主编.—3版.—
东营:中国石油大学出版社,2010.8(2014.1 重印)
ISBN 978-7-5636-3209-1

Ⅰ.①电… Ⅱ.①刘… Ⅲ.①电工学－高等学校－教
材②电子技术－高等学校－教材 Ⅳ.①TM1②TN01

中国版本图书馆 CIP 数据核字(2010)第 149695 号

书   名:电子技术(电工学 2,第三版)
作   者:刘润华

责任编辑:宋秀勇 满云凤(电话 0532－86981533)
封面设计:赵志勇

出 版 者:中国石油大学出版社(山东 东营,邮编 257061)
网   址:http://www.uppbook.com.cn
电子信箱:yibian8392139@163.com
印 刷 者:沂南县汇丰印刷有限公司
发 行 者:中国石油大学出版社(电话 0532－86981533)

开   本:180 mm×235 mm 印张:23.25 字数:469千字
版   次:2014 年 1 月第 3 版第 3 次印刷
定   价:27.80 元

　　电工学是高等学校非电类理工专业的一门技术基础课。根据教育部(原国家教育委员会)1995 年颁发的高等工业学校"电工技术(电工学Ⅰ)"和"电子技术(电工学Ⅱ)"教学基本要求,面对学时越来越少、内容越来越多的矛盾和 21 世纪初对非电类工程师更高的要求,结合我们完成的教育部 21 世纪初高等教育教学改革项目"非电类理工专业电工电子课程模块教学改革的研究与实践"的研究成果和多年的教学经验,在第二版的基础上,修订编写了这套教材。

　　本书分"电工技术"和"电子技术"两册。在教材体系和内容处理上,我们主要考虑了以下几个方面:

　　1. 在教材体系上采用了"基础内容加应用内容"的模块化结构,每册书的前半部分为必修的基础模块,后面的章节为应用模块,各专业可根据自己的学时和要求,选择某些模块进行组合。

　　2. 为了解决"学时少与内容多"的矛盾,精选了传统的基础内容,删减了过时的无用内容,如对半导体分立元件的内部结构、原理分析、晶体管放大电路的微变等效电路分析、定量计算等,大大进行了删减;差动放大电路、功率放大电路仅在集成运放中介绍了概念,不作定量分析计算;数字逻辑门、触发器等集成电路,不分析内部电路,只给出逻辑符号,重点分析外部特性。

　　3. 为了解决电工学课程"学的内容有些没有用,有用的内容没有学"和非电专业学完电工学后无后续课的问题,教材加强了应用内容,主要增加了电量测量、非电量测量、信号调理、电机电器控制等工业测控内容,还增加了电气照明技术、功率电子技术等理工科学生非常感兴趣和实用的内容。

　　4. 注重系统概念。在目前国内流行的电工学教材中,内容比较零碎,没有组成应用系统,学生学起来乏味,到工作单位以后不会应用电工学知识解决实际问题。系统的外部特性一般不会随着电子技术的发展而过时,恰恰相反的是,应用系统中的局部电路、电子器件则会随着时间的推移而被淘汰。因此,重视系统的构成及应用,将会使学生终生受益,对今后的再学习或可持续发展起着非常重要的作用。如本书中的数据采集系统,将传感器、信号调理电路、A/D 与 D/A 等电路有机地组成一个应用系统;交流电机变频调速系统、不停电电源等都是非常切合实际的应用系统。

　　5. 增加了近年来发展快、应用广的最新内容,如电子设计自动化,包括 ispPAC、

PLD、EWB 等，还有智能建筑信息系统等内容，以拓宽学生的视野，激发学习动力。

6. 在写作方式上，力求物理概念清楚，阐述简明扼要，推导计算从简，突出方法应用。做到简明易懂，好教好学，启发思考，培养能力。

刘润华教授负责全书的策划、组织、统稿和定稿。电工技术由杨雪岩主编，电子技术由刘润华主编。

参加电工技术编写的有：济南大学的杨雪岩（第 1、2、4 章）、邢宝玲（第 6、9 章）、姜梅香（第 3、8 章）、王前虹（第 7、10 章），青岛农业大学的刘立山（第 5 章）。

参加电子技术编写的有：中国石油大学的刘润华（第 1、4、5 章），济南大学的王焱（第 7、8 章）、薛必翠（第 3、9 章）、曲朝霞（第 10 章）、孙秀丽（第 6 章）、杨雪岩（第 2、11 章）、王前虹（第 12 章）。杨雪岩、薛必翠、姜梅香增写了各章的基本要求、部分例题和习题。

参加本书编写工作的还有济南大学、中国石油大学、南京邮电大学、青岛农业大学、山东交通学院等院校的教师：成谢锋，方敏，厉广伟，马静，单亦先，郝宁眉，刘广孚，王心刚，郭曙光，赵丽清，王晓红，在此向他们表示衷心感谢。

本书第一版（电子技术）于 2002 年获全国普通高等学校优秀教材二等奖。

本书适用于工科院校非电类理工专业的本专科学生，也可供网络学院、成人教育等相关专业的学生使用。

由于编者水平有限，书中难免存在不少缺点和错误，敬请读者，特别是使用本书的老师和同学，提出批评和改进意见。

编　者

2010 年 5 月

目 录

第 1 章　半导体分立器件及其基本电路

第 2 章　模拟集成电路及应用

第3章　数字电路基础

第4章 组合逻辑电路

第5章 时序逻辑电路

第6章 波形的产生与变换

第 7 章　信号的测量与调理

第 8 章　数据采集系统

第9章　直流稳压电源

第10章　功率电子技术

第 11 章　电子设计自动化

第 12 章　智能建筑信息系统

第1章

半导体分立器件及其基本电路

半导体器件是近代电子学的重要组成部分,由于半导体器件具有体积小、重量轻、使用寿命长、输入功率小、功率转换效率高等优点而得到广泛的应用。本章首先介绍半导体的基本知识和 PN 结,然后介绍半导体二极管、三极管和场效应管以及由它们组成的基本电路。学习本章内容时,重要的是掌握半导体器件的外部特性,电路的基本概念和基本分析方法。

基本要求

(1) 掌握 PN 结的单向导电性;

(2) 了解二极管、稳压管、晶体管的基本构造、工作原理和特性曲线,理解主要参数的意义,熟练掌握晶体管的电流分配和放大作用;

(3) 理解共射极单管放大电路的结构和工作原理,熟练掌握用工程估算法和微变等效电路法分析放大电路,理解放大电路的图解法;

(4) 理解射级输出器的基本特点和用途;

(5) 理解放大电路的频率特性;

(6) 了解多级放大器的级间耦合方式。

1.1 半导体的基本知识与 PN 结

1.1.1 半导体的基本知识

在自然界中,存在着许多不同的物质,有的物质很容易传导电流,称为**导体**。金属一般都是导体。也有的物质几乎不传导电流,称为**绝缘体**,如橡胶、陶瓷和塑料等。此外还有一类物质,它的导电性能介于导体和绝缘体之间,称它为**半导体**,如锗、硅、砷化镓、一些硫化物和氧化物等。

在近代电子学中,用的最多的半导体是锗和硅,在它们的原子结构中,最外层都有 4 个电子,所以它们都是四价元素。电子器件所用的半导体都要提纯为单晶体结构,所以有时把半导体叫做**晶体**。在这种晶体结构中,原子与原子之间形成了所谓的共价键结构。在绝对零度(即 $T=0$ K)时,电子被共价键束缚得很紧,不能自由移动,因此不能导电。

当电子受到一定能量的外界激发(如受热或受光),由于电子动能增强,就能挣脱共价键的束缚成为**自由电子**;同时,在这些自由电子原来的位置上便留下一个空位,这个空位叫做**空穴**。因原子是电中性的,因此,失去电子的原子带正电,称为**正离子**。由于正负电的相互吸引,空穴附近的电子便会填补这个失去电子的空穴,又产生新的空穴或正离子,同样又会有相邻的电子来递补⋯⋯,如此进行下去,形成所谓的空穴运动。由外界激发而产生的自由电子和空穴是成对出现的。自由电子和空穴分别带负电和正电,它们都称为**载流子**。

因此,半导体材料在外加电压作用下所形成的电流是由自由电子和空穴两种载流子的运动形成的。这是半导体导电与金属导体导电机理的本质区别。

半导体具有下列特性:

(1) **热敏性**。当环境温度变化时,半导体中自由电子和空穴的数量发生变化,因此导电性能也发生变化。基于半导体的这种热敏特性,可制成各种温度敏感元件,如热敏电阻等。

(2) **光敏性**。当受到外界光照时,半导体中自由电子和空穴的数量会增加,导电性能增强。基于半导体的这种光敏特性,可制成各种光敏元件,如光敏电阻、光敏二极管、光敏三极管和光敏电池等。

(3) 掺入杂质后使半导体的导电能力发生显著的变化。纯净半导体中的自由电子和空穴是成对出现的,在常温下其数量有限,导电能力不强。若在纯净半导体中掺入某些微量杂质,其导电能力将大大增强。

在硅(或锗)的晶体内掺入少量五价元素,如磷(或锑)等,它们有五个价电子,与相邻的硅原子组成共价键后还多余一个价电子,该电子很容易挣脱磷(或锑)原子核的束缚而成为自由电子。每掺入一个磷(或锑)原子,就有一个自由电子,于是在半导体中有大量自由电子。这种半导体主要靠多数载流子自由电子导电,因此称为**电子型半导体**或 **N 型半导体**。热激发形成的空穴为少数载流子。

在硅(或锗)的晶体内掺入少量三价元素,如硼(或铝)等,它们有三个价电子,与相邻的硅原子组成共价键后因缺少一个电子而产生一个空位。当相邻硅(或锗)原子中的价电子受到热或其他的激发获得能量时,很容易填补这个空位,而在相邻的硅(或锗)原子中便产生一个空穴。每掺入一个三价原子便提供一个空穴,于是在半导体中产生大量空穴。这种半导体主要靠多数载流子空穴导电,因此称为**空穴型半导体**或 **P 型半导体**。热激发形成的自由电子为少数载流子。

除上述特性之外,有些半导体还具有压敏、气敏、磁敏等特性,利用这些特性,可以分别制造非常有用的压敏、气敏、磁敏器件。

1.1.2 PN 结及其单向导电特性

在一块半导体基片的两边,采用一定工艺制成 P 型半导体和 N 型半导体,如图 1.1.1所示。图中⊕代表失去一个电子的五价杂质(如磷)的正离子,⊖代表得到一个电子的三价杂质(如硼)的负离子。由于 P 区的空穴浓度大,而 N 区的自由电子浓度大,因此,N 区的自由电子向 P 区扩散,在交界面附近的 N 区留下带正电的五价杂质正离子,形成正空间电荷区;P 区的空穴向 N 区扩散,在交界面附近的 P 区留下带负电的三价杂质负离子,形成负空间电荷区。这样,在交界面处形成了一个很薄的**空间电荷区**,这就是 PN 结。空间电荷区中的正负电荷形成一内电场,其方向是从带正电荷的 N 区指向带负电荷的 P 区。显然,内电场将阻止多数载流子的进一步扩散,但对 P 区(或 N 区)的少数载流子电子(或空穴)的漂移到 N 区(或 P 区)起推动作用,漂移运动的方向与扩散运动的方向相反。在一定条件下,漂移和扩散达到动态平衡时,PN 结处于相对稳定状态。

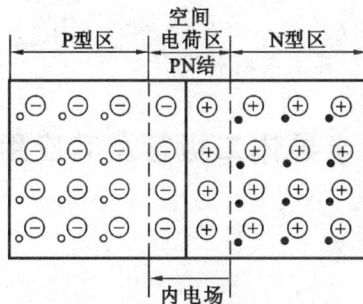

图 1.1.1 PN 结

当 PN 结外加正向电压(也称正向偏置)时,即高电位端接 P 区,低电位端接 N 区,如图 1.1.2(a)所示。外加电场与 PN 结内电场方向相反,因而削弱了内电场,空间电荷区变薄,多数载流子的扩散加强,形成正向扩散电流 I_F,外加电压越大,正向电流就越大。

当 PN 结外加反向电压(也称反向偏置)时,即高电位端接 N 区,低电位端接 P 区,如图 1.1.2(b)所示。外加电场与 PN 结内电场方向相同,因而增强了内电场,空间电荷区变厚,少数载流子的漂移加强,形成反向漂移电流 I_R。由于少数载流子的数量很少且与温度有关,所以 I_R 很小且与温度有关,而几乎与外加电压无关。

综上所述,当 PN 结外加正向电压时,有较大的正向电流,PN 结导通,呈现一低电阻;当 PN 结外加反向电压时,电流很小,PN 结截止,呈现一高电阻,这就是它的**单向导电性**。PN 结是组成各种半导体器件的基础单元。

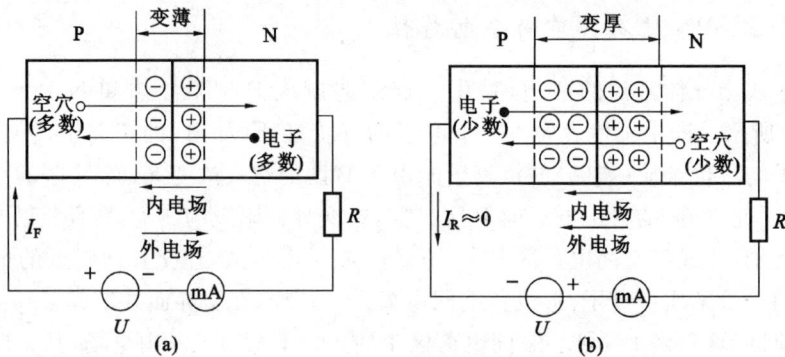

图 1.1.2   PN 结外加电压

（a）外加正向电压；（b）外加反向电压

【练习与思考】

1.1.1   什么是 P 型半导体？什么是 N 型半导体？

1.1.2   什么是 PN 结？其主要特性是什么？

1.2   半导体二极管及其应用电路

1.2.1   半导体二极管

1. 二极管的符号

在 PN 结两端各引出一条电极引线,再把其封装在管壳里就构
成**二极管**,也称**晶体二极管**。与 P 区相连的电极称为**阳极**,与 N 区
相连的电极称为**阴极**,二极管的符号如图 1.2.1 所示。

二极管种类繁多,按其制造材料可分为硅二极管和锗二极管;
按其结构可分为**点接触型**和**面接触型**二极管。点接触型二极管的
PN 结面积很小,因而极间电容小,适用于做小电流高频检波和脉
冲数字电路里的开关元件。如 2AP1 是点接触型锗二极管,最大整
流电流为 16 mA,最高工作频率是150 MHz。面接触型二极管的
PN 结面积大,允许通过较大的电流,但极间电容也大,适用于整
流。如 2CP1 是面接触型硅二极管,最大整流电流为 400 mA,最高工作频率只有
3 kHz。

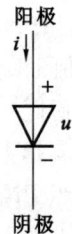

图 1.2.1   二极
管的符号

2. 二极管的伏安特性

二极管的伏安特性是指加在它两端的电压与流过它的电流的关系,简称 $U\text{-}I$ 特
性。二极管的内部就是 PN 结,因此它也具有单向导电特性。实际的二极管的 $U\text{-}I$

特性如图 1.2.2 所示。下面分三个部分讨论。

（1）正向特性。当二极管的外加正向电压很小时，这时的正向电流几乎为零，二极管呈现出一个大电阻，该区域称为**死区**，其对应的电压称为**死区电压**。硅管的死区电压约为 0.5 V，锗管的死区电压约为 0.1 V。

当正向电压大于死区电压时，内电场被大大削弱，电流 i 因而增长很快，二极管呈现出一个小电阻。当二极管充分导通后，其正向电压基本维持不变，称为**正向导通电压** U_F。一般硅二极管的 U_F 约为 0.7 V，锗二极管的 U_F 约为 0.3 V。该区域称为**正向导通区**。

（2）反向特性。当二极管外加反向电压时，仅有很小的反向饱和电流 I_R。一般硅管的 I_R 为纳安级，锗管的 I_R 为微安级。该区域称为**反向截止区**。

图 1.2.2 二极管的伏安特性

温度升高时，由于少数载流子增加，反向电流将随之增加。但由于少数载流子的数目很少，所以反向饱和电流仍然是很小的。

（3）反向击穿特性。当反向电压增加到一定值时，反向电流剧增，这叫做二极管的**反向击穿**。击穿时所对应的电压称为**反向击穿电压** $U_{(BR)}$。该区域称为**反向击穿区**。反向击穿后，由于反向电流剧增，如不加以限制，将造成二极管发热而烧坏，失去单向导电特性。因此，反向击穿区为禁止使用区！

3. 二极管的主要参数

（1）最大整流电流 I_{FM}。指管子长期运行时，允许流过的最大正向平均电流。实际工作时，管子通过的电流不应超过该值，否则将会使管子过热而损坏。

（2）最高反向工作电压 U_{DRM}。管子不被反向击穿所允许外加的电压。一般手册上给出的 U_{DRM} 约为击穿电压的一半。

（3）最大反向电流 I_{RM}。管子在常温下承受最高反向工作电压 U_{DRM} 时的反向饱和电流，其值愈小，则管子的单向导电性愈好。由于温度增加，I_{RM} 会增加，所以在使用二极管时要注意温度的影响。

4. 二极管的模型

二极管是一非线性器件，一般应采用非线性电路的分析方法。但在近似计算时可将其简化，下面介绍在近似计算中常用的两种模型。

（1）理想模型。所谓理想模型，是指在正向偏置时，其管压降为零，相当于开关的闭合。当反向偏置时，其电流为零，阻抗为无穷，相当于开关的断开。具有这种理

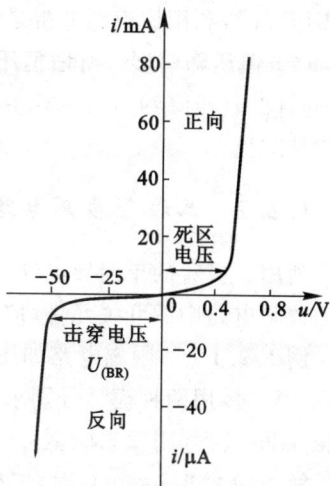

想特性的二极管也叫做**理想二极管**。在实际电路中,当外加电源电压远大于二极管的管压降时,利用该模型分析是可行的。

(2)恒压降模型。所谓**恒压降模型**,是指二极管在正向导通时,其管压降为恒定值,硅管的管压降约为 0.7 V,锗管的管压降约为 0.3 V。在实际电路中,该模型的应用非常广泛。

1.2.2 二极管应用电路

利用二极管的单向导电性,可组成整流、检波、限幅、箝位、保护等电路,还可作为脉冲数字电路中的开关元件,应用非常广泛。

例 1.2.1 一限幅电路如图 1.2.3(a)所示,$R = 1$ kΩ,$U_{REF} = 3$ V。(1)当 $u_i = 0$ V、6 V 时,用两种模型分别求输出电压 u_o 的值;(2)当 $u_i = 6\sin \omega t$ V 时,画出输出电压 u_o 的波形(用理想模型)。

解 (1)当 $u_i = 0$ V 时,二极管因反向偏置而截止,因此,$u_o = 0$ V。

当 $u_i = 6$ V 时,二极管因正向偏置而导通。若用理想模型,二极管导通压降为零,因此,$u_o = U_{REF} = 3$ V。若用恒压降模型,则二极管的导通压降为 0.7 V,因此,$u_o = U_{REF} + 0.7 = 3.7$ (V)。

(2)当输入 $u_i = 6\sin \omega t$ V 的电压时,只有 u_i 的瞬时值大于 $U_{REF} = 3$ V 时,二极管才承受正向电压而导通,此时,$u_o = U_{REF} = 3$ V。当 u_i 的瞬时值小于 $U_{REF} = 3$ V 时,二极管因承受反向电压而截止,此时,$u_o = u_i = 6\sin \omega t$ V。其输出波形如图 1.2.3(b)所示。

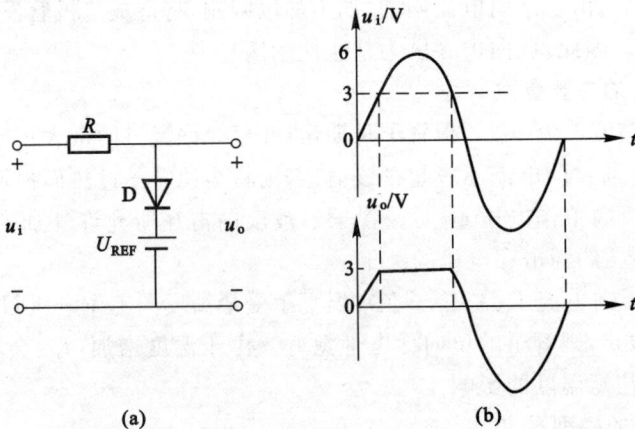

图 1.2.3 例 1.2.1 的图和波形

1.2.3 特殊二极管

除了上面介绍的普通二极管外,还有若干种具有特殊用途的特殊二极管,现分别介绍如下。

1. 稳压二极管

稳压二极管是一种用特殊工艺制造的面接触型硅二极管。它的外形和内部结构与普通二极管相似,也有两个电极(阳极和阴极)。

稳压二极管的伏安特性和符号如图 1.2.4 所示。从特性曲线来看,其正向特性和普通二极管一样,而反向击穿特性曲线很陡,电流在很大范围内变化而电压基本恒定。因此,稳压二极管在实际应用中,主要利用这段特性进行稳压。稳压二极管的反向电压达到击穿电压 U_Z 后,由于制造工艺的特殊性,稳压二极管并不因击穿而损坏。但如果反向电流太大,超过允许的最大值,或者管子的功率损耗超过允许值,那么管子便产生不可逆的热击穿,稳压二极管就烧坏了。为此,稳压二极管在使用时必须串联一个适当的限流电阻。

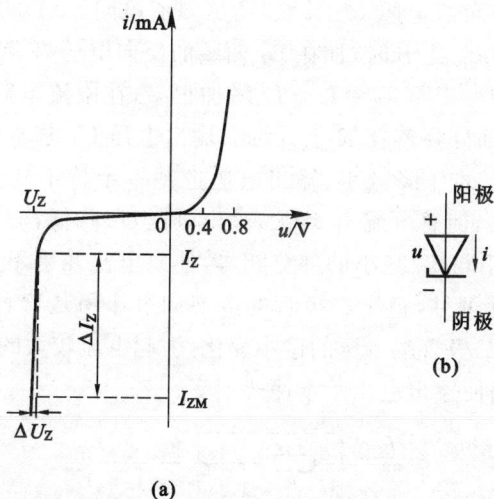

图 1.2.4　稳压二极管的伏安特性与符号

稳压二极管的主要参数有:

(1) 稳定电压 U_Z。即稳压二极管反向击穿后稳定工作的电压。

(2) 稳定电流 I_Z。工作电压等于稳定电压时的工作电流,即为管子的正常工作电流。

(3) 动态电阻 r_Z。在稳定电压范围内,管子两端电压的变化量与工作电流的变化量之比,即

$$r_Z = \frac{\Delta U_Z}{\Delta I_Z} \tag{1.2.1}$$

从图 1.2.4 可见,r_Z 和击穿特性曲线的斜率有关,曲线愈陡,r_Z 就愈小,稳压性能就愈好。

（4）温度系数 α_U。当稳压二极管中的电流等于稳定电流 I_Z 时,环境温度改变 $1\,℃$,稳定电压变化的百分比称为温度系数 α_U。例如,2CW21G 的电压温度系数为 $0.06\%/℃$。若 $U_Z = 7$ V,则环境温度升高 $1\,℃$ 时,稳定电压将增加 $\Delta U_Z = 0.06\%/℃\times 7 = 4.2$ (mV)。

通常温度系数和稳定电压之间有一定的关系。当 $U_Z < 5.6$ V 时,具有负温度系数;当 $U_Z > 5.6$ V 时,具有正温度系数,而 U_Z 接近 5.6 V 左右时,温度系数接近于零。

（5）最大耗散功率 P_M。管子不致产生热击穿的最大功率损耗。$P_M = U_Z I_{ZM}$,已知 P_M 就可求出最大工作电流 $I_{ZM} = P_M/U_Z$,随着环境温度的升高,极限参数 P_M 和 I_{ZM} 将下降。

稳压二极管在电路中的主要作用是稳压和限幅。图 1.2.5 为稳压二极管稳压电路。稳压二极管 D_Z 与负载电阻 R_L 并联,R 是限流电阻。稳压原理如下:若输入电压 U_i 上升使输出电压 U_o 上升时,加在 D_Z 两端的反向电压略有增加,随之稳压二极管的电流 I_Z 大大增加。于是 $I_R = I_Z + I_L$ 增加很多,在限流电阻 R 上的压降 U_R 增加,使得 U_i 的增量大部分降落在 R 上,因此,输出电压 U_o 基本维持不变。反之,当 U_i 下降时,限流电阻上的压降减小,输出电压也基本维持不变。当输入电压 U_i 不变,R_L 减小时,I_L 增大,使总电流 I_R 增大,输出电压 U_o 降低,流过 D_Z 的电流大大减小,I_L 增加的部分几乎与 I_Z 减小的部分相等,使总电流几乎不变,从而保持了输出电压 U_o 的稳定。由此可见,稳压二极管的电流调节作用是这种稳压电路能够稳压的关键。即利用稳压二极管端电压的微小变化,引起电流较大的变化,通过限流电阻 R 产生补偿电压,从而使输出电压基本保持不变。

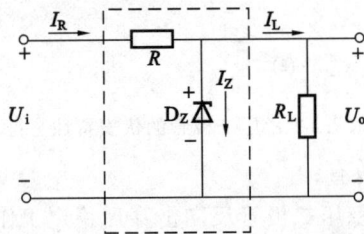

图 1.2.5　稳压二极管稳压电路

2. 发光二极管

发光二极管是一种将电能转换成光能的特殊二极管(发光器件),简写成 LED,其符号如图 1.2.6 所示。其基本结构是一个 PN 结,但正向导通电压比普通二极管高,一般为 $1\sim2$ V,且具有普通二极管没有的发光能力。当这种管子通以正向电流时将发出光来,这是由于电子与空穴直接复合而释放能量的结果。发光二极管常采用砷化镓、磷化镓等化合物半导体制成,其发光颜色主要取决于所采用的半导体材料,可以发出红、黄和绿色等可见光,也可以发出看不见的红外光。其发光亮度与流经管子的电流成正比,工作电流一般为几十毫安。

3. 光电二极管

光电二极管又叫光敏二极管,是一种将光信号转变成电信号的特殊二极管(受光器件),其符号如图 1.2.7 所示。与普通二极管类似,其基本结构也是一个 PN 结,它的管壳上开有一个嵌着玻璃的窗口,以便于光线射入。光电二极管工作于反向运用状态,其反向电流随光照强度的增加而上升。在无光照时,光电二极管的反向电流很小(一般小于 0.1 μA),该电流称为暗电流,此时光电管的反向电阻高达几十兆欧;当有光照时,形成比暗电流大得多的反向电流,称为光电流,此时光电二极管的反向电阻下降至几十千欧。光电二极管可用来测量光的强度。

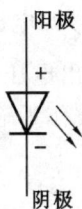

图 1.2.6　发光二极管　　　　　　　图 1.2.7　光电二极管

【练习与思考】

1.2.1　温度将怎样影响二极管的反向电流?为什么?

1.2.2　如何用万用表的欧姆挡判别二极管的好坏与极性?用万用表不同的欧姆挡测量同一二极管,其结果一样吗?为什么?

1.2.3　若将图 1.2.5 中的电阻 R 短路,电路还有稳压作用吗?为什么?

1.2.4　将稳压值分别为 5 V 和 9 V 的两只稳压管串联,可得到几种不同的稳定电压值?

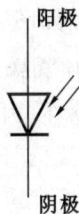

1.2.5　发光二极管和光电二极管可用在什么场合?你能设计这些应用电路吗?

1.3　放大电路的基本概念及其性能指标

1.3.1　放大电路的基本概念

放大电路也叫放大器,它的基本任务是将微弱的电信号进行放大,以便驱动负载(如喇叭、显示仪表等)。例如,常用扩音机中的放大电路可将来自麦克风的微弱电信号放大到足够的电压和电流后,驱动喇叭还原成为足够大的声音。自动测控系统中,被测物理量由传感器转换成微弱的电信号,也必须由放大电路将其放大后才可作进一步的分析处理。

根据用途,放大电路可分为信号(电压或电流)放大电路和功率放大电路,前者以放大信号为目的,后者以输出较大功率为目的。根据工作频率可分为直流放大电路和交流放大电路(仅能放大交流信号)。根据所选用的器件可分为分立元件(晶体管和场效应管)放大电路和集成放大电路。根据所用放大器件的个数可分为单级放大电路和多级放大电路。

放大电路并不能放大能量,实际上,负载得到的能量来自于放大电路的供电电源,放大电路的作用只不过是控制电源的能量,使其按输入信号的变化规律向负载传送而已。因此,放大的实质是用微弱的能量(信号)控制较大的能量传输,也可以说,放大电路是一种能量转换电路。

放大电路的示意图如图 1.3.1 所示。其中 $\dot{U}_s$ 为信号源电压,R_s 为信号源内阻,$\dot{U}_i$ 和 $\dot{I}_i$ 分别为输入电压和输入电流,$\dot{U}_o$ 和 $\dot{I}_o$ 分别为输出电压和输出电流,R_L 为负载电阻。由于放大电路在分析和测试时经常采用正弦波作为输入信号,所以图中的电压、电流均为正弦交流信号,并采用相量符号表示。

图 1.3.1 放大电路的示意图

1.3.2 放大电路的性能指标

放大电路的性能如何是由它的性能指标来衡量的,而且性能指标决定了放大电路的应用范围。

1. 输入电阻

图 1.3.2 是放大电路的等效电路。因为放大电路有输入和输出两个端口,从放大电路的输入端口 1、1′ 向右看,可等效为输入电阻 r_i,定义为输入电压与输入电流的比值,即

$$r_i = \frac{\dot{U}_i}{\dot{I}_i} \tag{1.3.1}$$

r_i 的大小将影响放大电路从信号源 $\dot{U}_s$ 中获得输入电压 $\dot{U}_i$ 值的大小。因为加在放大电路上的信号源是有内阻 R_s 的,当有电流 $\dot{I}_i$ 流过输入回路时,会在 R_s 上产生压降,使得真正加在 r_i 上的电压 U_i 小于 U_s。它们之间的关系可表示为

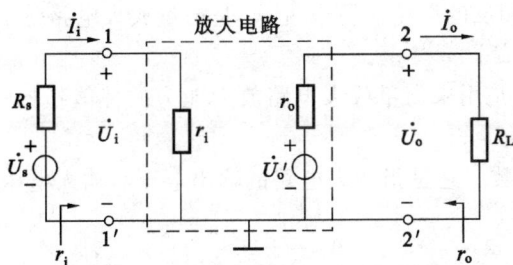

图 1.3.2　放大电路的等效电路

$$\dot{U}_i = \frac{r_i}{R_s + r_i}\dot{U}_s \tag{1.3.2}$$

由上式可见,当$\dot{U}_s$、R_s一定时,r_i越大,U_i越大,对信号源的衰减就越小。反之则衰减就越大。所以我们说,r_i是衡量放大电路对信号源衰减程度的指标。在求放大电路的输入电阻时,可按公式(1.3.1)计算。

2. 输出电阻

根据戴维宁定理,从放大电路的输出端口 2、2′向左看进去,可等效为开路电压$\dot{U}_o'$与等效电阻r_o的串联,r_o即为放大电路的输出电阻,如图 1.3.2 所示。

r_o可由测量法求得,如图 1.3.3 所示,将信号源置 0($\dot{U}_s = 0$,但保留信号源内阻R_s),将R_L取出,在输出端加一交流电压$\dot{U}$,测其输出电流$\dot{I}$,则输出电阻r_o为

$$r_o = \frac{\dot{U}}{\dot{I}}\bigg|_{\substack{\dot{U}_s = 0 \\ R_L = \infty}} \tag{1.3.3}$$

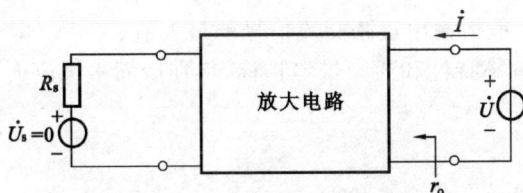

图 1.3.3　求放大电路的输出电阻

式(1.3.3)是求输出电阻的常用方法,也可用电路分析中的其他方法求得。请读者思考还可用什么方法?

r_o的大小将影响放大电路驱动负载的能力。当放大电路带上负载电阻R_L时,输出电流$\dot{I}_o$在r_o上产生压降,这就使负载上获得的电压U_o小于开路电压$\dot{U}_o'$,它们之间的关系可表示为

$$\dot{U}_o = \frac{R_L}{r_o + R_L}\dot{U}_o' \tag{1.3.4}$$

由上式可见,当$\dot{U}_o'$、R_L一定时,r_o越小,则U_o越大且越稳定,放大电路带负载的

能力越强;反之则有相反的结论。所以说,r_o 是衡量放大电路带负载能力的指标。

3. 放大倍数(增益)

放大倍数或增益是用来衡量放大电路放大能力的性能指标,常用的有电压放大倍数和电流放大倍数。

(1) 电压放大倍数。它是指放大电路的输出电压与输入电压的比值,即

$$A_u = \frac{\dot{U}_o}{\dot{U}_i} \tag{1.3.5}$$

有时考虑信号源内阻 R_s 对放大电路的影响时,也用下式表示

$$A_{us} = \frac{\dot{U}_o}{\dot{U}_s} \tag{1.3.6}$$

A_{us} 称为放大电路的**源电压放大倍数**。

(2) 电流放大倍数。它是指放大电路的输出电流与输入电流的比值,即

$$A_i = \frac{\dot{I}_o}{\dot{I}_i} \tag{1.3.7}$$

在工程上,A_u 和 A_i 常用以 10 为底的对数增益表示,其基本单位为 B(贝尔, Bel),平时用它的十分之一单位 dB(分贝)。这种表示方法也称为电压放大倍数的分贝表示法。可写为

$$电压增益 = 20 \lg |A_u| \quad dB \tag{1.3.8}$$
$$电流增益 = 20 \lg |A_i| \quad dB \tag{1.3.9}$$

4. 最大不失真输出幅度

最大不失真输出幅度指的是当输入信号增大,使输出波形不失真时的最大输出幅度,以 U_{om} 表示。一般指输出正弦交流信号的最大值。

除上述外,还有频率特性和通频带等指标,将在后面多级放大器中介绍。

【练习与思考】

1.3.1　放大电路是怎样分类的?

1.3.2　放大的实质是什么?

1.3.3　放大电路有那些性能指标? 对这些指标有什么要求?

1.4　三极管及其放大电路

1.4.1　三极管

1. 三极管的结构和符号

三极管又常称为晶体管,其种类很多。按照工作频率分,有高频管和低频管;按

照功率分,有小功率管和大功率管;按照半导体材料分,有硅管和锗管等等。但是从它的外形来看,三极管都有三个电极,常见的三极管外形如图1.4.1所示。

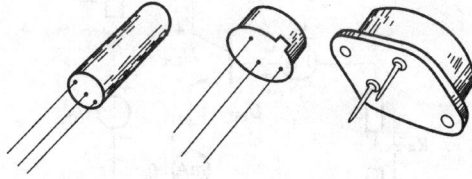

图 1.4.1　常见三极管的外形图

根据结构不同,三极管可分为 NPN 型和 PNP 型,图 1.4.2 是其结构示意图和符号。它由三层半导体两个 PN 结组成,从三块半导体上各自引出一个电极,它们分别是发射极 E、基极 B 和集电极 C,对应的每块半导体称为**发射区**、**基区**和**集电区**。三极管有两个 PN 结,发射区与基区交界处的 PN 结称为**发射结**,集电区与基区交界处的 PN 结称为**集电结**。发射极的箭头表示三极管正常工作时的实际电流方向。使用时应注意,由于内部结构的不同,集电极和发射极不能互换。

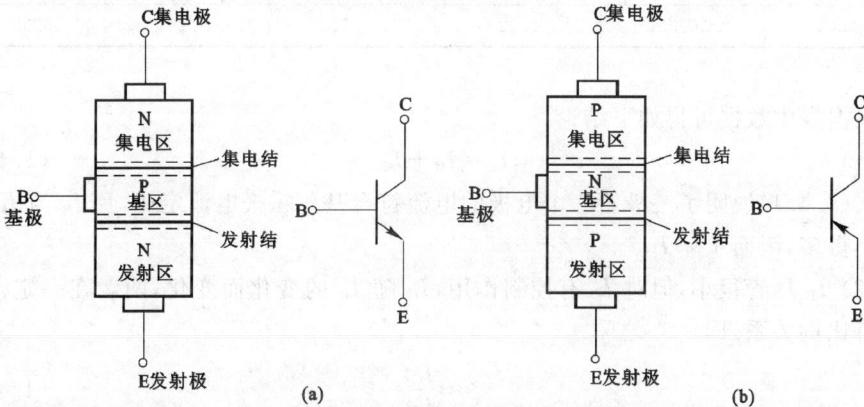

图 1.4.2　三极管结构示意图和符号
(a) NPN; (b) PNP

NPN 型与 PNP 型三极管的工作原理相同,不同之处在于使用时所加电源的极性不同。在实际应用中,采用 NPN 型三极管较多,所以下面以 NPN 型三极管为例进行分析讨论,所得结论同样适用于 PNP 型三极管。

2. 三极管的电流分配与放大作用

为了说明三极管的电流分配与放大作用,我们先看下面的实验,实验电路如图 1.4.3所示。要使三极管能正常工作,三极管外加电压必须满足"**发射结加正向电压,集电结加反向电压**"这两个外部放大条件,电源 U_{CC} 和 U_{BB} 正是为满足这两个条件而设置的。实验时,改变 R_B,基极电流 I_B、集电极电流 I_C 和发射极电流 I_E 都随之发生变化,表 1.4.1 列出了一组实验数据。

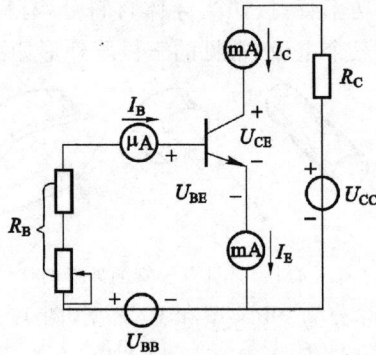

图 1.4.3　测量三极管的电流分配实验电路

表 1.4.1　实验数据

I_B/mA	0	0.02	0.04	0.06	0.08
I_C/mA	<0.001	1.00	2.50	4.00	5.50
I_E/mA	<0.001	1.02	2.54	4.06	5.58

根据表中数据可得如下结论：

（1）
$$I_E = I_B + I_C \qquad (1.4.1)$$

式(1.4.1)说明了三极管三个电极的电流符合基尔霍夫电流定律，且 I_B 与 I_C、I_E 相比小得多，因而 $I_C \approx I_E$。

（2）I_B 尽管很小，但对 I_C 有控制作用，I_C 随 I_B 的变化而变化，两者在一定范围内保持比例关系，即

$$\bar{\beta} \approx \frac{I_C}{I_B} \qquad (1.4.2)$$

$\bar{\beta}$ 称为三极管的**电流放大系数**（或**放大倍数**），它反映了三极管的电流放大能力，或者说 I_B 对 I_C 的控制能力。正是这种小电流对大电流的控制能力，说明了三极管具有放大作用。

3. 三极管的特性曲线

三极管的特性曲线是指三极管各电极电压与电流之间的关系曲线，它是分析和设计各种三极管电路的重要依据。由于三极管有三个电极，它的伏安特性就不像二极管那样简单。工程上最常用到的是三极管的输入特性和输出特性曲线。由于三极管特性的分散性，手册中给出的特性曲线只能作为参考，在实际应用中可通过实验测量。

（1）输入特性。输入特性是指当集电极与发射极之间的电压 U_{CE} 为某一常数时，加在三极管基极与发射极之间的电压 u_{BE} 与基极电流 i_B 之间的关系曲线，即

$$i_B = f(u_{BE})\big|_{U_{CE}=C}$$

图 1.4.4 示出了硅管 3DG6 的输入特性曲线。一般情况下，当 $U_{CE} \geqslant 1$ V 时，集电结就处于反向偏置，此时再增大 U_{CE} 对 i_B 的影响很小，也即 $U_{CE} > 1$ V 以后的输入特性与 $U_{CE} = 1$ V 的一条特性曲线重合，所以，半导体器件手册中通常只给出一条 $U_{CE} \geqslant 1$ V 时的输入特性曲线。

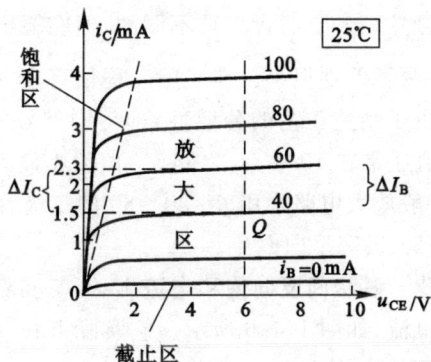

由图 1.4.4 可见，三极管的输入特性曲线与二极管的伏安特性曲线很相似，也存在一段死区，硅管的死区电压约为 0.5 V，锗管的死区电压约为 0.2 V。导通后，硅管的 U_{BE} 约为 0.7 V，锗管的 U_{BE} 约为 0.3 V。

（2）输出特性。输出特性是在基极电流 I_B 一定的情况下，集电极与发射极之间的电压 u_{CE} 与集电极电流 i_C 之间的关系，即

$$i_C = f(u_{CE})\big|_{I_B=C}$$

图 1.4.5 示出了 3DG6 的输出特性曲线。由图可见，对于不同的 I_B，所得到的输出特性曲线也不同，所以，三极管的输出特性曲线是一族曲线。

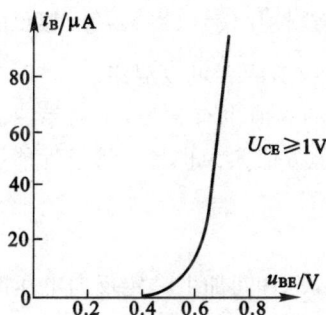

图 1.4.4 三极管的输入特性曲线　　图 1.4.5 三极管的输出特性曲线

根据三极管的工作状态不同，可将输出特性分为三个区域：

截止区：在 $I_B = 0$ 以下的区域，$I_C \approx 0$，集、射极间只有微小的反向饱和电流，近似于开关的断开状态。为了使三极管可靠截止，通常给发射结加上反向电压，即 $u_{BE} < 0$ V。这样，发射结和集电结都处于反向偏置，三极管处于截止状态。

放大区：放大区是输出特性曲线中基本平行于横坐标的曲线族部分。当 u_{CE} 超过一定值后（1 V 左右），i_C 的大小基本上与 u_{CE} 无关，呈现恒流特性。在放大区，i_C 与 i_B 成比例关系，即 $i_C = \beta i_B$，三极管具有电流放大作用，而且满足发射结正偏和集电结反偏的外部放大条件。

饱和区：靠近输出特性曲线的纵坐标，曲线上升部分对应的区域。在该区域，i_C 不受 i_B 的控制，无电流放大作用，且发射结和集电结均处于正向偏置。一般认为，$u_{CE} = u_{BE}$，即 $u_{CB} = 0$ 时，三极管处于临界饱和状态，$u_{CE} < u_{BE}$ 时为饱和状态。对于小

功率管,饱和时的管压降 $U_{CES}\approx0.3$ V,近似于开关的闭合状态。

4. 三极管的主要参数

三极管的参数是用来表征管子性能优劣和适用范围的,它是选用三极管的依据。了解这些参数的意义,对于合理使用和充分利用三极管达到设计电路的经济性和可靠性是十分必要的。

(1) 电流放大系数 $\bar{\beta}$、β。根据工作状态的不同,在直流(静态)和交流(动态)两种情况下分别用 $\bar{\beta}$ 和 β 表示。直流电流放大系数的定义为

$$\bar{\beta}=\frac{I_C}{I_B} \tag{1.4.3}$$

交流电流放大系数的定义为

$$\beta=\frac{\Delta I_C}{\Delta I_B} \tag{1.4.4}$$

有时 β 用 h_{fe} 来代表。

显然,$\bar{\beta}$ 和 β 的含义是不同的,但在输出特性曲线线性比较好(平行、等间距)的情况下,两者差别很小。在一般工程估算中,可以认为 $\bar{\beta}\approx\beta$,两者可以混用。

由于制造工艺的分散性,即使同型号的管子,它的 β 值也有差异,小功率三极管的 β 值通常在 $10\sim100$ 之间。β 值太小放大作用差,但 β 值太大也易使管子性能不稳定,一般放大电路采用 $\beta=30\sim80$ 的三极管为宜。

(2) 极间反向电流。

集－基极间反向饱和电流 I_{CBO}:表示发射极开路,C、B 间加上一定反向电压时的反向电流,如图 1.4.6 所示。它实际上和单个 PN 结的反向饱和电流是一样的,因此它只取决于温度和少数载流子的浓度。一般 I_{CBO} 的值很小,小功率锗管的 I_{CBO} 约 10 μA。而硅管的 I_{CBO} 则小于 1 μA。

集－射极间反向饱和电流(穿透电流) I_{CEO}:表示基极开路时,C、E 间加上一定反向电压时的集电极电流。测量 I_{CEO} 的电路如图 1.4.7 所示。I_{CEO} 和 I_{CBO} 的关系为

$$I_{CEO}=(1+\beta)I_{CBO} \tag{1.4.5}$$

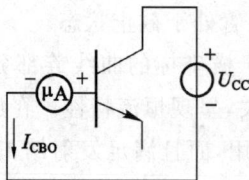

图 1.4.6　测量 I_{CBO} 的电路　　　图 1.4.7　测量 I_{CEO} 的电路

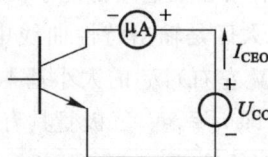

I_{CBO} 和 I_{CEO} 都是衡量三极管质量的重要参数,由于 I_{CEO} 比 I_{CBO} 大得多,测量起来比较容易,所以我们平时测量三极管时,常常把测量 I_{CEO} 作为判断管子质量的重要依

据。小功率锗管的 I_{CEO} 约在几百微安,硅管在几微安以下。I_{CEO}、I_{CBO} 随温度的增加而增加,而且由于 β 随温度也增加,故 I_{CEO} 比 I_{CBO} 随温度的变化更大。在温度变化范围大的工作环境应选用硅管。

(3) 极限参数。

集电极最大允许电流 I_{CM}:指三极管的参数变化不超过允许值时集电极允许的最大电流。当集电极电流超过 I_{CM} 时,管子性能将显著下降,甚至有烧坏管子的可能。

反向击穿电压 $U_{(BR)CEO}$:指基极开路时,集电极与发射极间的最大允许电压。当 $U_{CE}>U_{(BR)CEO}$ 时,三极管的 I_{CEO} 急剧增加,表示三极管已被反向击穿,造成三极管损坏。使用时,应根据电源电压 U_{CC} 选取 $U_{(BR)CEO}$,一般应使 $U_{(BR)CEO}>(2～3)U_{CC}$。

集电极最大允许功率损耗 P_{CM}:表示三极管允许功率损耗的最大值。超过此值就会使管子性能变坏或烧毁。三极管功率损耗的计算公式为

$$P_{CM} \approx I_C U_{CE} \tag{1.4.6}$$

P_{CM} 与环境温度有关,温度越高,则 P_{CM} 越小。因此,半导体三极管使用时受环境温度的限制,锗管的上限温度约 70℃,硅管可达 150℃。对于大功率管,为了提高 P_{CM},常采用加散热装置的办法,手册中给出的 P_{CM} 值是在常温(25℃)下测得的,对于大功率管则是在常温下加规定尺寸的散热片的情况下测得的。

根据三极管的 P_{CM},可在输出特性曲线上画出管子的允许功率损耗 P_{CM} 曲线,如图 1.4.8 所示。由 P_{CM}、I_{CM} 和 $U_{(BR)CEO}$ 三条曲线所包围的区域称为三极管的**安全工作区**。

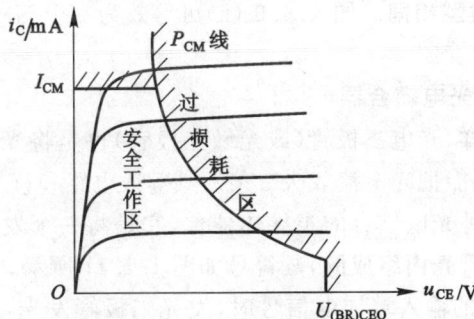

图 1.4.8　三极管的安全工作区

5. 复合三极管

将电流放大系数为 β_1、β_2 的两只三极管按图 1.4.9 所示方式进行联接,便组成了复合管。下面讨论复合管的电流放大系数(以图 1.4.9 (a)为例)。

$$i_c = i_{c1} + i_{c2} = \beta_1 i_{b1} + \beta_2 i_{b2} = \beta_1 i_{b1} + \beta_2 i_{e1}$$
$$= \beta_1 i_{b1} + \beta_2 (1+\beta_1) i_{b1} = (\beta_1 + \beta_2 + \beta_1\beta_2) i_{b1}$$
$$\approx \beta_1\beta_2 i_{b1} = \beta i_{b1}$$

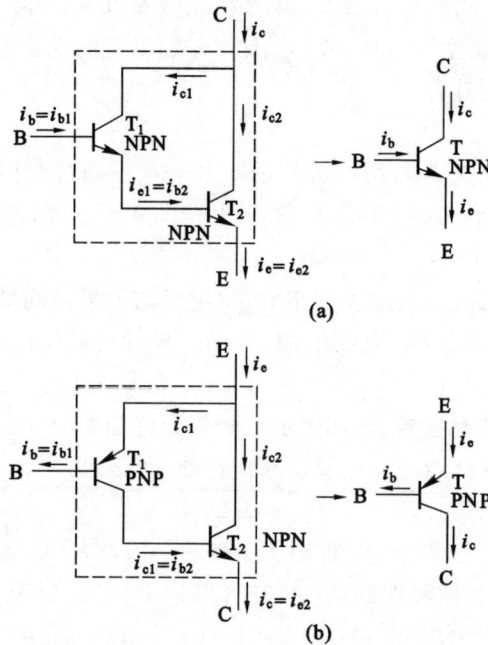

图 1.4.9 复合管

(a) 等效 NPN；(b) 等效 PNP

即 $$\beta = \beta_1 \beta_2 \tag{1.4.7}$$

可见，**复合管的电流放大系数近似为两管电流放大系数的乘积；复合管的类型与第一个晶体管 T_1 的类型相同**。图 1.4.9（a）可等效为一个 NPN 型管，图 1.4.9（b）可等效为一个 PNP 型管。

6. 光电三极管和光电耦合器

与光电二极管一样，光电三极管（或光敏三极管）也是将光信号转换成电流信号的半导体器件，并且还能把光电流放大 β 倍。其等效电路和符号如图 1.4.10 所示。

光电耦合器是一种光电结合的半导体器件，它是将一个发光二极管和一个光电三极管封装在同一个管壳内组成的，其符号如图 1.4.11 所示。

当在光电耦合器的输入端加电信号时，发光二极管发光，光电三极管受到光照后产生光电流，由输出端引出，便实现了电-光-电的传输和转换。

光电耦合器的主要特点是：以光为媒介实现电信号的传输，输入端与输出端在电气上是绝缘的，因此能有效地抗干扰、隔噪声；此外它还具有响应速度快、工作稳定可靠、寿命长、传输信号失真小、工作频率高等优点，以及具有完成电平转换、实现电位隔离等功能。因此，它在电子技术中得到越来越广泛的应用。

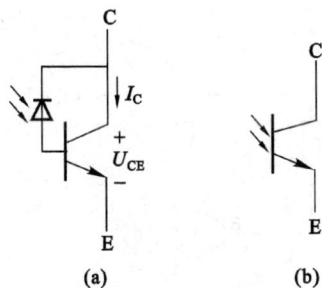

图 1.4.10 光电三极管
(a) 等效电路;(b) 符号

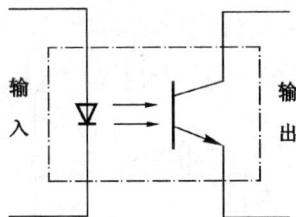

图 1.4.11 光电耦合器

1.4.2 共发射极放大电路

1. 共发射极放大电路的组成

图 1.4.12 是一个单管放大电路。它的发射极是输入信号和输出信号的公共端,所以该电路称为**共发射极放大电路**,简称**共射极放大电路**。电路中各元件的作用如下:

晶体管 T:电流放大元件,用基极电流 i_B 控制集电极电流 i_C,它是整个电路的核心元件。

直流电源 V_{CC}:提供电路所需的能量,保证发射结正向偏置和集电结反向偏置,使晶体管处于放大状态,提供 i_B 和 i_C。V_{CC} 一般在几至十几伏之间,使用时要注意电源的负极要接公共"地"。

偏置电阻 R_B:它与电源 V_{CC} 一起为晶体管提供合适的基极电流 I_B(偏流),其阻值一般为几百至几千千欧。

集电极负载电阻 R_C:把晶体管集电极电流 i_C 的变化转换为电压($i_C R_C$)的变化,从而使晶体管电压 u_{CE} 发生变化,经耦合电容 C_2 获得输出电压 u_o。其阻值一般为几千欧。

耦合电容 C_1、C_2:它们有"隔直、通交"的作用。隔直是指利用电容对直流开路的特点,隔离信号源、放大电路、负载之间的直流联系,以保证它们的直流工作状态相互独立,互不影响。通交是指利用电容对交流近似短路的特点(要求 C_1、C_2 的电容量足够大,容抗非常小),使交流信号能顺利地通过它。图中 C_1、C_2 是有极性的电解电容,联接时要注意极性。

2. 静态分析

放大电路没有输入信号($u_i = 0$)时的工作状态称为**静态**,此时电路中的电压、电流是不变的直流,称为**静态值**。所谓静态分析就是求静态值 I_B、I_C 和 U_{CE}。由于电路中只有直流量,耦合电容 C_1、C_2 对直流开路,因此先画出如图1.4.13所示的**直流**

通路(即直流电流所通过的路径)。

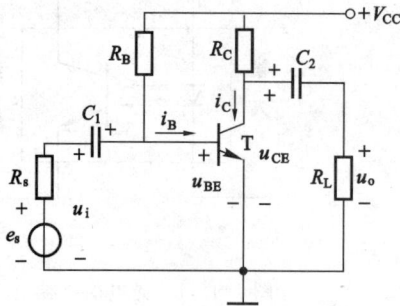

图 1.4.12　共射极放大电路　　　　图 1.4.13　直流通路

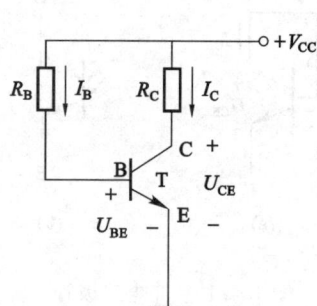

由图 1.4.13 可得

$$I_B = \frac{V_{CC} - U_{BE}}{R_B} \approx \frac{V_{CC}}{R_B} \tag{1.4.8}$$

式中 U_{BE} 远小于 V_{CC},可忽略不计。

由式(1.4.8)可见,当 V_{CC}、R_B 固定后,I_B 也固定下来,因此图 1.4.12 所示电路也叫做固定偏置的共射极放大电路。

静态集电极电流和集射极间的电压分别为

$$I_C = \beta I_B \tag{1.4.9}$$

$$U_{CE} = V_{CC} - I_C R_C \tag{1.4.10}$$

除了用上述估算法计算静态值外,还可用图解法求得。设晶体管的输出特性曲线如图 1.4.14 所示,图解法步骤如下:

(1) 用估算法求出基极电流 I_B(如 40 μA)。

(2) 根据 I_B 在输出特性曲线上找到对应的 I_C 曲线。

(3) 作直流负载线。

由式(1.4.10)得 $I_C = \frac{V_{CC}}{R_C} - \frac{U_{CE}}{R_C}$,该方程反映到图上为过 $(0, \frac{V_{CC}}{R_C})$ 和 $(V_{CC}, 0)$ 两点的直线,其斜率为 $-\frac{1}{R_C}$,它只与 R_C 有关,称为**直流负载线**。

(4) 求静态工作点 Q,并确定 I_C 和 U_{CE}。

晶体管的 I_C 和 U_{CE} 既要满足 $I_B = 40$ μA 的输出特性曲线,又要满足直流负载线,因而晶体管必然工作在它们的交点 Q,该点称为**静态工作点**。Q 点所对应的坐标值便是静态值 I_C 和 U_{CE},如图 1.4.14 中的 1.5 mA 和 6 V。

静态工作点 Q 对放大电路的性能指标影响很大,若 Q 点设置合适,放大电路能很好地放大输入信号,否则电路不能正常工作。在后面将要介绍的场效应管放大电路、运算放大器和振荡器等电路中,也需要设置静态工作点。

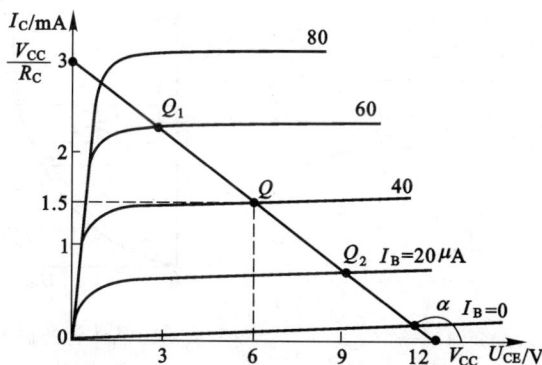

图 1.4.14　静态工作情况的图解分析

3. 动态分析

在静态工作点的基础上,给电路输入交流信号 u_i,此时电路的工作状态称为**动态**。动态时,电路中将产生随交流信号变化的交流分量(或动态分量)。动态分析就是计算这些交流分量,可采用图解法和微变等效电路法。

(1) 微变等效电路法。微变等效电路法就是把非线性元件晶体管所组成的放大电路等效为一线性电路,也就是把晶体管线性化,等效为一线性元件。这样,就可以像处理线性电路那样来处理晶体管放大电路。由上述图解分析法可知,放大电路当加入交流信号 u_i 后,电路中的电压和电流都会在原来静态值的基础上叠加一交流分量。交流分量可用**交流通路**进行计算。图 1.4.12 所示电路中的耦合电容 C_1、C_2 很大,对交流信号来说,容抗近似为零,可视为短路;而直流电源 V_{CC} 在忽略内阻时,它的电压值不会因交流信号的加入而变化,或者说它的交流电压为 0,因此相当于对地短路。所以,它的交流通路如图 1.4.15 所示。图中晶体管 T 为非线性元件,当输入信号 u_i 很小时,引起 i_b 和 u_{be} 在静态工作点附近的变化也很微小。如图 1.4.16 所示的输入特性曲线,在 Q 点附近的微小范围内可以认为是线性的,当 u_i 加入引起基、射极间电压的微小变化 Δu_{BE} 时,引起基极电流变化 Δi_B,两者的比值称为晶体管的动态输入电阻,用 r_{be} 表示,即

$$r_{be} = \frac{\Delta u_{BE}}{\Delta i_B} \qquad (1.4.11)$$

r_{be} 实际上是静态工作点 Q 处的动态电阻,即 Q 点切线斜率的倒数,一般为几百至几千欧,低频小功率晶体管的动态输入电阻可以用下式估算:

$$r_{be} = (200 \sim 300) + (1+\beta)\frac{26(\mathrm{mV})}{I_E(\mathrm{mA})} \qquad (1.4.12)$$

式中,I_E 为静态值,r_{be} 的单位为 Ω。

由式(1.4.11)可见,晶体管基极到发射极之间,对微小变量 Δu_{BE} 和 Δi_B 而言,相当于一个电阻 r_{be}。

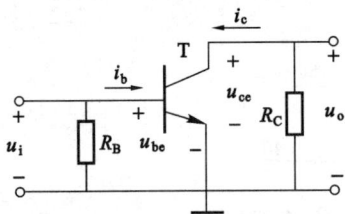

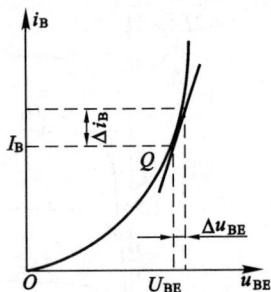

图 1.4.15　交流通路　　　　　图 1.4.16　晶体管的输入特性曲线

集电极和发射极之间的电流和电压关系由输出特性曲线决定,假如认为输出特性曲线在放大区域内呈水平线,则集电极电流的交变分量 i_c 与基极电流的交变分量 i_b 成线性关系,即 $i_c = \beta i_b$。因而集电极和发射极之间可等效为一个受 i_b 控制的电流源(即图 1.4.17 中的菱形框,它是受控电流源的符号,表示 i_c 受基极电流 i_b 的控制)。这样,晶体管可用图 1.4.17 所示的小信号模型电路代替。

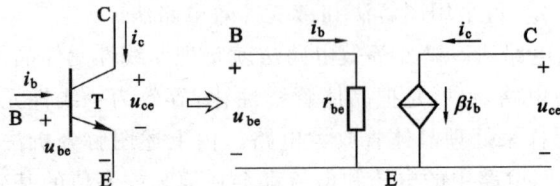

图 1.4.17　晶体管的微变等效电路

图 1.4.15 所示的交流通路中的晶体管 T 用微变等效电路代替,便可得到放大电路的微变等效电路,如图 1.4.18 所示。设 u_i 为正弦量,则电路中所有的电量均可用相量表示。下面用微变等效电路法计算放大电路的有关指标。

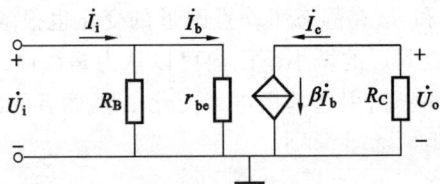

图 1.4.18　放大器的微变等效电路

① 电压放大倍数:

$$A_u = \frac{\dot{U}_o}{\dot{U}_i} = \frac{-R_C \dot{I}_c}{r_{be} \dot{I}_b} = \frac{-R_C \beta \dot{I}_b}{r_{be} \dot{I}_b} = -\beta \frac{R_C}{r_{be}} \tag{1.4.13}$$

可见,放大倍数与 β、R_C 成正比,与 r_{be} 成反比,式中的负号表明 u_o 与 u_i 反相。

式(1.4.13)为放大器开路时的电压放大倍数。若在输出端接上负载电阻 R_L,由于 C_2 对于交流视为短路,所以放大器的微变等效电路应是在图 1.4.18 中,将负载电

阻 R_L 与 R_C 并联,即 $R_L' = R_L /\!/ R_C$,称它为交流负载电阻。则电压放大倍数变为

$$A_u = -\beta \frac{R_L'}{r_{be}} \tag{1.4.14}$$

与(1.4.13)式相比,由于 $R_L' < R_C$,因此,接上负载电阻后,电压放大倍数下降,负载电阻 R_L 越小,放大倍数就越小。

② 输入电阻:由图 1.4.18 和式(1.3.1),得放大电路的输入电阻为

$$r_i = \frac{\dot{U}_i}{\dot{I}_i} = R_B /\!/ r_{be} \approx r_{be} \tag{1.4.15}$$

式中 $R_B \gg r_{be}$,R_B 可忽略不计。r_{be} 一般为几百至几千欧,这样小的输入电阻是不理想的。

③ 输出电阻:由图 1.4.19 和式(1.3.3)可计算放大电路的输出电阻,由于输入端短路,$\dot{U}_i = 0$,则 $\dot{I}_b = 0$,$\beta \dot{I}_b = 0$,因此

$$r_o = \frac{\dot{U}}{\dot{I}} = R_C \tag{1.4.16}$$

R_C 一般为几至几十千欧,一般认为是较大的,也不理想。

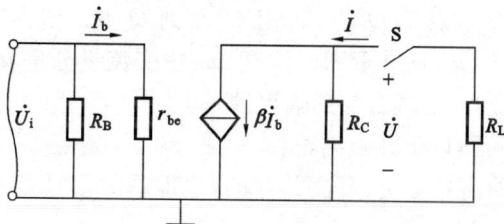

图 1.4.19　计算放大器的输出电阻

(2) 图解法分析。设放大电路输入端加上正弦交流信号(如 $u_i = U_{im} \sin \omega t = 0.02 \sin \omega t$ V),则电路中的电压、电流将在直流工作点 Q 的基础上发生相应的变化,见图 1.4.20。首先,u_i 的加入使 u_{BE} 在原来直流 U_{BE} 的基础上叠加了一个交流量 $u_i(u_{be})$,u_{BE} 的变化引起工作点沿输入特性曲线在 $Q' - Q''$ 之间变动,i_B 将随之变化。由于 U_{im} 比较小,则工作点变化时所对应的一段输入特性曲线近似为直线,所以交流量 i_b 近似为正弦波形,在静态工作点电流 40 μA 的基础上变化,其幅度为 20 μA(20 ~40~60 μA)。

i_B 的变化使对应的 i_C 也发生变化,为简单起见,假设 R_L 断开,此时放大电路的负载线是不变的,工作点仍然处在曲线与直线的交点上,所以随着 i_B 在 20 μA 至 60 μA 之间变动时,则工作点也即曲线与直线的交点将沿负载线上下移动,最上端交于 Q' 点,最下端交于 Q'' 点,因此直线段 $Q'Q''$ 是工作点移动的轨迹,通常称为**动态工作范围**。

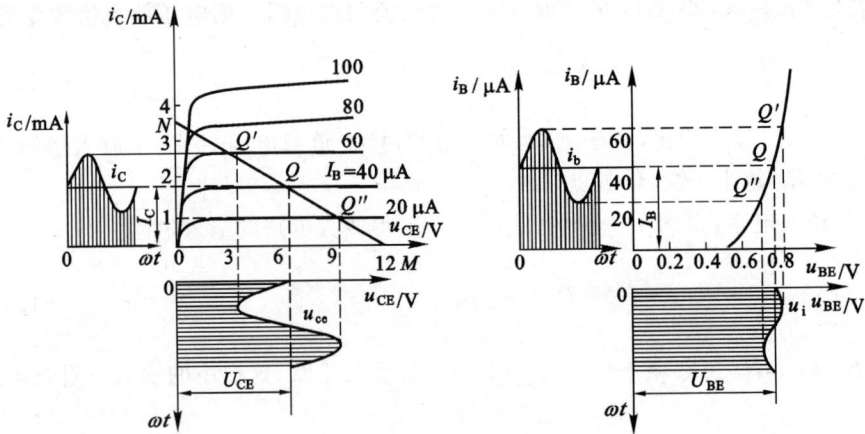

图 1.4.20　放大器的动态工作波形

由图可见,在 u_i 的正半周,i_B 先由 $40\ \mu A$ 增大至 $60\ \mu A$,放大电路的工作点将由 Q 点移到 Q' 点,相应的 i_c 由 I_c 增大到最大值,而 u_{CE} 由原来的 U_{CE} 减小到最小值;然后 i_B 由 $60\ \mu A$ 减小到 $40\ \mu A$,放大电路的工作点将由 Q' 回到 Q,相应的 i_c 也由最大值回到 I_c,而 u_{CE} 则由最小值回到 U_{CE}。在 u_i 的负半周,其变化规律恰好相反,放大电路的工作点先由 Q 点移到 Q'' 点,再由 Q'' 回到 Q 点。依据以上分析,可画出如图 1.4.20 所示的 i_B、i_C、u_{CE} 的波形图。注意,u_{CE} 中交流量分量 u_{ce} 的波形就是输出电压 u_o 的波形(u_{CE} 通过 C_2 的耦合加到输出端)。

综合以上分析,可得以下几点结论:

① 放大电路中的信号是交、直流共存的,也即瞬时信号是在原来静态值的基础上叠加交流分量而形成的,即

$$\left.\begin{aligned} i_B &= I_B + i_b \\ i_C &= I_C + i_c \\ u_{CE} &= U_{CE} + u_{ce} \end{aligned}\right\} \tag{1.4.17}$$

虽然交流分量正、负变化,但瞬时值的方向始终是不变的。

② 放大后的输出电压 u_o 是与输入电压 u_i 同频率的正弦波,由于放大电路工作在三极管的线性工作区,因此可以不失真地放大交流信号。

③ 输出电压 u_o 与输入电压 u_i 的相位差是 $180°$,也即 u_o 与 u_i 反相,因此,共射极放大器是一反相放大器。

④ 电压放大倍数为 　　　　　　　$|A_u| = \dfrac{U_{om}}{U_{im}} = \dfrac{U_{cem}}{U_{im}}$

其中 U_{cem} 和 U_{im} 分别为 u_{ce} 和 u_i 的幅值。

当接入 R_L 后,由于 i_c 要流入 R_L,其动态工作情况有些变化,在此不再具体讨论。

例 1.4.1 在图 1.4.12 所示电路中,已知 $V_{CC} = 12$ V,$R_B = 300$ kΩ,$R_C = 3$ kΩ,$R_L = 3$ kΩ,$\beta = 50$。试求:

(1) 静态值 I_B、I_C、U_{CE};

(2) 输出端开路时的电压放大倍数;

(3) 输出端接上 R_L 时的电压放大倍数;

(4) 输入电阻;

(5) 输出电阻。

解 (1) 由式(1.4.8)～(1.4.10)得

$$I_B \approx \frac{V_{CC}}{R_B} = \frac{12}{300} \approx 40 \ (\mu A)$$

$$I_C = \beta I_B = 50 \times 40 = 2 \ (mA)$$

$$U_{CE} = V_{CC} - I_C R_C = 12 - 2 \times 3 = 6 \ (V)$$

(2) $r_{be} = 300 + (1+\beta)\dfrac{26}{I_E} \approx 300 + (1+50)\dfrac{26}{2} = 0.96 \ (k\Omega)$

由式(1.4.13)得

$$A_u = -\beta \frac{R_C}{r_{be}} = -50 \times \frac{3}{0.95} \approx -158$$

(3) 由式(1.4.14)得

$$A_u = -\beta \frac{R'_L}{r_{be}} = -50 \times \frac{1.5}{0.95} \approx -79$$

(4) 由式(1.4.15)得

$$r_i \approx r_{be} = 0.96 \ k\Omega$$

(5) 由式(1.4.16)得

$$r_o = R_C = 3 \ k\Omega$$

4. 非线性失真及其改善措施

通过放大电路的图解分析我们看到,放大电路的静态工作点对于能否不失真地放大交流信号是十分关键的。如果我们把静态工作点选得比较适中,如图 1.4.21 中的 Q 点,而且交流输入信号 u_i 的幅值比较小,则可以不失真地放大交流信号。但是,如果静态工作点的位置过低,如图中的 Q' 点,则会出现**截止失真**。这是由于工作点进入截止区而引起的。如果工作点的位置选得过高,如图中的 Q'' 点,则会出现**饱和失真**。这是由于工作点进入饱和区而引起的。截止区和饱和区被称为非线性区,所以上述失真也称为**非线性失真**。为了改善非线性失真,一是要设置合适的静态工作点 Q,一般选择在负载线的中间,这样,在 Q 点两边,电压 u_{CE} 的变化范围对称,有较大的动态输出范围;二是输入信号不能太大,使工作点不要进入截止区和饱和区。

5. 静态工作点的稳定

放大电路中的三极管对外界环境的变化是很敏感的,当温度上升时,三极管的参

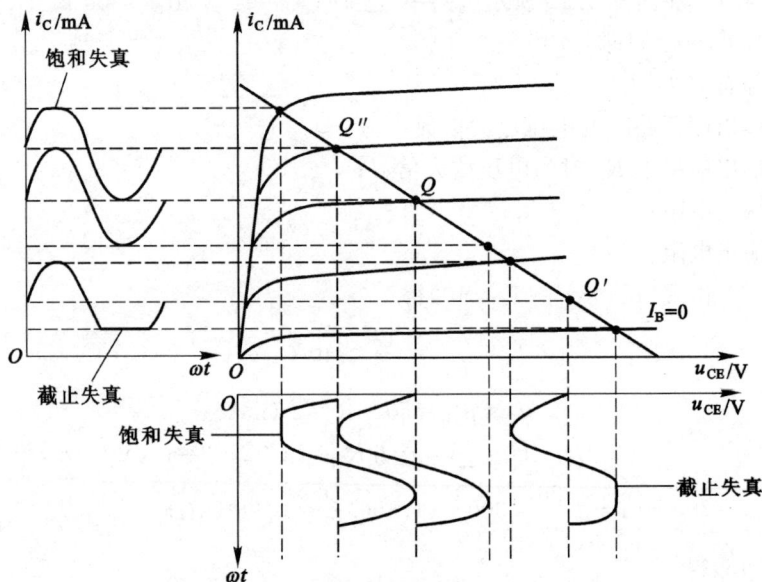

图 1.4.21   非线性失真波形

数 I_{CEO} 增加，U_{BE} 减小，β 增大，上述变化会使放大电路的静态工作点上移，静态电流 I_C 增大；而当温度下降时，则一切变化反之。当温度变化时，上述固定偏置放大电路的工作点是不稳定的。图 1.4.22 所示的射极偏置（或分压偏置）电路是一种常见的能够稳定工作点的电路。

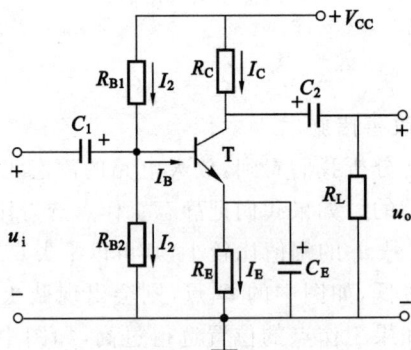

图 1.4.22   分压式偏置电路

图 1.4.22 所示的分压式偏置电路与固定偏置电路相比，增加了发射极电阻 R_E，也被称为反馈电阻，它可将输出电流的变化反馈至输入端，起到抑制静态工作点变化的作用。其稳定工作点的过程是这样的：当温度上升时，由于三极管参数的变化使得放大电路的静态电流 $I_C(I_E)$ 增加，I_E 在 R_E 上产生的压降 $I_E R_E$ 也要增加，而 $U_{BE} =$

$U_B - I_E R_E$（U_B 基本不变），所以 U_{BE} 将随之减小，进而引起 I_B 减小，$I_C = \beta I_B$ 也减小。显然，通过这一过程，使得 I_C 的变化得到了抑制，稳定了静态工作点。这一过程也被称为**负反馈**。

上述电路的直流通路如图 1.4.23 所示。

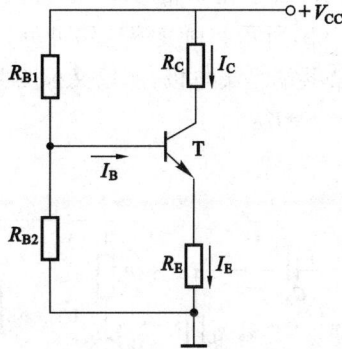

图 1.4.23　图 1.4.22 电路的直流通路

电路的静态值可按下式近似计算：

$$U_B \approx \frac{R_{B2}}{R_{B1} + R_{B2}} V_{CC}$$

$$I_C \approx I_E = \frac{U_B - U_{BE}}{R_E} \tag{1.4.18}$$

$$U_{CE} = V_{CC} - I_C R_C - I_E R_E \approx V_{CC} - I_C (R_C + R_E) \tag{1.4.19}$$

$$I_B = \frac{I_C}{\beta} \tag{1.4.20}$$

该放大电路的动态分析如下：

微变等效电路如图 1.4.24 所示。

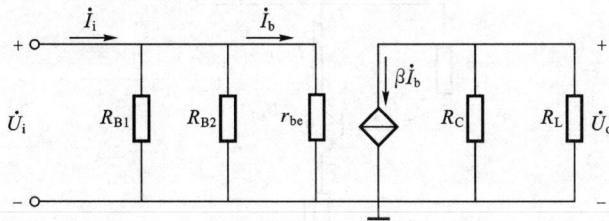

图 1.4.24　图 1.4.22 电路的微变等效电路

于是可计算电压放大倍数

$$A_u = -\frac{\beta R_L'}{r_{be}} \tag{1.4.21}$$

输入电阻 $\qquad\qquad\qquad r_i = R_{B1} /\!/ R_{B2} /\!/ r_{be} \approx r_{be} \tag{1.4.22}$

输出电阻 $\qquad\qquad\qquad r_o \approx R_C$ $\qquad\qquad$ (1.4.23)

由以上分析可见,动态指标的计算与前述的固定偏置电路的计算方法相同。

1.4.3 射极输出器

电路如图 1.4.25(a)所示,由于输出信号 u_o 取自发射极,故称为**射极输出器**。对应的交流通路如图 1.4.25(b)所示。由交流通路可见,交流信号由基极输入,发射极输出,而电路的交流信号公共端是集电极,所以又称为**共集电极放大电路**。

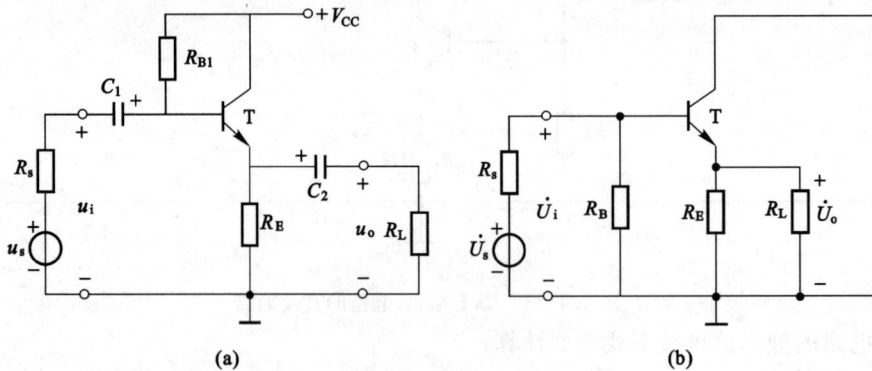

图 1.4.25　射极输出器

(a) 原理电路;(b) 交流通路

1. 静态分析

由图 1.4.26 所示的射极输出器的直流通路可确定静态值。

$$I_B = \frac{V_{CC} - U_{BE}}{R_B + (1+\beta)R_E} \qquad (1.4.24)$$

$$I_E = I_B + I_C = (1+\beta)I_B \qquad (1.4.25)$$

$$U_{CE} = V_{CC} - I_E R_E \qquad (1.4.26)$$

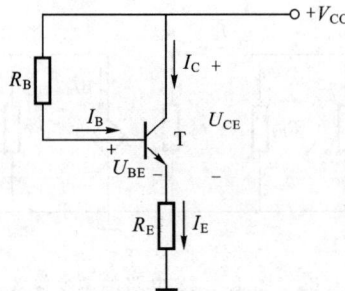

图 1.4.26　射极输出器的直流通路

2. 动态分析

(1) 电压放大倍数。

由图 1.4.27 所示的射极输出器的微变等效电路可得出

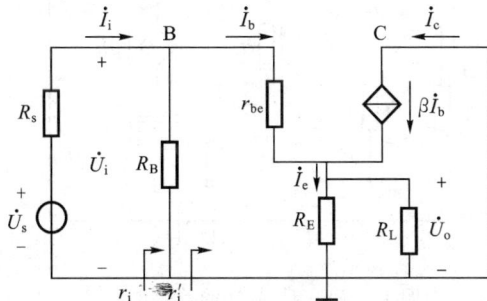

图 1.4.27　射极输出器的微变等效电路

$$\dot{U}_o = \dot{I}_e R'_L = (1+\beta)\dot{I}_b R'_L$$

式中　$R'_L = R_E /\!/ R_L$

$$\dot{U}_i = \dot{I}_b r_{be} + \dot{I}_e R'_L = \dot{I}_b r_{be} + (1+\beta)\dot{I}_b R'_L$$

$$A_u = \frac{\dot{U}_o}{\dot{U}_i} = \frac{(1+\beta)\dot{I}_b R'_L}{\dot{I}_b r_{be} + (1+\beta)\dot{I}_b R'_L} = \frac{(1+\beta)R'_L}{r_{be} + (1+\beta)R'_L} \tag{1.4.27}$$

由上式可知：

① 电压放大倍数接近 1，但恒小于 1。

$r_{be} \ll (1+\beta)R'_L$，因此 $\dot{U}_o \approx \dot{U}_i$，但 U_o 略小于 U_i。虽然没有电压放大作用，但 $I_e = (1+\beta)I_b$，故仍有一定的电流放大和功率放大作用。

② 输出电压与输入电压同相，具有电压跟随作用，该电器又称电压跟随器。

（2）输入电阻。

射极输出器的输入电阻 r_i 也可由图 1.4.26 所示的微变等效电路经过计算得出，即

$$r'_i = \frac{\dot{U}_i}{\dot{I}_b} = \frac{\dot{I}_b r_{be} + (1+\beta)\dot{I}_b R_E}{\dot{I}_b} = r_{be} + (1+\beta)R_E$$

$$r_i = R_B /\!/ r'_i = R_B /\!/ [r_{be} + (1+\beta)R'_L] \tag{1.4.28}$$

可见，射极输出器的输入电阻是由偏置电阻 R_B 和电阻 $[r_{be} + (1+\beta)R'_L]$ 并联而得的。通常 R_B 阻值很大（几十千欧至几百千欧），同时 $[r_{be} + (1+\beta)R'_L]$ 也比上述的共发射极放大电路的输入电阻（$r_i \approx r_{be}$）大得多。因此，射极输出器的输入电阻很高，可达几十欧到几百千欧。

（3）输出电阻。

射极输出器的输出电阻 r_o 可由图 1.4.28 来求得。

将信号源短路，保留其内阻 R_s，R_s 与 R_B 并联后的等效电阻为 R'_s。在输出端将

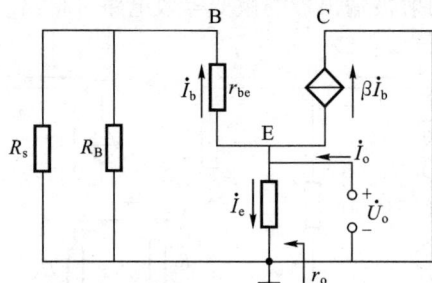

图 1.4.28 计算 r_o 的等效电路

R_L 去掉,加 交流电压 $\dot{U}_o$,产生电流 $\dot{I}_o$。

$$\dot{I}_o = \dot{I}_b + \beta\dot{I}_b + \dot{I}_e = \frac{\dot{U}_o}{r_{be}+R_s'} + \beta\frac{\dot{U}_o}{r_{be}+R_s'} + \frac{\dot{U}_o}{R_E}$$

$$r_o = \frac{\dot{U}_o}{\dot{I}_o} = \frac{1}{\dfrac{1+\beta}{r_{be}+R_s'} + \dfrac{1}{R_E}} = \frac{R_E(r_{be}+R_s')}{(1+\beta)R_E + (r_{be}+R_s')}$$

通常 $\qquad\qquad (1+\beta)R_E \gg (r_{be}+R_s'), \beta \gg 1$

故 $\qquad\qquad r_o \approx \dfrac{r_{be}+R_s'}{\beta}$ $\qquad\qquad$ (1.4.29)

可见射极输出器的输出电阻是很低的(比共发射极放大电路的输出电阻低得多),由此也说明它具有恒压输出特性。

综上所述,射极输出器具有下列特点:电压放大倍数小于 1 但非常接近于 1,输入电阻高,输出电阻小。利用这些特点,射极输出器可用于多级放大电路的输入级、输出级和中间级。r_i 大可减小放大电路对信号源的衰减,而 r_o 小可提高放大电路带负载的能力。

【练习与思考】

1.4.1 要使三极管具有放大作用,发射结和集电结的偏置电压极性如何?对于 NPN 和 PNP 两种类型的管子,应怎样联接电源?

1.4.2 三极管的电流放大系数 β 是如何定义的?能否从输出特性曲线上近似求出 β 值?

1.4.3 两个三极管,一个管子的 $\beta=50$, $I_{CBO}=0.5~\mu A$,另一个管子的 $\beta=100$, $I_{CBO}=2~\mu A$,如果其他参数一样,选用哪个管子较好?为什么?

1.4.4 有两个三极管分别接在电路中,测得它们的管脚对"地"的电位分别如下表所示:

晶体管 I			
管脚	1	2	3
电位/V	4	3.4	9

晶体管 II			
管脚	1	2	3
电位/V	−6	−2.3	−2

试判别管子的三个管脚,并说明是硅管还是锗管？是 NPN 型还是 PNP 型？

1.4.5　某一晶体管的 $P_{CM}=100$ mW, $I_{CM}=20$ mA, $U_{(BR)CEO}=15$ V,试问在下列几种情况下哪种工作正常？ (1) $U_{CE}=3$ V, $I_C=10$ mA；(2) $U_{CE}=2$ V, $I_C=40$ mA；(3) $U_{CE}=6$ V, $I_C=20$ mA。

1.4.6　如何用万用表判断出一个晶体管是 NPN 型还是 PNP 型？如何判断管子的三个管脚？又如何判断管子是硅管还是锗管？

1.4.7　从半导体器件手册上,查出三极管 3DG6 的各种参数,从而学会查阅半导体器件手册。

1.4.8　什么是放大电路的静态和动态？

1.4.9　什么是放大电路的静态工作点？如何用图解法求静态工作点？静态值 $I_B=0$ 可以吗？为什么？

1.4.10　什么是放大电路的非线性失真？其原因是什么？有几种失真？怎样消除？

1.4.11　射极偏置电路为什么能稳定静态工作点？

1.4.12　射极输出器有什么特点？主要应用在什么场合？为什么？

1.5　场效应管及其放大电路

由于三极管工作时,总是从信号源吸取电流,它是一种电流控制器件,输入电阻较低。场效应管是通过改变输入电压(或电场)来控制输出电流的,属于电压控制器件,它几乎不从信号源吸取电流,输入电阻很高,可达 10^{10} Ω 以上。另外,它还具有稳定性好、噪声低、制造工艺简单、便于集成等优点,所以场效应管及其电路得到了广泛应用。

1.5.1　绝缘栅型场效应管

1. 绝缘栅型场效应管的结构和工作原理

根据结构的不同,场效应管可分为绝缘栅型场效应管和结型场效应管两大类,其中绝缘栅型场效应管具有制造工艺简单、性能优良、便于集成等优点,应用最为广泛,所以本书只介绍绝缘栅型场效应管。

绝缘栅型场效应管根据导电沟道的不同,可分为 N 沟道和 P 沟道两类,图 1.5.1(a)所示为 N 沟道绝缘栅型场效应管的结构示意图。它是以 P 型硅作衬底,用扩散的方法在硅中做成两个高掺杂的 N^+ 区,然后分别用金属铝引出两个电极,称为**漏极** D 和**源极** S。再在两个 N^+ 扩散区之间的 P 型硅表面上生成一薄层二氧化硅(SiO_2)绝缘体,在它上面再生长一层金属铝,也引出一个电极,称为**栅极** G。因为栅极和其他电极之间是绝缘的,所以称为**绝缘栅型场效应管**。又由于它是由金属、氧化物和半导体构成的,所以又称为金属-氧化物-半导体场效应管(Metal Oxide Semiconductor Field Effect Transistor),简称 MOSFET 或 MOS 管。

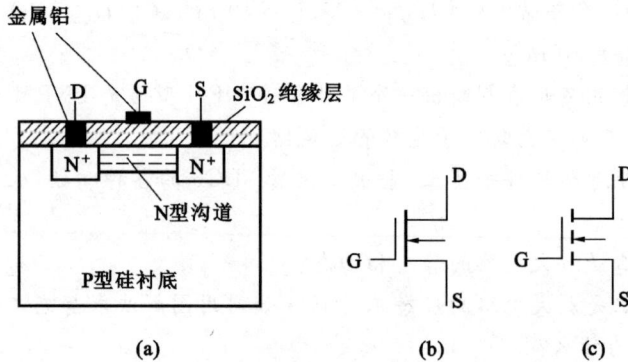

图 1.5.1　N 沟道绝缘栅场效应管结构示意图和符号

(a) 示意图;(b) 耗尽型符号;(c) 增强型符号

如果在制造 MOS 管时,在 SiO_2 绝缘层中掺入大量的正离子产生足够强的内电场,使得 P 型衬底的硅表层的多数载流子空穴被排斥开,从而感应出很多电子使漏极和源极之间形成 N 型导电沟道(电子沟道),如图 1.5.1(a)所示。这样,即使栅、源极之间不加电压,即 $u_{GS}=0$,漏、源极之间已经存在原始导电沟道,这种场效应管称为**耗尽型场效应管**。N 沟道耗尽型场效应管的表示符号如图1.5.1(b)所示。

如果在 SiO_2 绝缘层中掺入的正离子数量较少或不掺入正离子,不能产生原始导电沟道,只有在栅、源极之间加一正电压,即 $u_{GS}>0$ 时,漏、源极之间才能形成导电沟道,这种场效应管称为**增强型场效应管**。N 沟道增强型场效应管的表示符号如图 1.5.1(c)所示。

场效应管的工作主要表现在栅、源极之间的电压 u_{GS} 对漏、源极之间电流 i_D 的控制作用。以 N 沟道场效应管为例,若加在漏、源极之间的电压 U_{DS} 为常数,当栅、源极之间的电压 u_{GS} 增加时(一般衬底与源极 S 连在一起),栅极与衬底之间的电场增强,导电沟道变宽,等效电阻变小,漏极电流 i_D 增加;当栅、源极之间的电压 u_{GS} 减小时,漏极电流 i_D 减小。所以,场效应管是一电压控制器件。

图 1.5.2 所示为 P 沟道绝缘栅场效应管的结构示意图和表示符号。N 沟道和 P 沟道绝缘栅场效应管的工作原理是一样的,只是两者电源极性、电流方向相反而已。这和 NPN 型与 PNP 型三极管的电源极性、电流方向相反的道理是一样的。场效应

管与晶体三极管在对电源的极性要求和电流的方向上是一一对应的,N 沟道场效应管对应于 NPN 型三极管,P 沟道场效应管对应于 PNP 型三极管。

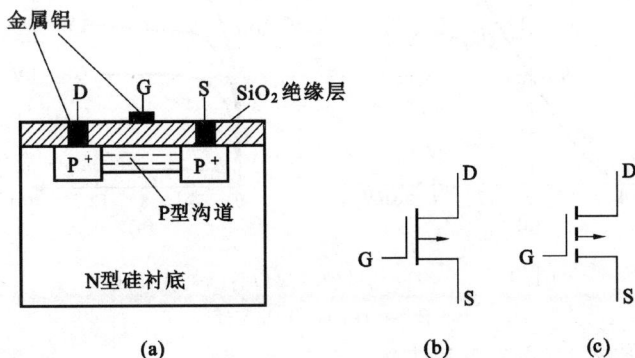

图 1.5.2 P 沟道绝缘栅型场效应管结构示意图和符号

(a) 示意图;(b) 耗尽型符号;(c) 增强型符号

无论是 N 沟道 MOS 管还是 P 沟道 MOS 管,都只有一种载流子导电(电子或空穴),均为单极型电压控制器件。

2. 特性曲线

(1)转移特性。转移特性是指在 U_{DS} 一定的条件下,漏极电流 i_D 与栅、源电压 u_{GS} 之间的关系。图 1.5.3(a)示出了 N 沟道耗尽型场效应管的转移特性曲线。当 $u_{GS}=0$ 时,漏、源之间已经有原始导电沟道可以导电,这时流过场效应管的电流称为**漏极饱和电流** I_{DSS}。当 $u_{GS}>0$ 时,栅极上的正电压将使 N 沟道变宽,i_D 增加;当 $u_{GS}<0$ 时,栅极上的负电压将使 N 沟道变窄,i_D 减小。u_{GS} 继续变负,P 型硅表面的 N 沟道趋于消失,i_D 接近于零,这就是管子的夹断,这时的 U_{GS} 称为**夹断电压** U_P。

N 沟道耗尽型场效应管的转移特性曲线可用下式表示:

$$i_D = I_{DSS}(1 - \frac{u_{GS}}{U_P})^2 \tag{1.5.1}$$

(2)输出特性。输出特性是指在 U_{GS} 一定的条件下,漏极电流 i_D 与漏源电压 u_{DS} 之间的关系。图 1.5.3(b)示出了 N 沟道耗尽型场效应管的输出特性曲线,它可以划分为两个区域。

可变电阻区(Ⅰ区):当 u_{GS} 一定时,沟道电阻一定。所以,在Ⅰ区内 i_D 基本与 u_{DS} 成线性关系,随着 u_{GS} 增大,沟道电阻变小,在相同的 u_{DS} 下,i_D 就越大,特性曲线就越陡。因此,绝缘栅场效应管的输出特性曲线的Ⅰ区可看作一个受栅、源电压 u_{GS} 控制的可变电阻区。

线性放大区(Ⅱ区):当 u_{GS} 为某一常数时,漏极电流 i_D 几乎不随漏、源电压 u_{DS} 的变化而变化,i_D 趋于饱和,特性曲线近似平行于横坐标。在该区域,i_D 随栅、源电压

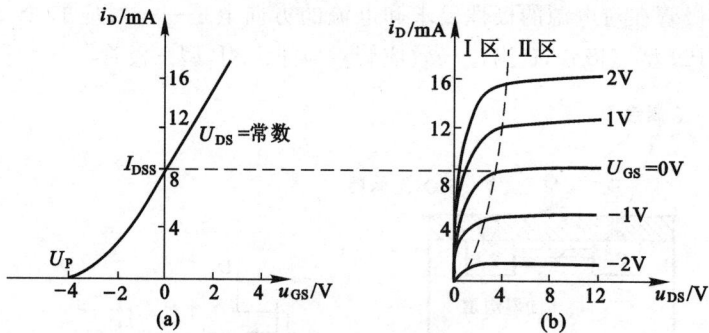

图 1.5.3 N 沟道耗尽型场效应管的特性曲线

(a) 转移特性；(b) 输出特性

u_{GS} 线性变化，故称该区域为线性放大区。

图 1.5.4(a)示出了 N 沟道增强型场效应管的转移特性曲线。该曲线可用下式表示：

$$i_D = K(u_{GS} - U_T)^2 \tag{1.5.2}$$

由于 N 沟道增强型场效应管无原始导电沟道，必须使栅、源电压 u_{GS} 大于开启电压 U_T 后才形成导电沟道。图 1.5.4(b)为 N 沟道增强型场效应管的输出特性曲线。

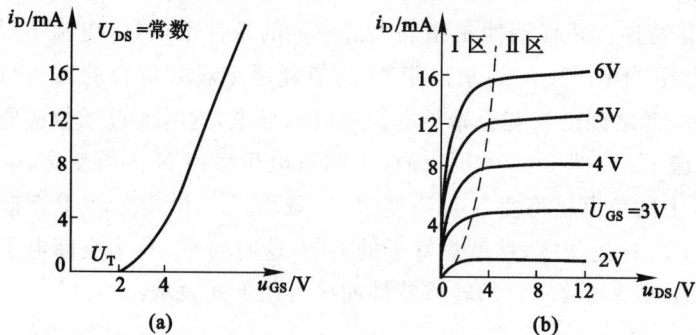

图 1.5.4 N 沟道增强型场效应管的特性曲线

(a) 转移特性；(b) 输出特性

3. 场效应管的主要参数

(1) 夹断电压 U_P 和开启电压 U_T。

夹断电压 U_P 是 u_{DS} 一定，使 $i_D = 0$ 时的 u_{GS} 值，适用于耗尽型场效应管。

开启电压 U_T 是 u_{DS} 一定，沟道可以将漏、源极联接起来的最小 u_{GS}，它适用于增强型场效应管。

(2) 饱和漏极电流 I_{DSS}。I_{DSS} 是 u_{DS} 一定，$u_{GS} = 0$ 时的 i_D，I_{DSS} 只适用于耗尽型场效应管。

(3) 跨导(互导)g_m。该参数是用来描述栅、源电压 u_{GS} 对漏极电流 i_D 控制作用

的。其定义是当 U_{DS} 一定时，i_D 的变化量与 u_{GS} 的变化量之比，即

$$g_m = \frac{di_D}{du_{GS}}\bigg|_{U_{DS}=常数} \qquad (1.5.3)$$

根据场效应管的转移特性，利用图解法也可求出跨导 g_m。在转移特性曲线的工作点处，求切线的斜率，其数值就是 g_m，其单位为 $\mu A/V$ 或 mA/V。

（4）漏源击穿电压 $U_{(BR)DS}$。漏、源极之间的反向击穿电压。

4. 场效应管与晶体管的比较及特点

下面将场效应管与晶体管进行比较，从而说明它们的一些特点。

（1）晶体管是一种电流控制器件，输入电阻低。场效应管是一种电压控制器件，输入电阻高。

（2）温度的升高会引起晶体管电流 I_C 的上升。场效应管受温度的影响比晶体管小。

（3）场效应管的噪声比晶体管的噪声小。

（4）场效应管可以在很小的电流和较低的电压下工作，又易于大规模集成化。

（5）绝缘栅型场效应管不能用万用表检查，必须用测试仪。使用四引线的场效应管，其衬底引线必须接地。

（6）保存场效应管时应将各电极短路，以免外电场作用使管子损坏。焊接时，电烙铁必须有外接地线，以防止烙铁带电而损坏管子。焊接绝缘栅型场效应管时，要按源极-漏极-栅极的顺序焊接，并且最好断电后用余热进行焊接。

一般来说，晶体管在高频电路中用得较多，晶体管的电压增益比较高，工作速度比较快。在有些电路中，取两种管子的长处，还可将它们结合起来使用。

1.5.2 共源极放大电路

场效应管与双极型晶体管在功能及应用上都是一一对应的，栅极 G 对应基极 B，漏极 D 对应集电极 C，源极 S 对应发射极 E；共射极放大器对应共源极放大器，射极输出器对应源极输出器。因此，在分析场效应管放大器时，可以与晶体管放大器的分析方法类比。

分压式偏置共源极放大器如图 1.5.5 所示，电阻 R_{G1}、R_{G2} 为分压电阻，给电路提供合适的静态工作点，其他元件与共射极放大器中各元件的作用相同。

1. 静态分析

由于 R_{G3} 无电流通过，所以栅极电位为

$$U_G = \frac{R_{G2}}{R_{G1}+R_{G2}}V_{DD} \qquad (1.5.4)$$

源极电位为

$$U_S = R_S I_S = R_S I_D$$

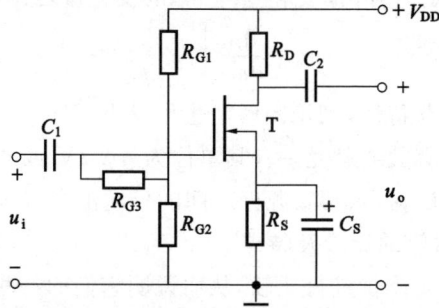

图 1.5.5 分压式共源极放大器

则
$$U_{GS} = U_G - U_S = \frac{R_{G2}}{R_{G1} + R_{G2}} V_{DD} - I_D R_S \qquad (1.5.5)$$

由式(1.5.5)可见,分压电阻为栅极提供了正的偏置电位 U_G,当 $U_G > U_S$ 时,则可使 $U_{GS} > 0$,这可以满足增强型场效应管偏置的需要。而当 $U_G < U_S$ 时,$U_{GS} < 0$,可满足耗尽型场效应管(通常工作在 $U_{GS} < 0$ 的区域)的需要。

场效应管放大电路的静态值可以采用图解法或估算法来确定。其图解法的原理及步骤与双极型晶体管放大电路的图解法相近,在此不再赘述。下面仅讨论估算法。

由式(1.5.1)有

$$I_D = I_{DSS} \left(1 - \frac{U_{GS}}{U_P} \right)^2$$

联立(1.5.1)和(1.5.5)求解即可得到电路的静态工作点电压 U_{GS} 及电流 I_D。

U_{DS} 的计算公式为 $\qquad U_{DS} = V_{DD} - I_D (R_D + R_S)$

*2. 动态分析

与双极型晶体管一样,场效应管也是一种非线性器件,在小信号情况下,也可以用它的线性等效小信号模型来代替,并且这一模型的引出方法与晶体管的类似。由于场效应管的栅极是绝缘的,因此输入端口相当于开路。在线性放大区,满足 $i_d = g_m u_{gs}$,因此,输出端口等效为一个电压控制的电流源。所以,场效应管的等效小信号模型如图 1.5.6 所示。

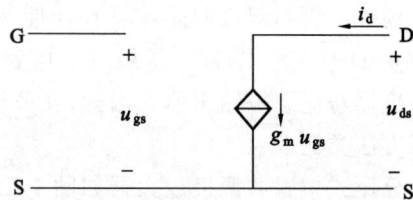

图 1.5.6 场效应管的小信号模型

在进行动态分析时,首先画出共源极放大器的交流通路,然后用交流小信号模型代替场效应管便可得到共源极放大器的交流小信号等效电路,如图 1.5.7 所示。由此可计算放大器的动态指标。

(1)电压放大倍数 A_u。

由图 1.5.7 可知

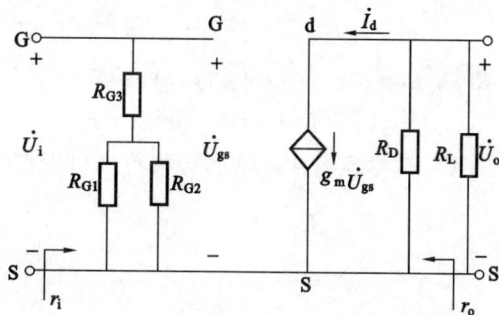

图 1.5.7　共源极放大器的交流小信号等效电路

$$\dot{U}_o = -g_m \dot{U}_{gs} R_L'$$

$$R_L' = R_D /\!/ R_L$$

$$\dot{U}_i = \dot{U}_{gs}$$

因此　　　　　　$$A_u = \frac{\dot{U}_o}{\dot{U}_i} = \frac{-g_m \dot{U}_{gs} R_L'}{\dot{U}_{gs}} = -g_m R_L' \qquad (1.5.6)$$

上式中的负号表示共源放大电路的输出电压与输入电压反相,并且放大倍数较大。这些特点与共射放大电路是一致的。

（2）输入电阻 r_i。

由图 1.5.7 有

$$r_i = \frac{\dot{U}_i}{\dot{I}_i} = R_{G3} + R_{G1} /\!/ R_{G2}$$

通常有　　　　　　　　　　　$$R_{G3} \gg R_{G1} /\!/ R_{G2}$$

所以　　　　　　　　　　　　$$r_i \approx R_{G3} \qquad (1.5.7)$$

由以上分析可见,R_{G3} 的存在可以保证场效应管放大电路的输入电阻很大,以减小偏置电阻对输入电阻的影响。

（3）输出电阻。

利用与共射极放大电路求输出电阻 r_o 相同的方法可得

$$r_o = R_D \qquad (1.5.8)$$

例 1.5.1　在图 1.5.5 所示的放大电路中,已知 $V_{DD} = 20$ V,$R_D = 10$ kΩ,$R_S = 10$ kΩ,$R_{G1} = 200$ kΩ,$R_{G2} = 51$ kΩ,$R_{G3} = 1$ MΩ,并将其输出端接一负载电阻 $R_L = 10$ kΩ。所用的场效应管为 N 沟道耗尽型,其参数 $I_{DSS} = 0.9$ mA,$U_P = -4$ V,$g_m = 1.5$ mA/V。试求:

（1）静态值;

（2）电压放大倍数。

解　（1）由电路图可知

$$V_G = \frac{R_{G2}}{R_{G1}+R_{G2}} V_{DD} = \frac{51\times10^3}{(200+51)\times10^3}\times20\approx4\ (\text{V})$$

$$U_{GS} = V_G - R_S I_D = 4 - 10\times10^3 I_D$$

在 $U_P \leqslant U_{GS} \leqslant 0$ 范围内，耗尽型场效应管的转移特性可近似用下式表示：

$$I_D = I_{DSS}\left(1-\frac{U_{GS}}{U_P}\right)^2$$

联立上列两式

$$\begin{cases} U_{GS} = 4 - 10\times10^3 I_D \\ I_D = \left(1+\dfrac{U_{GS}}{4}\right)^2 \times 0.9\times10^{-3} \end{cases}$$

解之得

$$I_D = 0.5\ \text{mA},\ U_{GS} = -1\ \text{V}$$

并由此得

$$U_{DS} = V_{DD} - (R_D + R_S)I_D = 20 - (10+10)\times10^3\times0.5\times10^{-3} = 10\ (\text{V})$$

（2）电压放大倍数为

$$A_u = -g_m R_L' = -1.5\times\frac{10\times10}{10+10}$$

$$= -7.5$$

式中 $R_L' = R_D /\!/ R_L$。

1.5.3　源极输出器

图 1.5.8 所示电路是源极输出器，它与晶体管射极输出器一样，具有电压放大倍数小于 1 但近似等于 1，输入电阻高和输出电阻小的特点。其静态和动态分析可参照共源极放大器和射极输出器的分析方法。

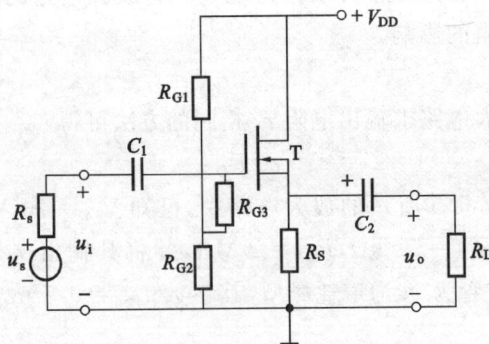

图 1.5.8　源极输出器

【练习与思考】

1.5.1 场效应管与晶体三极管比较有什么特点?

1.5.2 为什么说晶体三极管是电流控制器件,而场效应管是电压控制器件?

1.5.3 说明场效应管的夹断电压 U_P 和开启电压 U_T 的物理意义。

1.5.4 试画出 P 沟道绝缘栅耗尽型和增强型场效应管的转移特性。

1.5.5 为什么绝缘栅型场效应管的栅极不能开路?

1.6 多级放大电路

在实际应用中,单级放大电路的输出往往不能满足负载要求。为了推动负载工作,经常是将若干个放大单元电路串接起来组成多级放大电路。图 1.6.1 为多级放大电路的组成方框图,其中前置级主要用作电压放大,可以将微弱的输入电压放大到足够的幅度,末前级和输出级用作功率放大,以输出负载所需要的功率,推动负载工作。

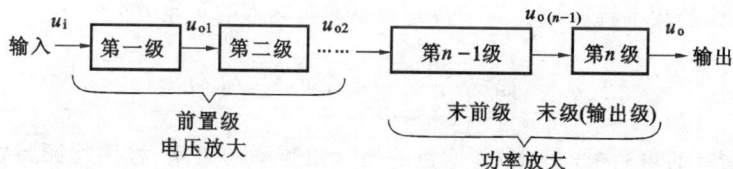

图 1.6.1 多级放大电路的组成方框图

1. 多级放大电路的耦合方式

在多级放大电路中,每两个放大单元电路之间的联接方式叫级间耦合方式。常用的耦合方式有直接耦合和阻容耦合。把放大电路的前、后级电路直接联接起来的耦合方式叫**直接耦合**。若在前、后级之间串接一个电容器,这种耦合方式叫**阻容耦合**。

2. 多级放大电路的分析方法

(1) 静态分析。在阻容耦合多级放大电路中,由于各级的静态工作点相互独立,所以可按前面介绍的方法分别计算单级的静态值。

对于直接耦合的多级放大电路,由于各级的直流通路是相互联系的,所以计算时要综合考虑前后级电压、电流之间的关系,一般要列几个回路方程才可解决问题。当然,在计算过程中可以运用工程上近似处理的方法,在误差不超过允许范围的情况下,可以忽略一些次要因素,简化运算过程。

(2) 动态分析。在进行动态分析时,要注意下面一些特点:多级放大电路前级的开路电压相当于后级的输入信号源电压,前级的输出电阻相当于后级的输入信号源内阻;而后级的输入电阻又相当于前级的负载电阻。在明确了多级放大电路的前后级之间关系的基础上,可求出它的电压放大倍数、输入电阻和输出电阻。

由图 1.6.1,多级放大电路总的电压放大倍数为

$$A_u = \frac{\dot{U}_o}{\dot{U}_i} = \frac{\dot{U}_{o1}}{\dot{U}_i} \frac{\dot{U}_{o2}}{\dot{U}_{o1}} \cdots \frac{\dot{U}_o}{\dot{U}_{o(n-1)}} = A_{u1} A_{u2} \cdots A_{un} \qquad (1.6.1)$$

由式(1.6.1)可见,多级放大电路总的电压放大倍数是各单级放大倍数的乘积,而单级放大倍数的求解方法前已述及,所以我们不难求出总的电压放大倍数。

由图 1.6.1 可知,多级放大电路的输入电阻为第一级放大电路的输入电阻,即

$$r_i = r_{i1} \qquad (1.6.2)$$

多级放大电路的输出电阻为末级放大电路的输出电阻,即

$$r_o = r_{末} \qquad (1.6.3)$$

3. 多级放大电路的频率特性

放大电路的频率特性定义为增益与频率或角频率的关系,即

$$A_u(j\omega) = \frac{\dot{U}_o(j\omega)}{\dot{U}_i(j\omega)} = A_u(\omega) \angle \varphi(\omega) \qquad (1.6.4)$$

式中,ω 为信号的角频率;$A_u(\omega)$ 为增益的模与角频率的关系,称为**幅频特性**;$\varphi(\omega)$ 为增益的相位差与角频率的关系,称为**相频特性**。二者一起可全面描述放大电路的频率特性。

一般情况下,当改变输入信号的频率时,由于放大电路中电抗元件的值与频率有关,因此它的电压放大倍数和输出波形的相位都随频率发生变化。这就说明,放大电路只能放大一定频率范围的信号,对于阻容耦合放大电路,当信号的频率太低时,由于耦合电容的容抗对信号的衰减,使得输出电压或电压放大倍数下降;当信号的频率太高时,由于元器件内部 PN 结电容的影响,输出电压或电压放大倍数也要下降,其幅频特性曲线如图 1.6.2(a)所示。对于直接耦合放大电路,由于无耦合电容,因此对低频信号无衰减,其幅频特性曲线如图 1.6.2(b)所示。

由图 1.6.2 可见,放大电路在中频段的电压放大倍数近似为常数且最大,用 A_{um} 表示。当信号频率减小而使放大倍数下降为中频值 A_{um} 的 $\frac{1}{\sqrt{2}}$ 时,对应的频率称为**下限截止频率**,记作 f_L。当信号频率升高而使放大倍数下降为中频值 A_{um} 的 $\frac{1}{\sqrt{2}}$ 时,对应的频率称为**上限截止频率**,记作 f_H。我们将 f_H 和 f_L 之间形成的频带称为**通频**

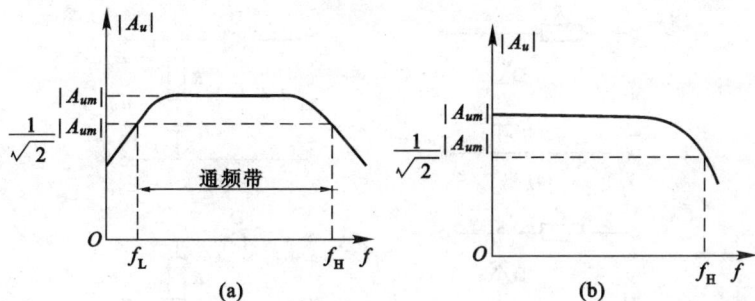

图 1.6.2　放大电路的幅频特性曲线

(a) 阻容耦合；(b) 直接耦合

带,记作 f_{BW},即

$$f_{BW} = f_H - f_L \qquad (1.6.5)$$

通频带越宽,表明放大电路对信号频率的适应能力越强。对于音响设备来说,通频带宽意味着可以将原乐曲中丰富的高、低音都能完美地播放出来。然而有些情况下则希望频带窄,如带通滤波器等。

以上结论不仅适用于分立元件组成的多级放大器,也同样适用于后面介绍的集成电路的级联。

【练习与思考】

1.6.1　多级放大器有哪几种耦合方式?

1.6.2　怎样计算多级放大器的电压放大倍数、输入电阻和输出电阻?

1.6.3　阻容耦合和直接耦合多级放大器的频率特性有什么不同? 为什么?

习　　题

1.1　在题图 1.1 所示各电路中,$E=5$ V,$u_i=10\sin \omega t$ V,二极管的正向压降可忽略不计,试分别画出输出电压 u_o 的波形。

1.2　在题图 1.2 中,试求下列几种情况的输出电位 V_F 及流过各电阻的电流:

(1) $V_A = 10$ V,$V_B = 0$ V;

(2) $V_A = 6$ V,$V_B = 5.8$ V;

(3) $V_A = V_B = 5$ V。

设二极管的正向导通电阻为零,反向电阻为无穷大。

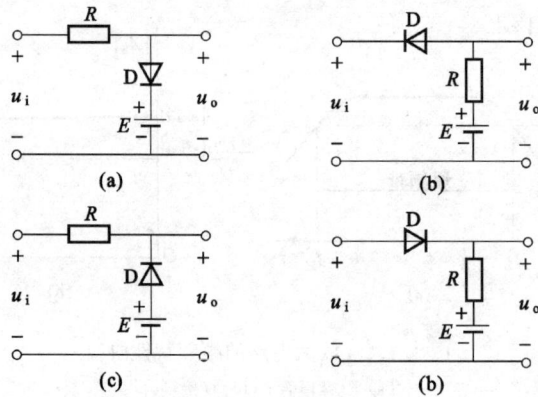

题图 1.1　习题 1.1 的图

1.3　在题图 1.3 中，$E=20$ V，$R_1=900$ Ω，$R_2=1100$ Ω，稳压管 D_Z 的稳定电压 $U_Z=10$ V，最大稳定电流 $I_{ZM}=8$ mA。试求稳压管中通过的电流 I_Z；该值是否超过 I_{ZM}？若超过该怎么解决？

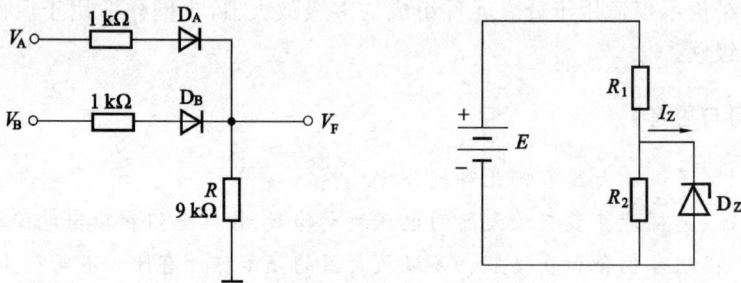

题图 1.2　习题 1.2 的图　　　　题图 1.3　习题 1.3 的图

1.4　在某放大电路输入端测量到输入正弦信号电流和电压的峰-峰值分别为 5 μA 和 5 mV，输出端接 2 kΩ 电阻负载，测量到输出正弦电压信号的峰-峰值为 1 V。试计算该放大电路的电压增益 A_u、电流增益 A_i，并分别换算成分贝数。

1.5　一电压放大电路输出端接 1 kΩ 负载电阻时，输出电压为 1 V；负载电阻断开时，输出电压上升到 1.1 V，求该放大电路的输出电阻 r_o。

1.6　晶体管放大电路和晶体管的输出特性曲线如题图 1.4 所示，已知 $V_{CC}=12$ V，$R_C=3$ kΩ，$R_B=240$ kΩ 。

(1) 试用估算法计算各静态值 I_B、I_C 和 U_{CE}；

(2) 试用图解法作放大电路的静态工作点；

(3) 静态时耦合电容 C_1、C_2 上的电压各为多少？电压极性如何？

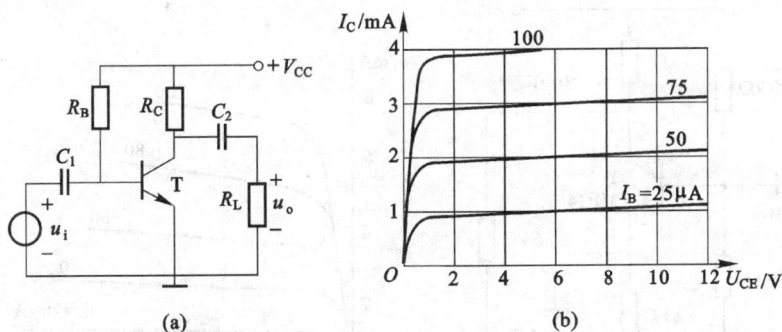

题图 1.4　习题 1.6 的图

1.7　在题图 1.5 中,晶体管是 PNP 型。

(1) 在图中标出 V_{CC} 和 C_1、C_2 的极性;

(2) 设 $V_{CC}=12$ V,$R_C=3$ kΩ,$\beta=75$,$I_C=1.5$ mA,则 $R_B=$?

(3) 在调整静态工作点时,如不慎将 R_B 调为零,对晶体管有无影响? 为什么? 应采取什么措施来防止发生这种情况?

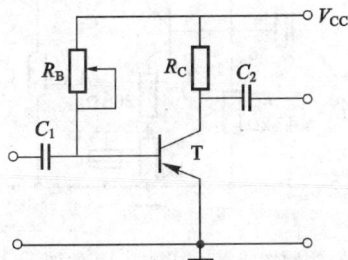

题图 1.5　习题 1.7 的图

*1.8　一固定偏置共射极放大电路,要求 $|A_u|\geqslant100$,$I_C=1$ mA,$V_{CC}=12$ V,三极管的 $\beta=20$,设 $R_L=\infty$,确定 R_B、R_C,计算 U_{CE}。

1.9　射极偏置电路如题图 1.6 所示,已知三极管的 $\beta=60$。

(1) 用估算法求静态值;

*(2) 求电压放大倍数 A_u、输入电阻 r_i 和输出电阻 r_o。

1.10　放大电路如题图 1.7 所示。晶体管的 $\beta=80$,$U_{BE}=0.7$ V。

(1) 求输出电阻 r_i 和输出电阻 r_o;

(2) 求电压放大倍数 $\dot{A}_u$。

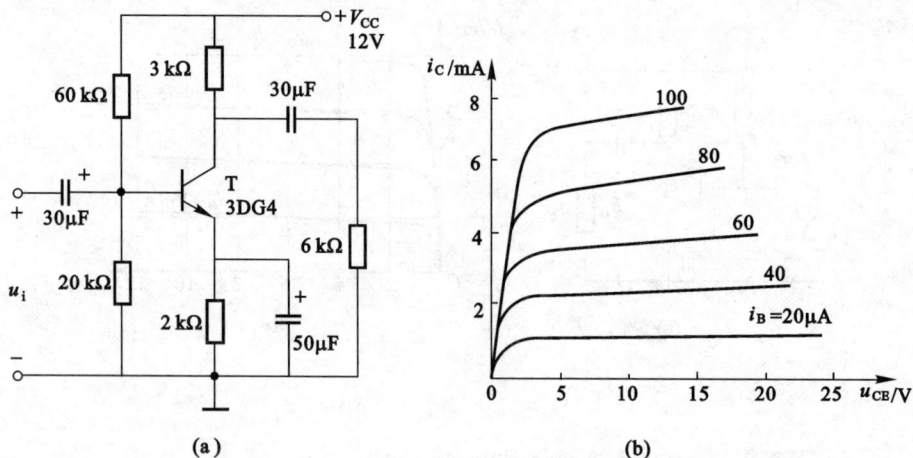

题图 1.6 习题 1.9 的图

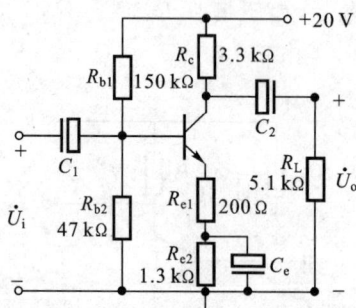

题图 1.7 习题 1.10 的图

1.11 射极输出器如图 1.4.25 所示。已知 $V_{CC}=12$ V，$R_s=75$ Ω，$R_E=1$ kΩ，$R_B=75$ kΩ，$R_L=1$ kΩ，$\beta=50$。

(1) 试计算各静态值 I_B、I_C 和 U_{CE}；

*(2) 求电压放大倍数 A_u、输入电阻 r_i 和输出电阻 r_o。

*1.12 已知电路及其参数如题图 1.8 所示，场效应管在工作点上的跨导 $g_m=1$ mS。

(1) 画出电路的小信号模型等效电路；

(2) 求电压增益 A_u；

(3) 输入电阻 r_i。

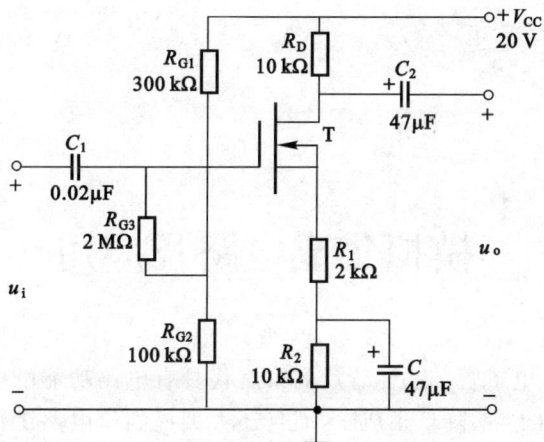

题图 1.8　习题 1.12 的图

1.13　源极输出器电路如题图 1.9 所示,设场效应管的参数 $U_P = -2\ V$,$I_{DSS} = 1\ mA$。

(1) 用估算法确定静态工作点 I_D、U_{GS}、U_{DS} 及工作点上的跨导 g_m;

*(2) 计算 A_u、r_i、r_o。

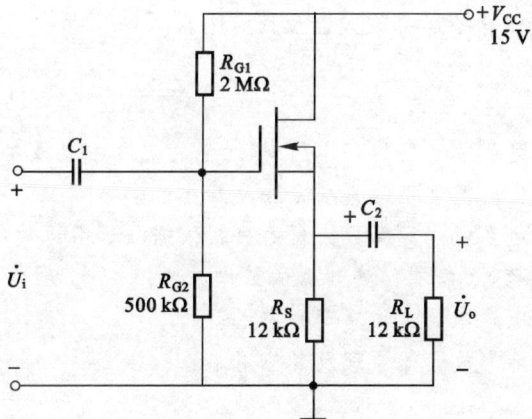

题图 1.9　习题 1.13 的图

第2章

模拟集成电路及应用

　　集成电路是继电子管和晶体管后的第三代具有电路功能的电子器件,它不仅减小了电路的体积和重量,降低了成本,而且还大大提高了电路工作的可靠性,减轻了组装和调试的工作量。集成电路按其规模可分为:①小规模集成电路(SSI),其内部一般包含十至几十个元器件;②中规模集成电路(MSI),其内部一般含上百个元器件;③大规模和超大规模集成电路(LSI 和 VLSI),其内部一般含成千上万个以上的元器件。按其功能可分为两大类:一类是模拟集成电路,它是用来处理模拟信号(随时间连续变化的信号)的;另一类是数字集成电路,它是用来处理数字信号(随时间不连续变化的信号)的。本章将介绍最常见的模拟集成运算放大器、集成乘法器、集成功率放大器等。重点介绍运算放大器及其应用。

基本要求

　　(1) 了解集成运算放大器的基本组成、功能特点和主要技术参数;
　　(2) 正确理解负反馈类型的判别方法及其作用;
　　(3) 熟练掌握运用理想运算放大器的分析依据分析由运放组成的比例、加法、减法和积分等线性电路,了解有源滤波器的工作原理;
　　(4) 理解电压比较器的工作原理和应用;
　　(5) 了解集成功率放大器原理及其应用。

2.1　集成运算放大器

　　集成运算放大器(简称集成运放)是一种高增益的直接耦合多级放大器,因为最初它被用于模拟运算中,故名运算放大器。目前,它的应用远远超出了"运算放大",它在信号的产生、变换、处理、测量等方面,起着非常重要的作用。

2.1.1　集成运算放大器的组成

集成运算放大器的内部主要电路可分为输入级、中间级和输出级三个基本组成部分,如图 2.1.1 所示。

图 2.1.1　运算放大器的组成框图

1. 输入级

(1) 直接耦合放大器的零点漂移问题。所谓**零点**,是指放大器的输入信号为零($u_i=0$)时的输出电压 U_o(注意:零点不一定电压为 0)。理想放大器的零点应该是恒定不变的。但对于一个实际放大器来说,当放大器的输入信号为零时,其输出电压往往在不断地缓慢变化而偏离零点上下波动,这种现象就叫做**零点漂移**。零点漂移往往是由于温度变化引起的,因而也叫**温漂**。温度变化会使三极管的 I_{CEO}、β 和 U_{BE} 发生变化,从而引起放大器的零点漂移。对于多级直接耦合放大器,当第一级放大器的静态工作点发生微小而又缓慢的变化时,这种变化量会被后面的电路逐级放大,最终在输出端产生较大的电压漂移。这种漂移电压大到一定程度时,就无法与正常放大的信号加以区别,使得放大器不能正常工作。

因为集成运放是一种高增益的直接耦合放大器,输入级的性能对整个运放性能的影响至关重要。因此,集成运放的输入级一般都采用高性能的差动放大电路,以克服温度带来的零点漂移问题。

(2) 差动放大电路。图 2.1.2 是一个基本的差动放大电路。电路中晶体管 T_1 和 T_2 的参数以及温度特性都对称,$U_{BE1}=U_{BE2}$,$\beta_1=\beta_2$,$I_{CBO1}=I_{CBO2}$。电路两边的参数也对称,即 $R_{C1}=R_{C2}$,$R_{B1}=R_{B2}$,$R_{B3}=R_{B4}$。电路有两个信号输入端,输出电压 u_o 取自 T_1 和 T_2 管的两个集电极。

① 抑制零点漂移的原理。

静态时,$u_{i1}=u_{i2}=0$,由于电路两边是完全对称的,因此

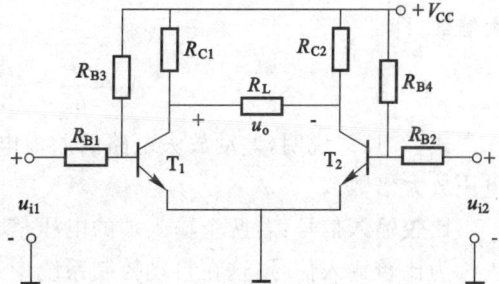

图 2.1.2　基本差动放大电路

$$I_{C1}=I_{C2}=I_C$$
$$U_{C1}=U_{C2}=U_C=V_{CC}-I_C \cdot R_{C1}$$

输出电压　　　　　　　　　$$U_o=U_{C1}-U_{C2}=0$$

当温度发生变化时,将引起两管集电极电流和集电极电位发生相同的变化,即

$$\Delta I_{C1}=\Delta I_{C2}, \quad \Delta U_{C1}=\Delta U_{C2}$$

所以输出电压的漂移

$$\Delta U_o = \Delta U_{C1} - \Delta U_{C2} = 0$$

从而抑制了零点漂移。

② 信号输入方式。

由于差动放大器有两个输入端,所以输入信号有多种方式。

共模输入信号:若两个输入端的信号电压大小相等,极性相同,即 $u_{i1} = u_{i2} = u_{ic}$,这样的输入称为**共模输入信号**。当差动放大电路的输入端加入共模信号时,因两管的集电极电流和集电极电位变化相同,因此,输出电压 $u_o = 0$,其**共模电压放大倍数**为

$$A_c = \frac{u_o}{u_{ic}} = 0 \tag{2.1.1}$$

电源电压的波动以及由电源引起的 50 Hz 的工频干扰等都可看成是共模输入信号。共模信号都是没有用的信号,放大电路应抑制这种信号。

差模输入信号:若两个输入端的信号电压的大小相等,极性相反,即 $u_{i1} = -u_{i2}$,这样的输入称为**差模输入信号**。差模信号一般是有用的待放大的信号。因电路两边对称,放大倍数相等,即 $A_{u1} = A_{u2} = A_u$,则

$$u_{o1} = A_u u_{i1}$$
$$u_{o2} = A_u u_{i2}$$

因此
$$u_o = u_{o1} - u_{o2} = A_u(u_{i1} - u_{i2}) = 2A_u u_{i1}$$

输出电压 u_o 与加在两输入端的电压差 $u_{id}(=u_{i1} - u_{i2})$ 的比值,称为**差模电压放大倍数**,即

$$A_d = \frac{u_o}{u_{id}} = \frac{2A_u u_{i1}}{2u_{i1}} = A_u \tag{2.1.2}$$

式(2.1.2)说明,差动放大电路的差模电压放大倍数等于单边共射极放大电路的电压放大倍数。

比较输入信号:若两个输入端的电压信号既非共模信号,又非差模信号,这种输入称为比较输入信号,这在自动控制系统中是常见的。为了便于分析和处理,可以将比较输入信号分解为共模信号 u_{ic} 和差模信号 u_{id}。设比较输入的两个信号为 u_{i1}、u_{i2},它们之间的关系为

$$u_{id} = u_{i1} - u_{i2} \tag{2.1.3}$$

$$u_{ic} = \frac{u_{i1} + u_{i2}}{2} \tag{2.1.4}$$

由此可求出输入信号的共模、差模分量。如 $u_{i1} = 10$ mV,$u_{i2} = 8$ mV,则 $u_{id} = 2$ mV,$u_{ic} = 9$ mV。因此,$u_{i1} = 9 + 1$ mV,$u_{i2} = 9 - 1$ mV。

共模抑制比 K_{CMR}:共模抑制比定义为差模放大倍数与共模放大倍数的比值,即

$$K_{CMR} = \left| \frac{A_d}{A_c} \right| \tag{2.1.5a}$$

或
$$K_{\text{CMR}} = 20\lg\left|\frac{A_d}{A_c}\right| \quad \text{dB} \tag{2.1.5b}$$

对于上述理想差动放大电路，K_{CMR}趋于无穷；但对于实际差动放大电路，由于电路不可能完全对称，因此K_{CMR}也不可能为无穷。但该值越大，说明电路对有用的差模信号的放大能力越强，而对有害的共模信号的抑制能力越强，因此表明电路的性能越好。

2. 中间级

中间级主要完成电压放大任务，要求有高的电压增益，一般采用共射极电压放大器。

3. 输出级

输出级的任务是进行功率放大，以驱动负载工作，一般采用互补对称的功率放大器。此外，输出级还附有保护电路，以免意外短路或过载时造成损坏。

2.1.2 集成运算放大器的符号和参数

1. 集成运算放大器的符号

集成运算放大器的符号如图 2.1.3 所示。u_o为输出端。u_-为反相输入端，由此端输入信号，输出信号和输入信号是反相的。u_+为同相输入端，由此端输入信号，输出信号和输入信号是同相的。A_{uo}为开环电压放大倍数，即 $u_o = A_{uo}(u_+ - u_-)$。

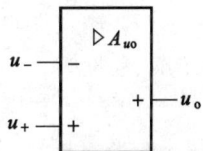

图 2.1.4 所示是 CF741 集成运放的管脚排列图，它的外形有圆壳式和双列直插式两种。它的八个管脚中有七个管脚与外电路相连，管脚 8 为空脚，1 和 5 为外接电位器(通常为 $10\ \text{k}\Omega$)的两个端子，用于输

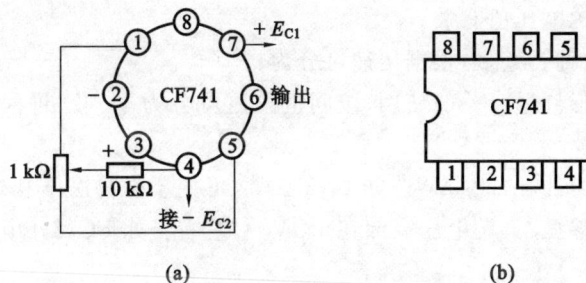

图 2.1.3 集成运算放大器的符号

图 2.1.4 CF741 集成运放的管脚排列图

出静态调零，2 为反相输入端，3 为同相输入端，6 为输出端，7 为正电源端，4 为负电源端。

2. 集成运算放大器的主要参数

(1) 开环差模电压放大倍数 A_{uo}：指无反馈情况下的空载电压放大倍数。它是决定运算精度的重要因素,其值越大越好。A_{uo} 一般约为 $10^4 \sim 10^9$,即 $80 \sim 180$ dB。

(2) 差模输入电阻 r_{id}:指差模信号输入时,运放的开环(无反馈)输入电阻,一般为几十千欧至几十兆欧。

(3) 共模抑制比 K_{CMR}:通用型集成运放的 K_{CMR} 一般在 $65 \sim 130$ dB 之间。

(4) 输入失调电压 U_{IO}:理想情况下,运放在输入电压 $u_{id} = u_{i1} - u_{i2} = 0$ 时,输出电压 $u_o = 0$。但实际的集成运放,当 $u_{id} = 0$ 时,$u_o \neq 0$。这是由于内部元件参数的不对称等原因所引起的,把 $u_{id} = 0$ 时 u_o 的值折算到输入端就是输入失调电压 U_{IO}。它在数值上等于输出电压为零时,两输入端间应施加的直流补偿电压。U_{IO} 的大小反映了差动输入级的不对称程度,显然其值越小越好,一般为几个毫伏。

(5) 输入失调电流 I_{IO}:输入失调电流是输入信号为零时,两个输入端静态电流之差,即 $I_{IO} = |I_{BP} - I_{BN}|$,$I_{BP}$、$I_{BN}$ 分别为同相端和反相端的静态输入(偏置)电流。I_{IO} 一般为纳安数量级,其值愈小愈好。

(6) 输入偏置电流 I_{IB}:输入信号为零时,两个输入端静态电流的平均值,即 $I_{IB} = (I_{BP} + I_{BN})/2$,其值一般为零点几微安,其值愈小愈好。

(7) 输入失调电压温漂 dU_{IO}/dT:它衡量了输入失调电压的温漂特性,一般约为 μV/℃ 数量级。

(8) 最大共模输入电压 U_{ICM}:集成运放对有限的共模输入信号具有抑制能力,如超出这个电压,运算放大器的共模抑制性能就大为下降,这个共模限制电压就是 U_{ICM}。

(9) 最大差模输入电压 U_{IDM}:集成运放两个输入端所能承受的最大差模输入电压。

(10) 最大输出电压 U_{OPP}:能使输出电压和输入电压保持线性关系的最大输出电压,该值与外加电源电压值有关。

目前集成运放种类繁多,根据用途可分为:

通用型:性能指标适合一般使用,按问世先后可分为Ⅰ、Ⅱ、Ⅲ代产品,如 CF741 为第Ⅲ代产品。

低功耗型:静态功耗 ≤2 mW。如 FX253 等,可用于生物医学和外层空间设备。

高精度、低漂移型:失调电压温漂在 1 μV/℃ 左右。如 FC72,OP77 等,可用于精密测量。

高阻型:输入电阻可达 10^{12} Ω 以上。如 F55,5G28 等。

另外,还有宽带型、高压型、高速型、大功率型等等。使用时须查阅集成运放手册,详细了解它们的参数,作为使用和选择的依据。

2.1.3 集成运算放大器的电压传输特性、理想模型和分析依据

1. 电压传输特性

集成运放的电压传输特性是指开环时,输出电压与差模输入电压之间的关系。即

$$u_o = A_{uo}(u_+ - u_-) = A_{uo}u_{id} \tag{2.1.6}$$

其特性曲线如图 2.1.5 所示。

从图 2.1.5 可以看出,当 u_{id} 较小,在 $-U_{im} \sim +U_{im}$ 之间变化时,输出电压与输入电压成线性关系。当 u_{id} 超出上述范围时,运放输出达到饱和状态,输出分别为正饱和值 $+U_{om}$ 和负饱和值 $-U_{om}$。

$\pm U_{im}$ 与 $\pm U_{om}$ 的大小与运放的开环差模电压放大倍数 A_{uo}、电源电压以及运放输出级管子的饱和压降有关。设 $A_{uo} = 10^5$,电源电压为 ± 12 V,输出级管子的饱和压降小于 2 V。这样,输出电压最大值 U_{om} 大约为 ± 10 V。则当 U_{im} 在 ± 0.1 mV 范围内时,运放工作在线性状态,若超出这个范围,运放就进入了正、负向饱和状态了。

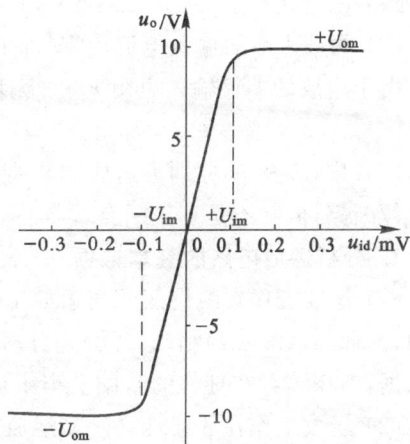

图 2.1.5 集成运放的电压传输特性

由上述分析可见,运放的线性范围是非常小的,若开环使用,很难实现输出与输入电压的线性关系,输入信号稍微大一点,输出便进入饱和状态。因此,作为放大器,运放不能开环使用,必须加负反馈才能使其工作在线性区域。

2. 理想运放模型

在大多数工程计算中,常用运算放大器的理想模型来代替实际模型。但按这种理想模型计算所带来的误差是非常小的,在工程上忽略该误差完全可以满足要求,但却使分析计算大大简化。

理想运放应具有以下一些特征:

开环差模电压增益 $A_{uo} \to \infty$;

差模输入电阻 $r_{id} \to \infty$;

共模抑制比 $K_{CMR} \to \infty$;

输出电阻 $r_o = 0$。

集成运放工作在线性状态时,利用运放的理想模型可以推导出下面两条结论:

(1) 运放两输入端的电位相等,即 $u_+ = u_-$。

由于运放的输出电压 u_o 为有限值,而理想运放的 $A_{uo} \to \infty$,因而两输入端之间的

电压

$$u_+ - u_- = \frac{u_o}{A_{uo}} = 0$$

因此　　　　　　　　　　　$u_+ = u_-$　　　　　　　　　　　(2.1.7)

上两式中,u_+ 和 u_- 分别为运放同相端和反相端的电位。从上式看,运放两输入端好像是短路的,但并不是真正的短路,因而称为"**虚短**"。只有运放工作在线性区域时,才存在"虚短"。

(2) 两输入端的输入电流为零,即 $i_+ = i_- = 0$。

由于运放的差模输入电阻 $r_{id} \to \infty$,因而流入两个输入端的电流为 0,即

$$i_+ = i_- = 0$$　　　　　　　　　　　(2.1.8)

上式中,i_+ 和 i_- 分别为运放同相端和反相端的输入电流。从上式看,运放输入端又像断路,但并不是真正断路,因而称之为"**虚断**"。

3. 分析运放电路的基本依据

(1) 运放工作在线性区。当运放工作在线性区时,"虚短"和"虚断"的概念是成立的,因此,式(2.1.7)和(2.1.8)是分析各种运放构成的线性电路的基本出发点或基本依据,希望读者在理解的基础上牢牢记住!

(2) 运放工作在非线性区。当运放工作在非线性区时,"虚短"的概念不再成立,但"虚断"的概念仍是成立的。

根据式(2.1.6)和图 2.1.5,对于理想运放来说,输入电压的线性范围为 0,因此有下列关系:

$$u_+ > u_- \text{ 时},u_o = +U_{om}$$　　　　　　　(2.1.9)

$$u_+ < u_- \text{ 时},u_o = -U_{om}$$　　　　　　　(2.1.10)

式(2.1.9)和 (2.1.10)是分析运放工作在非线性区域的两条重要依据。也希望读者在理解的基础上牢牢记住!

【练习与思考】

2.1.1　集成运放由哪几部分组成?各部分有何特点?

2.1.2　什么是零点漂移?产生零点漂移的主要原因是什么?

2.1.3　什么是差模信号、共模信号、差模放大倍数、共模放大倍数、共模抑制比?

2.1.4　已知某运放的开环电压增益 A_{uo} 为 80 dB,最大输出电压 $U_{opp} = \pm 10$ V,输入信号($u_i = u_+ - u_-$)加在两个输入端之间,设 $u_i = 0$ 时,$u_o = 0$,试问:

(1) $u_i = 0.5$ mV 时,$u_o = ($　　　)?

(2) $u_i = -1$ mV 时,$u_o = ($　　　)?

(3) $u_i = 1.5$ mV 时,$u_o = ($　　　)?

(4) 若输入失调电压 $U_{IO} = 2$ mV,问该运放能否正常放大,为什么?

2.1.5 什么是"虚短"？什么是"虚断"？

2.1.6 理想运算放大器具有那些特征？其分析依据是什么？

2.2 放大电路中的负反馈

2.2.1 反馈的基本概念

反馈是一个广义的概念,所谓自动控制其实就是反馈控制。图 2.2.1 是一个恒炉温自动控制系统,u_1 是系统的给定输入,它决定了炉内的温度,改变 u_1 即可改变炉内的温度,炉温即是系统的输出,通过铂电阻将炉温变换为电压反馈信号 u_F,将该信号送回输入端与给定输入信号 u_1 进行比较,其差值 $u_1 - u_F$ 经比较放大器后作为电压调节器的输入信号,电压调节器便可根据偏差电压的大小和方向,控制加热电源(也叫执行机构)增大电压或是减小电压,从而控制炉温。例如,炉温降低时,u_F 减小,$u_1 - u_F$ 增大,经比较放大器后,电压调节器的输入信号增大,加热电源的输出电压 u 增大,使炉温升高并回到 u_1 给定的炉温。同样,炉温升高时,u_F 增大,$u_1 - u_F$ 减小,经比较放大器后,电压调节器的输入信号减小,加热电源的输出电压 u 也减小,使炉温降低并回到 u_1 给定的炉温。

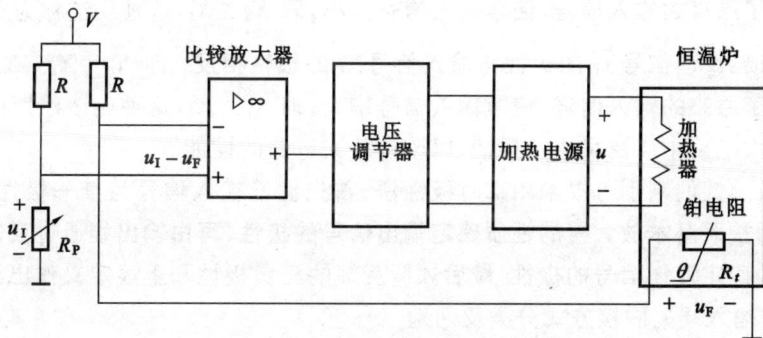

图 2.2.1 恒温炉反馈控制系统框图

放大器中的反馈原理与上述系统的反馈原理是一样的,它是将放大电路的输出信号(电压或电流)的一部分或全部,通过某种电路(反馈电路)引回到输入端,与输入量(电压或电流)进行比较,从而影响放大电路的净输入信号。

图 2.2.2 分别为无反馈和有反馈的放大电路的方框图。图中 $\dot{X}_i$ 是输入信号(电压或电流),$\dot{X}_o$ 是输出信号(电压或电流),A 是无反馈基本放大电路的放大倍数,F 是反馈电路的反馈系数,它将输出信号 $\dot{X}_o$ 变为反馈信号 $\dot{X}_f$ 后反送到输入端,符号 $\otimes$ 是比较环节。输入信号 $\dot{X}_i$ 和输出信号 $\dot{X}_f$ 在比较环节进行比较后,产生净输入信号

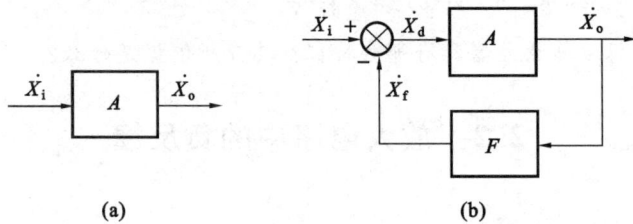

图 2.2.2　反馈放大电路的方框图

(a) 无反馈；(b) 有反馈

$\dot{X}_d$,加到基本放大电路 A 的输入端。由基本放大电路 A 和反馈电路 F 组成的整个闭合系统称为反馈放大电路或闭环放大电路。

2.2.2　反馈放大电路的分类及判别

1. 按反馈信号的极性分类及判别

由图 2.2.2,按照输入信号 $\dot{X}_i$ 与反馈信号 $\dot{X}_f$ 比较的结果或按照反馈信号的极性,可以分为正反馈和负反馈。

负反馈:反馈信号 $\dot{X}_f$ 的极性与输入信号 $\dot{X}_i$ 的极性相同,即,$X_d = X_i - X_f$,反馈的结果削弱了原来的输入信号,使净输入信号减小,即 $X_d < X_i$,这种反馈称为负反馈。

正反馈:反馈信号 $\dot{X}_f$ 的极性与输入信号 $\dot{X}_i$ 的极性相反,即 $X_d = X_i + X_f$,反馈的结果增强了原来的输入信号,使净输入信号增大,即 $X_d > X_i$,这种反馈称为正反馈。

在放大电路中广泛采用负反馈,以改善放大电路的性能。

正、负反馈的判别可以采用瞬时极性法:首先假设输入信号为某一极性,一般为"＋",然后按照基本放大器的性质确定输出信号的极性,再由输出端通过反馈电路返回输入端,确定反馈信号的极性,最后依照反馈的正负极性和上述定义作出结论。

2. 按输入端的联接方式分类及判别

按照基本放大电路和反馈电路在输入端的联接方式分,可以分为串联反馈和并联反馈两种。

串联反馈:反馈信号 $\dot{X}_f$ 与输入信号 $\dot{X}_i$ 串接在输入回路,以电压形式叠加决定净输入电压信号,即 $\dot{U}_d = \dot{U}_i - \dot{U}_f$,如图 2.2.3(a)所示。从电路上看,反馈信号 $\dot{U}_f$ 与输入信号 $\dot{U}_i$ 不接在放大电路的同一个输入端,$\dot{U}_f$ 接在 b 端,$\dot{U}_i$ 接在 a 端。

并联反馈:反馈信号 $\dot{X}_f$ 与输入信号 $\dot{X}_i$ 并接在输入回路,以电流形式叠加决定净输入电流信号,即,$\dot{I}_d = \dot{I}_i - \dot{I}_f$,如图 2.2.3(b)所示。从电路上看,反馈信号 $\dot{I}_f$ 与输入信号 $\dot{I}_i$ 均接在放大电路的同一个输入端。

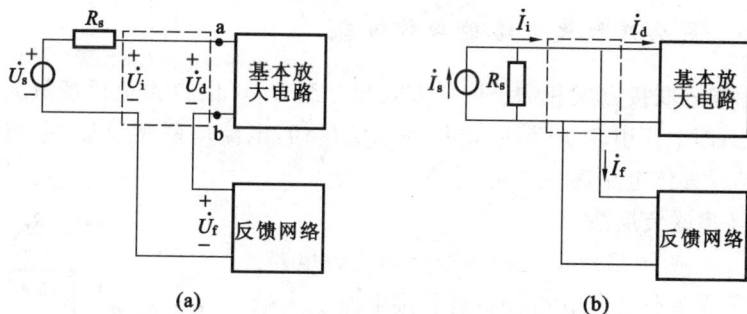

图 2.2.3 负反馈放大电路的两种输入联接方式

(a) 串联；(b) 并联

3. 按输出端的取样方式分类及判别

负反馈放大电路按照输出量的取样方式,可以分为电压反馈和电流反馈。

电压反馈:反馈信号的取样对象是输出电压,即反馈信号 $\dot{X}_f$ 正比于输出电压 $\dot{U}_o$,如图 2.2.4(a)所示。

电流反馈:反馈信号的取样对象是输出电流,即反馈信号 $\dot{X}_f$ 正比于输出电流 $\dot{I}_o$,如图 2.2.4(b)所示。

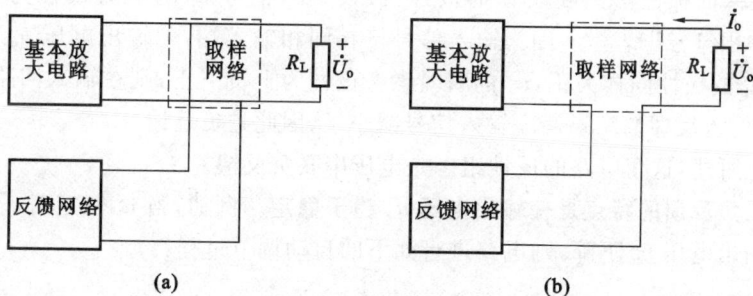

图 2.2.4 负反馈放大电路的两种输出取样

(a) 电压取样；(b) 电流取样

对于输出取样方式的判别,可以采用**输出短路法**:假设输出端短路($R_L=0$),$\dot{U}_o$ =0,如果反馈信号也变为 0,即反馈不存在了,则为电压反馈;若反馈信号不为 0,反馈照样存在,则为电流反馈。注意,输出端短路时,是将 R_L 短路,不一定是对地短路。

另外,按交、直流性质还可分为直流反馈和交流反馈。若反馈到输入端的信号是直流成分,则称为直流反馈,直流反馈主要用于稳定静态工作点;若反馈到输入端的信号是交流成分,则称为交流反馈。交流反馈主要用于多方面的改善放大电路的性能,在很多情况下,往往直流反馈与交流反馈同时存在。

2.2.3　负反馈放大电路的四种组态

不同的输入联接方式和输出取样方式相互组合,可以得到负反馈放大电路的四种基本组态:即电压串联负反馈,电压并联负反馈,电流串联负反馈,电流并联负反馈。下面结合具体电路逐一介绍。

1. 电压串联负反馈

图 2.2.5 所示是由运放构成的反馈放大电路。集成运放就是基本放大电路,R_F 是联接电路输入端与输出端的反馈元件,R_1 和 R_F 组成反馈网络。从输入端看,反馈元件 R_F 联接在运放的反相输入端,输入电压 u_i 接在运放的同相输入端,两者没有联接在同一输入端,因此,输入电压 u_i 与反馈电路的输出电压 u_f 在输入端以电压的形式串联叠加,即,$u_d = u_i - u_f$,因而是串联反馈。

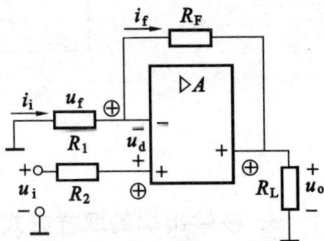

图 2.2.5　电压串联负反馈电路

从输出端看,反馈电压 $u_f = \dfrac{R_1}{R_1 + R_F} u_o$,正比于 u_o,因此是电压反馈。采用输出短路法,假设输出端短路时,$u_o = 0$,u_f 也为 0,因此与上面的判定相同。

采用瞬时极性法判断反馈的极性:假设输入信号 u_i 的瞬时极性为正(对地而言),图中用符号 $\oplus$ 表示。因为输入信号接在同相输入端,则输出电压 u_o 也为正,反馈信号 u_f 的极性同样为正,u_d 的瞬时参考极性为上负下正,则在输入回路中有 $u_d = u_i - u_f$。引入反馈的结果使净输入信号减小了,因此是负反馈。

综上所述,这个电路的反馈组态是电压串联负反馈。

电压负反馈的特点是使输出电压 u_o 趋于稳定。例如,当 u_i 一定时,若由于某种原因使输出电压 u_o 下降,则电路进行如下的自动调节过程:

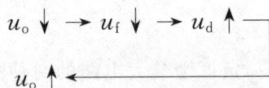

$$u_o \downarrow \longrightarrow u_f \downarrow \longrightarrow u_d \uparrow$$

$$u_o \uparrow$$

可见,反馈的结果牵制了 u_o 的下降,从而使输出电压 u_o 基本稳定。

2. 电流并联负反馈

如图 2.2.6 所示,R_F 是联接输入回路和输出回路的反馈元件。从输入端看,输入电流 i_i、反馈电流 i_f 和净输入电流 i_d 联接在运放的反相输入端,并以电流并联的形式叠加,因此是并联反馈。

从输出端看,反馈电流 $i_f \approx \dfrac{R}{R_F + R} i_o$,正比于输出电流 i_o,因此是电流反馈。如果用输出端短路法判定输出的取样类型,将 R_L 短路时,发现 i_f 依然存在,因此也说明是电流反馈。

用瞬时极性法判定反馈极性:设 u_i 为 $\oplus$,则输出端对地电压为 u_o 为 $\ominus$,i_i、i_f 和 i_d 的瞬时方向与图中标的参考方向是一致的。因此有 $i_d = i_i - i_f$,即引入反馈的结果使净输入信号减小了,因此是负反馈。

综上所述,电路的反馈组态是电流并联负反馈。

电流负反馈的特点是使输出电流 i_o 趋向于稳定。例如,当 i_i 一定时,若由于某种原因使输出电流 i_o 下降,则电路进行如下的自动调节过程:

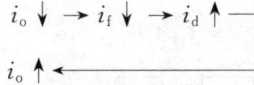

$$i_o \downarrow \longrightarrow i_f \downarrow \longrightarrow i_d \uparrow$$

$$i_o \uparrow \longleftarrow$$

图 2.2.6 电流并联负反馈放大电路

可见,反馈的结果牵制了 i_o 的下降,从而使输出电流 i_o 基本稳定。

3. 电压并联负反馈

如图 2.2.7 所示,R_F 是反馈元件,i_f 与输入信号 i_i 联接在放大电路的同一输入端,因此是并联反馈。反馈电流为

$$i_f = \frac{u_- - u_o}{R_F} \approx -\frac{u_o}{R_F}$$

i_f 正比于输出电压 u_o,因此是电压反馈。若将 R_L 短路,输出电压 u_o 和反馈电压 u_f 都为 0,也可说明是电压反馈

设 u_i 为 $\oplus$,u_o 为 $\ominus$,i_i、i_f 和 i_d 的瞬时极性与图中标的参考方向一致,$i_d = i_i - i_f$,即引入反馈的结果使净输入电流减小,因而是负反馈。综上所述,电路的反馈组态是电压并联负反馈。

4. 电流串联负反馈

如图 2.2.8 所示。输出电流 i_o 流过负载电阻 R_L,产生输出电压 u_o。i_o 流过反馈电阻 R_F,产生反馈电压 u_f,$u_f = i_o R_F$,正比于输出电流 i_o,所以是电流反馈。将 R_L 短路,电流 i_o 和反馈电压 u_f 仍存在,也可说明是电流反馈。

从输入回路看,输入电压 u_i 和反馈电压 u_f 分别接在运放的同相输入端和反相输入端,以电压串联的形式叠加,因此是串联反馈。

设 u_i 为 $\oplus$,输出电压 u_o 为 $\oplus$,那么反馈电压 u_f 也为 $\oplus$,在输入回路中有 $u_d = u_i - u_f$,使净输入信号减小,因此是负反馈。因而电路的反馈组态是电流串联负反馈。

该电路与图 2.2.5 所示的电压串联负反馈放大电路的结构非常相似,主要差别在于负载的位置和信号取样的方式不同。在本电路中,u_f 是由输出电流经过电阻 R_F 产生的。在前面的电路中,u_f 与 i_o 没有关系,而是由输出电压 u_o 被反馈电路的电阻分压得到的,所以得到两种不同的反馈组态。

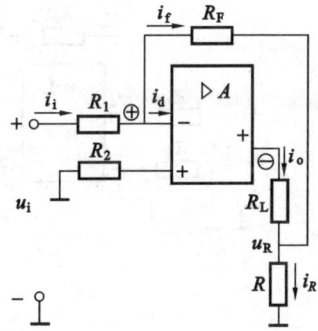

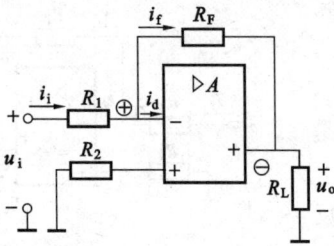

图 2.2.7 电压并联负反馈放大电路　　图 2.2.8 电流串联负反馈放大电路

例 2.2.1 试判别图 2.2.9（a）和（b）所示两个两级放大电路中从运算放大器 A_2 输出端引至 A_1 输入端的各是何种类型和极性的反馈电路。

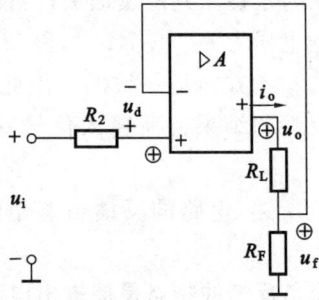

(a)

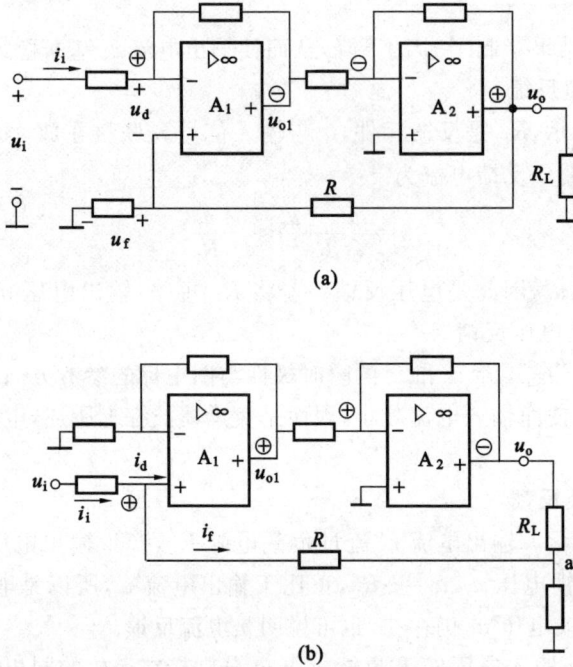

(b)

图 2.2.9 例 2.2.1 的图

解 （1）在图 2.2.9（a）中，从运算放大器 A_2 输出端引至 A_1 同相输入端的是电压串联负反馈。说明如下：

a. 令 $u_o=0$，则反馈电压 $u_f=0$，故为电压反馈。

b. 反馈电压 u_f 和输入电压 u_i 分别加在 A_1 的同相和反相两个输入端，故为串联反馈；

c. 设 u_i 为⊕，则 u_{o1} 为⊖，u_o 为⊕。反馈电压 u_f 为⊕，使净输入电压 $u_d=u_i-u_f$

减小,故为负反馈。

(2) 在图 2.2.9 (b)中,从 a 端引至 A_1 同相输入端的是电流并联负反馈。说明如下:

a. 反馈电路从 R_L 的下端引出,R_L 短路时 i_f 依然存在,故为电流反馈;

b. 反馈电流 i_f 和输入电流 i_i 加在 A_1 的同一个同相输入端,故为并联反馈;

c. 设 u_i 为 $\oplus$,则 u_{o1} 为 $\oplus$,u_o 为 $\ominus$。A_1 同相输入端的电位高于 a 点的电位,反馈电流 i_f 的实际方向即如图中所示,它使净输入电流 $i_d = i_i - i_f$ 减小,故为负反馈。

2.2.4 负反馈对放大电路性能的影响

从图 2.2.2(b)中可以看出,各个信号之间有如下的关系:

$$\dot{X}_d = \dot{X}_i - \dot{X}_f \tag{2.2.1}$$

$$\dot{X}_o = A \dot{X}_d \tag{2.2.2}$$

$$\dot{X}_f = F \dot{X}_o = AF \dot{X}_o \tag{2.2.3}$$

则负反馈放大电路的闭环放大倍数为

即

$$A_f = \frac{\dot{X}_o}{\dot{X}_i} = \frac{A}{1+AF} \tag{2.2.4}$$

式(2.2.4)是负反馈放大电路闭环增益的一般表达式,显然,$1+AF$ 对负反馈放大电路的性能有很大影响,把它定义为**反馈深度**。从后面的讨论中将得知,负反馈对放大电路性能改善的程度均与反馈深度有关。

若 $|1+AF| \gg 1$,则 $A = \frac{A}{1+AF} \approx \frac{1}{F}$,这叫做**深度负反馈**。大多数负反馈放大电路都满足深度负反馈的条件。

负反馈削弱了输入信号,使净输入减小了,因而放大电路的放大倍数下降了,但它能多方面地改善放大电路的性能。

1. 提高放大倍数的稳定性

由式(2.2.4) $\qquad A_f = \frac{A}{1+AF}$

当满足深度负反馈条件时,$1+AF \gg 1$

因此 $$A_f \approx \frac{1}{F} \tag{2.2.5}$$

上式说明,负反馈放大电路的闭环放大倍数 A_f 仅与反馈系数 F 有关。反馈电路一般是由无源元件构成的,参数受温度等环境条件的影响很小,F 很稳定,因而闭环放大倍数 A_f 很稳定。即使不满足深度负反馈的条件,也可以大大提高 A_f 的稳定性。下面对这一问题进行定量讨论,对式(5.2.4)求导数得

$$\frac{\mathrm{d}A_{\mathrm{f}}}{\mathrm{d}A} = \frac{(1+AF)-AF}{(1+AF)^2} = \frac{1}{(1+AF)^2}$$

或

$$\mathrm{d}A_{\mathrm{f}} = \frac{\mathrm{d}A}{(1+AF)^2}$$

则

$$\frac{\mathrm{d}A_{\mathrm{f}}}{A_{\mathrm{f}}} = \frac{1}{1+AF} \cdot \frac{\mathrm{d}A}{A} \qquad\qquad (2.2.6)$$

上式表明,引入负反馈后,闭环增益的相对变化量只相当于开环放大电路增益的相对变化量的 $\frac{1}{1+AF}$,因而放大倍数受外部因素影响很小,大大提高了放大倍数的稳定性。

例 2.2.2 某负反馈放大器,放大倍数 $A=10^4$,反馈系数 $F=0.01$,由于外部条件变化使 A 变化了 $\pm 10\%$,求 A_{f} 的相对变化量。

解 根据式(2.2.6)得

$$\frac{\mathrm{d}A_{\mathrm{f}}}{A_{\mathrm{f}}} = \frac{1}{1+10^4 \times 0.01} \times (\pm 10\%) = \pm 0.1\%$$

即 A 变化了 $\pm 10\%$ 时,A_{f} 仅变化了 $\pm 0.1\%$。

2. 改善放大电路的非线性失真

由于三极管是一非线性器件,放大电路在工作中往往会产生非线性失真,使得输出波形产生畸变,加入负反馈后,非线性失真可大大减小。如图 2.2.10(a)所示,开环放大器产生了非线性失真,输入为正、负对称的正弦波,输出为正半周大、负半周小的失真波形。加入负反馈后,输出端的失真波形反馈到输入端,与输入波形叠加后,净输入信号成为正半周小、负半周大的波形。此波形经放大后,使得输出端正、负半周波形之间的差异减小,从而减小了输出波形的非线性失真,如图 2.2.10(b)所示。

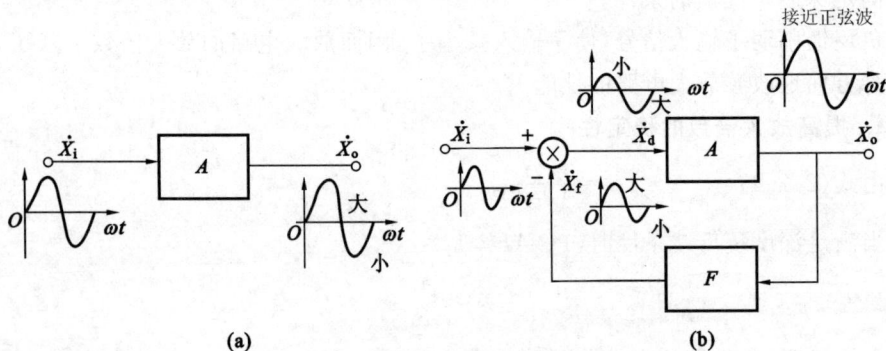

图 2.2.10 负反馈减小非线性失真的示意图
(a) 无反馈;(b) 引入负反馈

需要说明的是,负反馈只能减小本级放大器自身产生的非线性失真,而对输入信号的非线性失真,负反馈是无能为力的。同样,对输入信号的干扰,负反馈也是无能为力的。

3. 扩展放大电路的通频带

通频带是放大电路重要的性能指标之一,在某些场合,往往要求有较宽的通频带。开环放大器的通频带是有限的,引入负反馈可以扩展放大电路的通频带。可以证明,负反馈使通频带扩展了 $1+AF$ 倍。

4. 对输入电阻和输出电阻的影响

反馈元件跨接在放大电路的输入回路和输出回路之间,必然要对输入电阻和输出电阻产生影响。

(1) 对输入电阻的影响。负反馈对输入电阻的影响,仅取决于是串联反馈还是并联反馈,而与输出端的取样方式无关。

串联负反馈增大输入电阻。由图 2.2.5 和 2.2.8 可见,由于串联负反馈使净输入电压 u_d 减小,因而输入电流也减小,故输入电阻增大。

并联负反馈减小输入电阻。由图 2.2.6 和 2.2.7 可见,由于并联负反馈存在反馈电流 i_f,使输入电流 i_i 增大,故输入电阻减小。

(2) 对输出电阻的影响。负反馈对输出电阻的影响,仅取决于反馈电路在放大电路输出端的取样方式,而与输入端的联接方式无关。

电压负反馈减小输出电阻。根据戴维宁定理,反馈放大器可以等效为一电压源和一内阻的串联,该内阻即为放大器的输出电阻。由前面的分析我们知道,电压负反馈可以稳定输出电压,说明其输出电阻减小了。

电流负反馈增大输出电阻。电流负反馈可以稳定输出电流,说明其输出电阻增大了。

负反馈对放大器性能的改善程度都与反馈深度 $1+AF$ 有关,反馈深度愈大,对放大电路放大性能的改善程度也愈大。

【练习与思考】

2.2.1　负反馈有几种类型?是如何分类的?怎样判别?

2.2.2　深度负反馈对基本放大器的放大倍数有什么要求?

2.2.3　如果需要实现下列要求,在交流放大电路中应引入哪种类型的负反馈?

(1) 要求输出电压 U_o 基本稳定,并能提高输入电阻;

(2) 要求稳定输出电流 I_o,并能减小输入电阻。

2.2.4　什么是反馈深度?它对放大器的性能有何影响?

2.2.5　有一负反馈放大器,其开环增益 $A=100$,反馈系数 $F=1/10$,问它的反馈深度和闭环增益各是多少?若开环增益 A 发生 $\pm20\%$ 的变化,则闭环增益 A_f 的相对变化量是多少?

2.3 集成运算放大器的线性应用

集成运放引入深度负反馈后便可工作在线性区。本节所讨论的都是理想运放加负反馈工作在线性区,需要按照"虚短"和"虚断"的概念即式(2.1.7)和(2.1.8)进行分析。

2.3.1 比例运算电路

1. 反相比例运算电路

反相比例运算电路如图 2.3.1 所示,它是一电压并联负反馈电路。由于同相输入端接地,由"虚短"的概念得反相输入端为"**虚地**",即 $u_- = 0$。由于从反相输入端流入集成运放的电流为零,所以

$$i_i = i_f$$

$$i_i = \frac{u_i - u_-}{R_1} = \frac{u_i}{R_1}$$

$$i_f = \frac{u_- - u_o}{R_F} = -\frac{u_o}{R_F}$$

因此

$$\frac{u_i}{R_1} = -\frac{u_o}{R_F}$$

则

$$u_o = -\frac{R_F}{R_1}u_i \qquad (2.3.1)$$

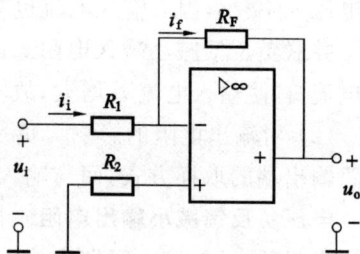

图 2.3.1 反相比例运算电路

如果把反相比例运算电路看做放大器,则闭环电压放大倍数为

$$A_{uf} = \frac{u_o}{u_i} = -\frac{R_F}{R_1} \qquad (2.3.2)$$

即比例系数或闭环电压放大倍数只与 R_F 和 R_1 的比值有关,且输出电压与输入电压反相。$|A_{uf}|$ 可以大于1,也可以小于1。当 $R_F = R_1$ 时

$$A_{uf} = -1 \qquad (2.3.3)$$

此时,$u_o = -u_i$,称为**反相器**。

反相比例运算电路的输入电阻为

$$r_i = \frac{u_i}{i_i} = R_1 \qquad (2.3.4)$$

式(2.3.1)是在负载开路的情况下得出的,若在输出端接上负载电阻 R_L,式(2.3.1)仍然成立,这说明输出电压与负载电阻 R_L 无关,因此,该电路的输出电阻为0。

由式(2.3.2)可知,放大倍数与 R_2 无关,但在实际应用电路中,为保持运放输入级差动放大电路的对称性,运放的同相和反相输入端的电阻必须保持平衡(该结论同样适用于其他的运放应用电路)。因此

$$R_2 = R_1 /\!/ R_F \qquad (2.3.5)$$

2. 同相比例运算电路

同相比例运算电路如图 2.3.2 所示,它是一电
压串联负反馈电路。

由于 $\qquad i_- = i_+ = 0, \quad u_- = u_+ = u_i$

因此 $\qquad i_i = i_f$

即 $\qquad -\dfrac{u_i}{R_1} = \dfrac{u_i - u_o}{R_F}$

于是 $\qquad u_o = \dfrac{R_1 + R_F}{R_1} u_i = (1 + \dfrac{R_F}{R_1}) u_i \qquad (2.3.6)$

图 2.3.2 同相比例运算电路

则闭环电压放大倍数为

$$A_{uf} = \frac{u_o}{u_i} = (1 + \frac{R_F}{R_1}) \qquad (2.3.7)$$

即比例系数或闭环电压放大倍数只与 R_F 和 R_1 的比值有关,且输出电压与输入电压
同相,$|A_{uf}|$ 大于 1。当 $R_1 = \infty$ 时

$$A_{uf} = 1 \qquad (2.3.8)$$

此时,$u_o = u_i$,称为**电压跟随器**。

同相比例运算电路的输入电阻为 ∞,输出电阻为 0。

比较反相比例运算电路和同相比例运算电路可得到它们各自的特点。反相比例
运算电路的输入信号接在反相端,输入电阻较小,输出与输入反相,同相端接地,两输
入端的共模输入电压为 0;而同相比例运算电路的输入信号接在同相端,输入电阻很
大,输出与输入同相,两输入端的共模输入电压为 u_i。因此,在实际应用中,根据不同
的场合,选择不同的比例运算电路,若选择同相比例运算电路,应注意选择具有高共
模抑制比的集成运放。

例 2.3.1 在图 2.3.3 所示电路中,$R_1 = 50\ \text{k}\Omega$,$R_F = 100\ \text{k}\Omega$,$u_i = 1\ \text{V}$,求输出
电压 u_o,并说明输入级的作用。

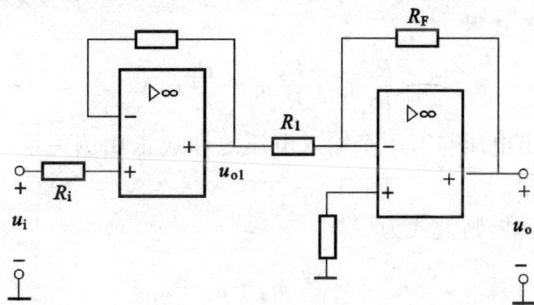

图 2.3.3 例 2.3.1 的图

解 输入级为电压跟随器,输入电阻很高,起到减轻信号源负担的作用。

$$u_{o1} = u_i = 1 \text{ V}$$

$$u_o = -\frac{R_F}{R_1} u_{o1} = -\frac{100}{50} \times 1 = -2 \text{ (V)}$$

2.3.2　加法运算电路

如果反相输入端有若干个输入信号,则构成加法运算电路。以三个输入信号求和为例,其电路如图 2.3.4 所示。

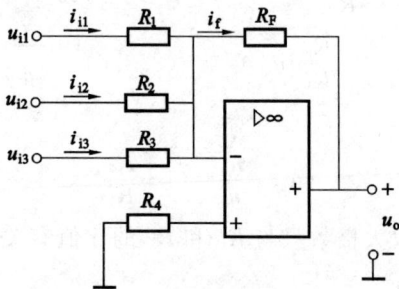

图 2.3.4　加法运算电路

由图 2.3.4 可知,反输相入端为"虚地",所以

$$i_{i1} = \frac{u_{i1}}{R_1}$$

$$i_{i2} = \frac{u_{i2}}{R_2}$$

$$i_{i3} = \frac{u_{i3}}{R_3}$$

$$i_f = i_{i1} + i_{i2} + i_{i3}$$

$$i_f = -\frac{u_o}{R_F}$$

联立求解上列各式得

$$u_o = -\left(\frac{R_F}{R_1} u_{i1} + \frac{R_F}{R_2} u_{i2} + \frac{R_F}{R_3} u_{i3}\right) \tag{2.3.9}$$

式(2.3.9)表明,输出电压与若干个输入电压之和成正比例关系,式中负号表示输出电压与输入电压反相。

当 $R_1 = R_2 = R_3$ 时,则上式为

$$u_o = -\frac{R_F}{R_1}(u_{i1} + u_{i2} + u_{i3}) \tag{2.3.10}$$

当 $R_1 = R_2 = R_3 = R_F$ 时,则

$$u_o = -(u_{i1} + u_{i2} + u_{i3}) \tag{2.3.11}$$

该电路可以推广到多个信号相加。

2.3.3 减法运算电路

由前面的分析可以看到,当输入正信号加到同相输入端时,输出为正;当输入正信号加到反相输入端时,输出为负。因此,当两个输入信号分别加到同相端和反相端时,便可实现减法运算。减法器也叫差动比例运算电路,如图 2.3.5 所示。

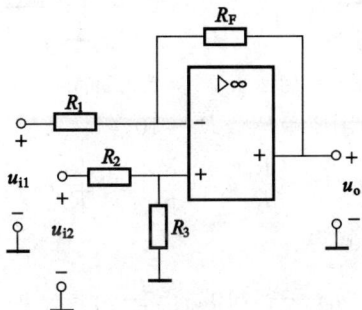

图 2.3.5　减法运算电路

下面根据叠加原理进行分析。u_{i1} 单独作用时,相当于反相比例运算,有

$$u_o' = -\frac{R_F}{R_1}u_{i1}$$

u_{i2} 单独作用时,相当于同相比例运算,有

$$u_o'' = (1+\frac{R_F}{R_1})u_+ = (1+\frac{R_F}{R_1})\frac{R_3}{R_2+R_3}u_{i2}$$

因此

$$u_o = u_o' + u_o'' = (1+\frac{R_F}{R_1})\frac{R_3}{R_2+R_3}u_{i2} - \frac{R_F}{R_1}u_{i1} \qquad (2.3.12)$$

当 $R_1 = R_2 = R_3 = R_F$ 时,则上式为

$$u_o = u_{i2} - u_{i1} \qquad (2.3.13)$$

由式(2.3.13)可见,输出电压 u_o 等于两个输入电压的差值,所以实现了减法运算。

例 2.3.2　设计一个能实现 $u_o = 10u_{i1} - 2u_{i2} - 5u_{i3}$ 运算关系的电路,其中 $R_F = 10$ kΩ。

解　该运算电路可用一反相比例运算电路和一加法器实现,电路如图2.3.6所示。

$$u_{o1} = -\frac{R_F'}{R_1'}u_{i1} = -10u_{i1}$$

取 $R_F' = 10$ kΩ,所以 $R_1' = 1$ kΩ

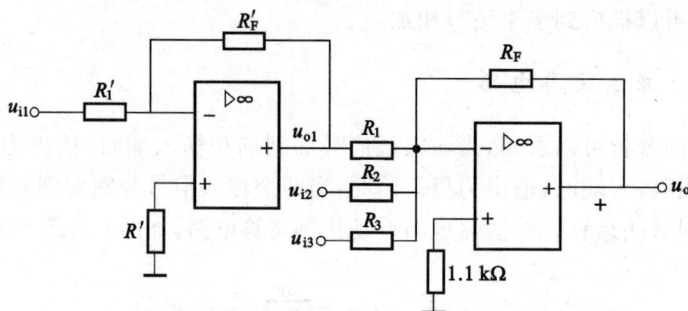

图 2.3.6 例 2.3.2 的图

同相输入端的平衡电阻 $R' = R_F' \mathbin{/\mkern-5mu/} R_1' = 10 \mathbin{/\mkern-5mu/} 1 = 0.91 \, (\text{k}\Omega)$

对于第二级 $\qquad u_o = -\left(\dfrac{R_F}{R_1}u_{o1} + \dfrac{R_F}{R_2}u_{i2} + \dfrac{R_F}{R_3}u_{i3}\right)$

把 $R_F = 10 \, \text{k}\Omega$ 代入上式得

$$u_o = \frac{10}{R_1} \times 10 u_{i1} - \frac{10}{R_2} u_{i2} - \frac{10}{R_3} u_{i3}$$

要求 $\qquad \dfrac{R_F}{R_1} = 1, \dfrac{10}{R_2} = 2, \dfrac{10}{R_3} = 5$

则 $\qquad R_1 = 10 \, \text{k}\Omega, \ R_2 = 5 \, \text{k}\Omega, \ R_3 = 2 \, \text{k}\Omega$

同相输入端的平衡电阻 $R = R_F \mathbin{/\mkern-5mu/} R_1 \mathbin{/\mkern-5mu/} R_2 \mathbin{/\mkern-5mu/} R_3 = 10 \mathbin{/\mkern-5mu/} 10 \mathbin{/\mkern-5mu/} 5 \mathbin{/\mkern-5mu/} 2 = 1.1 \, (\text{k}\Omega)$

此电路也可用双端输入的减法电路来实现,请读者自己设计。

2.3.4 积分运算电路

与反相比例运算电路比较,用电容 C 代替 R_F 作为反馈元件,就构成积分运算电路,如图 2.3.7 所示。

由"虚地"的概念

$$u_C = -u_o$$
$$i_i = i_C$$

而 $\qquad i_i = \dfrac{u_i}{R}$

因为 $\qquad i_C = C\dfrac{\mathrm{d}u_C}{\mathrm{d}t} = -C\dfrac{\mathrm{d}u_o}{\mathrm{d}t}$

所以 $\qquad \dfrac{u_i}{R} = -C\dfrac{\mathrm{d}u_o}{\mathrm{d}t}$

即 $\qquad u_o = -\dfrac{1}{RC}\int u_i \mathrm{d}t \qquad\qquad\qquad (2.3.14)$

或 $\qquad u_o = -\dfrac{1}{RC}\int_0^t u_i \mathrm{d}t + u_o(0) \qquad\qquad (2.3.15)$

上式表明 u_o 与 u_i 的积分成比例,式中的负号表示两者反相。RC 称为**积分时间常数**,用 τ 表示。$u_o(0)$ 为 u_o 的初始值。

当输入电压 u_i 为如图 2.3.8(a) 所示的阶跃信号时,设 $u_C(0)=0$,则输出电压为

$$u_o = -\frac{U}{RC}t \qquad\qquad (2.3.16)$$

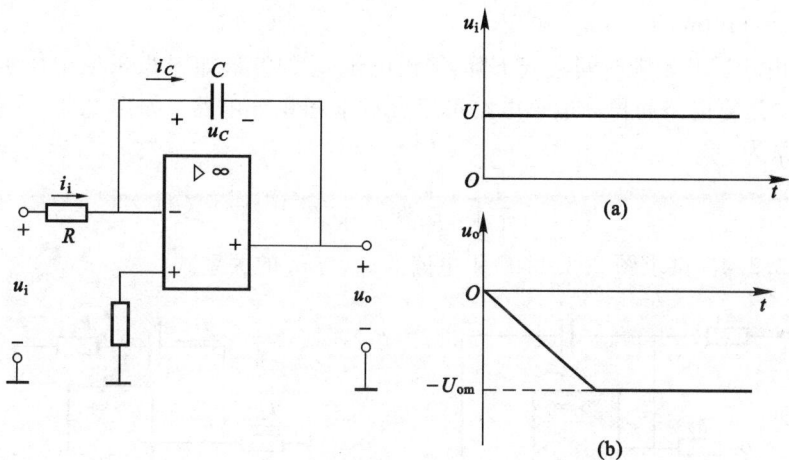

图 2.3.7 积分运算电路   图 2.3.8 积分波形

它与时间 t 成正比,波形如图 2.3.8(b) 所示。U_{om} 为运放的输出饱和电压。

例 2.3.3 积分运算电路如图 2.3.7 所示,已知 $R=100$ kΩ,$C=0.5$ μF,u_C 的初始电压为 0 V,输入电压波形 u_i 如图 2.3.9 (a) 所示,请画出输出电压 u_o 的波形。

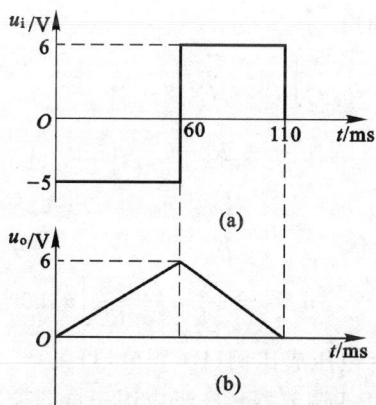

图 2.3.9 例 2.3.3 的图

解 $u_o = -\dfrac{1}{RC}\displaystyle\int_0^t u_i \mathrm{d}t + u_o(0) = -\dfrac{1}{10^5 \times 0.5 \times 10^{-6}} \times \displaystyle\int_0^t u_i \mathrm{d}t = -20\displaystyle\int_0^t u_i \mathrm{d}t$

当 $0 < t \leqslant 60$ ms 时, $u_i = -5$ V

所以 $$u_o = -20 \times u_i \times (t-0) = -20 \times (-5)t = 100t$$

u_o 由零开始随时间直线上升,其斜率为 100 V/s,当 $t=60$ ms 时,

$$u_o = 100 \times 0.06 = 6 \ (V)$$

当 $60 < t \leqslant 110$ ms 时, $u_i = 6$ V

$$u_o = -20 \times 6(t-60 \times 10^{-3}) + 6 = -120t + 13.2$$

当 $t = 110$ ms 时, $u_o = 0$ V

u_o 由 6 V 开始随时间直线下降,输出电压 u_o 的波形如图 2.3.9(b)所示。

加法运算电路和积分运算电路可组合成求和积分电路,如图 2.3.10 所示。其运算关系为

$$u_o = -\frac{1}{C} \int_0^t \left(\frac{1}{R_1} u_{i1} + \frac{1}{R_2} u_{i2} \right) \mathrm{d}t + u_o(0) \tag{2.3.17}$$

例 2.3.4 试求图 2.3.11 所示电路的 u_o 与 u_i 的关系式。

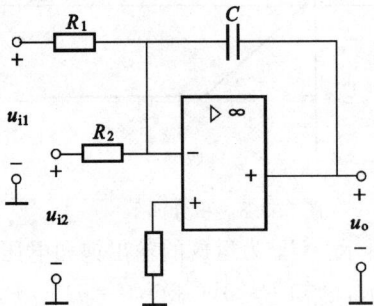

图 2.3.10 求和积分电路   图 2.3.11 例 2.3.4 的图

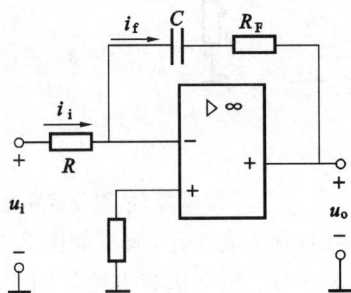

解 由图 2.3.11 可列出

$$\frac{1}{C} \int i_f \mathrm{d}t + R_F i_f + u_o = 0$$

$$u_o = -R_F i_f - \frac{1}{C} \int i_f \mathrm{d}t$$

而 $$i_f = i_i = \frac{u_i}{R}$$

则 $$u_o = -\left(\frac{R_F}{R} u_i + \frac{1}{RC} \int u_i \mathrm{d}t \right) \tag{2.3.18}$$

可见,输出电压与输入电压成比例(P)-积分(I)关系。图 2.3.11 所示电路也称为比例-积分调节器(简称 P I 调节器),广泛应用于自动控制系统中。

2.3.5 微分运算电路

将积分运算电路中反相输入端的电阻和反馈电容调换位置,就成为微分运算电路,如图 2.3.12 所示。

$$i_i = C\frac{du_C}{dt} = C\frac{du_i}{dt}$$

$$u_o = -i_f R_F = -i_i R_F$$

$$u_o = -RC\frac{du_i}{dt} \tag{2.3.19}$$

故输出电压与输入电压对时间的一次微分成正比。当输入电压为阶跃信号时，输出电压为尖脉冲，如图 2.3.13 所示。

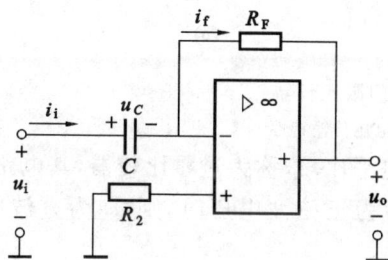

图 2.3.12 微分运算电路

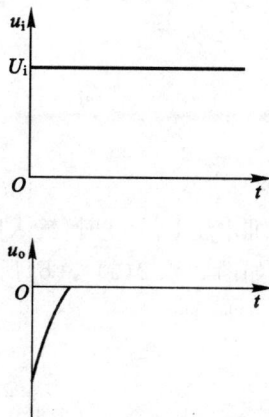

图 2.3.13 微分电路的输入、输出波形

【练习与思考】

2.3.1 集成运放怎样才能实现线性应用？

2.3.2 说明反相比例运算电路和同相比例运算电路各有什么特点(包括比例系数、输入电阻、反馈类型和极性、有无"虚地"等)？

2.3.3 总结本节所有电路的分析方法,其基本依据是什么？

2.4 集成运算放大器的非线性应用

当集成运放处于开环或正反馈工作状态时,它工作在电压传输特性曲线的非线性区域,必须依据式(2.1.9)和(2.1.10)进行分析。

2.4.1 单门限电压比较器

电压比较器实现一个模拟信号与另一个模拟信号的比较功能,通常用于越限报警、数模转换和波形变换等。一般来说,电压比较器的输入信号是连续变化的模拟量,但是输出电压只有两种状态:高电平和低电平。

单门限比较器如图 2.4.1(a)所示,u_i 为输入电压,U_R 为基准电压。当 $u_i < U_R$

时，$u_o = U_{om}$，当 $u_i > U_R$ 时，$u_o = -U_{om}$。其电压传输特性如图 2.4.1(b) 所示。

(a)   (b)

图 2.4.1　单门限比较器

(a) 电路；(b) 电压传输特性

当基准电压 $U_R = 0$ 时，输入电压和零电平比较，称为**过零比较器**，其电路和电压传输特性如图 2.4.2(a)、(b) 所示。当 u_i 为正弦波电压时，则 u_o 为方波电压，如图 2.4.2(c) 所示。

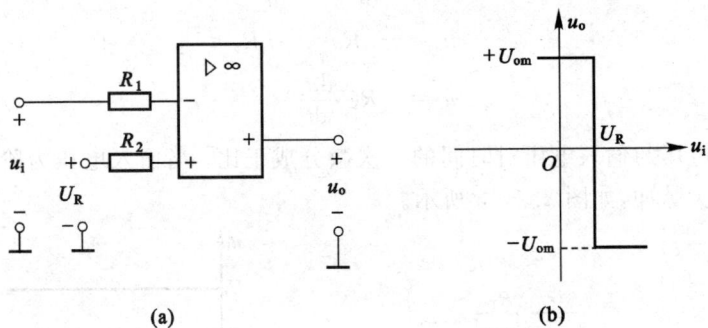

(a)

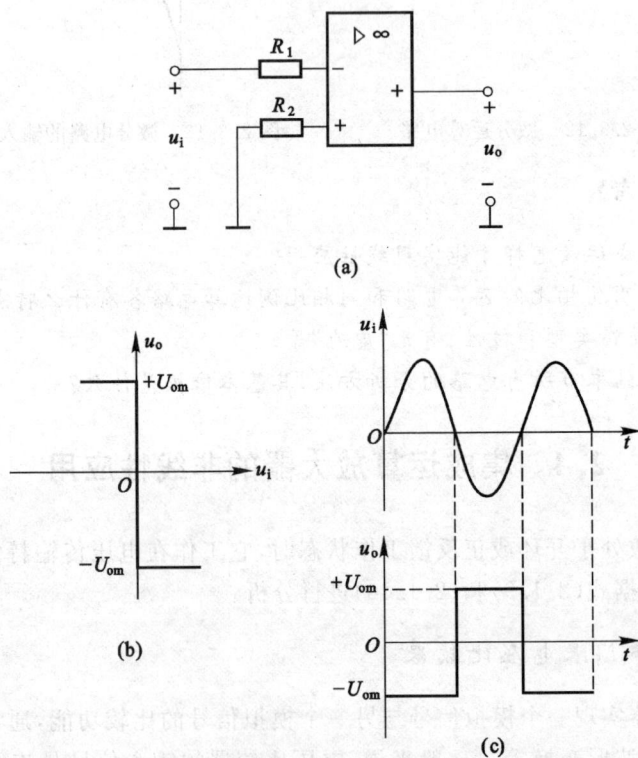

(b)   (c)

图 2.4.2　过零比较器

(a) 电路；(b) 电压传输特性；(c) 输入、输出电压波形

图 2.4.3 是一种具有限幅作用的电压比较器和电压传输特性,接入稳压管的目的是将输出电压限幅,以便和输出端联接的负载电平相匹配。当 $u_i < u_R$ 时,比较器输出端的电压为 $-U_{om}$,稳压管正向导通,忽略其正向导通压降,$u_o \approx 0$;当 $u_i > u_R$ 时,比较器输出端的电压为 U_{om},稳压管反向击穿,$u_o \approx U_Z$。

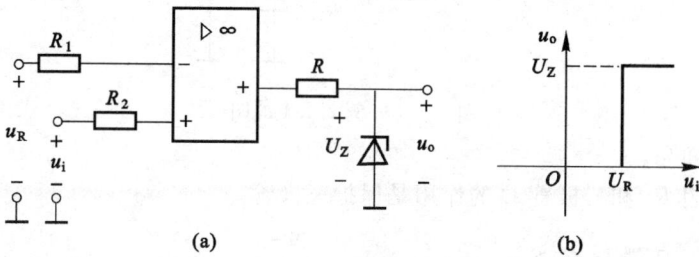

图 2.4.3 有限幅的电压比较器
(a) 电路;(b) 传输特性

图 2.4.3(a)所示的电压比较器可以作为脉宽调制器,它用输入电压 u_i 的大小来调制输出电压 u_o 脉冲的宽度。设基准电压 u_R 是一个频率足够高的等幅三角波,输入电压 u_i 可以为任意波形,输出电压 u_o 脉冲的幅值为 U_Z,脉冲宽度随着 u_i 的大小而变化,波形如图 2.4.4 所示。脉宽调制器被广泛应用于调制功率放大器及开关电源中。

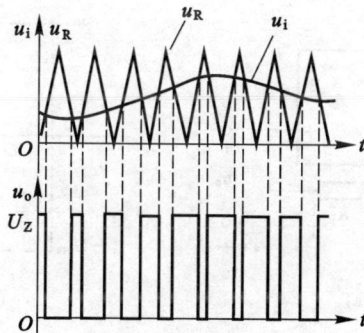

图 2.4.4 脉宽调制器的波形

例 2.4.1 图 2.4.5 是一监控报警装置,如需对某一参数(如温度、压力等)进行监控时,可由传感器取得监控信号 u_i,U_R 是参考电压。当 u_i 超过正常值时,报警灯亮,试分析其工作原理。

解 当监控信号 u_i 小于参考电压 U_R 时,比较器输出低电平,三极管截止,报警灯因无电流通过而不亮。

当监控信号 u_i 大于参考电压 U_R 时,比较器输出高电平,三极管导通,报警灯因

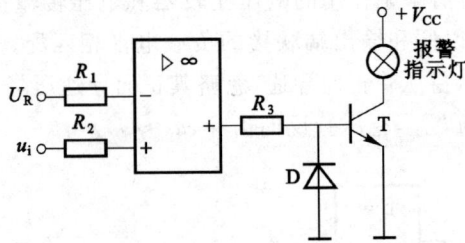

图 2.4.5　例 2.4.1 的图

有电流通过而亮。

图中电阻 R_3 和二极管 D 的作用是保护二极管。

2.4.2　迟滞比较器

上面所提到的单门限比较器,在实际工作时,如果 u_i 的值恰好在门限电平附近,则由于零点漂移的存在,u_o 将不断在高、低电平间跳变,这在控制系统中,对执行机构将是很不利的。为了解决上述问题,可采用具有迟滞传输特性的比较器,它的特点是当输入电压 u_i 由小变大或由大变小时,有两种不同的门限电压,因此电路的电压传输特性具有"迟滞"曲线的形状。为了加速输出高、低电平的转换,运放接成正反馈形式。迟滞比较器和电压传输特性如图 2.4.6 所示。

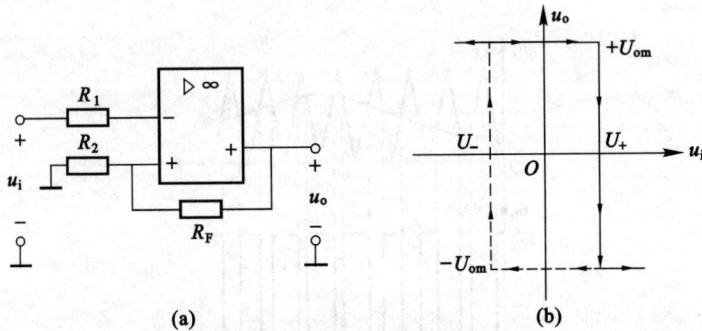

图 2.4.6　迟滞比较器

(a) 电路;(b) 电压传输特性

当输出电压 $u_o = U_{om}$ 时,运放同相端的电位为

$$U_+ = \frac{R_2}{R_2 + R_F} U_{om}$$

当输出电压 $u_o = -U_{om}$ 时,运放同相端的电位为

$$U_+ = -\frac{R_2}{R_2 + R_F} U_{om}$$

设某一瞬间，$u_o=U_{om}$，当输入电压 u_i 由小逐渐增大到 $u_i>U_+$ 时，输出电压 u_o 从 U_{om} 跳变为 $-U_{om}$。当输入电压 u_i 由大逐渐减小到 $u_i<U_-$ 时，u_o 又从 $-U_{om}$ 跳变为 $+U_{om}$。

上述两个门限电平之差称为门限宽度或回差，用 ΔU 表示，由以上两式可求得

$$\Delta U=U_+-U_-=\frac{2R_2}{R_2+R_F}U_{om}$$

迟滞比较器的主要优点是抗干扰能力强，当输入信号受干扰或噪声的影响而上下波动时，只要根据干扰或噪声电平适当调整迟滞比较器两个门限电平 U_+ 和 U_- 的值，就可以避免比较器的输出电压在高、低电平之间反复跳变。

【练习与思考】

2.4.1 电压比较器工作在运放的什么区域？

2.4.2 电压比较器的基准电压 U_R 接在同相输入端和反相输入端，其电压传输特性有何不同？

2.4.3 迟滞比较器有什么特点？

2.5 模拟集成乘法器及其应用

乘法器是用来实现两个模拟信号电压相乘的电子器件。集成乘法器按其内部结构可分为对数指数型乘法器和变跨导式乘法器。变跨导式乘法器由于其电路简单、容易集成以及工作频率高等优点，获得了非常广泛的应用。乘法器的电路符号如图 2.5.1 所示。乘法器的输入、输出关系为

$$u_o(t)=Ku_x(t)u_y(t) \tag{2.5.1}$$

式中，K 是乘法器的标尺因子，其量纲为 V^{-1}，K 为正值时称为同相乘法器，K 为负值时称为反相乘法器。

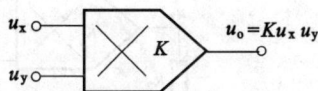

图 2.5.1 乘法器符号

利用乘法器和运算放大器组合，通过外接不同的电路，可组成除法、开方、乘方等运算电路，还可组成各种函数发生器等电路。

2.5.1 除法运算电路

图 2.5.2 为除法运算电路，因为

$$\frac{u_{i1}}{R_1}=-\frac{u_2}{R_2}$$

又

$$u_2=Ku_ou_{i2}$$

因此

$$u_o=-\frac{R_2}{R_1K}\frac{u_{i1}}{u_{i2}} \tag{2.5.2}$$

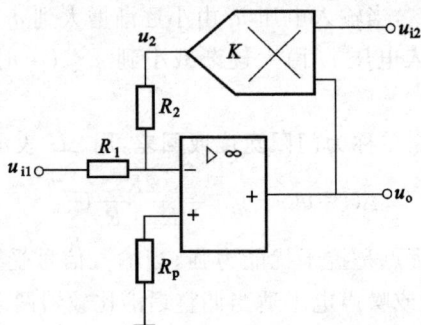

图 2.5.2　除法运算电路

在图 2.5.2 所示的除法电路中，只有当 u_{i2} 为正时，才能保证运算放大器处于负反馈状态，而 u_{i1} 可正可负。若 u_{i2} 为负值时，可在反馈回路中引入一反相器。

2.5.2　平方根运算电路

图 2.5.3 为平方根运算电路，因为

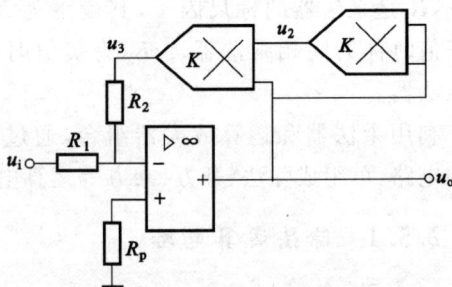

$$\frac{u_i}{R_1} = -\frac{u_2}{R_2}$$

又

$$u_2 = K u_o^2$$

因此

$$u_o = \sqrt{-\frac{R_2}{R_1 K} u_i} \qquad (2.5.3)$$

由式(2.5.3)可见，u_o 是 u_i 的平方根，输入电压 u_i 必须为负值。若 u_i 为正，则无论 u_o 是正或负，乘法器输出 u_2 必为正，导致运放的反馈极性为正，使运放不能正常工作，所以必须将乘法器输出电压 u_2 反相器后才能加到运放的输入端。

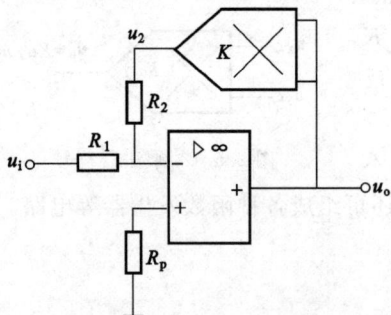

图 2.5.3　平方根运算电路　　　　图 2.5.4　开立方运算电路

若在运算放大器的反馈电路中串入多个乘法器，还可得到开高次方运算电路。开三次方运算电路如图 2.5.4 所示，其运算关系为

$$u_o = \sqrt[3]{-\frac{R_2}{R_1 K^2} u_i} \qquad\qquad (2.5.4)$$

2.6　模拟集成功率放大器及其应用

放大器的负载通常都要求一定的激励功率,所以,多级放大器的末级一般为功率放大器,其任务是向负载提供足够大的功率。

2.6.1　功率放大器的分类

放大电路有三种工作状态,如图 2.6.1 所示。在图(a)中,静态工作点 Q 大致在负载线的中间,在输入信号的整个周期内,三极管均导通,这种电路称为**甲类放大电路**。前面所讲的电压放大电路就是工作在这种状态,不论有无输入信号,电源供给的功率 $P_E = V_{CC} I_C$ 总是不变的。可以证明,在理想情况下,甲类放大电路的效率最高只能达到 50%。在图(b)中,静态工作点 Q 设置在截止区,三极管只能在电压信号的半周内导通,另外半周不工作,这种电路称为**乙类放大电路**。由于无输入信号时电源不输出静态电流,所以该类放大器效率很高。但由于三极管只导通半个周期,波形产生了失真。图(c)所示电路的静态工作点 Q 比甲类低、比乙类高,三极管导通大于信号的半个周期而小于一个周期,这种电路称为**甲乙类放大电路**,它的效率介于甲类和乙类之间。

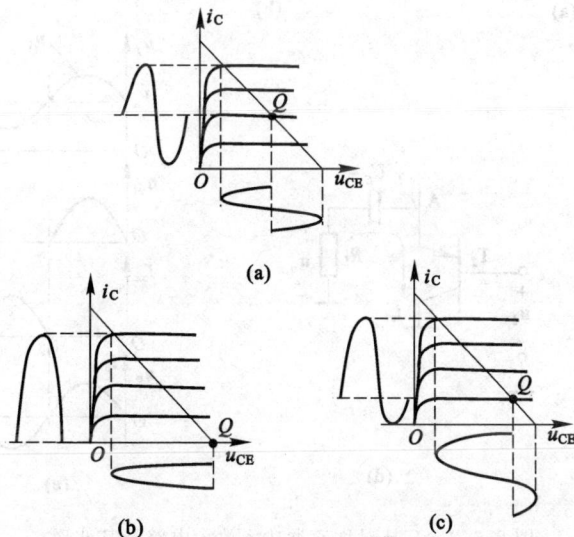

图 2.6.1　放大电路的工作状态
(a) 甲类;(b) 乙类;(c) 甲乙类

2.6.2 互补对称功率放大电路

在集成功率放大电路中,广泛采用互补对称的乙类功率放大电路,如图2.6.2(a)所示。它由两只特性相近的 NPN 和 PNP 三极管 T_1、T_2 构成(称为互补管)。静态时,三极管射极的联接点 A 的静态电位 $V_A = V_{CC}/2$,则电容 C 两端的电压 $U_C = V_{CC}/2$。图(b)所示的输入信号 u_I 可使三极管轮流导通,调整 u_I 中的直流分量等于 A 点的静态电位 V_A,u_i 的正半周,$u_I > V_A$,T_1 的发射结正偏而导通,T_2 的发射结反偏而截止,T_1 的发射极电流 i_{e1} 经 R_L 给电容 C 充电,如图(c)所示。u_i 的负半周,$u_I < V_A$,T_2 的发射结正偏而导通,T_1 的发射结反偏而截止,电容 C 经 T_2、R_L 放电,放电电流 i_{e2} 反向流过 R_L,如图(d)所示。i_{e1}、i_{e2} 都只是半个正弦波,但流过 R_L 的电流 i_o 和 R_L 上的电压 u_o 都是完整的正弦波,即实现了波形的合成,如图 2.6.2(e)所示。在整个工作过程中,虽然电容 C 有时充电,有时放电,但因电容值足够大,所以,可近似认为 U_C 基本不变,保持静态值 $V_{CC}/2$。

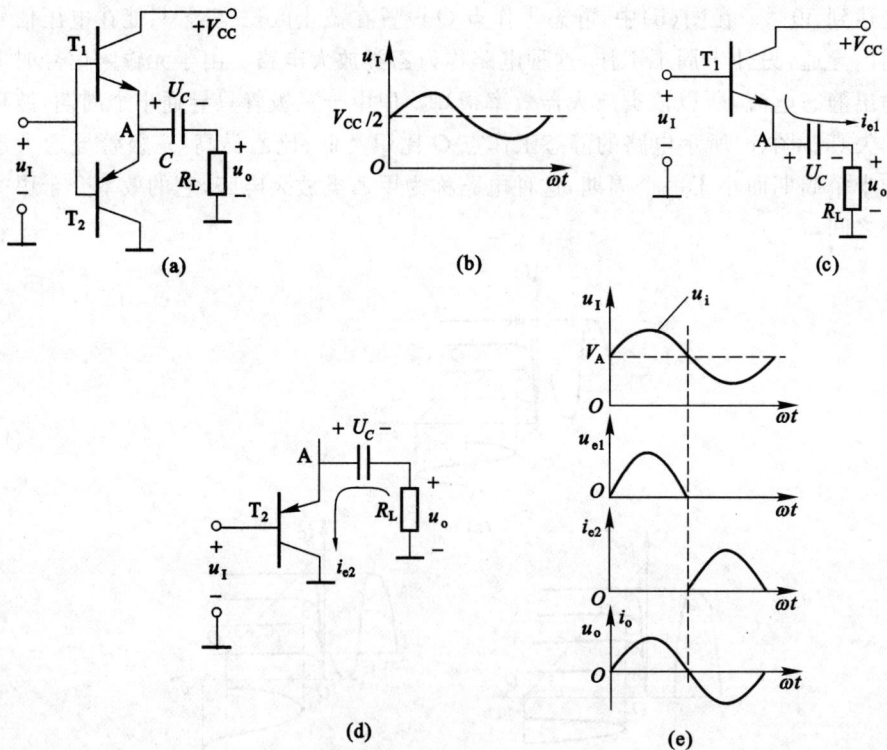

图 2.6.2 互补对称乙类功率放大电路及其波形

(a) 电路;(b) 输入波形;(c) 充电等效电路;(d) 放电等效电路;(e) 输出波形

由图 2.6.2(c)和(d)可见,该电路实质上是两个射极输出器,一个工作在输入信号的正半周,另一个工作在输入信号的负半周,因此,$u_o \approx u_i$。另外,其输出电阻很小,可与负载电阻 R_L 直接匹配。

由于 T_1、T_2 发射结静态偏压为 0,即工作在乙类,当输入电压 u_i 很小而不足以克服三极管的死区电压时,两三极管均截止,即在输入信号 u_i 正、负交替变化处的小区域内,实际的输出电压 $u_o = 0$,产生了失真,这种失真称为**交越失真**。波形如图 2.6.3 所示。

为了减小交越失真,可以给 T_1、T_2 的发射结加适当的正向偏压,使其工作在甲乙类状态,实用的甲乙电路如图 2.6.4 所示。T_3 构成末前级(推动级)放大器,与 T_1、T_2 构成的互补对称甲乙类功率放大器直接耦合,调节偏流电阻 R_1,可以改变 T_3 的集电极静态电流 I_{C3},I_{C3} 在 R_2 上的压降为 T_1、T_2 的发射结提供适当的正向偏压,调节 R_2 可以改变其大小,使静态时 T_1、T_2 处于微导通状态,当有输入信号时,管子便可顺利导通,这样便可减小交越失真。电容 C_2 起旁路作用,使 R_2 上无交流信号压降,以保证 T_1、T_2 的输入信号相等。

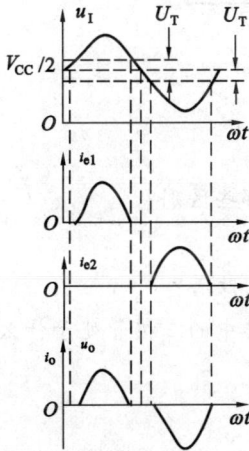

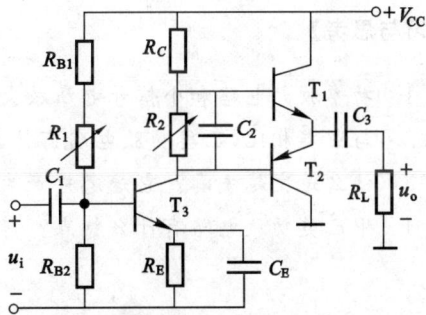

图 2.6.3　交越失真波形　　　　图 2.6.4　实用的甲乙类互补对称功率放大器

在甲乙类功率放大器中,有时用两个串联的二极管代替图 2.6.4 中的 R_2,同样起到给 T_1、T_2 的发射结加适当的正向偏压的作用。

2.6.3　集成功率放大器

随着电子工业的发展,目前已经生产出多种不同型号、可输出不同功率的集成功率放大器。它们的电路结构多半和运算放大器基本相同或相似,如 LM380,LM 384 及 LM 386 等集成功率放大器都由输入级、中间级和输出级组成。输入级是复合管差动放大电路,它有同相和反相两个输入端,它的单端输出信号传送到中间共发射极放大级,以提高电压放大倍数。输出级是甲乙类互补对称的放大电路。

图 2.6.5 是由 LM386 构成的功率放大电路。图中,$R_2 C_4$ 组成电源滤波电路,$R_3 C_3$ 是相位补偿电路,以消除自激振荡,并改善高频时的负载特性;C_2 也是防止电路产生自激振荡用的。

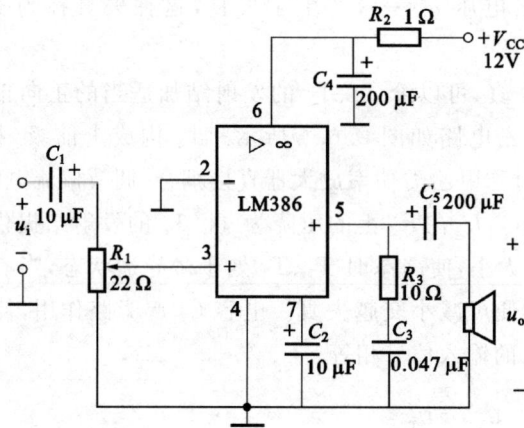

图 2.6.5 集成功率放大电路

【练习与思考】

2.6.1 功率放大电路和小信号电压放大电路有哪些区别?

2.6.2 与甲类相比,乙类功放电路有什么优点?

2.6.3 什么是交越失真? 它是怎样产生的? 如何改善?

2.6.4 甲乙类功放电路有什么特点? 静态时电路中的三极管处于什么状态?

习 题

2.1 指出题图 2.1 所示各电路的反馈环节,判断其反馈类型和极性。

2.2 求题图 2.1 所示各负反馈电路的闭环电压放大倍数 A_{uf}。

2.3 已知 F007 运算放大器的开环电压增益 $A_{uo} = 100$ dB,差模输入电阻 $r_{id} = 2$ MΩ,最大输出电压 $U_{OPP} = \pm 13$ V。为了保证 F007 工作在线性区,试求:

(1) u_+ 和 u_- 间的最大允许差值;

(2) 输入端电流的最大允许值。

2.4 求题图 2.2 所示系统的闭环放大倍数 A_f。

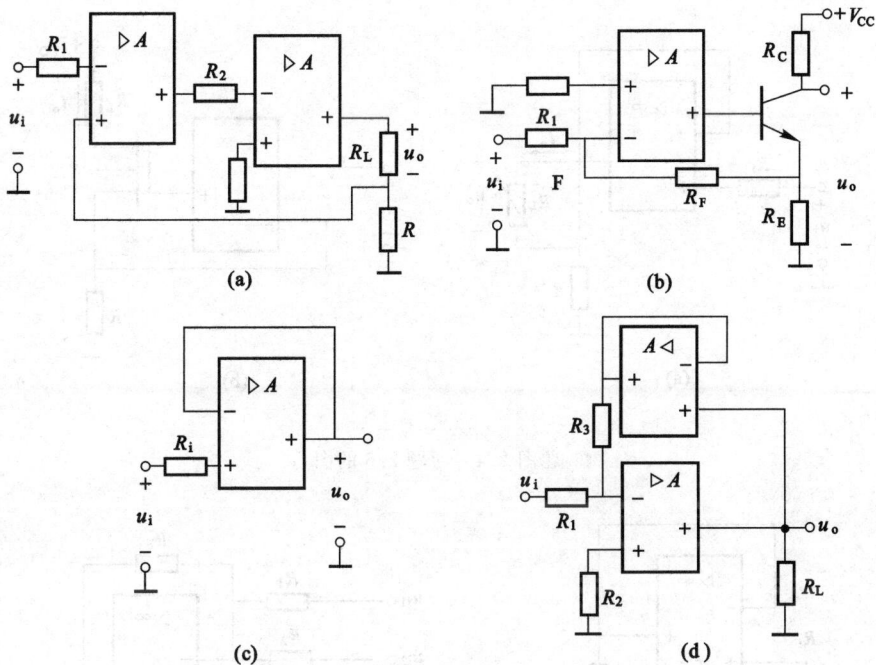

(a)

(b)

(c)

(d)

题图 2.1　习题 2.1 和习题 2.2 的图

2.5　在题图 2.3 所示电路中，$U_Z = 6$ V，$R_1 = 10$ kΩ，$R_F = 10$ kΩ，试求调节 R_F 时输出电压 u_o 的变化范围，并说明改变负载电阻 R_L 对 u_o 有无影响。

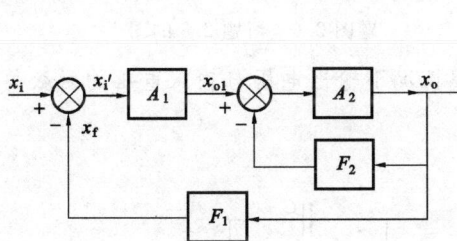

题图 2.2　习题 2.4 的图

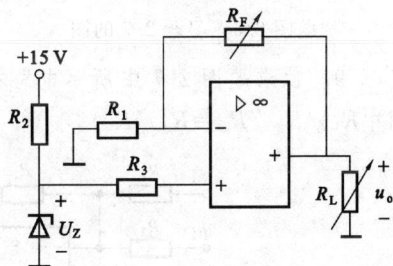

题图 2.3　习题 2.5 的图

2.6　题图 2.4 所示两电路为电压-电流变换电路，求输出电流 i_o 与输入电压 u_i 的关系，并说明改变负载电阻 R_L 对 i_o 有无影响。

2.7　题图 2.5 所示为一恒流源电路，求输出电流 i_o 与输入电压 u_i 的关系，并说明改变负载电阻 R_L 对 i_o 有无影响。

2.8　电路如题图 2.6 所示，已知 $u_{i1} = 1$ V，$u_{i2} = 2$ V，$u_{i3} = 3$ V，$u_{i4} = 4$ V，$R_1 = R_2 = 2$ kΩ，$R_3 = R_4 = R_F = 1$ kΩ，试计算输出电压 u_o。

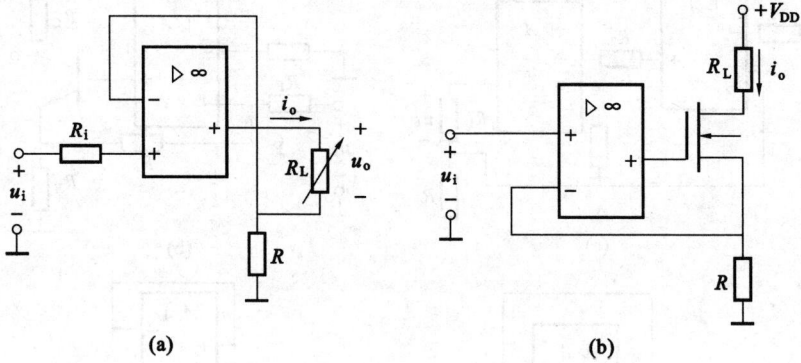

题图 2.4　习题 2.6 的图

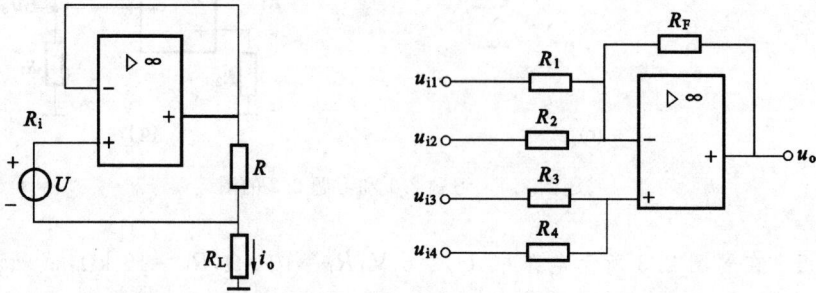

题图 2.5　习题 2.7 的图　　　　　　　　题图 2.6　习题 2.8 的图

2.9　试求题图 2.7 中所示电路在理想情况下输出电压与输入电压的函数关系（图中 $R_1 /\!/ R_2 /\!/ R_F = R_3 /\!/ R_b$）。

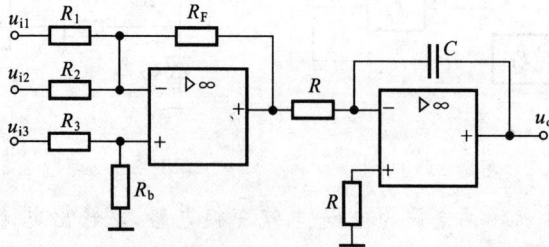

题图 2.7　习题 2.9 的图

2.10　求题图 2.8 所示电路输出电压 u_o 与输入电压 u_i 的关系式（$R_1 = R_F = R$）。

2.11　题图 2.9 所示电路为串联型差动运算放大器，试分别写出 U_O 的表达式。

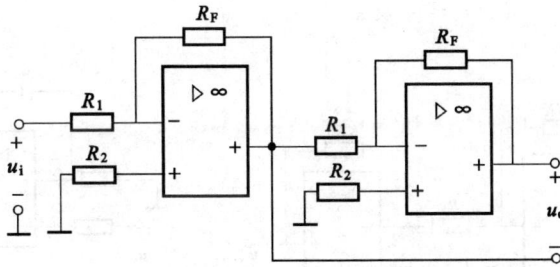

题图 2.8　习题 2.10 的图

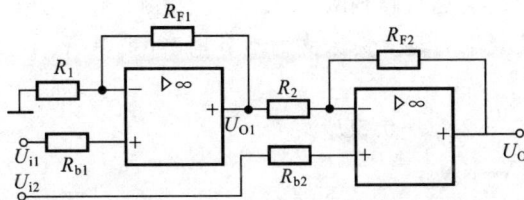

题图 2.9　习题 2.11 的图

2.12　已知题图 2.10 所示电路及 u_{i1}、u_{i2} 的波形,试画出输出电压 u_o 的波形。

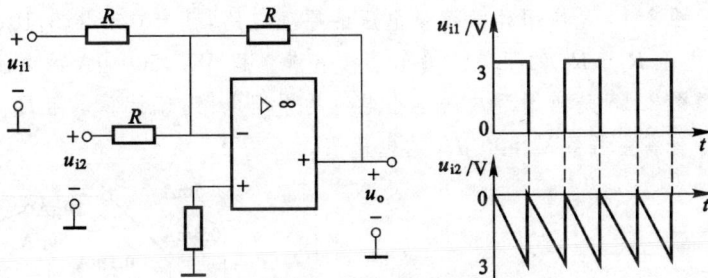

题图 2.10　习题 2.12 的图

2.13　求题图 2.11 所示电路中输出电压 u_o 与各输入电压的关系式。

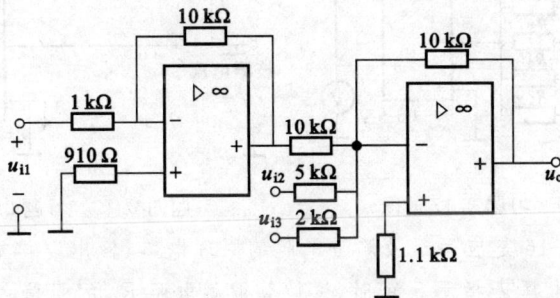

题图 2.11　习题 2.13 的图

2.14　题图 2.12 所示电路是利用两个运放组成的具有高输入电阻的差动放大器,试求 u_o 与 u_{i1}、u_{i2} 的关系式。

2.15　求题图 2.13 所示电路中 u_o 与 u_i 的关系式。

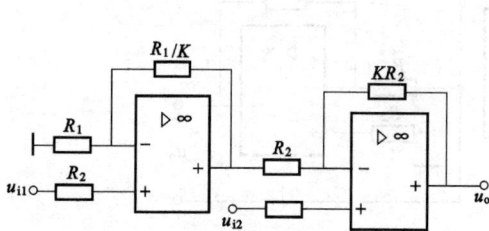

题图 2.12　习题 2.14 的图　　　　题图 2.13　习题 2.15 的图

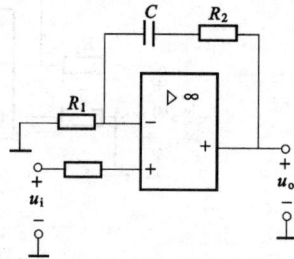

2.16　画出能实现下列运算关系式的运算电路(式中 A、A_1、A_2 为常数)。

(1) $U_O = 5U_I$;

(2) $U_O = -(4U_{I1} + 2U_{I2} + 0.5U_{I3})$;

(3) $Y = 3X_1 + 2X_2 + X_3$;

(4) $Y = 2X_1 - X_2$;

(5) $Y = A\int(X_1 + X_2 + 2X_3)\mathrm{d}t$。

2.17　题图 2.14 是应用运放测量电压的原理电路,共有 0.5,1,5,10,50 V 五种量程,试计算电阻 $R_1 \sim R_5$ 的阻值。输出端接有满量程 5 V,500 μA 的电压表。

2.18　题图 2.15 是应用运放测量小电流的原理电路,试计算电阻 $R_{F1} \sim R_{F5}$ 的阻值。输出端接有满量程 5 V、500 μA 的电压表。

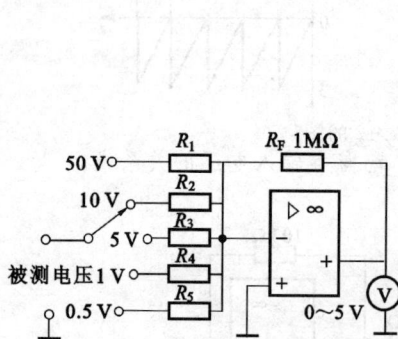

题图 2.14　习题 2.17 的图　　　　题图 2.15　习题 2.18 的图

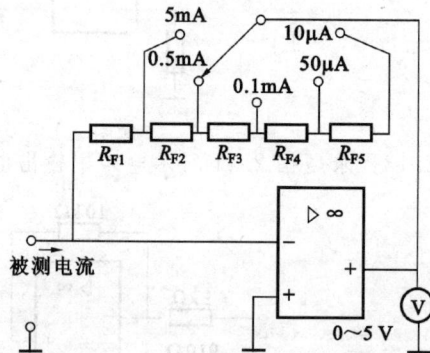

2.19　题图 2.16 是应用运放测量电阻的原理电路,输出端接有满量程 5 V,500 μA 的电压表。当电压表指示 5 V 时,试计算被测电阻 R_x 的阻值。

2.20　在题图 2.17 所示电路中,运放的最大输出电压 $U_{opp} = \pm 12$ V,稳压管的稳定电压 $U_Z = 6$ V,其正向压降 $U_D = 0.7$ V,$u_i = 12\sin \omega t$ V,在参考电压 $U_R = 3$ V 和 -3 V 两种情况下,试画出电压传输特性和输出电压 u_o 的波形。

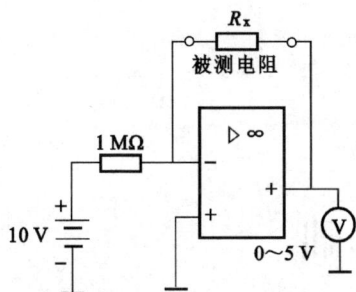

题图 2.16 习题 2.19 的图   题图 2.17 习题 2.20 的图

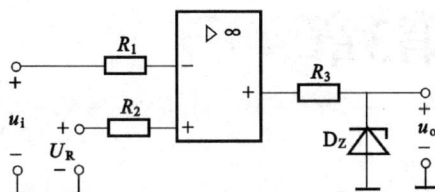

2.21 试用电压比较器设计一电压监控器,当电压超过某一值或低于某一值时立即报警(可采用声、光报警)。

2.22 题图 2.18 所示是同相输入除法电路,试分析它的正常工作条件,求输出电压与输入电压的函数关系。

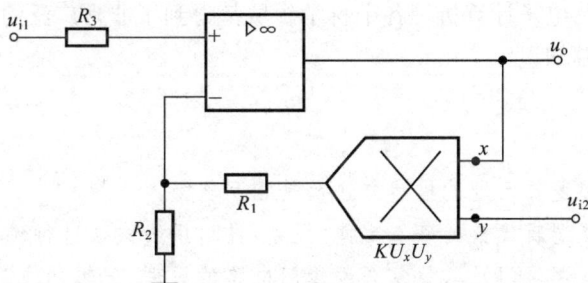

题图 2.18 习题 2.22 的图

2.23 电路如题图 2.19 所示,各器件均具有理想特性。

(1) 写出 u_o 与 u_i 的关系式;

(2) 若乘法器的系数 $K=1\ V^{-1}$,$R_1=R_2=R_3=R_F=10\ k\Omega$,输入电压 $u_i=1\ V$,试计算 u_o。

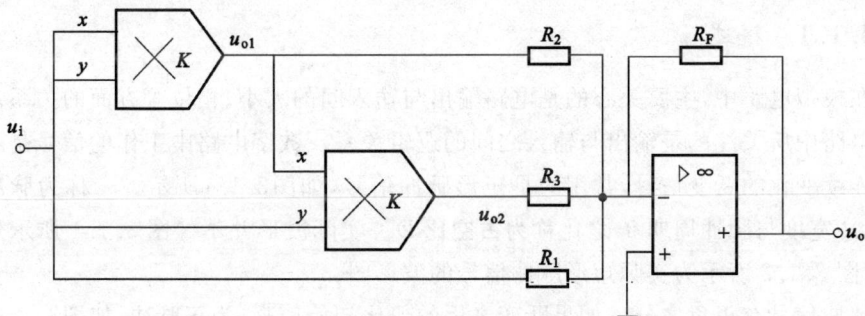

题图 2.19 习题 2.23 的图

第3章

数字电路基础

电子电路中的电信号分为两类:一类是**模拟信号**,它随时间连续变化。处理模拟信号的电路称为**模拟电路**;另一类为**数字信号**,它是不随时间连续变化的跃变信号。处理数字信号的电路称为**数字电路**。数字电路在现代电子技术中占有十分重要的地位,由于数字电路比模拟电路具有更多更独特的优点,因此它在通信、电视、雷达、自动控制、电子测量、电子计算机等各个科学领域都得到了非常广泛的应用。本章将介绍数字电路的基础知识。

基本要求

(1) 熟练掌握逻辑问题的描述方法及其相互转换。

(2) 熟练掌握逻辑代数的基本定律、规则,并运用公式法进行化简和转换。

(3) 理解基本逻辑门及其他复合逻辑门电路的原理、逻辑功能、真值表和逻辑符号。

(4) 了解集成逻辑门的有关参数及使用注意事项。

3.1 逻辑运算和逻辑函数化简

3.1.1 概述

在模拟电路中,主要关心的是电路输出与输入间的大小、相位等方面的关系。在数字电路中所关注的是输出与输入之间的逻辑关系。数字电路中工作的信号是不随时间连续变化的跃变信号,常用的是矩形脉冲信号,如图3.1.1所示。t_p 称为**脉冲宽度**,脉冲宽度与脉冲周期 T 之比称为**占空比** D。实际波形并不像图 3.1.1 所示那么理想,图 3.1.2 所示为实际矩形脉冲信号的波形图。

脉冲信号有正负之分。如果跃变之后的值比初始值高,为**正脉冲**,如图3.1.3(a)所示;反之则为**负脉冲**,如图 3.1.3(b)所示。

为了对数字系统有一初步的认识,我们举一数字系统工作实例。

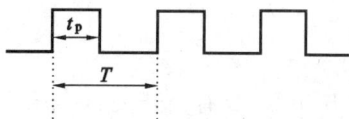

图 3.1.1　理想矩形脉冲信号波形　　　图 3.1.2　实际矩形脉冲信号波形

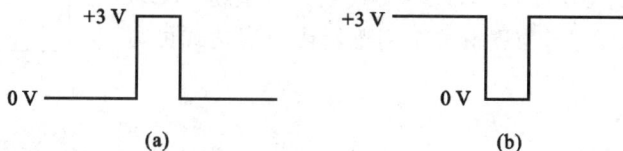

图 3.1.3　正脉冲和负脉冲

如图 3.1.4 所示,对生产线上的产品进行自动计数。当一个产品从电光源与光电管间通过时,光电管被遮挡一次,相应产生一个电脉冲信号;没有产品通过时,光电管不产生电脉冲信号。因光电信号较弱,必须放大,放大后的脉冲还不能直接用,因为它们的幅度不均匀,经整形电路整形后,就得到了矩形脉冲信号,然后由计数器把脉冲个数,即产品个数记录下来。计数器采用的是二进制,它只有"0"和"1"两个数码,而我们习惯使用十进制数,因此还需要把计数器中用二进制数码表示的数字翻译成十进制数,该任务由译码器来完成,最后由显示电路显示出十进制数来。

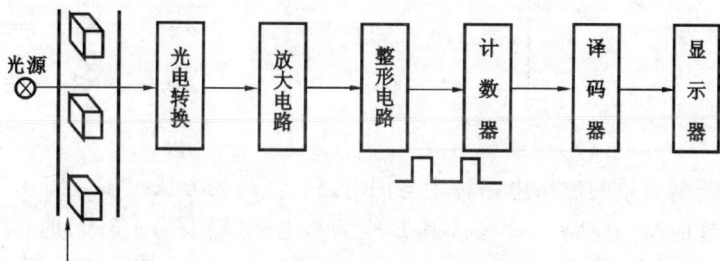

图 3.1.4　产品自动计数系统示意图

由此可见,数字电路是根据脉冲的有无、个数、宽度和频率来工作的,而允许幅值上存在一定范围的误差,因而抗干扰能力强,具有很高的稳定性和可靠性。因此数字电路获得了广泛应用,随着集成技术的发展,数字电路的重要性将更加突出。

3.1.2　基本逻辑运算和逻辑门

数字电路也叫做逻辑电路,研究的是输出与输入之间的逻辑关系。最基本的逻辑关系或称逻辑运算有三种:与逻辑、或逻辑、非逻辑。实际应用中遇到的逻辑问题尽管是千变万化的,但它们都可以用这三种最基本的逻辑运算复合而成。实现基本逻辑运算的数字电路称为基本逻辑门电路。

1. 与逻辑运算和与门

在图 3.1.5 所示的照明电路中,开关 A 和 B 串联,只有当开关 A 与 B 同时接通时,电灯 F 才亮,开关 A、B 接通(条件)与灯 F 亮(结果)之间的这种因果关系就为**与逻辑关系**。若 $F=1$ 代表灯亮 $F=0$ 代表灯灭,$A(B)=1$ 代表开关接通,$A(B)=0$ 代表开关断开,与逻辑关系用逻辑函数表达式可写为

图 3.1.5　与逻辑关系电路

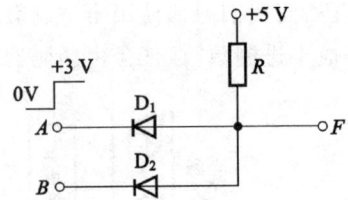

$$F=A \cdot B$$

读作 F 等于 A 与 B。式中 A、B、F 都是逻辑变量,取值只能是 0 或 1,F 称为 A、B 的**逻辑函数**。与逻辑关系也称**与运算**或**逻辑乘法**运算。有时逻辑乘号"·"也可省略。

将输入和输出逻辑变量的所有可能取值以表格的形式表示,称为**逻辑状态表**,也称**真值表**。表 3.1.1 为与逻辑状态表,两个输入逻辑变量 A、B 有四种可能的状态。

由逻辑状态表及逻辑函数表达式可知,逻辑乘法的运算规则为

$$1 \cdot 1=1 \quad 1 \cdot 0=0 \quad 0 \cdot 1=0 \quad 0 \cdot 0=0$$

表 3.1.1　与逻辑状态表

A	B	F
0	0	0
0	1	0
1	0	0
1	1	1

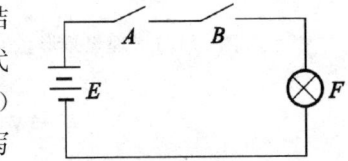

图 3.1.6　二极管与门电路

实现与逻辑关系的逻辑电路称为**与门**电路。实现的方法很多。图 3.1.6 是一个用二极管实现的与门电路。只有 A 和 B 全为高电平(假设为 +3 V)时,输出 F 才是高电平 +3 V(忽略二极管的正向压降),否则输出均为低电平 0 V。用 1 表示高电平,用 0 表示低电平,则它实现的就是与逻辑关系。

与门电路的逻辑符号如图 3.1.7 所示。

门电路可以有多个输入端。三个输入端的与门电路符号如图 3.1.8 所示,

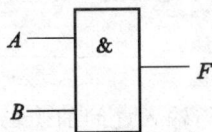

图 3.1.7　两输入与门逻辑符号　　　　图 3.1.8　三输入与门逻辑符号

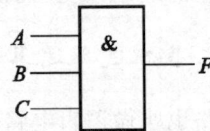

其逻辑函数表达式为

$$F=A \cdot B \cdot C$$

为了便于记忆,与门的逻辑功能可概括为:**全 1 出 1,有 0 出 0**。

利用与门电路,可以控制信号的传输。例如给两输入端与门电路的一个输入端 B 输入一持续脉冲信号,而输入端 A 输入一个控制信号,依据与逻辑关系可画出输出端 F 的波形,如图 3.1.9 所示。可见只有 $A=1$ 时,持续脉冲信号才能通过,此时相当于门被打开;当 $A=0$ 时,信号不能通过,无输出,相当于门被封锁。

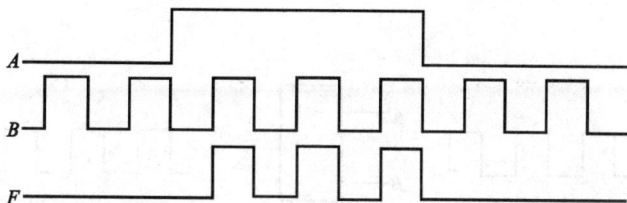

图 3.1.9　与门应用举例波形图

2. 或逻辑运算和或门

在图 3.1.10 所示电路中,开关 A 和 B 并联。当开关 A 接通或着 B 接通,或着 A 和 B 都接通时,电灯 F 就亮。开关 A、B 接通与灯 F 亮之间的这种关系为**或逻辑关系**。

或逻辑函数表达式为

$$F=A+B$$

读作 F 等于 A 或 B。或运算也称**逻辑加法**运算。

或逻辑状态表如表 3.1.2 所示。

表 3.1.2　或逻辑状态表

A	B	F
0	0	0
0	1	1
1	0	1
1	1	1

逻辑加法的运算规则为

1＋1 ＝ 1　1＋0 ＝ 1　0＋1 ＝ 1　0＋0 ＝ 0

图 3.1.11 是由二极管构成的或门电路,或门电路的逻辑符号如图 3.1.12 所示。

或门的逻辑功能可概括为:**全 0 出 0,有 1 出 1**。

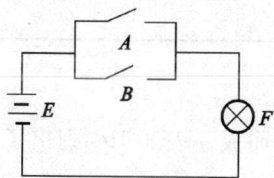

图 3.1.10　或逻辑关系电路

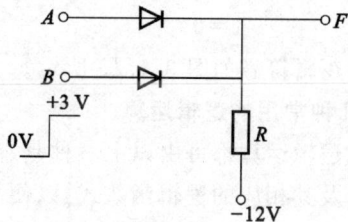

图 3.1.11　二极管或门电路

利用或门电路可实现用一个报警器对多个故障
源的报警。例如一机器有两个故障源,正常工作时,
故障源输出低电平为 0,当出现故障时,可发出一持
续脉冲信号。我们把两个故障源分别接到一个或门
的两个输入端 A 和 B,见图3.1.13。正常工作时,A

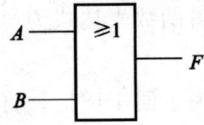

图 3.1.12　或门逻辑符号

$=0$,$B=0$,则 $F=0$。当某一故障源(假设接 B 端的故障源)发生故障时,B 端便输入
一持续脉冲信号,此时 F 端就得到一持续脉冲信号,将此脉冲信号送入报警器,便可
发出报警信号。

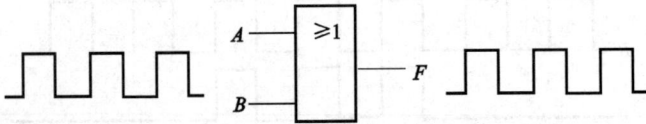

图 3.1.13　或门应用举例

以上所讨论的与门、或门电路所采用的都是**正逻辑**,即高电平用 1 表示,低电平
用 0 表示。若高电平用 0 表示,低电平用 1 表示,则为**负逻辑**。本书采用的都是正逻
辑。

3. 非逻辑运算和非门

在图 3.1.14 所示电路中,当输入端 A 为高电平"1"时,三极管饱和导通,其输出
端 F 为低电平"0";当 A 为"0"时,三极管截止,输出端 F 为"1"。输出与输入状态是
相反的,这种关系称为**非逻辑**关系。该电路就是一个非门电路。

非逻辑函数的表达式为

$$F=\overline{A}$$

"—"表示非运算,读作 F 等于 A 非。

非逻辑状态表如表 3.1.3 所示。

非门电路也称为**反相器**。非逻辑的
运算规则为

$$\overline{0}=1$$

$$\overline{1}=0$$

非门逻辑符号如图 3.1.15 所示。

表 3.1.3　非逻辑状态表

A	F
0	1
1	0

4. 几种常用的逻辑运算

其他逻辑运算都可由以上三种基本运算组合而成。表 3.1.4 列出了几种常用的
逻辑运算及其相应的逻辑函数式,以便于比较和应用。

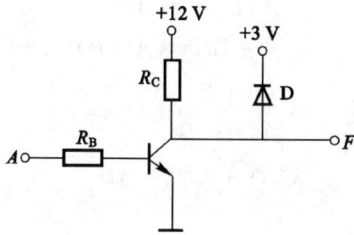

图 3.1.14　非门电路　　　　　　　　　　图 3.1.15　非门逻辑符号

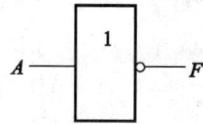

表 3.1.4　几种常用的逻辑运算

逻辑运算	与非	或非	异或	同或
逻辑符号				
逻辑函数	$F=\overline{A\,B}$	$F=\overline{A+B}$	$F=\overline{A}B+A\,\overline{B}$ $=A\oplus B$	$F=\overline{A}\,\overline{B}+AB$ $=A\odot B$
逻辑变量 A　B				
0　　0	1	1	0	1
0　　1	1	0	1	0
1　　0	1	0	1	0
1　　1	0	0	0	1

3.1.3　逻辑代数基本运算规则和基本定律

逻辑代数又称为**布尔代数**,它是分析和设计逻辑电路的数学工具。逻辑代数和普通代数一样都是用字母表示变量,但逻辑变量只能取 1 和 0 两个值,这里 0 和 1 不表示数值的大小,而表示两种相反的逻辑状态。逻辑代数所表示的是逻辑关系,不是数值关系。

1. 逻辑代数基本运算规则

逻辑代数有三种基本的逻辑运算——逻辑乘、逻辑加和逻辑非,其运算规则为

$$A+0=A \qquad\qquad A\cdot 1=A$$

$$A+1=1 \qquad\qquad A\cdot 0=0$$

$$A+\overline{A}=1 \qquad\qquad A\cdot \overline{A}=0$$

$$A+A=A \qquad\qquad A\cdot A=A$$

$$\overline{\overline{A}}=A$$

2. 逻辑代数基本定律

（1）交换律　$A+B=B+A$　　　　　　　　　　$AB=BA$

(2) 结合律 $A+(B+C)=(A+B)+C$ $A(BC)=(AB)C$

(3) 分配律 $A(B+C)=AB+AC$ $A+BC=(A+B)(A+C)$

(4) 吸收律 $AB+A\overline{B}=A$ $(A+B)(A+\overline{B})=A$

             $A+AB=A$ $A(A+B)=A$

             $A+\overline{A}B=A+B$ $A(\overline{A}+B)=AB$

(5) 反演律(狄·摩根定律)

             $\overline{A+B}=\overline{A}\cdot\overline{B}$ $\overline{A\cdot B}=\overline{A}+\overline{B}$

利用反演律可以求一个函数 F 的反函数 $\overline{F}$,将 F 中的"·"变成"＋","＋"变成"·","0"变成"1","1"变成"0",原变量变成反变量,反变量变成原变量,则得到 F 的反函数 $\overline{F}$。

例如:若 $F=A\overline{B}+\overline{A}B$,则 $\overline{F}=(\overline{A}+B)(A+\overline{B})$

显然,用反演律求一个逻辑函数的反函数是非常方便的。

以上各等式均可用逻辑真值表证明其正确性。

3.1.4 逻辑函数的表示方法

除语言文字描述外,表示逻辑函数的常用方法有逻辑真值表、逻辑函数式、逻辑图和卡诺图等四种。下面先举例说明前三种表示方法,后面再介绍卡诺图。

有一 T 形走廊,在相会处有一灯,在进入走廊的 A、B、C 三地各有控制开关,都能独立控制灯的亮灭。任意闭合一个开关,灯亮;任意闭合两个开关,灯灭;三个开关同时闭合,灯亮。设 A、B、C 代表三个开关(输入变量),开关闭合其状态为"1",断开为"0";灯 Y(输出变量)亮为"1",灯灭为"0"。试列出表示该逻辑函数的逻辑真值表。

1. 逻辑真值表

列出 A、B、C 三个输入变量的所有取值组合(共 8 种),根据题意的逻辑关系分别列出对应于各种输入变量取值组合的输出变量 Y 的结果。按输入变量取值从 000 到 111 依次递增的顺序排列,列成表 3.1.5。

表 3.1.5 三地控制一灯的逻辑真值表

A	B	C	Y
0	0	0	0
0	0	1	1
0	1	0	1
0	1	1	0
1	0	0	1
1	0	1	0
1	1	0	0
1	1	1	1

2. 逻辑函数式

逻辑函数式是用与、或、非等运算来表达逻辑关系的表达式。它可由逻辑真值表写出,具体步骤如下:

(1) 取输出 $Y=1$(或 $Y=0$)列逻辑函数式。

(2) 对一种组合而言,输入变量是与逻辑关系。对应于 $Y=1$,如果输入变量为 1,则取其原变量(如 A);如果输入变量为 0,则取其反变量(如 $\overline{A}$)。而后取乘积项(与项)。

(3) 各种组合之间,是或逻辑关系,故取以上乘积项之和(逻辑或)。

由此,表 3.1.5 的逻辑函数式为

$$Y=\overline{A}\,\overline{B}C+\overline{A}B\overline{C}+A\overline{B}\overline{C}+ABC$$

反之,也可把输入变量的各个取值组合代入逻辑函数式求输出函数值,列成表格就得到逻辑状态表。如,把 $000,001,\cdots,111$ 代入上式,即可得到表 3.1.5。

3. 逻辑图

用逻辑符号表示逻辑关系的电路图称为逻辑图。逻辑图可由上述的逻辑函数式画出。逻辑与用与门实现,逻辑或用或门实现,求反用非门实现。上式即可用三个非门、四个与门和一个或门实现,如图 3.1.16 所示。

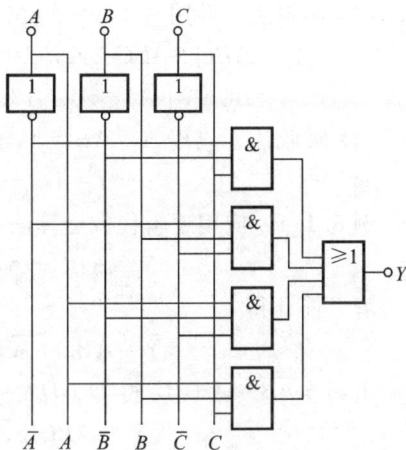

图 3.1.16　三地控制一灯的逻辑图

由于逻辑式不是惟一的,所以逻辑图也不是惟一的。

3.1.5 逻辑函数的化简

同一个逻辑函数可能有几种不同形式的逻辑函数式,有时这些不同形式的逻辑函数式的繁简程度相差较大,逻辑函数式越简单画出的逻辑图也就越简单,实现电路所用的电路器件也就越少,这样不仅可以节省元器件,还可以提高电路的可靠性,因此在设计逻辑电路时,经常需要把逻辑函数式化简成最简形式。

如果一个逻辑函数式是由几个乘积项相加组成的,这种逻辑函数式称为"与或"逻辑式。如果一个"与或"逻辑式中含有的乘积项最少,同时每个乘积项中所包含的变量数也最少,则这种形式称为逻辑函数的最简"与或"式。

1. 公式化简法

公式化简法就是利用逻辑代数中的基本公式和定律对逻辑函数式进行化简。

(1) 并项法。应用 $A+\overline{A}=1$,将两项合并为一项,并可消去一个或两个变量。如:

$$Y = ABC + A\overline{B}\,\overline{C} + AB\overline{C} + A\overline{B}C = AB(C+\overline{C}) + A\overline{B}(C+\overline{C})$$
$$= AB + A\overline{B} = A(B+\overline{B}) = A$$

（2）配项法。应用 $B = B(A+\overline{A})$，将 $(A+\overline{A})$ 与某乘积项相乘，而后展开、合并化简。如：

$$Y = AB + \overline{A}\,\overline{C} + B\overline{C} = AB + \overline{A}\,\overline{C} + B\overline{C}(A+\overline{A})$$
$$= AB + \overline{A}\,\overline{C} + AB\overline{C} + \overline{A}B\overline{C}$$
$$= AB(1+\overline{C}) + \overline{A}\,\overline{C}(1+B) = AB + \overline{A}\,\overline{C}$$

（3）加项法。应用 $A+A=A$，在逻辑式中加相同的项，而后合并化简。如：

$$Y = ABC + \overline{A}BC + A\overline{B}C = ABC + \overline{A}BC + A\overline{B}C + A\overline{B}C + ABC$$
$$= BC(A+\overline{A}) + AC(B+\overline{B}) = BC + AC$$

（4）吸收法。应用 $A+AB=A$，消去多余因子。如：

$$Y = \overline{B}C + A\overline{B}C(D+E) = \overline{B}C$$

例 3.1.1　应用逻辑代数运算法则化简下列逻辑式：

$$Y = ABC + ABD + \overline{A}B\,\overline{C} + CD + B\overline{D}$$

解　简化得

$$Y = ABC + \overline{A}B\,\overline{C} + CD + B(\overline{D} + DA)$$

由 $A+\overline{A}B = A+B$，得 $\overline{D}+DA = \overline{D}+A$，所以

$$Y = ABC + \overline{A}B\,\overline{C} + CD + B\overline{D} + AB$$
$$= AB(1+C) + \overline{A}B\,\overline{C} + CD + B\overline{D}$$

由 $1+A=1$ 得 $1+C=1$，所以

$$Y = AB + \overline{A}B\,\overline{C} + CD + B\overline{D} = B(A+\overline{A}\,\overline{C}) + CD + B\overline{D}$$

由 $A+\overline{A}\,\overline{C} = A+\overline{C}$，所以

$$Y = AB + B\overline{C} + CD + B\overline{D} = AB + B(\overline{C}+\overline{D}) + CD$$

由 $\overline{A}+\overline{B} = \overline{AB}$，得 $\overline{C}+\overline{D} = \overline{CD}$，所以

$$Y = AB + B\overline{CD} + CD$$

由 $CD + \overline{CD}B = CD + B$，所以

$$Y = AB + CD + B = B(1+A) + CD = B + CD$$

例 3.1.2　试证明 $ABC\overline{D} + ABD + BC\overline{D} + ABC + BD + B\overline{C} = B$。

证　$ABC\overline{D} + ABD + BC\overline{D} + ABC + BD + B\overline{C}$

$$= ABC(1+\overline{D}) + BD(1+A) + BC\overline{D} + B\overline{C}$$
$$= ABC + BD + BC\overline{D} + B\overline{C} = B(AC + D + C\overline{D} + \overline{C})$$
$$= B(AC + D + C + \overline{C})　（因 D + C\overline{D} = D + C）$$
$$= B(AC + D + 1) = B$$

2. 卡诺图化简法

（1）最小项及标准"与或"式。在一个有 n 个输入变量的逻辑函数中，由这 n 个

变量因子可以组成若干乘积项,如果这些乘积项满足:① 每个乘积项中有且仅有 n 个因子;② 每个变量均以原变量或反变量的形式在乘积项中只出现一次,则这样的乘积项就叫做最小项。

根据最小项的定义,n 个输入变量一共有 2^n 个最小项。例如 A、B、C 三个变量一共有:$\overline{A}\,\overline{B}\,\overline{C}$、$\overline{A}\,\overline{B}\,C$、$\overline{A}\,B\,\overline{C}$、$\overline{A}BC$、$A\,\overline{B}\,\overline{C}$、$A\,\overline{B}C$、$AB\overline{C}$、$ABC$ 8 个最小项。

把变量的各种取值代入到任意一个最小项,则只有一种取值组合使得该最小项的值为 1。例如对一个三变量最小项 $\overline{A}B\overline{C}$,使其值为 1 的取值组合为 010;对一个四变量最小项 $A\,\overline{B}C\overline{D}$,使其值为 1 的取值组合为 1010。

为方便起见,经常用编号 m_i 表示最小项,把使最小项值为 1 的取值组合看作二进制数,其所对应的十进制数就是最小项的编号 i。例如三变量最小项 $\overline{A}B\overline{C}$ 记为 m_2,四变量最小项 $A\,\overline{B}C\overline{D}$ 记为 m_{10}。表 3.1.6 列出了三变量最小项及其编号。

根据最小项的定义可以得到最小项具有如下性质:

① 对任意一个最小项,在所有变量取值组合中,只有一种使该最小项的值为 1。

② 任意两个最小项的乘积为 0。

③ 全体最小项之和为 1。

表 3.1.6 三变量最小项及编号

最小项	$A\ B\ C$	对应十进制数	最小项编号
$\overline{A}\,\overline{B}\,\overline{C}$	0 0 0	0	m_0
$\overline{A}\,\overline{B}C$	0 0 1	1	m_1
$\overline{A}\,B\,\overline{C}$	0 1 0	2	m_2
$\overline{A}BC$	0 1 1	3	m_3
$A\,\overline{B}\,\overline{C}$	1 0 0	4	m_4
$A\,\overline{B}C$	1 0 1	5	m_5
$AB\overline{C}$	1 1 0	6	m_6
ABC	1 1 1	7	m_7

任何一个逻辑函数都可以表示成若干个最小项之和的形式,这种形式称为逻辑函数的标准"与或"式。逻辑函数的标准"与或"式是惟一的。由真值表直接列出的逻辑函数式就是逻辑函数的标准"与或"式。

有时给出的逻辑函数式不是标准"与或"式,可以利用公式 $A+\overline{A}=1$ 进行配项,把它变换成标准"与或"式。

例 3.1.3 把逻辑函数 $Y=\overline{A}BC+AC$ 变换成标准"与或"式。

解 $Y=\overline{A}BC+AC=\overline{A}BC+AC(B+\overline{B})=\overline{A}BC+ABC+A\,\overline{B}C$

(2)卡诺图。卡诺图是由按一定规律排列起来的表示最小项的方格组成的方格图,它是由美国工程师卡诺(Karnaugh)提出的,因此叫卡诺图。

在卡诺图中,每个最小项占据一个小方格,各个小方格之间按照最小项逻辑相邻的规则排列。所谓的逻辑相邻就是两个在几何上相邻的小方块中的最小项只有一个变量不同(互为反变量)。图 3.1.17 画出了二变量、三变量和四变量最小项卡诺图。在三变量最小项卡诺图中,BC 的取值是按照 00、01、11、10 的顺序排列的,在四变量最小项卡诺图中,AB 和 CD 的取值也是按 00、01、11、10 的顺序排列的,这一顺序不是正常的二进制从小到大的顺序,这样排列是为了满足最小项逻辑相邻的要求。

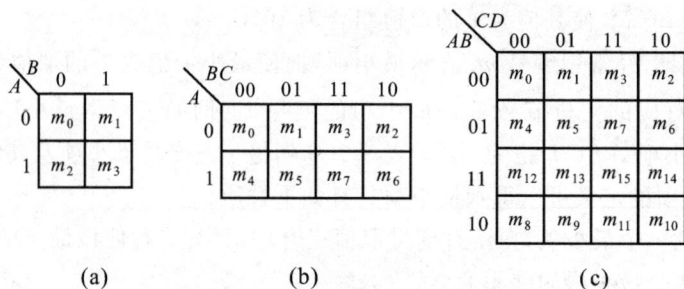

图 3.1.17　最小项卡诺图

(a) 两变量最小项卡诺图;(b) 三变量最小项卡诺图;(c) 四变量最小项卡诺图

在卡诺图中,任何一行或一列两端的最小项也是逻辑相邻的,例如四变量的最小项 m_0 和 m_2、m_0 和 m_8、m_4 和 m_6 等等之间都是逻辑相邻的。

任何一个逻辑函数可以惟一地表示为若干最小项之和的形式(标准"与或"式),把卡诺图中对应于这些最小项的位置填入 1,其他位置填入 0(为简便起见有时空白),这样我们就得到了逻辑函数的卡诺图。

例 3.1.4　用卡诺图表示逻辑函数 $Y_1 = \overline{A}B + A\overline{B}$,$Y_2 = \overline{A}\,\overline{B}C + ABC + AB\overline{C}$,$Y_3 = ABCD + A\overline{B}\,CD + \overline{A}\,BC\,\overline{D} + \overline{A}\,\overline{B}\,\overline{C}\,\overline{D}$。

解　图 3.1.18 是逻辑函数 Y_1、Y_2 和 Y_3 的卡诺图。

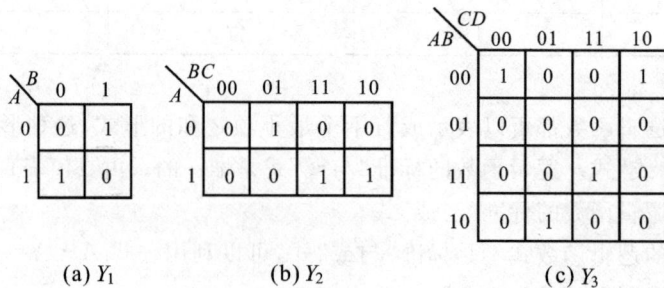

图 3.1.18　例 3.1.4 的图

(a) Y_1　　(b) Y_2　　(c) Y_3

(3) 用卡诺图化简逻辑函数。应用卡诺图化简逻辑函数时,先将逻辑式中的最小项(或逻辑状态表中取值为 1 的最小项)分别用 1 填入相应的小方格内。如果逻辑式中的最小项不全,则填写 0 或空着不填。如果逻辑式不是由最小项构成,一般应先化为最小项(或列其逻辑状态表)。

应用卡诺图化简逻辑函数时,应注意下列几点:

① 将取值为 1 的相邻小格圈成矩形或方形。

所圈取值为 1 的相邻小方格的个数应为 $2^n(n=0,1,2,3,\cdots)$,即 $1,2,4,8,\cdots$,不允许 $3,6,10,12$ 等。

② 圈的个数应最少,圈内小方格个数应尽可能多。每圈一个新的圈时,必须包含至少一个在已圈过的圈中未出现过的最小项,否则重复而得不到最简式。

每一个取值为 1 的小方格可被圈多次,但不能遗漏。

③ 相邻的两项可合并为一项,并消去一个因子;相邻的四项可合并为一项,并消去两个因子;类推,相邻的 2^n 项可合并为一项,并消去 n 个因子。

④ 将合并的结果相加,即为所求的最简与或式。

例 3.1.5 将 $Y=ABC+AB\overline{C}+\overline{A}BC+A\overline{B}C$ 用卡诺图表示并化简。

解 卡诺图如图 3.1.19 所示。将相邻的两个 1 圈在一起,共可圈成三个圈。三个圈的最小项分别为

$$ABC+AB\overline{C}=AB(C+\overline{C})=AB$$
$$ABC+\overline{A}BC=BC(A+\overline{A})=BC$$
$$ABC+A\overline{B}C=CA(B+\overline{B})=CA$$

于是得出化简后的逻辑式

$$Y=AB+BC+CA$$

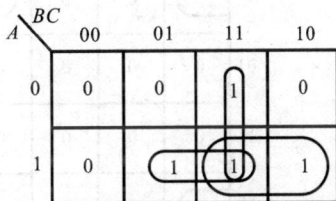

图 3.1.19 例 3.1.5 的图

例 3.1.6 应用卡诺图化简逻辑函数 $Y=\overline{A}\,\overline{B}\,\overline{C}+\overline{A}\,B\overline{C}+\overline{A}BC+A\overline{B}\,\overline{C}$。

解 卡诺图如图 3.1.20 所示。根据图中三个圈可得出

$$Y=\overline{B}\,\overline{C}+\overline{A}C+\overline{A}\,\overline{B}$$

但上式并非最简式,因为

$$\begin{aligned}
Y &=\overline{B}\,\overline{C}+\overline{A}C+\overline{A}\,\overline{B}\\
&=\overline{B}\,\overline{C}+\overline{A}C+\overline{A}\,\overline{B}(C+\overline{C})\\
&=\overline{B}\,\overline{C}+\overline{A}C+\overline{A}BC+\overline{A}\,\overline{B}\,\overline{C}\\
&=\overline{B}\,\overline{C}(1+\overline{A})+\overline{A}C(1+\overline{B})\\
&=\overline{B}\,\overline{C}+\overline{A}C
\end{aligned}$$

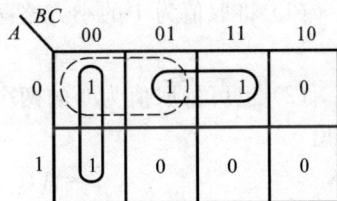

图 3.1.20 例 3.1.6 的图

上式才是最简的。问题在于圈法不对。如果先圈两个实线圈,所有的 1 都被圈过,再圈虚线圈,必然多出一项 $\overline{A}\,\overline{B}$。因此,每圈一个圈,不但要有未圈过的 1,而且圈数要尽可能少,以避免出现多余项。

例 3.1.7 应用卡诺图化简 $Y=\overline{A}\,\overline{B}\,\overline{C}\,\overline{D}+\overline{A}\,BC\overline{D}+A\overline{B}\,\overline{C}\,\overline{D}+AB C\overline{D}$。

解 卡诺图如图 3.1.21 所示。可将最上行两角的 1 圈在一起,将最下行两角的

1 圈在一起,则得出

$$Y=\overline{A}\,\overline{B}\,\overline{D}+A\,\overline{B}\,\overline{D}=\overline{B}\,\overline{D}(A+\overline{A})=\overline{B}\,\overline{D}$$

也可将四个 1 圈在一起,其相同变量为 $\overline{B}\,\overline{D}$,故直接得出

$$Y=\overline{B}\,\overline{D}$$

例 3.1.8　应用卡诺图化简　$Y=\overline{A}+\overline{A}\,B+BC\overline{D}+B\,\overline{D}$。

解　首先画出四变量的卡诺图(图 3.1.22),将式中各项在对应的卡诺图小方格内填入 1。在本例中,每一项并非只对应一个小方格。如 $\overline{A}$ 项,应在含有 $\overline{A}$ 的所有小方格内都填入 1(与其他变量为何值无关),即图中上面八个小方格。含有 $\overline{A}\,B$ 的小方格有最上面四个,已含在 $\overline{A}$ 项内。同理,可在 $BC\overline{D}$ 和 $B\,\overline{D}$ 所对应的小方格内也填入 1。而后圈成两个圈、相邻项合并,得出

$$Y=\overline{A}+B\,\overline{D}$$

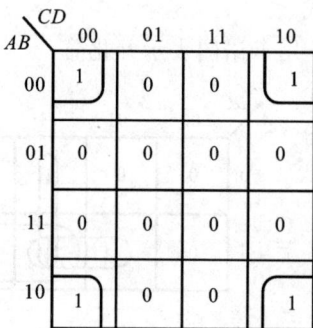

图 3.1.21　例 3.1.7 的图　　　　图 3.1.22　例 3.1.8 的图

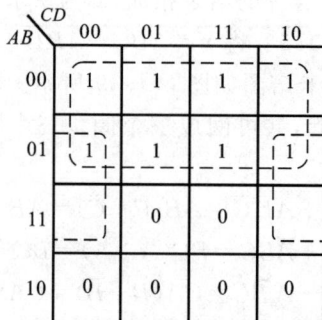

例 3.1.9　应用卡诺图化简　$Y=\overline{A}\,\overline{B}C+\overline{A}BC+A\,\overline{B}\,\overline{C}+A\,\overline{B}C+ABC+AB\overline{C}$。

解　卡诺图如图 3.1.23 所示。

(1) 将取值为 1 的小方格圈成两个圈,得出

$$Y=A+C$$

(2) 也可将取值为 0 的两个小方格圈成一个圈,得出

$$\overline{Y}=\overline{A}\,\overline{C}$$

$$Y=\overline{\overline{A}\,\overline{C}}=A+C$$

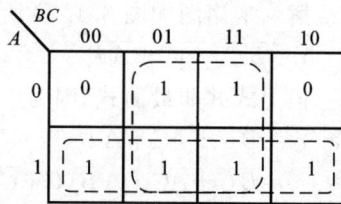

图 3.1.23　例 3.1.9 的图

如果卡诺图中 0 的小方格较 1 的小方格少得多时,则圈 0 更为简便。

【练习与思考】

3.1.1　什么是数字信号?数字信号与模拟信号有何不同?

3.1.2　试举出一些数字系统工作实例。

3.1.3　逻辑运算中的"1"和"0"是否表示两个数字?逻辑加法运算和算术加法

运算有何不同?

3.1.4　什么是正逻辑和负逻辑? 若对图 3.1.11 所示电路采用负逻辑分析,说明其逻辑功能?

3.1.5　逻辑代数和普通代数有什么区别?

3.1.6　能否将 $AB=AC,A+B=A+C,A+AB=A+AC$ 这三个逻辑式化简为 $B=C$?

3.2　集成逻辑门

前面介绍了由二极管、三极管、电阻等分立元件构成的与门、或门和非门电路,它们称为分立元件门电路。分立元件电路存在许多固有的缺点,如体积大、可靠性差等。随着电子技术的发展,分立元件门电路基本已被集成逻辑门电路所取代。与分立元件电路相比,集成逻辑门电路除了具有高可靠性、微型化等优点外,更为突出的优点是转换速度快,便于级联使用。

集成逻辑门电路的种类繁多,在实际应用中,广泛使用的是 TTL (Transistor-Transistor Logic,即晶体管-晶体管-逻辑) 和 CMOS(Complementary Metal Oxide Semiconductor,即互补对称金属氧化物半导体)集成门。

3.2.1　TTL 与非门电路

在 TTL 集成门电路中,常用的是集成与非门电路。图 3.2.1 为 TTL 与非门典型电路。对于它们的内部结构,我们不做介绍,下面只讨论其外部特性。在一块集成电路中,可以封装多个与非门。图 3.2.2 是两种 TTL 与非门的管脚排列图,它们是双列直插式封装,有 14 个管脚。一片集成电路内的各个逻辑门相互独立,可以单独使用,但它们共用一根电源线和一根地线。使用时电源管脚接 5 V 电源的正极,地线管脚接公共地线。

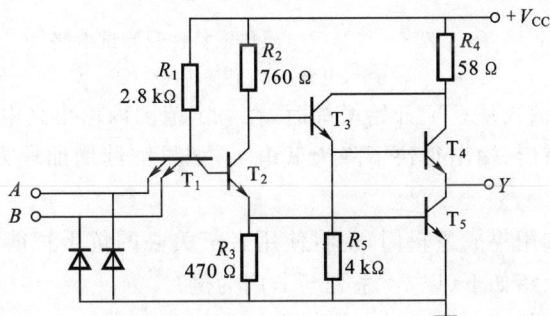

图 3.2.1　TTL 与非门典型电路

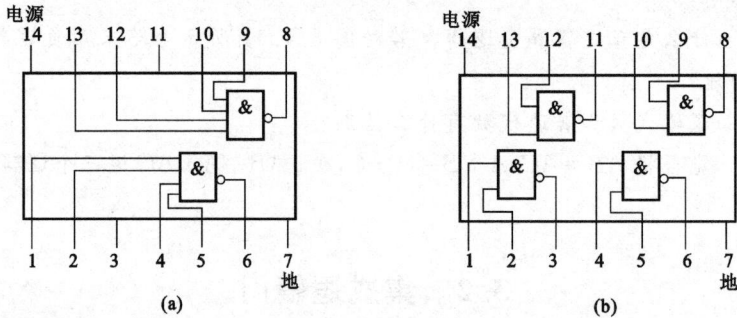

图 3.2.2　TTL 与非门管脚排列图

(a) 4 输入 2 与非门 7420；(b) 2 输入 4 与非门 7400

门的输出电压随输入电压变化的特性称为**电压传输特性**。测试 TTL 与非门电压传输特性曲线的电路如图 3.2.3(a)所示，输入端 A 接可调直流电压源，其余输入端接标准高电平 3.6 V 或 5 V。改变 A 点电位，逐点测出 U_i 和对应的 U_o 值，即可描绘出电压传输特性曲线，如图 3.2.3(b)所示。

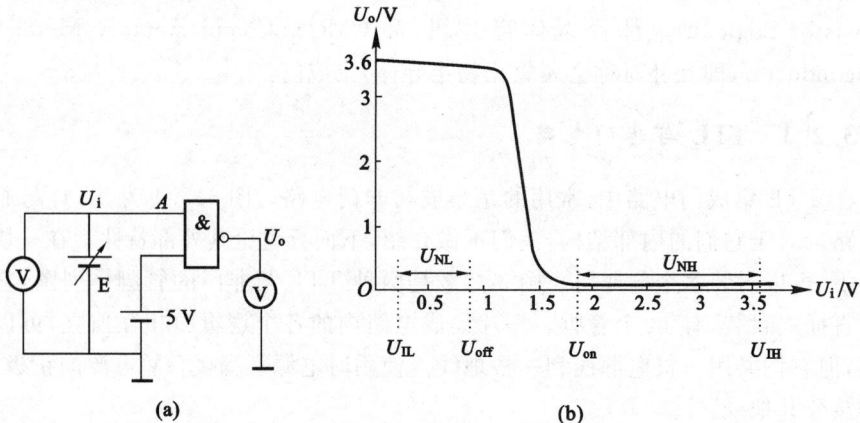

图 3.2.3　与非门电压传输特性及测试电路

(a) 测试电路；(b) 传输特性曲线

由图可见，当输入从 0 V 开始增加时，在一定范围内输出高电平基本不变。当输入上升到一定数值后，输出很快下降为低电平，如果继续增加输入，输出低电平基本不变。

为了合理地选用集成逻辑门，现将使用者最关心的抗干扰能力、负载能力、工作速度等主要参数介绍如下(以 74 系列与非门为例)。

1. 输入、输出高、低电平

(1) 输出高电平 U_{OH}。U_{OH} 是与输出逻辑 1 对应的输出电压值，U_{OH} 的典型值是

3.6 V,产品规定的最小值 $U_{OH(min)} = 2.4$ V。

（2）输出低电平 U_{OL}。U_{OL} 是与输出逻辑 0 对应的输出电压值，U_{OL} 的典型值是 0.3 V,产品规定的最大值 $U_{OL(max)} = 0.4$ V。

（3）输入高电平 U_{IH}。U_{IH} 是与输入逻辑 1 对应的输入电压值，U_{IH} 的典型值是 3.6 V,产品规定的最小值 $U_{IH(min)} = 1.8$ V。通常把 $U_{IH(min)}$ 称作**开门电平**，记作 U_{on},意为保证输出为低电平所允许的最低输入高电平。

（4）输入低电平 U_{IL}。U_{IL} 是与输入逻辑 0 对应的输入电压值，U_{IL} 的典型值是 0.3 V,产品规定的最大值 $U_{IL(max)} = 0.8$ V。通常把 $U_{IL(max)}$ 称作**关门电平**，记作 U_{off},意为保证输出为高电平所允许的最高输入低电平。

2. 抗干扰容限

从图 3.2.3(b)所示的电压传输特性曲线上可以看到，当输入信号偏离标准低电平 0.3 V,只要不高于 U_{off} 时，输出仍保持高电平；同样，当输入信号偏离标准高电平 3.6 V,只要不低于 U_{on} 时，输出仍保持低电平。因此，在数字系统中，即使有噪声电压叠加到输入信号的高、低电平上，只要噪声电压的幅度不超过允许的界限，就不会影响输出的逻辑状态。通常把这个界限叫做**噪声容限**。电路的噪声容限愈大，其抗干扰能力就愈强。

低电平噪声容限为

$$U_{NL} = U_{off} - U_{IL} = 0.8 - 0.3 = 0.5 \text{ (V)}$$

U_{NL} 越大，表明与非门输入低电平时抗正向干扰的能力越强。

高电平噪声容限为

$$U_{NH} = U_{IH} - U_{on} = 3.6 - 1.8 = 1.8 \text{ (V)}$$

U_{NH} 越大，表明与非门输入高电平时抗负向干扰的能力越强。

3. 扇出系数 N_o

一个门电路能够驱动同类型门的个数称为**扇出系数** N_o。与非门的驱动能力在输出为高电平时比输出为低电平时强。一般 TTL 与非门的扇出系数为 10,特殊制作的所谓"驱动器"扇出系数可大于 20。

4. 平均传输延迟时间 t_{pd}

与非门的输入端加上一个矩形波电压，输出电压变化较输入电压变化有一定的时间延迟，如图 3.2.4 所示。从输入矩形波上升沿的 50% 处起到输出矩形波下降沿的 50% 处的时间，称为**导通延迟时间** t_{pHL}；从输入矩形波下降沿的 50% 处起到输出矩形波上升沿的 50% 处的时间，称为**截止延迟时间** t_{pLH}。一般 $t_{pLH} > t_{pHL}$,二者的平均值为**平均传输延迟时间**，用 t_{pd} 表示，即

$$t_{pd} = \frac{t_{pHL} + t_{pLH}}{2}$$

t_{pd} 是表示门电路开关速度的一个参数，其值愈小，开关速度就愈快，所以 t_{pd} 愈小

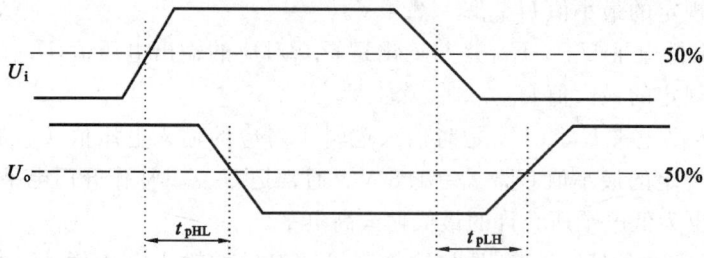

图 3.2.4　表明传输延迟时间的输入输出电压波形

愈好。

不同的使用场合,对集成电路的工作速度和功耗等性能有不同的要求,可选用不同系列的产品。TTL 的典型产品为 54/74 系列产品,以 74 开头的都是民用产品,工作环境温度为 0~70℃;以 54 开头的为军用产品,工作环境温度为 -55~+125℃。它们分为以下几个产品系列:①74 系列是早期产品,正趋于淘汰,为 TTL 的中速器件。②74H 系列为 TTL 高速系列,与 74 系列相比速度高了,但静态功耗较大,也渐渐趋于淘汰。③74S 系列为高速型肖特基系列,目前使用较多。④74LS 系列为低功耗肖特基系列,是 TTL 的主要应用产品系列,品种和生产厂家都非常多,价格较低。此外还有许多更先进的系列产品如:74ALS 系列、74AS 系列、74F 系列等,它们在速度或功耗上较前述系列都有较大改进。54/74 前加 CT 表示按中国国标命名的 TTL 集成电路型号。

3.2.2　CMOS 门电路

CMOS 门电路是由 PMOS(P 沟道)和 NMOS(N 沟道)管构成的一种互补型电路,由于其性能优良,应用十分广泛,尤其在大规模集成电路中更显出它的优越性。

图 3.2.5 是二输入 CMOS 与非门电路,T_{N1} 和 T_{N2} 为增强型 N 沟道 MOS 管,T_{P1} 和 T_{P2} 为 P 沟道 MOS 管。当 A、B 两个输入信号中有一个为低电平时,与该端相连的 NMOS 管截止,相应的 PMOS 管导通,输出端 F 为高电平;只有当 A、B 均为高电平时,T_{N1} 和 T_{N2} 均导通,T_{P1} 和 T_{P2} 均截止,输出 F 为低电平。因此,该电路具有与非逻辑功能,即

$$F=\overline{AB}$$

CMOS 集成电路的主要特点有:

(1)功耗低。CMOS 集成电路工作时,几乎不吸取静态电流,所以静态功耗极低。

(2)电源电压范围宽。CMOS 集成电路 4000 B 系列产品的电源电压范围为 3~18 V。由于电源电压范围宽,所以选择电源电压灵活方便,便于和其他电路接口。

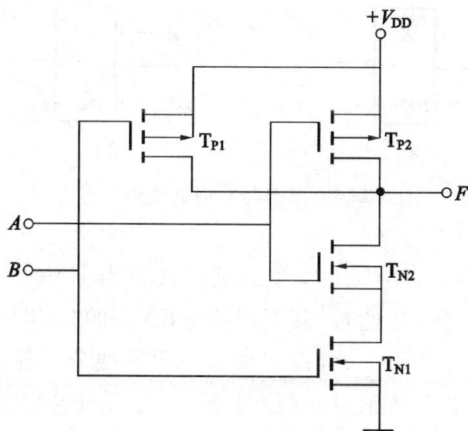

图 3.2.5 CMOS 与非门

（3）抗干扰能力强。CMOS 集成电路的低电平噪声容限和高电平噪声容限基本相等，可达电源电压的 45%。

（4）扇出能力强。在低频工作时，一个输出端可驱动 50 个以上 CMOS 集成电路，工作速度较高时，扇出系数一般只有 10～20。

（5）制作工艺较简单，集成度高，易于实现大规模集成。

但是 CMOS 集成电路的延迟时间较大，所以开关速度较慢。高速 COMS 集成电路 74HC 系列的工作速度接近于 TTL 集成电路 74LS 系列的工作速度。

由于 CMOS 集成电路具有上述特点，因而在数字电路、电子计算机及显示仪表等许多方面获得了广泛应用。

在逻辑功能方面，CMOS 集成电路与 TTL 集成电路是相同的。CMOS 和 TTL 两大类集成电路混合使用时，应注意采用适当的接口技术。高速 COMS 集成电路 74HCT 系列可与 TTL 集成电路 74LS 系列直接联接。

3.2.3 三态门

前面介绍的门电路输出只有高电平和低电平两种状态，三态门除了输出高、低电平这两种状态之外，还有第三种状态，即**高阻抗状态**（开路状态），这时，三态门与外接线路无电的联系。三态门有 TTL 型的，也有 CMOS 型的；有三态与非门、三态非门、三态缓冲门（器）等。

三态与非门的逻辑符号如图 3.2.6 所示。它除了输入端和输出端外，还有一控制端。

在图 3.2.6(a)中，当控制端 $EN=1$ 时，电路和一般与非门相同，实现与非逻辑关系，即 $F=\overline{AB}$，有时也称为**使能状态**；当 $EN=0$ 时，不管 A、B 的状态如何，输出端开路，处于高阻状态。因为该电路在 $EN=1$ 时，为与非门功能，故称控制端高**电平有**

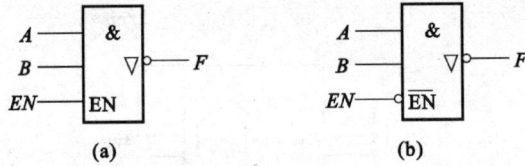

图 3.2.6　三态与非门的逻辑符号

效(使能)。

在图 3.2.6(b)中,当 $EN=0$ 时,实现 $F=\overline{AB}$;当 $EN=1$ 时,输出端呈高阻状态,故称控制端**低电平有效**(使能)。其逻辑符号 $\overline{EN}$ 端的"○"即表示低电平有效。

三态门广泛用于信号传输中,可以实现用一根导线分时轮流传送多路信号而不至于互相干扰。如图 3.2.7 所示,控制信号 $E_1 \sim E_n$ 在任意时刻只能有一个为 1,使一个门处于与非工作状态,其余的门处于高阻状态,这样这一根导线就会轮流接受各三态门输出的信号并送到总线。这种传送信号的方法,在计算机和各种数字系统中应用极为广泛。

利用三态门还可以实现数据的双向传输。如图 3.2.8 所示,P 门和 Q 门是三态非门。当 $E=1$ 时,P 门工作,Q 门呈高阻态,数据 A_0 经 P 门反相后送到总线上去;当 $E=0$ 时,Q 门工作,P 门呈高阻态,总线上的数据经 Q 门反相后从 F 端输出。

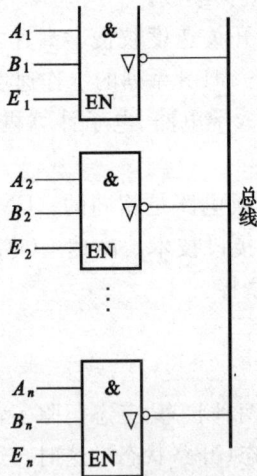

图 3.2.7　利用总线传送信号　　　　图 3.2.8　数据的双向传输

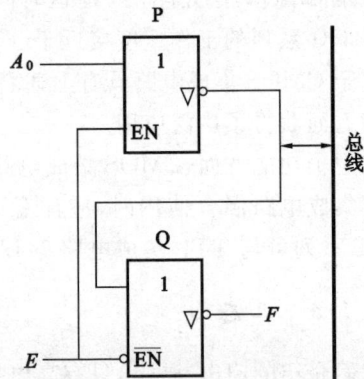

实际中常用的是三态门集成电路。74LS244 是双四位三态缓冲器,其管脚排列如图 3.2.9(a)所示,它的内部共有 8 只三态缓冲器,分成两组,每组四个共用一个输出允许控制信号 $\overline{EN}$。当 $\overline{EN}=0$ 时,对应的四个缓冲器的输出 Y= A;当 $\overline{EN}=1$ 时,对应的四个缓冲器输出为高阻态;74LS240 是反相输出的三态输出缓冲器。

74LS245 是八位双向三态缓冲器(又称数据收发器),内含 8 对三态缓冲器,其管

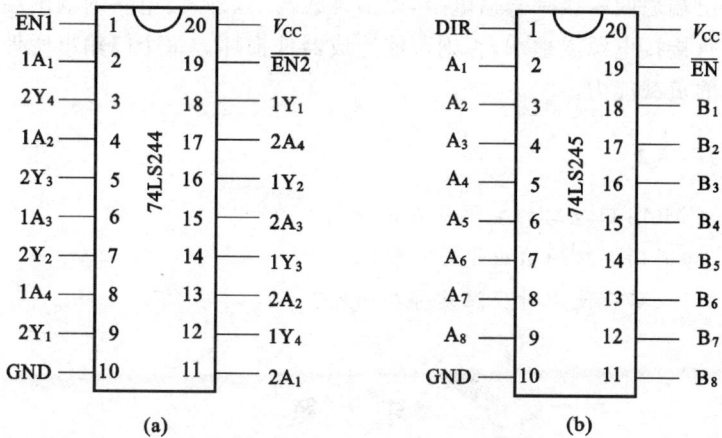

图 3.2.9 74LS244、74LS245 管脚排列图

脚排列如图 3.2.9(b)所示,当$\overline{EN}=0$时,若 DIR$=1$,则数据通路为$A \rightarrow B$;若 DIR$=0$,则通路为$B \rightarrow A$。而当$\overline{EN}=1$时,无论 DIR 为何值,A、B之间均为阻断状态。该器件常用于微机应用系统中作为数据总线的增强体,使数据总线能够挂接更多的输入输出器件。

3.2.4 使用集成门注意事项

1. 多余输入端的处理

与非门的多余输入端应接高电平,或非门的多余输入端应接低电平,以保证正常的逻辑功能。具体地说,多余输入端接高电平时,TTL 门可有多种处理方式如:悬空(虽然悬空相当于高电平,但容易接受干扰,有时会造成电路的误动作),直接接$+V_{CC}$或通过 $1 \sim 3$ kΩ 电阻接$+V_{CC}$等;CMOS 门不许输入端悬空,应接$+V_{DD}$。欲接低电平时,两种门均可直接接地。

工作速度不高、驱动级负载能力富裕时,两种门电路的多余输入端均可与使用输入端并联。

2. 电源的选用

TTL 门电路对直流电源的要求较高,74LS 系列要求电源电压范围为5 V$\pm 5\%$,电压稳定度高,纹波小。

CMOS 门电路的电源电压范围较宽,如 4000B 系列电源电压范围为 $3 \sim 18$ V。电源电压选的愈大,CMOS 门电路的抗干扰能力愈强。

3. 输入电压范围

输入电压的容许范围是:-0.5 V $\leqslant u_i \leqslant V_{CC}(V_{DD})$。

4. 输出端的联接

除三态门、OC 门(一种 TTL 集电极开路门,能将 OC 门的输出端联接在一起,在电源和输出端之间需接一合适电阻,以实现线与)以外,门电路的输出端不得并联。输出端不许直接接电源或地端,否则可能造成器件损坏。每个门输出所带负载,不得超过它本身的负载能力。

【练习与思考】

3.2.1　CMOS 门电路的主要特点是什么?

3.2.2　普通门电路的输出能否并联?

3.2.3　门电路在使用时应注意那些问题?

习　题

3.1　题图 3.1 给出了输入 A、B 波形,试画出与门和或门的输出波形。

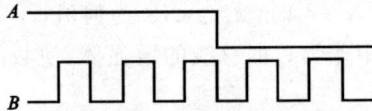

题图 3.1　习题 3.1 的图

3.2　题图 3.2 给出了输入 A、B、C 波形,试画出与非门和或非门的输出波形。

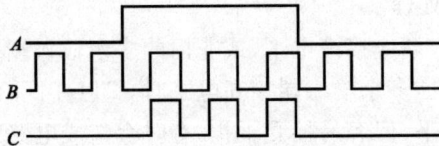

题图 3.2　习题 3.2 的图

3.3　试说明能否将与非门、或非门、异或门当作反相器使用? 若可以,各输入端应如何联接?

3.4　根据下列各逻辑式画出逻辑图。

(1) $F=(A+B)C$;

(2) $F=(A+\overline{B})(A+C)$;

(3) $F=\overline{AB+BC}$;

(4) $F=A(B+C)+BC$。

3.5　用与非门实现以下逻辑关系,画出逻辑图。

(1) $F=ABC$;

(2) $F=A+B+C$;

(3) $F=ABC+DE$;

(4) $F = \overline{A + B + C}$；

(5) $F = A\overline{B} + AC$。

3.6　用基本定律证明下列等式。

(1) $ABC + \overline{A} + \overline{B} + \overline{C} = 1$；

(2) $\overline{A}\,\overline{B} + \overline{A}B + A\overline{B} = \overline{A} + \overline{B}$。

3.7　用代数法将下列逻辑函数化简为最简与或逻辑表达式。

(1) $F = A\overline{B}C + \overline{A}BC + ABC + \overline{A}\,\overline{B}C$；

(2) $F = \overline{A}\,\overline{B} + A\,B + \overline{A}\,\overline{B}C + A\,B\,C$；

(3) $F = A\,B + \overline{A}\,C + BC$；

(4) $F = AB + \overline{B}C + B\overline{C} + \overline{A}B$。

3.8　用卡诺图化简法化简下列函数。

(1) $Y = AB + \overline{A}BC + \overline{A}B\,\overline{C}$；

(2) $Y(A,B,C) = \sum m(0,2,4,6,7)$；

(3) $Y(A,B,C,D) = \sum m(0,1,2,3,4,6,8,9,10,11,14)$；

(4) $Y(A,B,C,D) = \sum m(0,1,2,3,4,9,10,12,13,14,15)$。

第4章

组合逻辑电路

所谓**组合逻辑**电路是指电路任何时刻的输出信号仅由该时刻的输入信号决定，而与电路原来的状态无关，即无记忆功能。门电路是构成组合逻辑电路的基本单元电路。研究组合逻辑电路包括两方面的内容，一是组合逻辑电路的分析，二是组合逻辑电路的设计。本章将介绍组合逻辑电路的分析、设计方法和常用集成组合逻辑电路及应用。

基本要求

(1) 熟练掌握组合逻辑电路的分析方法与设计方法；
(2) 理解常用集成组合逻辑电路编码器、译码器、数据选择器的逻辑功能及其应用；
(3) 掌握加法器的原理、功能及设计方法。

4.1　组合逻辑电路的分析

组合逻辑电路的分析就是根据给定的逻辑电路图，找出输出信号与输入信号之间的逻辑关系，由此判断出它的逻辑功能。

分析组合逻辑电路的一般步骤如下：

根据已知的逻辑电路图写出逻辑表达式→运用逻辑代数化简或变换→列出逻辑状态表→分析逻辑状态表并说明电路的逻辑功能。

例 4.1.1　分析图 4.1.1(a)所示电路的逻辑功能。

解　由输入变量 A、B 开始，按顺序写出各逻辑门的输出，可得该逻辑电路图的逻辑表达式为

$$F = \overline{\overline{\overline{ABA} \ \overline{ABB}}}$$

因为这个表达式较繁，将其化简如下：

$$F = \overline{\overline{ABA} \ \overline{ABB}}$$
$$= \overline{ABA} + \overline{ABB}$$
$$= (\overline{A} + \overline{B})\,A + (\overline{A} + \overline{B})\,B$$

$$= \overline{A}B + A\overline{B}$$

由化简后的逻辑表达式列出其逻辑状态表如表4.1.1所示。从逻辑状态表可以看出,当 A、B 相同时,输出为 0,相异时,输出为 1。这种逻辑关系称为**异或关系**。

异或关系常用符号"$\oplus$"表示,即

$$F = \overline{A}B + A\overline{B} = A \oplus B$$

表 4.1.1　例 4.1.1 的逻辑状态表

A	B	F
0	0	0
0	1	1
1	0	1
1	1	0

说明该电路实现了异或功能。在数字电路中把具有这种功能的电路称为**异或门**,它的逻辑符号如图 4.1.1(b)所示,这是一种很有用的复合门电路。

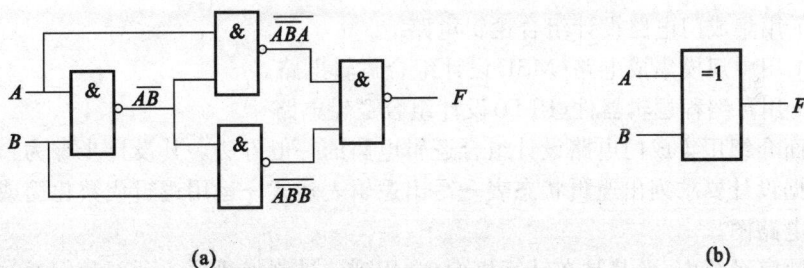

(a)　　　　　　　　　　　　　　　　　(b)

图 4.1.1　例 4.1.1 的图

例 4.1.2　分析图 4.1.2 所示电路的逻辑功能。

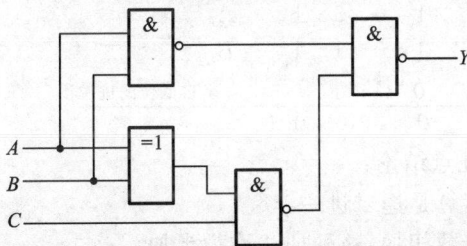

图 4.1.2　例 4.1.2 的图

解　（1）由逻辑图可写出逻辑表达式

$$Y = \overline{\overline{AB} \cdot \overline{C \cdot (A \oplus B)}}$$

（2）该式化简与变换如下:

$$Y = AB + C(A \oplus B)$$
$$= AB + C(A\overline{B} + \overline{A}B)$$
$$= AB + AC + BC$$

（3）由上式列出逻辑状态表如表 4.1.2所示。

表 4.1.2　例 4.1.2 逻辑状态表

A	B	C	Y
0	0	0	0
0	0	1	0
0	1	0	0
0	1	1	1
1	0	0	0
1	0	1	1
1	1	0	1
1	1	1	1

（4）分析逻辑功能：

表 4.1.2 中，A、B、C 有两个或三个输入为"1"时，电路输出 Y 为"1"，所以该电路能够实现多数表决功能，又称"三人表决器"。

4.2　组合逻辑电路的设计

组合逻辑电路的设计就是根据给定的逻辑功能要求，设计能实现该功能的简单而又可靠的逻辑电路。随着集成电路的迅猛发展，逻辑电路的设计方法也在不断变化。设计组合逻辑电路时，基于选用器件的不同，有着不同的设计方法，一般的设计方法有：

（1）用集成门电路设计组合逻辑电路。

（2）用中规模集成电路（MSI）设计组合逻辑电路。

（3）用可编程逻辑器件（PLD）设计组合逻辑电路。

下面介绍用集成门电路设计组合逻辑电路的一般方法。其设计步骤为：

依据设计要求列出逻辑状态表→写出逻辑表达式→运用逻辑代数化简或变换→画逻辑电路图。

在数字系统中，尤其是在计算机中，常用到二进制加法器。下面我们通过加法器的设计来说明组合逻辑电路的设计方法。

设两个四位二进制数 $A_3 A_2 A_1 A_0 = 1001$，$B_3 B_2 B_1 B_0 = 1011$ 相加，其运算过程如下：

$$
\begin{array}{r}
1\ \ 0\ \ 0\ \ 1 \quad A_i \\
1\ \ 0\ \ 1\ \ 1 \quad B_i \\
+ \quad 1\ \ 0\ \ 1\ \ 1 \quad \text{来自低位的进位} \\
\hline
1\ \ 0\ \ 1\ \ 0\ \ 0 \quad\quad\quad
\end{array}
$$

由此可得出以下几点结论：

（1）二进制加法运算是逢二进一。

（2）最低位是两个数相加，这种加法称为**半加**。

（3）其余各位都是三个数相加，包括加数、被加数以及低位向本位送来的进位数，这种加法称为**全加**。

（4）任何位相加都产生两个输出，一个是本位的和，另一个是向高位的进位。

实现半加功能的电路称为**半加器**；实现全加功能的电路称为**全加器**。

例 4.2.1　试设计一个半加器。

解　（1）半加器有两个输入端：加数 A 和被加数 B，两个输出端：本位和 S 及向高位的进位数 C。

根据二进制加法运算规则可列出半加器的逻辑状态表如表 4.2.1 所示。

表 4.2.1　半加器的逻辑状态表

A	B	S	C
0	0	0	0
0	1	1	0
1	0	1	0
1	1	0	1

(2) 由逻辑状态表写出逻辑表达式。

写出对应于输出 $S=1$, $C=1$(或 $S=0$, $C=0$)的输入变量组合。

① 对每一种 $S=1$, $C=1$(或 $S=0$, $C=0$)的情况而言,输入变量之间是"与"逻辑关系。取值为 1 的逻辑变量写原变量,如 A;取值为 0 的逻辑变量写反变量,如 $\overline{A}$。

② $S=1$, $C=1$(或 $S=0$, $C=0$)各种情况之间是"或"逻辑关系,所以用逻辑或将以上各个与项相或。

据此可写出逻辑表达式:

$$S=A\,\overline{B}+\overline{A}B=A\oplus B$$
$$C=AB$$

③ 若要求用与非门来实现该逻辑功能,则对 S、C 进行变换。

$$S=A\,\overline{B}+\overline{A}B=\overline{\overline{A\,\overline{B}+\overline{A}B}}=\overline{\overline{A\,\overline{B}}\ \overline{\overline{A}B}}=\overline{\overline{A\,\overline{AB}}\ \overline{\overline{AB}B}}$$
$$C=\overline{\overline{AB}}$$

④ 由逻辑式画出逻辑电路图,如图 4.2.1(a)所示。

如果直接利用异或门和与门,则逻辑电路图如图 4.2.1(b)所示。半加器逻辑符号如图 4.2.1(c)所示。

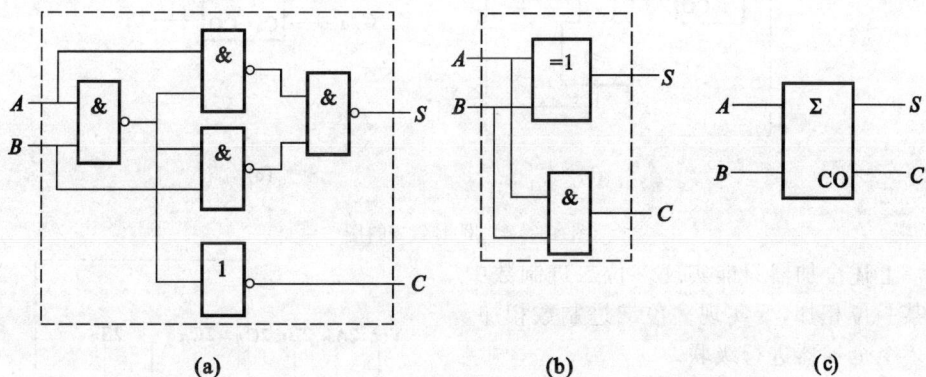

(a)　　　　　　　　　　(b)　　　　　　　　　　(c)

图 4.2.1　例 4.2.1 的图

例 4.2.2　试设计一个全加器。

解　全加器有三个输入端,两个输出端。设被加数为 A_i,加数为 B_i,来自低位的进位为 C_{i-1},S_i 为本位的和,C_i 为本位向高位的进位。

根据二进制加法运算规则可列出全加器的逻辑状态表如表 4.2.2 所示。

表 4.2.2　全加器的逻辑状态表

A_i	B_i	C_{i-1}	S_i	C_i
0	0	0	0	0
0	0	1	1	0
0	1	0	1	0
0	1	1	0	1
1	0	0	1	0
1	0	1	0	1
1	1	0	0	1
1	1	1	1	1

由逻辑状态表按输出为 1 写出输出端的逻辑表达式为

$$S_i = \overline{A_i}\ \overline{B_i}\,C_{i-1} + \overline{A_i}\,B_i\,\overline{C_{i-1}} + A_i\overline{B_i}\,\overline{C_{i-1}} + A_i\,B_i\,C_{i-1}$$

$$C_i = \overline{A_i}\,B_i\,C_{i-1} + A_i\,\overline{B_i}\,C_{i-1} + A_i\,B_i\,\overline{C_{i-1}} + A_i\,B_i\,C_{i-1}$$

对以上两式进行化简及变换,得

$$S_i = (\overline{A_i}\,B_i + A_i\overline{B_i})\,\overline{C_{i-1}} + (A_i\,B_i + \overline{A_i}\overline{B_i})C_{i-1}$$

$$= A_i \oplus B_i \oplus C_{i-1}$$

$$C_i = (\overline{A_i}\,B_i + A_i\,\overline{B_i})C_{i-1} + A_i\,B_i(C_{i-1} + \overline{C_{i-1}})$$

$$= (A_i \oplus B_i)\,C_{i-1} + A_i B_i$$

由逻辑表达式可画出逻辑电路图。可由异或门、与门及或门实现,请读者自己画出;也可以利用两个半加器和一个或门实现,如图 4.2.2(a)所示。全加器逻辑符号如图 4.2.2(b)所示。

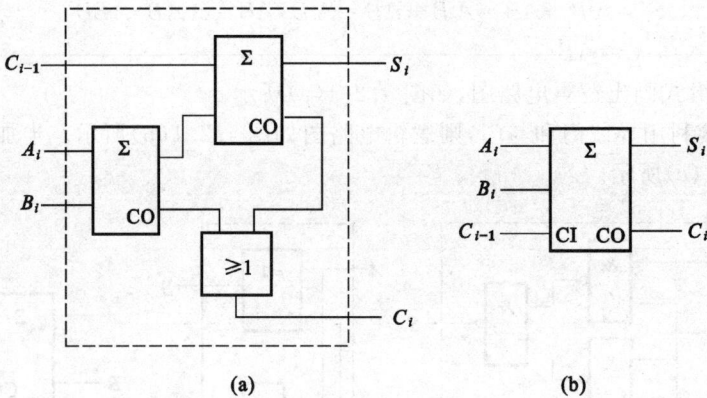

图 4.2.2　例 4.2.2 的图

上述全加器只能实现多位二进制数中的某一位相加,要实现多位二进制数相加,需多个全加器进行级联。

将多个全加器集成到一个芯片上,可制成集成加法器。如 74LS183 就是在一个芯片中集成了两个功能相同且相互独立的全加器,称为双全加器,它们的管脚排列如图 4.2.3 所示。可用一片 74LS183 实现两位二进制数相加。例如要实现两位二进制数 A_2A_1 与 B_2B_1 相加,只需将 A_1、B_1 送入 1、3 管脚,A_2、B_2 送入 13、12 管脚,4 管脚

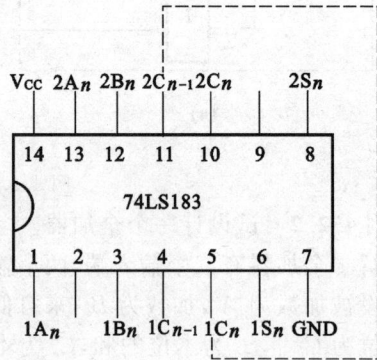

图 4.2.3　二位串行进位的加法器

接地,把低位全加器的进位输出管脚 5 与高位全加器的进位输入管脚 11 相联,如图中虚线所示,则可构成二位串行进位的加法器。

　　串行进位加法器运算速度较慢,为了提高运算速度,可采用超前进位加法器,74LS283 就是四位超前进位加法器。

　　例 4.2.3　试用 2 输入与非门设计一个 3 输出的组合逻辑电路。当输入的二进制码小于 3 时,输出为 0;输入大于等于 3 时,输出为 1。

　　解　根据组合逻辑的设计过程,首先确定输入、输出变量,列出真值表,由卡诺图化简得到最简与或式,然后根据要求对表达式进行变换,画出逻辑图。

　　(1) 设输入变量为 A、B、C,输出变量为 L,根据题意列出逻辑状态表,如表 4.2.3 所示。

表 4.2.3　例 4.2.3 逻辑状态表

A	B	C	Y
0	0	0	0
0	0	1	0
0	1	0	0
0	1	1	1
1	0	0	1
1	0	1	1
1	1	0	1
1	1	1	1

　　(2) 由卡诺图化简,如图 4.2.4(a) 所示,经过变换得到逻辑表达式为

$$L=A+BC=\overline{\overline{A}\ \overline{BC}}$$

　　(3) 用 2 输入与非门实现上述逻辑表达式,如图 4.2.4(b) 所示。

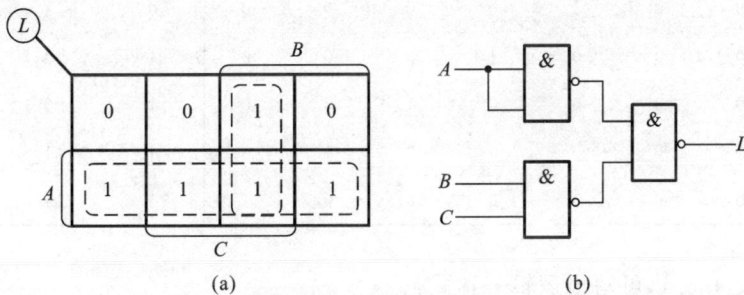

图 4.2.4　例 4.2.3 的图

【练习与思考】

4.2.1　什么是半加器?什么是全加器?

4.2.2　试说明 $1+1=2,1+1=10,1+1=1$ 各式的含义。

4.3　常用集成组合逻辑电路及其应用

　　集成组合逻辑电路的种类很多,如编码器、译码器、数据选择器、数据分配器、全加器、比较器、奇偶发生器和校验器等。本节只介绍常用的几种,且讨论的重点在于这些电路的功能及应用。

1. 编码器

数字系统中有许多数值、文字符号等信息,用若干位 0 和 1 组成一个二进制数码

组(简称代码),并指定它所代表的信息,称为"**编码**"。

一位二进制代码有 0 和 1 两种状态,可以表示两个信息;两位二进制代码有 00、01、10、11 四种不同的状态,可表示四个信息;若需编码的信息数量为 N,则所需用二进制代码的位数 n 应满足如下关系:

$$2^n \geqslant N$$

实现编码功能的逻辑电路称为**编码器**。

(1)二进制编码器。二进制编码器是用 n 位二进制数表示 2^n 个信号的编码电路。例如要把 I_0,I_1,$\cdots I_7$ 八个输入信号编成对应的二进制代码输出,输出需用三位二进制代码,用 Y_2、Y_1、Y_0 表示,其编码表或逻辑状态表如表 4.3.1 所示。

表 4.3.1　三位二进制编码器状态表

输			入					输	出	
I_0	I_1	I_2	I_3	I_4	I_5	I_6	I_7	Y_2	Y_1	Y_0
1	0	0	0	0	0	0	0	0	0	0
0	1	0	0	0	0	0	0	0	0	1
0	0	1	0	0	0	0	0	0	1	0
0	0	0	1	0	0	0	0	0	1	1
0	0	0	0	1	0	0	0	1	0	0
0	0	0	0	0	1	0	0	1	0	1
0	0	0	0	0	0	1	0	1	1	0
0	0	0	0	0	0	0	1	1	1	1

根据表 4.3.1,可写出逻辑表达式:

$$Y_2 = I_4 + I_5 + I_6 + I_7 = \overline{\overline{I_4}\ \overline{I_5}\ \overline{I_6}\ \overline{I_7}}$$

$$Y_1 = I_2 + I_3 + I_6 + I_7 = \overline{\overline{I_2}\ \overline{I_3}\ \overline{I_6}\ \overline{I_7}}$$

$$Y_0 = I_1 + I_3 + I_5 + I_7 = \overline{\overline{I_1}\ \overline{I_3}\ \overline{I_5}\ \overline{I_7}}$$

由上式可画出用与非门构成的三位二进制编码器的逻辑电路图。请读者自己画出。这个三位二进制编码器有 8 个输入端 3 个输出端,所以也称 8-3 线**编码器**。

从逻辑状态表可以看出,每组输出代码对应于某一个输入端为高电平。该编码器每次只允许输入信号一个为 1,如果有多个输入信号同时为 1,其输出将产生混乱。但是在数字系统中,常常要求当编码器有多个输入信号同时为 1 时,输出不但有意义,而且应按事先编排好的优先顺序输出。例如,当计算机所控制的外设(键盘、打印机、磁盘等)同时请求工作时,由于计算机同一时间只能做一件事,所以,计算机就要按事先编排好的优先顺序,使外设依优先级别顺序工作。能识别信号的优先级别并进行编码的逻辑电路称为**优先编码器**。

（2）8-3线优先编码器。优先编码器对输入信号要求不是特别严格，故使用可靠、方便，应用非常广泛。图 4.3.1 给出了 8-3 线优先编码器 74LS148 的管脚排列图。其中 $\overline{I_0}\sim\overline{I_7}$ 为信号输入端，$\overline{Y_2}$　$\overline{Y_1}$　$\overline{Y_0}$ 为编码输出端，$\overline{S}$ 端为使能控制端，Y_S 为使能输出端，$\overline{Y}_{EX}$ 为片选扩展输出端。输入和输出端全带逻辑非号，表示该电路输入为低电平信号有效，输出为三位二进制反码。表 4.3.2 给出了它的逻辑状态表。

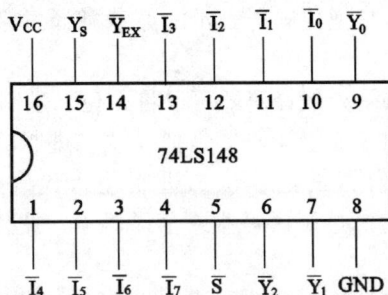

图 4.3.1　优先编码器管脚排列图

由表 4.3.2 可知，它是按照高位优先的原则进行编码的，即优先权 $\overline{I_7}$ 最高，$\overline{I_0}$ 最低。例如 $\overline{I_5}=0$，如果 $\overline{I_6}$、$\overline{I_7}$ 均为 1，则无论 $\overline{I_4}\sim\overline{I_0}$ 为 0 还是为 1，编码器只对 $\overline{I_5}$ 进行编码，即 $\overline{Y_2}$ $\overline{Y_1}$ $\overline{Y_0}$ =010。$\overline{S}$ 控制编码器的工作状态，$\overline{S}=0$ 时，允许编码；$\overline{S}=1$ 时，禁止编码。Y_S、$\overline{Y}_{EX}$ 用以指示输入信号的状态，也用于扩展编码器的功能。

表 4.3.2　74LS148 编码器的逻辑状态表

输　入								输　出				
$\overline{S}$	$\overline{I_0}$	$\overline{I_1}$	$\overline{I_2}$	$\overline{I_3}$	$\overline{I_4}$	$\overline{I_5}$	$\overline{I_6}$	$\overline{I_7}$	$\overline{Y_2}$	$\overline{Y_1}$	$\overline{Y_0}$	$\overline{Y}_{EX}$	Y_S
0	0	1	1	1	1	1	1	1	1	1	1	0	1
0	×	0	1	1	1	1	1	1	1	1	0	0	1
0	×	×	0	1	1	1	1	1	1	0	1	0	1
0	×	×	×	0	1	1	1	1	1	0	0	0	1
0	×	×	×	×	0	1	1	1	0	1	1	0	1
0	×	×	×	×	×	0	1	1	0	1	0	0	1
0	×	×	×	×	×	×	0	1	0	0	1	0	1
0	×	×	×	×	×	×	×	0	0	0	0	0	1
0	1	1	1	1	1	1	1	1	1	1	1	1	0
1	×	×	×	×	×	×	×	×	1	1	1	1	1

注：×代表取值可以为 0，也可以为 1。

（3）二-十进制编码器。二-十进制编码器是将十进制的 0～9 十个数码编成二进制代码的电路。输入是 0～9 十个数码，输出是对应的四位二进制代码，这种二进制代码又称二-十进制代码，简称 BCD（Binary Coded Decimal）码。编码的方法很多，如 8421 码，2421 码，余 3 码等。常用的是 8421 码，即选用四位二进制代码的前十个数码 0000～1001 来代表 0～9 十个数，因为四位二进制数的每位所代表的权值分别为 8、4、2、1，故称为 8421BCD 码（简称 8421 码）。若要用 8421 码表示 n 位十进制数，则需用 n 个 8421 码。例如 $(1998)_{10}=(0001\ 1001\ 1001\ 1000)_{8421BCD}$。因为这种编码器有 10 个输入,4 个输出,又称 10-4 **线编码器**。

74LS147 是一个中规模 10-4 线优先编码器,它有 9 根输入线 $\overline{I_1} \sim \overline{I_9}$,四根输出线 $\overline{Y_0}$、$\overline{Y_1}$、$\overline{Y_2}$、$\overline{Y_3}$,输入为低电平信号有效,输出为 8421BCD 反码,当要输入十进制数 0 时,只需将全部输入线接高电平。编码优先顺序为 $\overline{I_9}$ 最高,$\overline{I_1}$ 最低。

2. 译码器

译码是编码的逆过程,是把代码所表示的原意翻译过来的过程。实现译码功能的逻辑电路称为**译码器**。

(1) n-2^n 线译码器。n-2^n 线译码器可以将 n 位二进制代码的 2^n 种组合译成电路的 2^n 个输出状态。例如 3-8 线译码器是把 3 位二进制输入代码译成 8 个输出状态,如 74LS138;4-16 线译码器是把 4 位二进制输入代码译成 16 个输出状态,如 74LS154。又把它们统称为二进制译码器或全译码器。此外还有 4-10 线译码器,如 74LS42。

现以双 2-4 线译码器 74LS139 为例来说明译码器的功能。74LS139 内部包含两个独立的 2-4 线译码器,图 4.3.2 是它的管脚排列图。电路的逻辑状态表如表4.3.3所示。

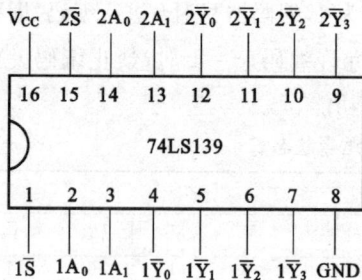

图 4.3.2 译码器 74S139 管脚排列图

表 4.3.3 74S139 的逻辑状态表

$\overline{S}$	A_1	A_0	$\overline{Y_0}$	$\overline{Y_1}$	$\overline{Y_2}$	$\overline{Y_3}$
1	×	×	1	1	1	1
0	0	0	0	1	1	1
0	0	1	1	0	1	1
0	1	0	1	1	0	1
0	1	1	1	1	1	0

$\overline{S}$ 端为使能端,其作用是控制译码器的工作和扩展其应用,当 $\overline{S}=1$ 时,不论 A_1、A_0 输入状态如何,译码器的所有输出均为高电平 1;$\overline{S}=0$ 时,译码器的输出状态按 A_1、A_0 组合进行正常译码,被选中的一路输出为低电平。例如 $A_1 = A_0 = 0$ 时,$\overline{Y_0}=0$,其余输出端均为高电平。n-2^n 线译码器在微机应用系统中常用作地址译码器,用于扩展地址线。n-2^n 线译码器也常用来作为脉冲分配器,例如利用其 n 个输出端轮流出现的低电平(或高电平)信号,可按顺序轮流点亮 n 个指示灯而形成"灯流"。

图 4.3.3 为一个 2-4 线译码器的应用电路,它可将四个外部设备的 A、B、C、D 的数据分时送入计算机中。外部设备的数据线与计算机数据总线之间选用三态缓冲器,每片三态缓冲器的控制端分别接至 2-4 线译码器的一个输出端上。因译码器控制端 $\overline{S}$ 接地,通过改变输入变量 A_1、A_0 的电平可使四个输出端 $\overline{Y_0} \sim \overline{Y_3}$ 中的

某一路为低电平。此时与之相接的三态缓冲器的控制端 $\overline{E}=0$，使缓冲器处于使能状态，相应外设数据即可送入计算机中。其余各三态缓冲器则因控制端接高电平而处于高阻状态，其外设数据线与计算机的数据总线隔离，相应数据不能送至计算机中。只要使 A_1、A_0 状态分别为 00、01、10、11，就可将 A、B、C、D 的数据分时送入计算机中。

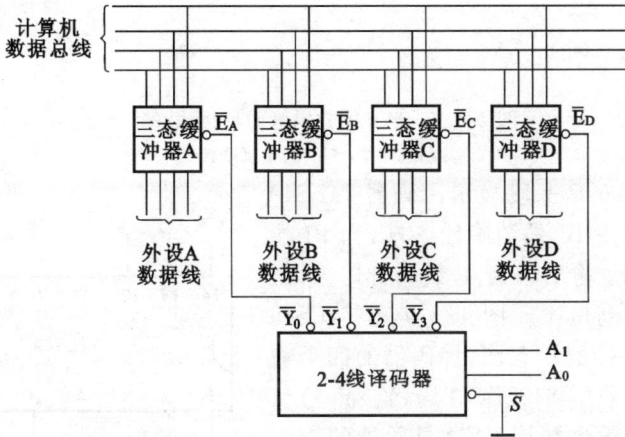

图 4.3.3　四个外部设备 A、B、C、D 的数据分时送入计算机的电路示意图

（2）显示译码器。

在数字系统中，常常需要将测量和运算的结果直接以人们习惯的十进制数字显示出来。为此，要把二-十进制代码送到译码器，并用译码器的输出去驱动数码显示器件，显示相应的数字。数码显示器件有很多种，常用的有荧光数码管、辉光数码管、半导体数码管、液晶显示器等。目前数字仪器中广泛采用的是半导体数码管。

半导体数码管是由七个发光二极管（简称 LED）构成的七个字段，另有一个发光二极管 p 显示小数点，如图 4.3.4 所示。

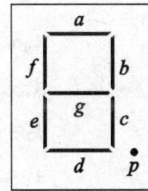

半导体数码管中的 LED 有两种联接方式，图 4.3.5(a) 为共阴极联接，图 4.3.5(b) 为共阳极联接。对于共阴极联接，阳极为高电平的那个字段亮，将亮字段组合起来便可显示 0~9 十个数字。对于共阳极联接，阴极为低电平的那个字段亮。七段显示译码器的功能是把二-十进制代码译成

图 4.3.4　半导体数码管

显示器件显示相应数码所需的信号。例如设译码器输入为 A_3、A_2、A_1、A_0，发光二极管采用共阴极接法，则当 A_3、A_2、A_1、A_0 均为 0 时，显示器应显示 0，即译码器输出应使 a、b、c、d、e、f 为高电平，g 为低电平。

根据电路结构、性能及所驱动的七段发光显示器的种类不同，七段显示译码器有

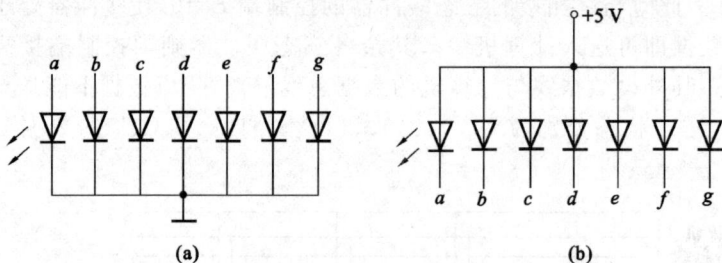

图 4.3.5　半导体数码管两种接法

（a）共阴极联接；（b）共阳极联接

多种型号。图 4.3.6 是七段显示译码器 74LS49 的管脚排列图。图中 BI 是消隐输入端，当 BI 端输入为 0 时，$Y_a \sim Y_g$ 输出均为 0，数码管熄灭；而正常工作时，BI 接高电平。图 4.3.7 是 74LS49 与半导体数码管联接的示意图，译码器的四个输入 A_3、A_2、A_1、A_0 采用 8421BCD 码，Y_a、Y_b、Y_c、Y_d、Y_e、Y_f、Y_g 七个输出端接 LED 显示器的输入端。由于 74LS49 是集电极开路输出，所以输出端要经电阻接电源。需要注意的是，这里的半导体数码管采用共阴极接法，如果采用的是共阳极接法的数码管，则应选用与之相应的译码器，两种接法的译码器不能互换使用。

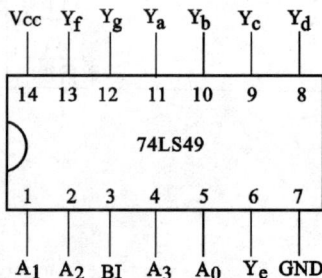

图 4.3.6　74LS49 管脚排列图

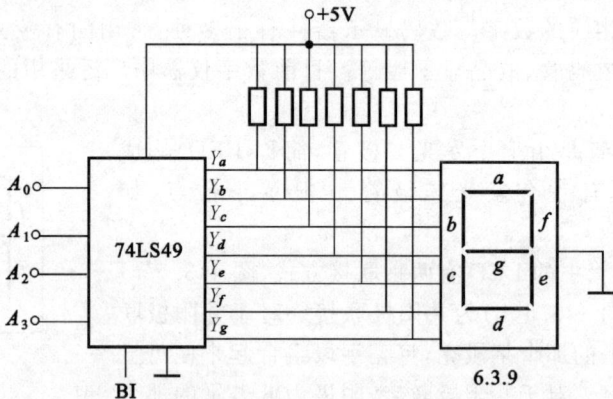

图 4.3.7　74LS49 与半导体数码管的联接示意图

例 4.3.1　试设计一个键盘输入数码显示电路，它有 10 个按键分别代表十进制数 0～9，要求当按下某键时，显示器件就显示该键所代表的那个十进制数。

解　利用编码器将 10 个按键编成 8421BCD 码，然后通过显示译码器和显示器件就可实现该功能。编码器选用 10-4 线优先编码器 74LS147，它是输入低电平有效,反码输出。译码显示部分选择图 4.3.7 所示电路。则该键盘输入数码显示电路如图 4.3.8 所示,由于编码器为反码输出,因此需将其输出通过非门,得到与 0~9 相对应的 8421BCD 码输出 $Y_0 \sim Y_3$,再将它们分别接到图 4.3.7 译码器输入 $A_0 \sim A_3$ 端。设按键 1 按下,则编码器输出为 1110,经非门后 $Y_3 \sim Y_0$ 为 0001,则显示器显示 1。没有按键时,$Y=0$,有键按下时,$Y=1$。

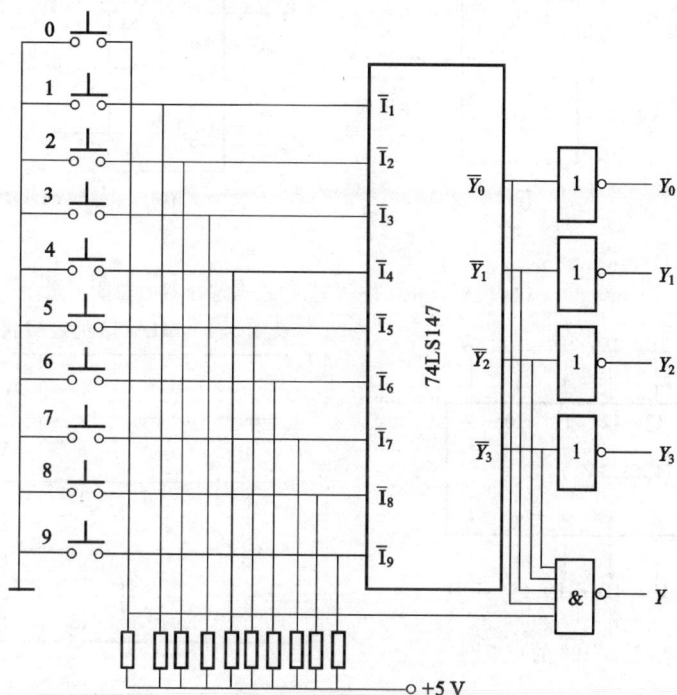

图 4.3.8　键盘输入数码显示电路示意图

3. 数据选择器

数据选择器又称**多路开关**,能够实现从多路数据中选择一路进行传输。从一组(n 个)输入数据中选择一路进行传输的称为一位(n 选 1)数据选择器,如 8 选 1 和 16 选 1 等;从 m 组数据中各选一路进行传输的称为 m 位数据选择器,如 2 位 4 选 1 数据选择器、4 位 3 选 1 数据选择器等。图 4.3.9(a)、(b)分别为 1 位(4 选 1)和 4 位(2 选 1)数据选择器的功能示意图,选择控制端决定哪一路输入数据被选中。例如四台计算机共用一台打印机时,我们就可以用一个 4 选 1 数据选择器,由数据选择器的控制信号来决定打印机联接哪一台计算机。

下面介绍一个双 4 选 1 数据选择器 74LS153。它的管脚排列图如图 4.3.10 所示。即一个集成芯片中集成了 2 个 1 位 4 选 1 数据选择器。

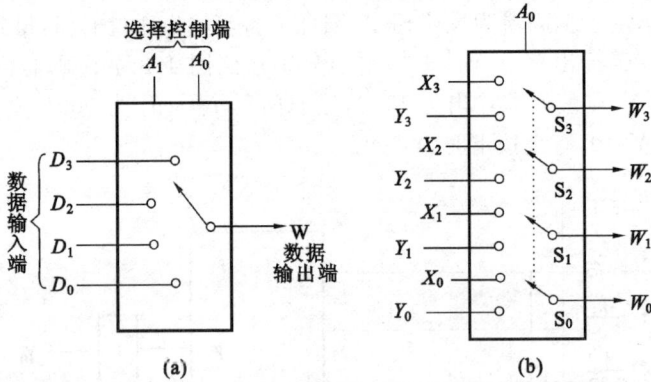

图 4.3.9　1 位(4 选 1)和 4 位(2 选 1)数据选择器的功能示意图

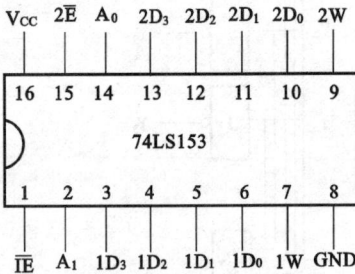

图 4.3.10　74LS153 的管脚图

表 4.3.4　74LS153 的逻辑状态表

输入			输出
A_1	A_0	$\overline{E}$	W
$\times$	$\times$	1	0
0	0	0	D_0
0	1	0	D_1
1	0	0	D_2
1	1	0	D_3

74LS153 的逻辑电路图如图 4.3.11 所示。逻辑状态表如表 4.3.4 所示。

输出逻辑函数 W 为

$$W = (D_0\,\overline{A_1}\,\overline{A_0} + D_1\,\overline{A_1}A_0 + D_2 A_1\,\overline{A_0} + D_3 A_1 A_0)\overline{E}$$

A_1、A_0 为两个选择控制端，$D_0 \sim D_3$ 为四个数据输入端，W 为输出端，E 为使能控制端，当 $\overline{E}=1$ 时，输出为 0，只有 $\overline{E}=0$ 时，才允许被选中的数据输出。究竟哪一路数据被选中由 A_1、A_0 的不同组合决定。例如当 $A_1=1$，$A_0=1$ 时，D_3 数据被选中。

由上面分析可知：8 选 1 数据选择器需要有三个选择控制端，16 选 1 数据选择器需要四个选择控制端。

前面介绍了一些中规模组合逻辑电路，这些电路多数是为实现某一专用逻辑功能而设计的。但若能对它们的功能充分开发，将可使其中某些电路的应用更具有灵活性和通用性。

例 4.3.2　采用一个 4 选 1 数据选择器，实现逻辑函数

$$F = A\,\overline{B} + \overline{A}B$$

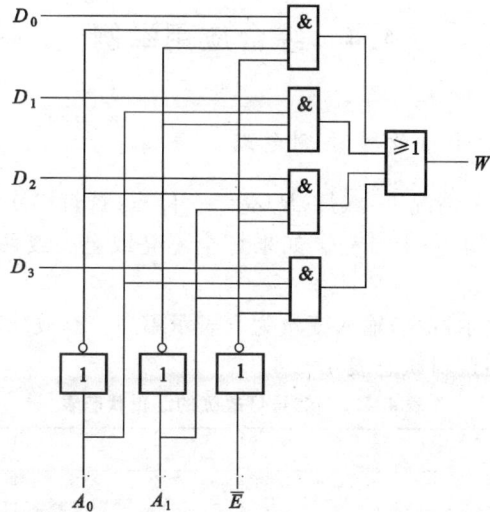

图 4.3.11 74LS153 逻辑电路图

解 对于 4 选 1 数据选择器,当 $\overline{E}=0$ 时,有

$$W=\overline{A_1}\ \overline{A_0}D_0+\overline{A_1}A_0D_1+A_1\overline{A_0}D_2+A_1A_0D_3$$

将 F 与 W 比较,令 $A_1=A$, $A_0=B$,$W=F$,并使数据输入端 $D_0=D_3=0$, $D_1=D_2=1$, 则可实现题目要求。接线图如图 4.3.12 所示。

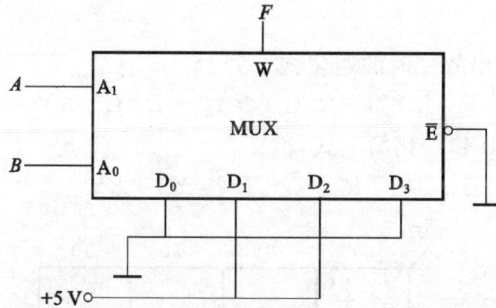

图 4.3.12 实现逻辑函数 F 接线示意图

【练习与思考】

4.3.1 试说明编码器、译码器、数据选择器的逻辑功能。

4.3.2 二进制编码(译码)和二-十进制编码(译码)有何不同?

4.3.3 什么是优先编码器?

4.3.4 如何选择显示译码器?

4.3.5 如何用数据选择器实现其他逻辑功能?

4.4　综合应用举例

4.4.1　交通信号灯故障检测电路

交通信号灯在正常情况下:红灯(R)亮——停车;黄灯(Y)亮——准备;绿灯(G)亮——通行;正常时只有一个灯亮。如果灯全不亮或全亮或两个灯同时亮,都是故障。

输入变量为 1,表示灯亮;输入变量为 0 表示不亮。有故障时输出为 1,正常时输出为 0。由此,可列出逻辑状态表 4.4.1。

表 4.4.1　信号灯故障的逻辑状态表

R	Y	G	F
0	0	0	1
0	0	1	0
0	1	0	0
0	1	1	1
1	0	0	0
1	0	1	1
1	1	0	1
1	1	1	1

由逻辑状态表写出故障时的逻辑式

$$F=\overline{R}\,\overline{Y}\,\overline{G}+\overline{R}YG+R\,\overline{Y}G+RY\overline{G}+RYG$$

应用卡诺图(图 4.4.1)化简上式,得

$$F=R\,\overline{Y}\,\overline{G}+RG+YG+RY$$

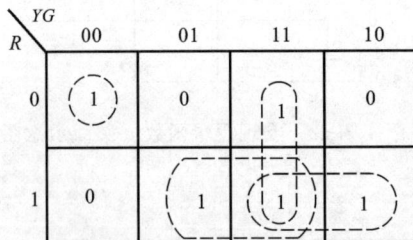

图 4.4.1　信号灯故障的卡诺图

为了减少所用门数,将上式变换为

$$F=\overline{\overline{R}\,\overline{Y}\,\overline{G}}+R(Y+G)+YG=R+Y+G+R(Y+G)+YG$$

由此可画出交通信号灯故障检查电路,如图 4.4.2 所示。发生故障时,晶体管导通,继电器 KA 通电,其触点闭合,故障指示灯亮。

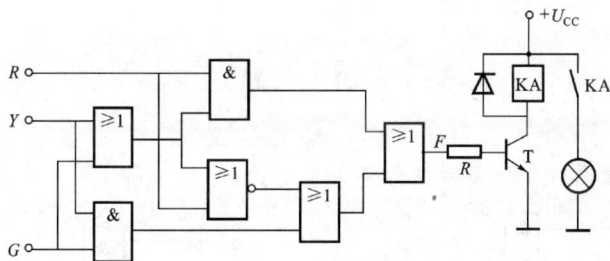

图 4.4.2   交通信号灯故障检查电路

信号灯旁的光电检测元件经放大器,而后接到 R,Y,G 三端,灯亮则为高电平。

4.4.2   压力、温度信号分时显示电路

图 4.4.3 为用一套显示器件分时显示温度、压力的某数字仪表显示部分框图。显示部分输入的温度、压力分别为两位 8421 码。下面说明其工作情况。

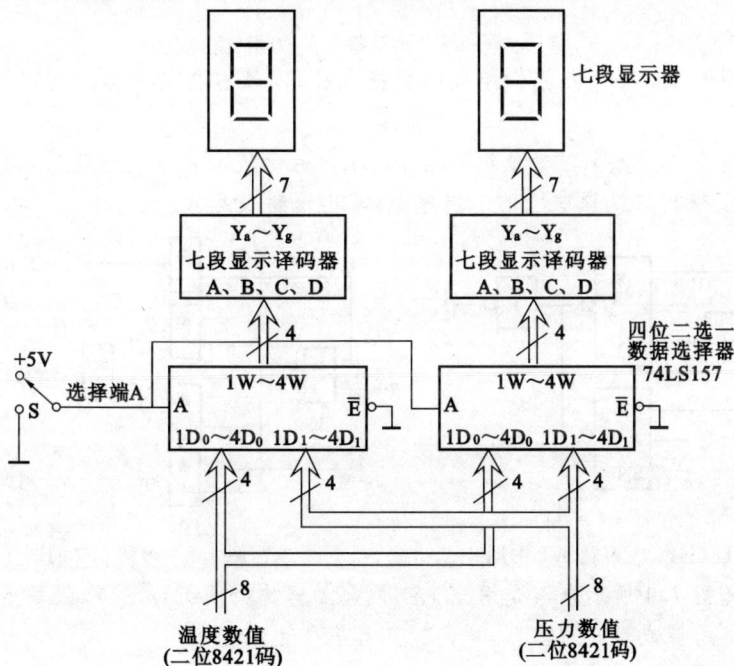

图 4.4.3   分时显示部分的框图

当开关 S 接 +5 V 时(此时 A=1),74LS157 输入数据中 $1D_1 \sim 4D_1$ 被选通,此时显示器显示压力数值;S 接地时(此时 A=0),74LS157 的输入数据中 $1D_0 \sim 4D_0$ 被选通,显示器显示温度数值。

习 题

4.1 写出题图 4.1 所示两图的逻辑表达式。

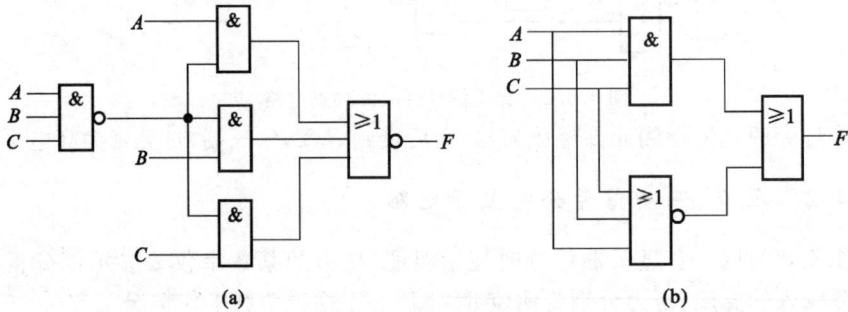

(a) (b)

题图 4.1 习题 4.1 的图

4.2 题图 4.2 是用三态门组成的数据选择器,试分析其工作原理,写出逻辑表达式。

4.3 题图 4.3 为 1 位数值比较器,A、B 为待比较的一位二进制数,比较的结果由 F_1、F_2、F_3 输出。试说明它的工作原理,写出逻辑表达式。

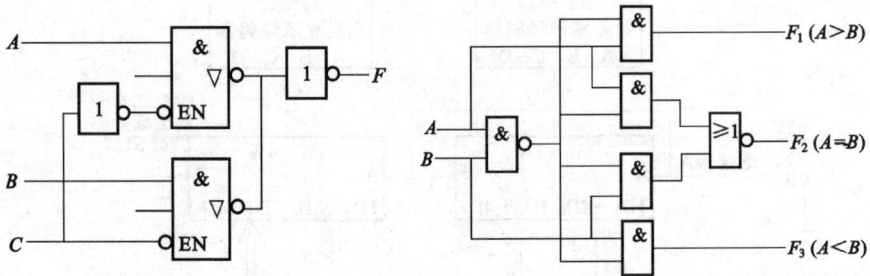

题图 4.2 习题 4.2 的图   题图 4.3 习题 4.3 的图

4.4 题图 4.4 所示电路是用三个一位全加器构成的组合电路,试写出各输出的逻辑表达式(用异或形式写出)。

4.5 某同学参加四门课程考试,规定如下:

(1) 课程 A 及格得 1 分,不及格得 0 分;

(2) 课程 B 及格得 2 分,不及格得 0 分;

(3) 课程 C 及格得 4 分,不及格得 0 分;

(4) 课程 D 及格得 5 分,不及格得 0 分。

若总得分大于等于 8(含 8 分),就可结业。试用与非门画出实现上述要求的逻辑电路。

4.6 设三台电动机 A、B、C,今要求:A 开机则 B 必须开机;B 开机则 C 也必须开机。如果不满足上述要求,立即发出报警信号。试写出报警信号的逻辑表达式,并画出逻辑图。

4.7 设计一个三输入三输出的逻辑电路,并用与非门实现。当 $A=1$,$B=C=0$ 时,红绿灯亮;当 $B=1$,$A=C=0$ 时,绿黄灯亮;当 $C=1$,$A=B=0$ 时,黄红灯亮;当 $A=B=C=0$ 时,三个灯全亮;A、B、C 的其他情况,灯全灭。

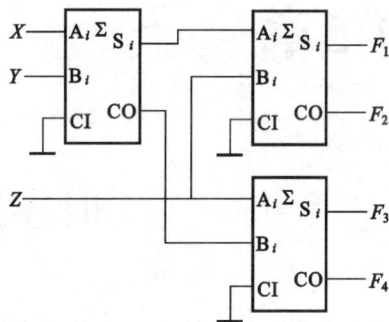

题图 4.4 习题 4.4 的图

4.8 某雷达站有 3 部雷达 A、B、C,其中 A 和 B 功率消耗相等,C 的功率是 A 的 2 倍。这些雷达由 2 台发电机 X 和 Y 供电,发电机 X 的最大输出功率等于雷达 A 的功率消耗,发电机 Y 的最大输出功率是 X 的 3 倍。要求设计一个逻辑电路,能够根据各雷达的启动和关闭信号,以最节约电能的方式启、停发电机。

4.9 题图 4.5 所示电路是一个四段共阴联接 LED 显示译码器。各段用 P_1、P_2、P_3、P_4 表示。试分析当输入 $B_1 B_0$ 分别为 00、01、10、11 时所显示的字形。

4.10 用 4 选 1 数据选择器 MUX 实现 $F=ABC+\overline{A}\,\overline{B}$。

4.11 题图 4.6 所示为一个 8 选 1 数据选择器实现的电路,写出输出 F 的逻辑表达式。

4.12 用 8 选 1 数据选择器 MUX 实现 $F=A\oplus B\oplus C$。

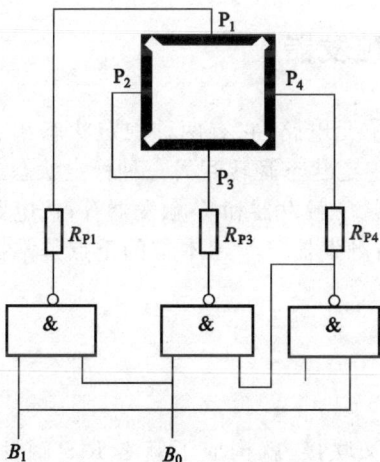

题图 4.5 习题 4.9 的图

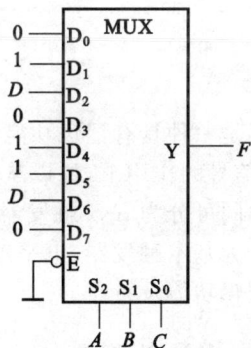

题图 4.6 习题 4.11 的图

第5章

时序逻辑电路

前面介绍的各种门电路及其组合逻辑电路的输出状态仅由当前的输入状态决定,而与电路原来的状态无关,即它们不具有记忆功能。但是一个复杂的数字系统,要连续进行各种复杂的运算和控制,就必须在运算和控制过程中暂时保存(记忆)一定的代码(指令、操作数或控制信号),因此,需要具有记忆功能的电路。本章首先介绍集成触发器,然后介绍常用的时序逻辑电路,再介绍存储器,最后进行综合举例。

基本要求

(1) 熟练掌握 RS、JK、D 功能触发器的逻辑功能、触发方式和表示方法;
(2) 正确理解移位寄存器的原理及波形分析;
(3) 熟练掌握计数器的分析方法及用中规模集成计数器设计 N 进制计数器的方法;
(4) 了解 ROM、RAM 的基本工作原理、分类及其特点;
(5) 了解存储器容量扩展的方法。

5.1 集成触发器

触发器是一种具有记忆功能的基本逻辑单元电路,它有两种稳定状态:0 态和 1态,在触发信号的作用下,可以从原来的一种稳定状态翻转到另一种稳定状态。按逻辑功能的不同可分为 $R\text{-}S$ 触发器、$J\text{-}K$ 触发器、D 触发器和 T 触发器等;按电路结构的不同可分为基本触发器、电平触发器和边沿触发器。学习本节的重点是掌握各种触发器的逻辑功能及特点。

5.1.1 $R\text{-}S$ 触发器

1. 基本 $R\text{-}S$ 触发器

将两个与非门的输出端、输入端相互交叉联接,就构成了基本 $R\text{-}S$ 触发器,如图 5.1.1(a)所示,图(b)为它的逻辑符号。

正常工作时输出端 Q 和 $\bar{Q}$ 的逻辑状态相反。通常用 Q 端的状态来表示触发器的状态,当 $Q=0$ 时称触发器为 **0 态**或**复位状态**,$Q=1$ 时称触发器为 **1 态**或**置位状**

态。

下面分四种情况来讨论触发器的逻辑功能。

(1) $\overline{R_D}=1$，$\overline{S_D}=1$。设触发器处于 0 态，即 $Q=0$，$\overline{Q}=1$。根据触发器的逻辑电路图，此时 $Q=0$ 反馈到门 G_2 的输入端，从而保证了 $\overline{Q}=1$；而 $\overline{Q}=1$ 反馈到门 G_1 的输入端，与 $\overline{S_D}=1$ 共同作用，又保证了 $Q=0$。因此触发器仍保持了原来的 0 态。

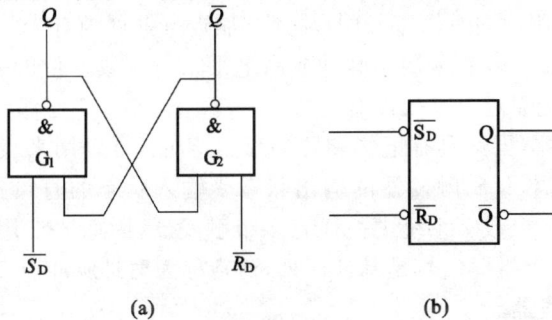

图 5.1.1　基本 R-S 触发器

设触发器处于 1 态，即 $Q=1$，$\overline{Q}=0$。$\overline{Q}=0$ 反馈到门 G_1 的输入端，从而保证了 $Q=1$；而 $Q=1$ 反馈到门 G_2 的输入端，与 $\overline{R_D}=1$ 共同作用，又保证了 $\overline{Q}=0$。因此触发器仍保持了原来的 1 态。

可见，无论原状态为 0 还是为 1，当 $\overline{R_D}$ 和 $\overline{S_D}$ 均为高电平时，触发器具有保持原状态的功能，也说明触发器具有记忆 0 或 1 的功能。正因如此，触发器可以用来存放一位二进制数。

(2) $\overline{R_D}=0$，$\overline{S_D}=1$。当 $\overline{R_D}=0$ 时，无论触发器原来的状态如何，都有 $\overline{Q}=1$；这时门 G_1 的两输入端都为 1，则有 $Q=0$，所以触发器置为 0 态。

触发器置 0 后，无论 $\overline{R_D}$ 变为 1 或仍为 0，只要 $\overline{S_D}$ 保持高电平（$\overline{S_D}=1$），触发器保持 0 态。也即无论原状态如何，只要 $\overline{S_D}$ 保持高电平，$\overline{R_D}$ 端加负脉冲或低电平，都能使触发器置 0，因而 $\overline{R_D}$ 端称为**置 0 端**或**复位端**。

(3) $\overline{R_D}=1$，$\overline{S_D}=0$。因 $\overline{S_D}=0$，无论 $\overline{Q}$ 的状态如何，都有 $Q=1$；所以，触发器被置为 1 态。一旦触发器被置为 1 态之后，只要保持 $\overline{R_D}=1$ 不变，即使 $\overline{S_D}$ 由 0 跳变为 1，触发器仍保持 1 态。$\overline{S_D}$ 端称为**置 1 端**或**置位端**。

(4) $\overline{R_D}=0$，$\overline{S_D}=0$。无论触发器原来状态如何，只要 $\overline{R_D}$、$\overline{S_D}$ 同时为 0，都有 $Q=\overline{Q}=1$，不符合 Q 和 $\overline{Q}$ 为相反的逻辑状态的要求。一旦 $\overline{R_D}$ 和 $\overline{S_D}$ 由低电平同时跳变为高电平，由于门的传输延迟时间不同，使得触发器的状态不确定。因此在使用中应该禁止这种情况的发生。

综上所述，得到基本 R-S 触发器的逻辑状态表，如表 5.1.1 所示。

表 5.1.1　基本 R-S 触发器的逻辑状态表

$\overline{R}_D$	$\overline{S}_D$	Q	说明
0	1	0	复位
1	0	1	置位
1	1	保持原状态	记忆功能
0	0	不确定	应禁止

在图 5.1.1(b)所示的逻辑符号中,输入端靠近方框处画有"○",其含义是负脉冲或低电平置位或复位。也有采用正脉冲或高电平来置位或复位的基本 R-S 触发器,其逻辑符号中输入端靠近方框处没有"○"。

基本 R-S 触发器,虽然具有记忆和置 0、置 1 功能,可以用来表示或存储一位二进制数码,但由于基本 R-S 触发器的输出状态受输入状态的直接控制,使其应用范围受到限制。因为一个数字系统中往往有多个触发器,因而要求用统一的信号来指挥触发器的动作,这个指挥信号是脉冲序列,通常称为**时钟脉冲**。有时钟脉冲控制的触发器称为**钟控触发器**。

2. 钟控 R-S 触发器

钟控 R-S 触发器的逻辑图如图 5.1.2(a)所示。上面两个与非门 G_1、G_2 构成基本 R-S 触发器;下面的两个与非门 G_3、G_4 组成控制电路,通常称为控制门,以控制触发器状态的翻转时刻。其逻辑符号图 5.1.2(b)所示。R 和 S 为控制端(输入端),C 为时钟脉冲 CP 输入端,$\overline{R}_D$ 为直接复位端或直接置 0 端,$\overline{S}_D$ 为直接置位端或置 1 端,它们不受时钟脉冲 CP 的控制。方框处的"○"表示低电平有效,因此不用时使其为 1 态。

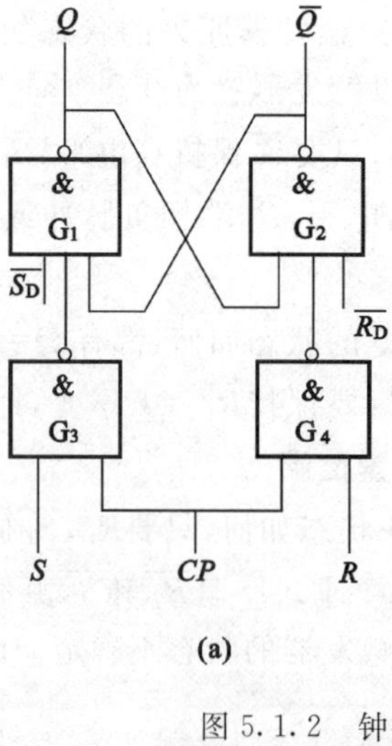

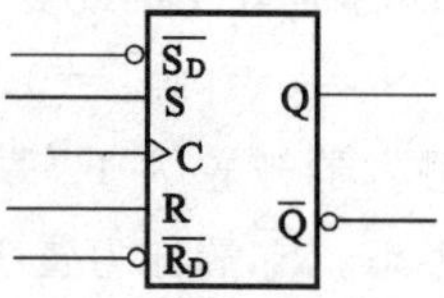

(a)　　　　　　(b)

图 5.1.2　钟控 R-S 触发器

由图可见,当 C 端处于低电平时,即 CP=0,将 G_3、G_4 门封锁。这时不论 R 和 S 端输入何种信号,G_3、G_4 门输出均为 1,基本 R-S 触发器的状态不变。当 C 端处于高电平时,即 $CP=1$,G_3、G_4 门打开,输入信号通过 G_3、G_4 门的输出去触发基本 $R\text{-}S$ 触发器。

下面分析 $CP=1$ 期间触发器的工作情况:当 $R=0$,$S=1$ 时,G_3 门输出低电平 0,从而使 G_1 门输出高电平 1,即 $Q=1$,使触发器置 1;当 $R=1$,$S=0$ 时,$Q=0$,使触发器置 0;当 $R=S=0$ 时,G_3、G_4 门的输出全都为 1,触发器的状态不变。但当 $R=S=1$ 时,G_3、G_4 门的输出均为 0,违背了基本 $R\text{-}S$ 触发器的输入条件,应禁止。因此,对钟控 $R\text{-}S$ 触发器来说,R 端和 S 端不允许同时为 1。

根据上述分析得到钟控 $R\text{-}S$ 触发器 $CP=1$ 时的逻辑状态表如表 5.1.2 所示。Q^n 表示触发器原来(CP 脉冲之前)的状态,称为**初态**或**原态**;Q^{n+1} 表示触发器新(CP 脉冲过后)的状态,称为**次态**。

钟控 $R\text{-}S$ 触发器在 $CP=0$ 时,无论 R 和 S 如何变化,触发器输出端状态都不变。而在 $CP=1$ 期间,触发器才能接受输入信号引起输出状态的变化,这种触发器称作**电平触发器**。数字集成电路手册及外文资料中常称为锁存器。在 $CP=1$ 期间,若钟控 $R\text{-}S$ 触发器的输入发生多次变化则会引起触发器状态的多次翻转。这种在同一 CP 脉冲下引起触发器两次或多次翻转的现象称为**空翻**,这是电平触发器的缺点。还有一种触发器为**边沿触发器**,它只在时钟脉冲的上升沿(正边沿)或下降沿(负边沿)到来时接受此刻的输入信号,进行状态转换,而其他时刻输入信号状态的变化对触发器状态没影响。下面介绍的就为这种边沿触发器。

表 5.1.2 钟控 $R\text{-}S$ 触发器的逻辑状态表

R	S	Q^{n+1}	说明
0	0	Q^n	输出状态不变
1	0	0	置 0
0	1	1	置 1
1	1	$\times$	输出状态不定,应禁止

5.1.2 J-K 触发器

$J\text{-}K$ 触发器是一种功能比较完善,应用极为广泛的触发器。内部由若干个门电路构成,对于使用者而言,只需关心它的外部特性就可以了。不同的内部电路结构具有不同的触发特性,可以用逻辑符号加以区分。图 5.1.3 是 CP 下降沿触发的 $J\text{-}K$ 触发器的逻辑符号。它有一个直接置位端 $\overline{S_D}$,一个直接复位端 $\overline{R_D}$,有两个输入端 J 和 K,一个时钟脉冲 CP 输入端 C,靠边框的"○"代表下降沿触发,即在 $CP=1$ 和 $CP=0$ 时,触发器的输出状态不变,当 CP 由 1 跳变为 0 的瞬间,触发器输出状态依据 J 和 K 端的状态而定。若 C 端处无"○",则表明在 CP 的上升沿触发。表 5.1.3 为 $J\text{-}K$ 触发器在 CP 边沿时刻的逻辑状态表。Q^n 表示 CP 下降沿到来之前瞬间触发器的状态,称为**初态**或**原态**;Q^{n+1} 表示 CP 下降沿到来之后触发器新的状态,称为次态。

表 5.1.3　*J-K* 触发器的逻辑状态表

J	*K*	Q^{n+1}	说明
0	0	Q^n	输出状态不变
0	1	0	置 0
1	0	1	置 1
1	1	$\overline{Q^n}$	输出状态翻转

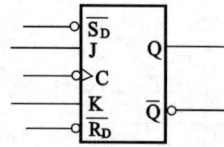

图 5.1.3　*J-K* 触发器的
逻辑符号

由逻辑状态表可知 *J-K* 触发器的逻辑功能为：

（1）当 *J*＝0，*K*＝0 时，时钟脉冲触发后，触发器的状态不变。即如果触发器为 1 态，时钟脉冲触发后，触发器仍为 1 态。若触发器为 0 态，时钟脉冲触发后，触发器仍保持 0 态。也即 *J* 和 *K* 都为 0 时，触发器具有保持原状态不变的功能。

（2）当 *J*＝0，*K*＝1 时，无论触发器原来是何种状态，时钟脉冲触发后，输出均为 0 态；当 *J*＝1，*K*＝0 时，时钟脉冲触发后，输出均为 1 态。即 *J*、*K* 相异时，时钟脉冲触发后，触发器状态同 *J* 端状态。

（3）当 *J*＝1，*K*＝1 时，时钟脉冲触发后，触发器状态翻转，即若原来为 1 态，时钟脉冲触发后，触发器变为 0 态；若原来为 0 态，则触发器变为 1 态。也即来一个触发脉冲，触发器状态翻转一次，说明它具有计数功能。

为了扩大 *J-K* 触发器的应用范围，常常做成多输入端结构，图 5.1.4 为一个 *J*、*K* 端各有三个输入且上升沿触发的 *J-K* 触发器的逻辑符号。各同名输入端为与逻辑关系，即

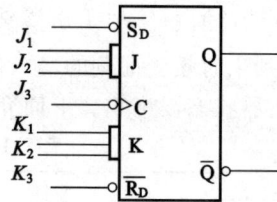

图 5.1.4　*J*、*K* 端各有三个输入的
J-K 触发器的逻辑符号

$$J=J_1 J_2 J_3, \quad K=K_1 K_2 K_3$$

例 5.1.1　已知一下降沿触发 *J-K* 触发器，*J*、*K* 及 *CP* 波形如图 5.1.5 所示。设触发器的初始状态为 0。试画出输出端 *Q* 的波形。

解　在 *CP*＝1 期间，输出状态不变，当 *CP* 由 1 跳变为 0 时，输出状态依据此跳变前一瞬间 *J*、*K* 端的状态而定。

t_1 时刻第一个 *CP* 脉冲下降沿到来时，*J*＝1，*K*＝0，因而 *Q* 端同 *J* 端状态为 1，即 *Q* 由初始 0 态翻转为 1 态，一直保持到 t_2 时刻；*J*＝0，*K*＝0，触发器应保持原状态不变，因而仍为 1；直到 t_3 时刻，*J*＝0，*K*＝1，*Q* 端同 *J* 端状态为 0。依次类推，得 *Q* 端波形如图 5.1.5 所示。

例 5.1.2　已知一 *J-K* 触发器接成如图 5.1.6(a) 所示的电路，输入信号 *D* 和时钟脉冲 *CP* 波形如图(b) 所示，试画出 *Q* 端的波形。

解　由接线图知，*J*、*K* 总是处于相反的逻辑状态，因而输出端 *Q* 的状态在 *CP*

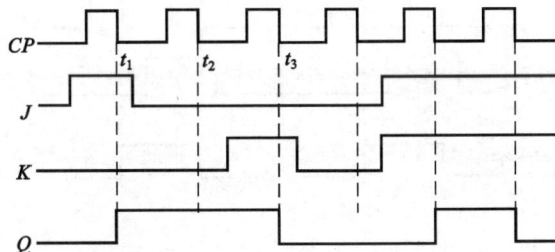

图 5.1.5　例 5.1.1 的图

下降沿到来后，与 J（即 D）的状态相同，波形如图 5.1.6(b)所示。

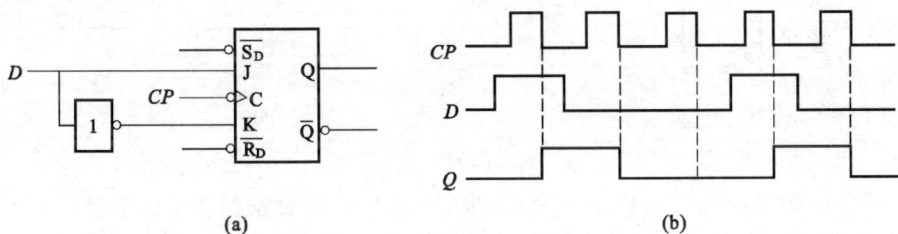

图 5.1.6　例 5.1.2 的图

由输出波形可见，Q 端脉冲的频率是 CP 时钟脉冲频率的 $\dfrac{1}{2}$，所以该电路可做**分频器**用，实现对 CP 时钟脉冲频率的二分频。

5.1.3　D 触发器

D 触发器也是一种应用广泛的触发器，图 5.1.7 为 D 触发器的逻辑符号。D 为输入端，$\overline{S_D}$ 为直接置位端，$\overline{R_D}$ 为直接复位端，在 CP 的上升沿触发（若 C 端有"○"，则表示下降沿触发）。表 5.1.4 为其逻辑状态表。

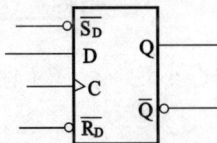

图 5.1.7　D 触发器的逻辑符号

表 5.1.4　D 触发器的逻辑状态表

D	Q^{n+1}	说明
0	0	输出状态与
1	1	D 端相同

由逻辑状态表可知，D 触发器的逻辑功能为：$Q^{n+1}=D$。式中的 D 代表 CP 上升沿到来前一瞬间 D 端的状态。

它的工作波形如图 5.1.8 所示。与 J-K 触发器一样，为了扩大使用范围，也常做成有多个输入的 D 触发器，各输入间是与逻辑关系。

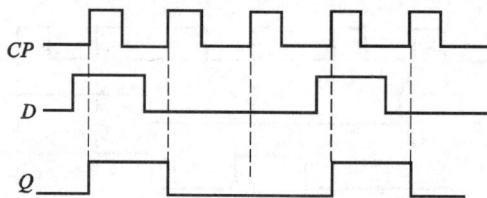

图 5.1.8　D 触发器的工作波形图

例 5.1.3　分析图 5.1.9(a)所示电路的逻辑功能,并画出 Q 端的波形。

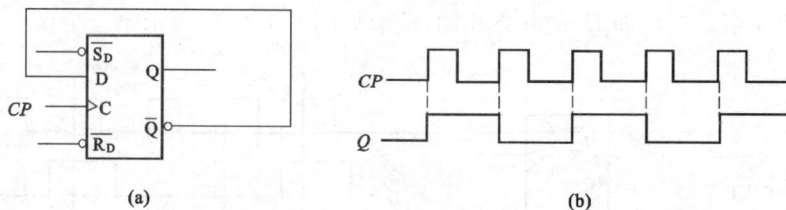

图 5.1.9　例 5.1.3 的图

解　D 触发器的输入端与 $\overline{Q}$ 相连,即 $D=\overline{Q}$。设 D 触发器初始状态为 0,则 $\overline{Q}$ 为 1,即 D 端为 1,当来一个 CP 上升沿后,Q 端与 D 端状态相同,因而跳变为 1,此时 $\overline{Q}$ 变为 0。再来一个 CP 上升沿后,Q 端又变为 0,依次类推。得 Q 端的波形如图 5.1.9(b)所示。

可见,该电路的功能为来一个 CP 脉冲,Q 端状态翻转一次,具有计数功能。具有这种功能的触发器称为 T' 触发器。

例 5.1.4　分析图 5.1.10 所示电路的逻辑功能。

解　J-K 触发器的 J、K 端连在一起作为一个输入端。由 J-K 触发器的逻辑功能知,$T=0$ 时,在时钟脉冲 CP 的下降沿来到后,输出状态不变;$T=1$ 时,来一个 CP 下降沿,触发器状态翻转一次。具有这种计数功能的触发器称为 T 触发器。

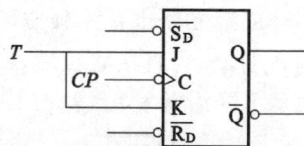

图 5.1.10　例 5.1.4 的图

从以上例题可知,根据需要,可以将某种逻辑功能的触发器通过简单的连线或附加逻辑门转换成另一种逻辑功能的触发器,这在实际应用中是会经常遇到的。

触发器的应用十分广泛,利用它可组成许多实用和有趣的电路。

5.1.4　触发器应用举例

1. 消除抖动电路

机械按钮开关在换位时经常产生抖动现象,这种抖动常给系统造成错误操作。

采用基本 R-S 触发器可以有效地消除这种抖动。接线图如图 5.1.11 所示。

开关 K 在 R 和 S 之间转换,当它转接到任意一边时,都会产生抖动,形成图 5.1.12 所示带有"毛刺"的 R 和 S 的波形。但经过基本 R-S 触发器后,Q 端无"毛刺",从而消除了抖动。

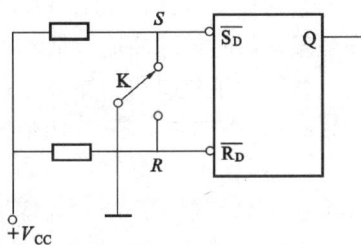

图 5.1.11 消除抖动电路的接线图

2. 四人抢答电路

四人参加比赛,每人一个按钮,其中一人按下按钮后,相应的指示灯亮。这时其他按钮按下时不起作用。可用图 5.1.13 所示的电路进行抢答比赛。

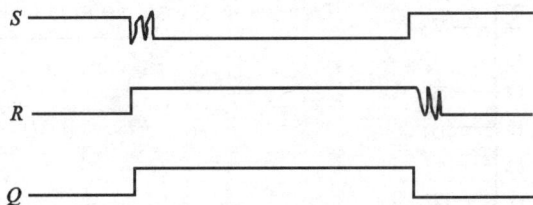

图 5.1.12 消除抖动电路的输入输出波形

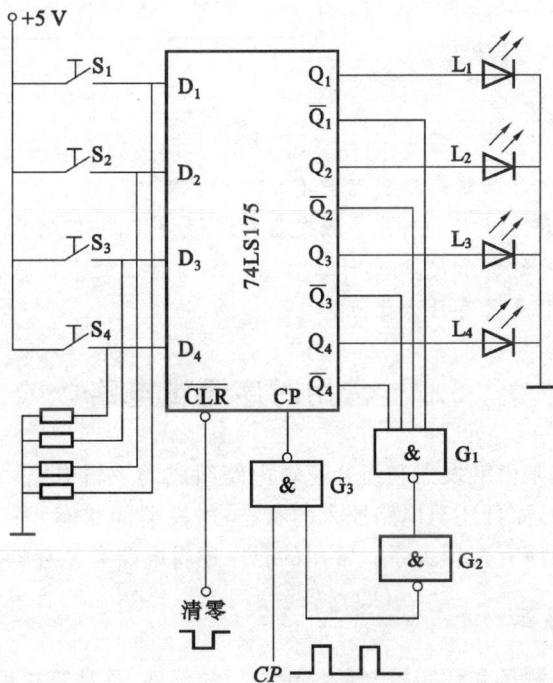

图 5.1.13 四人抢答电路

电路的核心器件是 74LS175 四 D 触发器,它的内部包括四个独立的 D 触发器。四个触发器的时钟脉冲输入端 CP 和清零端 $\overline{CLR}$ 是公用的。四个触发器都是上升沿触发。其管脚排列图和功能表分别见图 5.1.14 和表 5.1.5。工作原理如下:

比赛前,各触发器清 0,四个触发器输出 $Q_1 = Q_2 = Q_3 = Q_4 = 0$,指示灯 $L_1 \sim L_4$ 不亮。门 G_2 输出 = $\overline{Q_1} \cdot \overline{Q_2} \cdot \overline{Q_3} \cdot \overline{Q_4} = 1 \cdot 1 \cdot 1 \cdot 1 = 1$,使门 G_3 开启,因此,时钟脉冲可送至触发器 CP 端。参赛者控制的四个按钮若都不按下,D_1、D_2、D_3、D_4 都等于 0,因此触发器输出状态不变,四个指示灯不亮。抢答开始后,哪个按钮最先按下,相应触发器的输出电平变高,指示灯亮。同时,相应的 $\overline{Q}$ 使门 G_2 的输出电平为 0,将门 G_3 封锁,CP 便不能再进入触发器。因此,其他按钮如随后按下,便不能起作用。

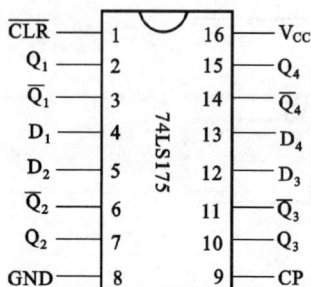

图 5.1.14 74LS175 管脚排列图

表 5.1.5 74LS175 逻辑状态表

输入			输出
$\overline{CLR}$	CP	D	Q^{n+1}
0	$\times$	$\times$	0
1	$\uparrow$	1	1
1	$\uparrow$	0	0

【练习与思考】

5.1.1 为什么说双稳态触发器具有记忆功能?

5.1.2 试述 R-S、J-K、D、T 等触发器的逻辑功能,并默写出其逻辑状态表。

5.1.3 触发器的 $\overline{S_D}$ 和 $\overline{R_D}$ 端起什么作用?不用时应处于什么状态?

5.1.4 边沿触发器有什么优点?

5.2 常用时序逻辑电路

时序逻辑电路是由触发器和组合逻辑电路组成的逻辑电路,它的输出不仅与当时的输入状态有关,而且还与电路原来的状态(触发器的状态)有关。"时序"意指电路的状态与时间顺序有密切关系。常用的时序逻辑电路有寄存器和计数器。

5.2.1 寄存器

寄存器是数字测量和数字控制系统中常用的部件,是计算机的主要部件之一,用来暂时存放数据或指令。触发器有 0 和 1 两个稳定状态,所以一个触发器可以寄存一位二进制数。寄存 n 位二进制数,则需 n 个触发器。寄存器有数码寄存器和移位寄存器两种。

1. 数码寄存器

数码寄存器具有暂时存放数码的功能,根据需要可以将存放的数码随时取出。图 5.2.1 是由四个 D 触发器构成的四位数码寄存器的逻辑电路图。CP 为寄存指令输入端,$\overline{Cr}$ 为清零输入端,D_0、D_1、D_2、D_3 是数据输入端,Q_0、Q_1、Q_2、Q_3 为数据输出端。待存数码为 $d_3d_2d_1d_0$。在接受数码之前,通常先清零,即发出清零负脉冲,使各触发器置零。

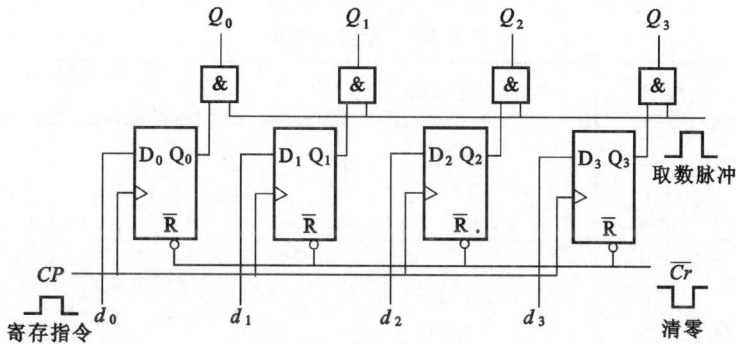

图 5.2.1 数码寄存器

设要寄存数码 1010,先将其送至各触发器 D 输入端 D_3、D_2、D_1、D_0。当寄存指令 CP 上升沿到达时,实现并行送数,数码 1010 就暂存到寄存器中。$CP=0$ 时,各触发器处于保持状态。需要取出数码时,各位数码在取数脉冲的作用下,从各触发器输出端上同时取出。每当各输入端的新数据被寄存指令送入寄存器后,原存的数据被自动刷新。

上述寄存器在输入数码时数码的各位同时进入寄存器,取出时各位数码同时出现在输出端,因此这种寄存器也称为**并行输入-并行输出寄存器**。

2. 移位寄存器

移位寄存器不仅能寄存数码,而且具有移位功能。所谓移位就是在移位脉冲的作用下,寄存器中的各位数码依次向左(或向右)移动。

图 5.2.2 是单向右移移位寄存器的逻辑电路图。CP 是移位脉冲输入端,Cr 是清零端,高电平有效,D_{SR} 为右移数据输入端,$Q_0 \sim Q_3$ 是并行数据输出端。

其工作过程如下:

首先使 $Cr=1$,进行清零,使寄存器初态 $Q_0 \sim Q_3 = 0000$。然后令 $Cr=0$,处于"右移"工作状态。假设输入数据为 $d_0d_1d_2d_3 = 1011$,因为 $Q_0^{n+1}=D_{SR}$,$Q_1^{n+1}=D_1$ Q_0^n,$Q_2^{n+1}=D_2=Q_1^n$,$Q_3^{n+1}=D_3=Q_2^n$,在第一个 CP 作用前串行数据输入端 $D_{SR}=d_3=1$,则在第一个移位脉冲作用下,寄存器状态依次右移一位。经过四个 CP 脉冲后,四位数据 1011 移入了移位寄存器。在移位脉冲作用下,移位寄存器中的数码状态转换表如表 5.2.1 所示。

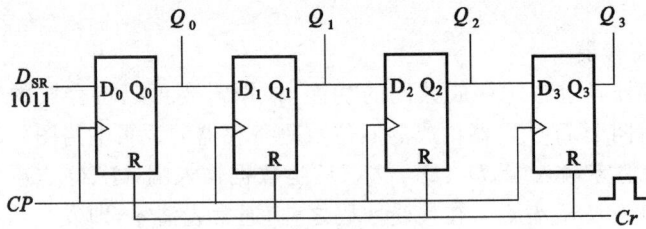

图 5.2.2 移位寄存器

表 5.2.1 状态转换表

移位脉冲顺序	串行输入数据	移位寄存器状态			
		Q_0	Q_1	Q_2	Q_3
0	0	0	0	0	0
1	1	1	0	0	0
2	1	1	1	0	0
3	0	0	1	1	0
4	1	1	0	1	1

其移位过程如图 5.2.3 所示。

对于图 5.2.2 所示电路,可以从四个触发器的输出端 $Q_0 \sim Q_3$ 得到并行的数码输出,实现**串行输入-并行输出**的工作方式;若要串行输出,需再经过四个 CP 移位脉冲,数据又按原来的输入次序从 Q_3 端输出,从而实现了**串行输入-串行输出**的工作方式。

以上讨论的为右移寄存器。左移寄存器的构成原理与此相同。除了单向移位寄存器外,还有既可左移又可右移的双向移位寄存器。寄存器 74LS194 就是一个 4 位双向移位寄存器,其逻辑符号如图 5.2.4 所示,其逻辑功能见表5.2.2。

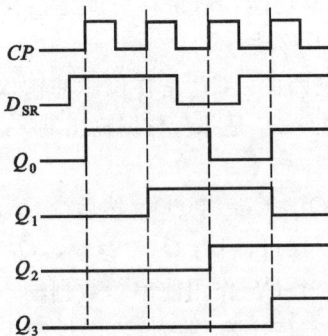

图 5.2.3 寄存器的时序图   图 5.2.4 74LS194 的逻辑符号图

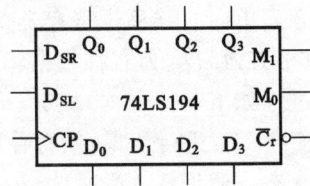

表 5.2.2　74LS194 的逻辑功能表

功能	输　入									输　出			
	$\overline{Cr}$	M_1	M_0	CP	D_{SR}	D_{SL}	D_0	D_1	D_2	D_3	Q_0^{n+1}	Q_1^{n+1}	Q_2^{n+1}	Q_3^{n+1}
清零	0	ϕ	ϕ	ϕ	ϕ	ϕ	ϕ	ϕ	ϕ	ϕ	0　0　0　0
保持	1	ϕ	ϕ	0	ϕ	ϕ	ϕ	ϕ	ϕ	ϕ	Q_0^n　Q_1^n　Q_2^n　Q_3^n
送数	1	1	1	↑	ϕ	ϕ	a	b	c	d	a　b　c　d
右移	1	0	1	↑	1	ϕ	ϕ	ϕ	ϕ	ϕ	1　Q_0^n　Q_1^n　Q_2^n
	1	0	1	↑	0	ϕ	ϕ	ϕ	ϕ	ϕ	0　Q_0^n　Q_1^n　Q_2^n
左移	1	1	0	↑	ϕ	1	ϕ	ϕ	ϕ	ϕ	Q_1^n　Q_2^n　Q_3^n　1
	1	1	0	↑	ϕ	0	ϕ	ϕ	ϕ	ϕ	Q_1^n　Q_2^n　Q_3^n　0
保持	1	0	0	ϕ	ϕ	ϕ	ϕ	ϕ	ϕ	ϕ	Q_0^n　Q_1^n　Q_2^n　Q_3^n

注:ϕ 为任意值。

$D_0 \sim D_3$ 为并行数据输入端,D_{SL}、D_{SR} 分别是左移、右移串行数据输入端,M_0、M_1 为工作方式选择端,$Q_0 \sim Q_3$ 为数据输出端。$\overline{Cr}$ 为低电平有效的清零端。

在 $\overline{Cr}=1$ 时,寄存器具有以下功能:

(1) 保持。$M_1 M_0 = 00$ 时,$Q_0 \sim Q_3$ 保持原状态不变。

(2) 右移。$M_1 M_0 = 01$ 时,在 CP 上升沿,输出状态依次向右移动一位,Q_0 端接收"右移串行数据输入"D_{SR}。

(3) 左移。$M_1 M_0 = 10$ 时,在 CP 上升沿,输出状态依次向左移动一位,Q_3 端接收"左移串行数据输入"D_{SL}。

(4) 并行输入。$M_1 M_0 = 11$ 时,在 CP 上升沿,Q_0、Q_1、Q_2、Q_3 分别接收"并行数据输入"端 D_0、D_1、D_2、D_3 的信号。

利用寄存器可实现二进制数的乘以 2 和除以 2 运算,例如 $(101)_2 \times (10)_2 = (1010)_2$,相当于二进制数左移一位。因此,将二进制数左移一位相当于乘以 2;同理,右移一位相当于除以 2。

5.2.2　计数器

能对脉冲的个数进行计数的电路称为**计数器**。它的应用十分广泛,不仅可以用来计数,还广泛用作定时器、分频器等。

计数器种类繁多,按计数进制可分为**二进制(2^n 进制)计数器**、**十进制计数器**和**任意进制计数器**;按计数脉冲作用方式可分为**同步计数器**和**异步计数器**;按计数值增减可分为**加法计数器**、**减法计数器**和既能做加法又能做减法的**可逆计数器**。用双稳态触发器可构成计数器,目前广泛应用的是各种类型的中规模集成计数器。

1. 二进制计数器

二进制计数器是构成其他各种计数器的基础。用 n 表示二进制代码的位数,N

表示状态数,满足 $N=2^n$ 的计数器称作二进制计数器。由 n 个触发器构成的二进制计数器称作 n 位二进制计数器。

(1) 异步二进制加法计数器。图 5.2.5 是由 J-K 触发器组成的异步计数电路。它的结构特点是:各级触发器的时钟来源不同,除第一级时钟脉冲输入端由外加计数脉冲控制外,其余各级时钟脉冲输入端与前一级的输出端相连。各触发器动作时刻不一致,所以叫异步计数器。$\overline{Cr}$ 为清零输入端。由于 J、K 均悬空为 1,故每来一个时钟脉冲,J-K 触发器状态翻转一次。下面分析其工作过程。

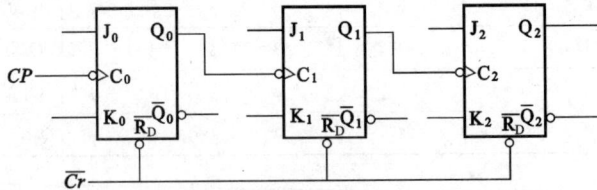

图 5.2.5　异步二进制加法计数器

由于外加计数脉冲接第一级的时钟脉冲输入端 C_0,因此每来一个计数脉冲的下降沿,触发器的状态 Q_0 翻转。但 C_1 是 Q_0 提供的,所以只有当 Q_0 由 1 变 0 时,Q_1 才翻转,其他情况下 Q_1 均不变。同理,在 Q_1 的下降沿,Q_2 状态翻转。假设计数器初始状态为 $Q_2 Q_1 Q_0 = 000$,第一个计数脉冲的下降沿到达后,Q_0 由 0 翻转为 1,由于 Q_0 由 0 翻转为 1,是一个上升沿,因此 Q_1 保持不变,由于 Q_1 保持不变,故 Q_2 也保持不变。因此第一个 CP 到来后,电路由 000 翻转为 001。当第二个 CP 下降沿到达后,计数器由 001 翻转为 010,……依次分析,经过 8 个计数脉冲后,计数器状态又恢复为 000,即完成了一个计数循环。其状态表如表 5.2.3 所示。其工作波形如图 5.2.6 所示。

表 5.2.3　三位二进制加法计数器的状态表

计数脉冲	二进制数			十进制数
	Q_2	Q_1	Q_0	
0	0	0	0	0
1	0	0	1	1
2	0	1	0	2
3	0	1	1	3
4	1	0	0	4
5	1	0	1	5
6	1	1	0	6
7	1	1	1	7
8	0	0	0	0

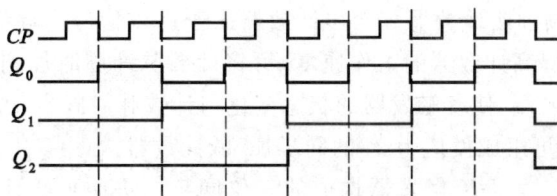

图 5.2.6 二进制加法计数器工作波形

由以上分析可总结出以下几个结论：

① 三个触发器组成计数器，经 8 个计数脉冲，计数器状态循环一次，所以是一个八进制计数器，也称为模值为 8 的计数器或称模 8 计数器。因而，n 个触发器级联，可组成模值为 2^n 的计数器。

② 由波形图可见：Q_0 波形的频率是 CP 波形频率的 $\frac{1}{2}$，Q_1 的频率是 Q_0 频率的 $\frac{1}{2}$，…即各级输出波形的频率均为前级的二分频。因此用模值为 2^n 的计数器可对 CP 进行 2^n 分频。

③ 每来一个 CP 脉冲，计数器的状态加 1，所以叫加法计数器。

若将三个触发器按图 5.2.7 联接，则构成异步减法计数器。其状态表如表 5.2.4 所示。其工作过程请读者自行分析。

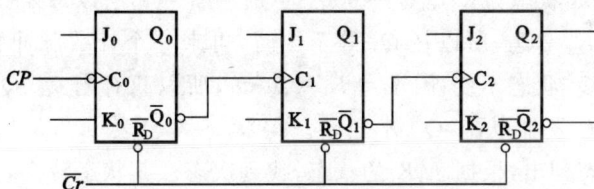

图 5.2.7 异步减法计数器

表 5.2.4 三位二进制减法计数器的状态表

计数脉冲	二进制数			十进制数
	Q_2	Q_1	Q_0	
0	0	0	0	0
1	1	1	1	7
2	1	1	0	6
3	1	0	1	5
4	1	0	0	4
5	0	1	1	3
6	0	1	0	2
7	0	0	1	1
8	0	0	0	0

（2）同步二进制加法计数器。异步计数器由于进位信号是逐级传送的,因而计数速度较慢。为了提高计数器的工作速度,可将计数脉冲同时加到计数器中各个触发器的时钟脉冲输入端,使各触发器的状态变化与计数脉冲同步,再将各输入端适当联接,n 个触发器就可组成模值为 2^n 的同步加、减计数器。

图 5.2.8 是由三个 J-K 触发器构成的三位同步二进制加法计数器。下面对其进行分析:

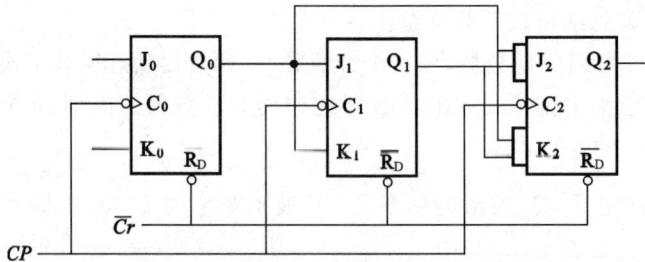

图 5.2.8　三位同步二进制加法计数器

① 根据所给电路图写出各触发器控制端的逻辑表达式。

$$J_0 = K_0 = 1, J_1 = K_1 = Q_0, J_2 = K_2 = Q_0 Q_1$$

② 根据逻辑表达式和触发器的逻辑功能,列写电路的状态转换表。由初始状态开始分析,直至初始状态再次出现为止。

设各触发器初始状态为 $Q_2 Q_1 Q_0 = 000$,因 $J_0 = K_0 = 1$,所以每来一个计数脉冲就翻转一次;因 $J_1 = K_1 = Q_0$,所以在 Q_0 等于 1 时,再来一个计数脉冲触发器状态 Q_1 才翻转,其他时刻 Q_1 状态不变;因 $J_2 = K_2 = Q_0 Q_1$,所以只有当 Q_0、Q_1 都为 1 时,再来一个计数脉冲触发器状态 Q_2 才翻转。得状态表与表 5.2.3 相同,也可以将 $Q_2 Q_1 Q_0$ 的可能初态列出,根据 J、K 的状态,找到次态。其状态转换表如表 5.2.5 所示。

表 5.2.5　三位同步二进制加法计数器的状态转换表

序号	初态			控　制　端						次态		
	Q_2^n	Q_1^n	Q_0^n	J_2	K_2	J_1	K_1	J_0	K_0	Q_2^{n+1}	Q_1^{n+1}	Q_0^{n+1}
1	0	0	0	0	0	0	0	1	1	0	0	1
2	0	0	1	0	0	1	1	1	1	0	1	0
3	0	1	0	0	0	0	0	1	1	0	1	1
4	0	1	1	1	1	1	1	1	1	1	0	0
5	1	0	0	0	0	0	0	1	1	1	0	1
6	1	0	1	0	0	1	1	1	1	1	1	0
7	1	1	0	0	0	0	0	1	1	1	1	1
8	1	1	1	1	1	1	1	1	1	0	0	0

由状态转换表可见，该电路为三位同步二进制加法计数器。

三位二进制加法计数器，能记录的最大十进制数为 $2^3-1=7$。n 位二进制加法计数器，能记录的最大十进制数为 2^n-1。

图 5.2.9 是一个计数器的简单应用示意图。译码器 74LS138 输出低电平有效，设计数器初态 $Q_2Q_1Q_0=000$，译码器输出 $\overline{Y}_0=0$，其余输出为 1，最左边的二极管点亮，每输入一个时钟脉冲，$\overline{Y}_0\sim\overline{Y}_7$ 线上的低电平就会右移一位，发光二极管自左向右依次轮流点亮，好像一串灯光在流动。改变时钟脉冲的频率就可改变发光二极管点亮时间的长短。

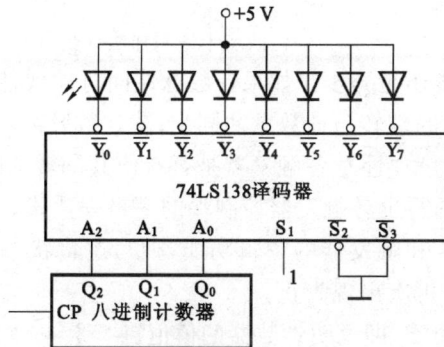

图 5.2.9　计数器应用电路示意图

2. 十进制计数器

十进制计数器是在二进制计数器的基础上得到的，用四位二进制数来代表十进制数的每一位，所以也称二-十进制计数器。采用 8421BCD 编码方式，要求计数器从 0000 开始计数，到第 9 个计数脉冲作用后变为 1001，再输入第 10 个计数脉冲，就要返回到初始状态 0000，即计数器状态经过十个脉冲循环一次，实现"逢 10 进 1"。由此可列出 8421BCD 码十进制加法计数器的状态表，如表 5.2.6 所示。

表 5.2.6　8421BCD 码十进制加法计数器的状态表

计数脉冲	二 进 制 数				十进制数
	Q_3	Q_2	Q_1	Q_0	
0	0	0	0	0	0
1	0	0	0	1	1
2	0	0	1	0	2
3	0	0	1	1	3
4	0	1	0	0	4
5	0	1	0	1	5
6	0	1	1	0	6
7	0	1	1	1	7
8	1	0	0	0	8
9	1	0	0	1	9
10	0	0	0	0	0

图 5.2.10 为一个由 J-K 触发器构成的十进制加法计数器。根据对前面同步和异步二进制加法计数器的分析,可总结出分析计数器这类电路的步骤:

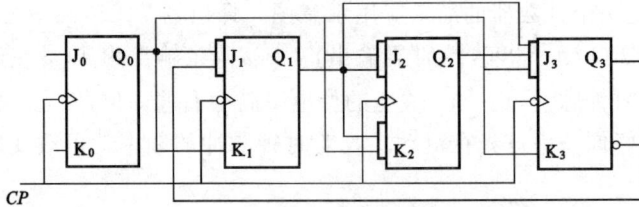

图 5.2.10　一位同步十进制加法计数器

(1)首先判断是同步还是异步。如果计数脉冲同时加到各触发器的时钟脉冲输入端,这时各触发器状态的翻转与计数脉冲同步;若计数脉冲不是同时加到各触发器的时钟脉冲输入端,这时就要注意各触发器是否有使其翻转的时钟脉冲。

(2)根据所给电路图写出各触发器控制端的逻辑表达式。

(3)根据逻辑表达式和触发器的逻辑功能,列写逻辑状态转换表。由初始状态开始分析,直至初始状态再次出现为止。

(4)说明计数器的功能,即说明计数器的模值。

请读者按此步骤对图 5.2.10 所示电路进行分析。

3. N(任意)进制计数器

N 进制计数器是指计数器的状态每经 N 个脉冲循环一次。

例 5.2.1　分析图 5.2.11 所示电路是几进制计数器。

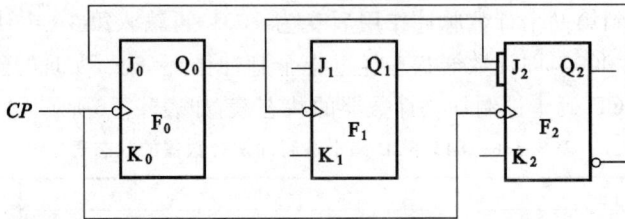

图 5.2.11　例 5.2.1 的图

解　(1) CP 同时加到触发器 F_0 和 F_2 的时钟脉冲输入端,而 F_1 的时钟脉冲输入端与 Q_0 相连,因而是一个异步计数器。在分析时就应注意:来一个计数脉冲下降沿,F_0、F_2 的状态根据其 J、K 端的状态确定,而触发器 F_1 状态是否变化,要看 Q_0 端是否有下降沿,即是否由 1 变为 0。

(2)各触发器控制端的逻辑表达式为

$$J_0 = \overline{Q_2},\ K_0 = 1;\ J_1 = K_1 = 1;\ J_2 = Q_0 Q_1,\ K_2 = 1$$

(3)列写逻辑状态表。根据(2)和 J-K 触发器的逻辑功能,得状态转换表如表

5.2.7 所示。注意表中,虽然 $J_1 = K_1 = 1$,但 Q_1 并不是每个 CP 下降沿必翻转一次,而是每当 Q_0 由 1 变为 0 时,才翻转一次。

表 5.2.7　例 5.2.1 计数器的状态转换表

序号	初态			控制端						次态		
	Q_2^n	Q_1^n	Q_0^n	J_2	K_2	J_1	K_1	J_0	K_0	Q_2^{n+1}	Q_1^{n+1}	Q_0^{n+1}
1	0	0	0	0	1	1	1	1	1	0	0	1
2	0	0	1	0	1	1	1	1	1	0	1	0
3	0	1	0	0	1	1	1	1	1	0	1	1
4	0	1	1	1	1	1	1	1	1	1	0	0
5	1	0	0	0	1	0	1	0	1	0	0	0

(4) 由状态表可知该电路经 5 个 CP 脉冲,状态循环一次,为异步五进制计数器。

例 5.2.2　说明图 5.2.12 所示电路的功能。设初态为 $Q_2 Q_1 Q_0 = 001$。

解　图 5.2.12 所示电路是由三个 D 触发器构成的,它将输出端 Q_2 直接反馈到输入端 D_0。

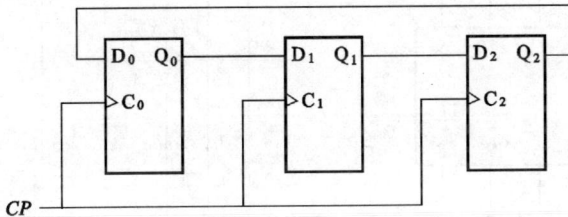

图 5.2.12　例 5.2.2 的图

(1) 由图可见是一个同步计数器,CP 前沿触发。

(2) 各触发器控制输入端表达式为

$$D_0 = Q_2, D_1 = Q_0, D_2 = Q_1$$

(3) 状态表如表 5.2.8 所示。

表 5.2.8　例 5.2.2 的状态表

CP	Q_2	Q_1	Q_0
0	0	0	1
1	0	1	0
2	1	0	0
3	0	0	1

（4）可见该电路经 3 个 CP 脉冲,状态循环一次,为同步三进制计数器。这种计数器称为**环形计数器**,用来产生顺序脉冲。

以上我们讨论了用触发器构成的计数器的分析方法,至于如何用触发器构成计数器,即计数器的设计方法,我们不作介绍。下面我们将学习中规模集成计数器和利用它构成任意进制计数器的方法。

4. 用中规模集成计数器构成任意进制计数器

（1）中规模集成计数器。中规模集成计数器种类很多,下面只介绍两种。

① 四位同步二进制计数器 74LS161。74LS161 是一个 4 位同步二进制加法计数器,各触发器的状态在时钟脉冲的上升沿翻转。其管脚排列如图 5.2.13 所示,其功能表见表 5.2.9。

$D_0 \sim D_3$ 为并行数据输入端,$Q_0 \sim Q_3$ 为数据输出端,C_O 为进位输出端。

P 和 T 为计数允许输入端:当 $P = T = 1$ 时,计数器允许计数（表中第一行）。当计数器计到 1111 时,串行进位输出端 C_O 输出为 1,其他状态时 C_O 输出为 0。当 P、T 两端中任意一个为 0 时,计数器停止计数（表中第三、四行）,进入保持状态（$T = 0$ 时,除保持计数状态外,同时还将进位端封锁,使 $C_O = 0$）。

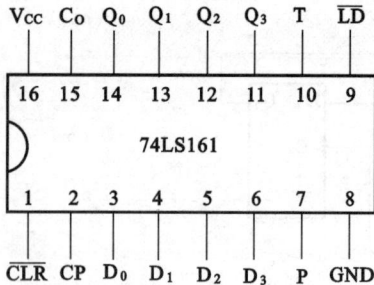

图 5.2.13　74LS161 管脚排列图

表 5.2.9　74LS161 功能表

P	T	$\overline{LD}$	$\overline{CLR}$	CP	功能
1	1	1	1	↑	计数
×	×	0	1	↑	并行输入
0	1	1	1	×	保持
×	0	1	1	×	保持（$C_O = 0$）
×	×	×	0	×	清零

$\overline{LD}$ 为数据置入端:此端和四个数据输入端 $D_0 \sim D_3$ 配合,可以将计数器予置为所需状态。先将 $D_0 \sim D_3$ 各端置成所要求的电平,当 $\overline{LD}$ 端加入低电平时,计数器停止计数,这时来一个 CP 上升沿,就将 $D_0 \sim D_3$ 端数据输入计数器,使 $Q_0 Q_1 Q_2 Q_3 = D_0 D_1 D_2 D_3$（表第二行）。

$\overline{CLR}$ 为清零端:此端加入低电平,计数器各位便立即变为 0,不受时钟脉冲 CP 的控制。这种清零方式称为异步清零即直接清零。也有与时钟脉冲同步的清零方式,如 74LS163 的功能与 74LS161 完全相同,只是采用同步清零方式。

② 二-五-十进制计数器 74LS90。74LS90 是一个异步二-五-十进制计数器,其内部原理电路如图 5.2.14 所示。与非门 G_1 的作用是清 0,与非门 G_2 的作用是置 9。即当与非门 G_1 的输入端 R_{01} 和 R_{02} 同时为高电平时,计数器输出 $Q_3 Q_2 Q_1 Q_0 = 0000$;

当与非门 G_2 的输入端 S_{91} 和 S_{92} 同时为高电平时,计数器的输出 $Q_3Q_2Q_1Q_0=1001$。就整个电路而言,可把它分为两个独立的部分。其中 Q_0 构成一位二进制计数器,其计数脉冲输入端为 CP_0;Q_3、Q_2 和 Q_1 构成异步五进制计数器,其计数脉冲输入端为 CP_1,这个电路与图 5.2.11 相同。这两部分可以单独使用,也可以联接起来使用。若将 Q_0 与 CP_1 相联接,计数脉冲由 CP_0 输入,则构成 8421BCD 码十进制计数器。图5.2.15 为 74LS90 的逻辑符号,表 5.2.10 为其功能表。

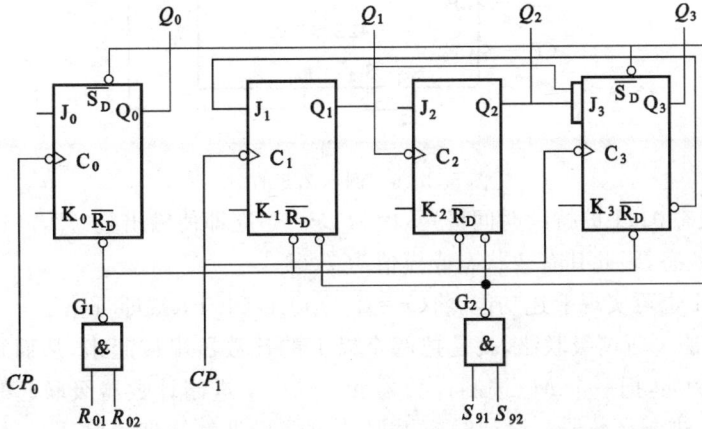

图 5.2.14　74LS90 的原理电路

表 5.2.10　74LS90 的功能表

CP	R_{01}	R_{02}	S_{91}	S_{92}	Q_0	Q_1	Q_2	Q_3
	1	1	0	ϕ	0	0	0	0
ϕ	1	1	ϕ	0	0	0	0	0
	ϕ	0	1	1	1	0	0	1
	0	ϕ	1	1	1	0	0	1
	ϕ	0	ϕ	0				
$\downarrow$	0	ϕ	ϕ	0		计数		
	0	ϕ	0	ϕ				
	ϕ	0	0	ϕ				

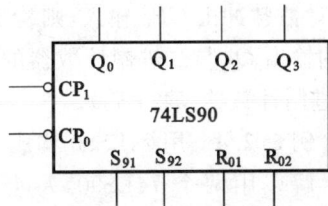

图 5.2.15　74LS90 的逻辑符号

（2）用集成计数器构成任意进制计数器的方法。

① 反馈置零法(反馈复位法)。在一个大模值计数器的基础上,根据所要设计的计数器的模值 M,从触发器的输出端引出状态反馈去控制计数器的置 0 端,强迫计数器停止计数并清零,以实现计数值从 0 到 $M-1$ 的 M 进制计数器。

例 5.2.3　用 74LS90 构成七进制计数器。

解　首先将 74LS90 接成 8421BCD 码十进制计数器。$M=7$ 的二进制代码为 0111。由于 74LS90 是高电平复位,应采用与逻辑反馈,则反馈置 0 逻辑表达式为 $Cr=Q_2Q_1Q_0$,将与门的输出 Cr 接到直接复位端 R_{01}、R_{02}。接线图如图5.2.16所示。其

状态循环为

$$0000 \rightarrow 0001 \rightarrow 0010 \rightarrow 0011 \rightarrow 0100 \rightarrow 0101 \rightarrow 0110 \rightarrow (0111)$$

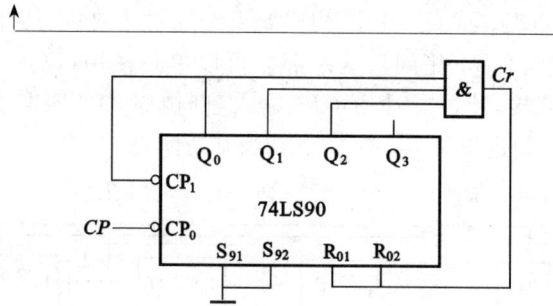

图 5.2.16 例 5.2.3 的图

说明：状态 0111 的持续时间极短，因为 $Cr=1$，立即使输出置"0"，0111 不能作为循环的有效状态，因此其有效状态或模值为 7。

用 74161 也可实现上述功能，将 $\overline{Cr}=\overline{Q_2Q_1Q_0}$ 接到 $\overline{CLR}$ 端即可。

② 级联法。所谓级联法，就是把两个以上的计数器串接起来，从而构成任意进制计数器。例如，把一个 M_1 进制计数器和一个 M_2 进制计数器级联起来可以构成 $M=M_1 \times M_2$ 进制计数器。设计时应根据计数器提供的管脚情况适当进行联接，同时应注意计数脉冲是前沿触发还是后沿触发，以确定后一级计数器状态的翻转时刻。

例如前述 74LS90 的一位二进制计数器的输出 Q_0 和五进制计数器的 CP_1 相联接，计数脉冲由 CP_0 输入，则构成 $2 \times 5=10$ 进制计数器（8421 码）。将五进制计数器的输出 Q_3 与二进制计数器的 CP_0 相联接，计数脉冲由 CP_1 输入，则构成 $5 \times 2=10$ 进制计数器（5421 码）。

例 5.2.4 用 74LS90 构成一个 100 进制计数器。

解 用两个 74LS90，每个 74LS90 都接成 8421BCD 码十进制计数器，一个 74LS90（A）为个位，另一个 74LS90（B）为十位，然后经级联法组成 $10 \times 10=100$ 进制计数器。注意因 74LS90 为后沿触发，所以将个位计数器的 Q_3 直接与十位计数器的计数脉冲输入端相连（若为前沿触发的触发器，则需经非门）。电路如图 5.2.17 所示。

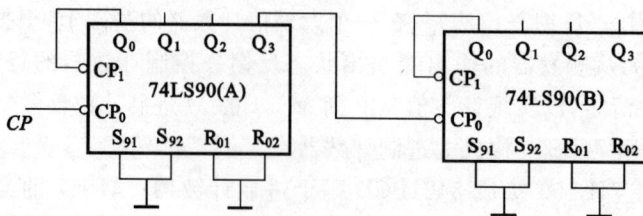

图 5.2.17 例 5.2.4 的图

例 5.2.5 试分析图 5.2.18 所示电路是几进制计数器。

解 图 5.2.18 是在上述 100 进制基础上采用反馈置零法构成的计数器。复位端的逻辑表达式为: $Cr = Q_{3(B)} Q_{1(A)}$,计数器的模值为

$$M = (1000\ 0010)_{8421BCD} = (82)_{10}$$

故为 82 进制计数器。

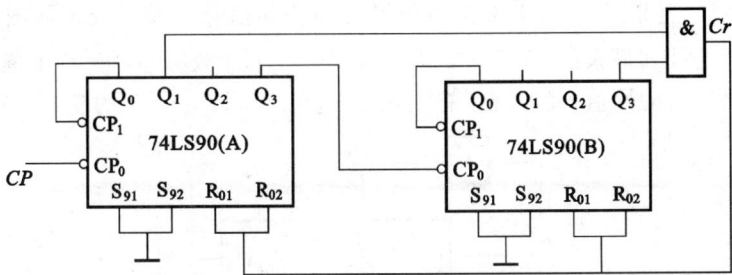

图 5.2.18 例 5.2.5 的图

③ 反馈置数法。借助"同步置数"功能实现任意进制计数。具体实现时有两种方法:

方法 1:利用计数器的输出代码进行反馈置数。

例如,用 74LS161 构成十进制计数器。我们可以这样设想,十进制计数器有十个状态 0000~1001,当计数器计到 $Q_3 Q_2 Q_1 Q_0 = 1001$ 状态时,利用 $Q_3 Q_2 Q_1 Q_0 = 1001$ 状态进行反馈置数的准备,即准备好置数条件 $\overline{LD} = 0$,下一个计数脉冲上升沿到来后,就不再进行"加 1"计数,而是实现同步置数,置的数为 $Q_3 Q_2 Q_1 Q_0 = D_3 D_2 D_1 D_0 = 0000$,从而实现了十进制计数。同步置数条件为 $\overline{LD} = \overline{Q_3 Q_0}$。电路如图 5.2.19 所示。

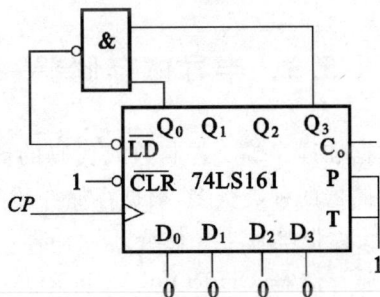

图 5.2.19 用 74LS161 构成的十进制计数器

方法 2:利用计数器的进位输出信号 C_o 进行反馈置数。

由于进位输出信号逻辑表达式为 $C_o = Q_3 Q_2 Q_1 Q_0 T$(计数时 $T = 1$),当 $Q_3 Q_2 Q_1 Q_0 = 1111$ 时,$C_o = 1$,再来一个 CP 脉冲的前沿,C_o 变为 0,表明计数器累计 16 个脉冲。如果要设计一个十进制计数器,应采取从 $Q_3 Q_2 Q_1 Q_0 = 0110$ 开始计数一

直计到 $Q_3Q_2Q_1Q_0=1111$,因而在数据输入端应预置的数为 $D_3D_2D_1D_0=0110$。用这种方法设计计数器的实质是跳过从 0 开始的 $N=2^4-M$ 个状态,由预置数 N 开始计数,一直计到 1111,以实现模值为 M 的计数器。

例 5.2.6 用 74LS161 采用进位输出反馈置数法,实现模 7 计数器。

解 为了跳过 $2^4-M=16-7=9$ 个状态,并行数据输入端的信号 $D_3D_2D_1D_0$ 应为 1001,将 C_0 经非门接至 $\overline{LD}$ 端作为预置数的控制信号。其接线图如图 5.2.20 所示。当计数器计到最大值 1111 时,$\overline{LD}=0$,再来一个计数脉冲,将 1001 置入计数器,作为计数循环的初始值,便实现了有效状态循环为 1001～1111 的模 7 计数。

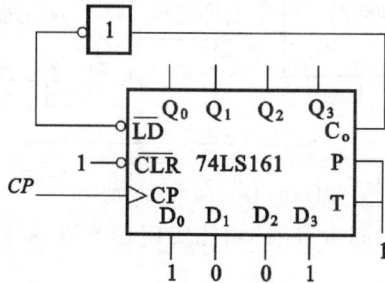

图 5.2.20 用 74LS161 构成的七进制计数器

【练习与思考】

5.2.1 数码寄存器和移位寄存器的区别是什么?

5.2.2 什么是并行输入、串行输入、并行输出和串行输出?

5.2.3 何为二进制计数器?4 个触发器组成的二进制计数器最大模值为多少?

5.2.4 何为十进制计数器?4 个触发器组成的十进制计数器最大模值为多少?

5.3 半导体存储器

存储器是用来存放数据和程序等二进制数或代码的器件,是一些数字系统和计算机的重要组成部分。存储器的种类很多,根据存储介质的不同可分为:磁介质存储器(通常有软磁盘、硬磁盘、磁带等)、半导体介质存储器(只读存储器 ROM、随机存取存储器 RAM 等)、光介质存储器(CD-ROM、VCD-ROM、DVD-ROM 等)。半导体存储器是由半导体集成电路制成的,具有集成度高、存取速度快、体积小等特点,本节只介绍半导体存储器。

5.3.1 只读存储器

只读存储器 ROM(Read Only Memory)在存入数据后一般不能用简单的方法

将其更改,并且具有掉电后信息不丢失的特点。故 ROM 中的内容通常是在产品出厂前由生产厂商写入的,一般用来存放固定的专用程序和数据。

除了固定式 ROM 之外,还有使用更灵活的 PROM(一次可编程只读存储器)、EPROM(紫外线可擦除可编程 ROM)、EEPROM(电可擦除可编程 ROM)等几种类型。

ROM 主要由地址译码器、存储矩阵和输出电路三部分组成,其结构框图如图 5.3.1所示。

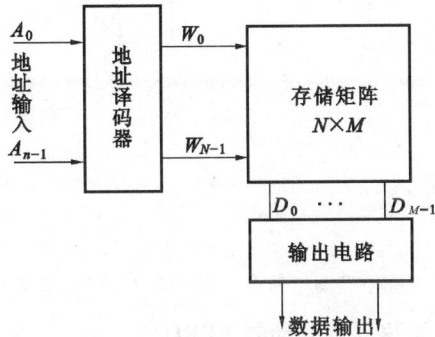

图 5.3.1 ROM 的结构框图

存储矩阵是存储器的主体,有 N 条字线 $W_0 \sim W_{N-1}$,M 条位线 $D_0 \sim D_{M-1}$,位线又称为数据线。字线与位线的交叉处是一个存储单元。常用存储单元的数目来表示存储器的**容量**,即存储容量＝N(字数)×M(字长或位数)。存储容量是存储器的主要技术指标之一,存储容量越大,存储的信息就越多。存储单元可由二极管、三极管、MOS 场效应管构成。地址译码器的输出与存储矩阵的字线相连,地址输入线 A_0、$A_1 \cdots A_{n-1}$通过译码从 2^n 条字线中选择一条字线,被选中的那条字线所对应的各位数码便经位线 $D_0 \sim D_{M-1}$通过输出电路输出。为了将存储器的输出送到数字系统的数据总线上,输出电路一般都采用三态门电路。

1. 固定 ROM

图 5.3.2所示电路为由二极管构成的存储容量为 4×2 的存储矩阵原理图。交叉处接有二极管相当于存 1,否则存 0。

由图 5.3.2可见,由于各存储单元的内容由二极管的分布决定,因而固定式 ROM 中的内容是在制造存储器的过程中固定下来的,其存储内容不能改变。

2. 可编程只读存储器 PROM

可编程只读存储器 PROM 所有存储单元的内容在出厂时全是 0(或 1),使用时用户可根据需要将任何存储单元改为 1(或 0)。

图 5.3.3为由双极型三极管和熔断丝组成的一个存储单元示意图。出厂时每个

三极管的发射极与对应的熔断丝是连通的,所有存储单元的内容为 1。如果要对某一单元写入 0,只需将对应的熔断丝通过大电流熔断。这种熔断丝一经熔断,就不能恢复,因而用户写入内容后便不能再修改。

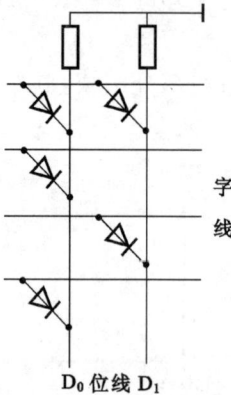

图 5.3.2　ROM 的内部原理图　　　　图 5.3.3　PROM 的存储单元示意图

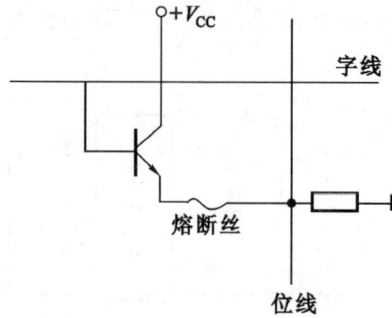

3. 紫外线可擦除可编程只读存储器 EPROM

EPROM 是一种可擦除、可重新编程的只读存储器。对于已经写入信息的 EPROM,如想将其中的内容改写,只需用专用紫外线灯对其照射 10～20 分钟,芯片中的内容将全部丢失,这时就可以通过专用编程器重新写入需要保存的信息。EPROM 存储芯片的明显标志是芯片封装的中央有一圆形玻璃窗,用来照射紫外线,对于已经写好信息而又不希望丢失时,通常用黑纸将玻璃窗贴上以防自然光中的紫外线照射。

4. 电可擦除可编程只读存储器 EEPROM 或 E^2PROM

EPROM 写入之前必须对其擦除,而且只能整体擦除,擦除的操作比较复杂。EEPROM 克服了上述缺点,EEPROM 擦除和编程只需加电就可以完成,所需的工作电流很小,并且可以分别对某一个单元进行擦除后单独写入。这种器件擦除时间可在 10 ms 内完成,速度远高于 EPROM,而且允许改写的次数远远大于 EPROM。

EEPROM 由于编程及改写方便,所以在很多领域得到了广泛应用,如智能 IC 卡技术就是计算机技术与 EEPROM 的结合。

5.3.2　随机存储器

随机存储器 RAM(Random Access Memory)也称为**读写存储器**。它可以随时从任何一个指定地址的存储单元中取出(读出)数据,也可随时将数据存入(写入)任何一个指定地址的存储单元中。RAM 的最大优点是读写方便,其缺点是信息容易丢失,一旦断电,所存储的信息就会随之消失,不利于数据的长期保存。一般用于数字系统中的数据存储器，而不能用作程序存储器。

1. RAM 的结构和工作原理

RAM 的结构框图如图 5.3.4 所示，与 ROM 相似。但由于 RAM 不仅能读，还能写，这种双重功能就需要读写控制电路来加以协调。$\overline{CS}$ 为片选端，低电平有效，$\overline{CS}$ = 0 时，该芯片被选中工作，$\overline{CS}$ = 1 时，该芯片没有被选中而不能工作。

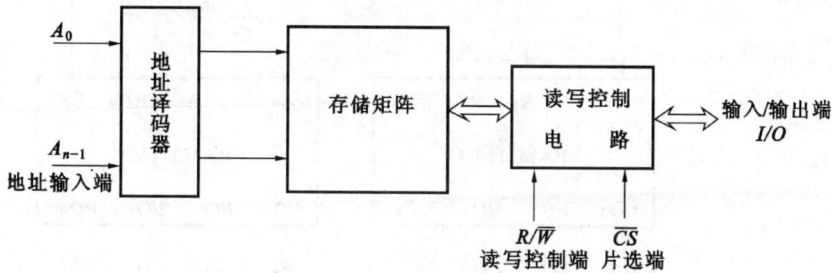

图 5.3.4　PAM 的结构框图

RAM 的存储单元是由具有记忆功能的电路构成的。地址译码器根据输入的地址码来选择字线。当一个地址码选中对应的一个字时，由读写控制信号控制读还是写。当读写控制端 $R/\overline{W}$ = 1 时，执行读操作，将 RAM 存储矩阵中的内容送到输入/输出（I/O）端上。当读写的控制端 $R/\overline{W}$ = 0 时，执行写操作，将 RAM 输入/输出（I/O）端上的输入数据写入存储矩阵中。在同一时刻不能把读写指令同时送入 RAM 中。

2. RAM 芯片及其扩展

RAM 有双极型和 MOS 型两类。在 MOS 型 RAM 中，根据工作原理的不同，可分为静态和动态两类。动态 RAM 集成度高，功耗小，但不如静态 RAM 使用方便。一般情况下，大容量存储器使用动态 RAM，小容量存储器使用静态 RAM。

(1) 2114 静态 RAM。静态 RAM2114 的管脚排列如图 5.3.5 所示。它的容量是 4 K（1024 字×4 位）；有 10 条输入地址线 $A_0 \sim A_9$（2^{10} = 1024），4 条数据线 $I/O_3 \sim I/O_0$，数据线都是经三态门输出的。一个片选端 $\overline{CS}$，一个读写控制端 $R/\overline{W}$，电源为 +5 V。

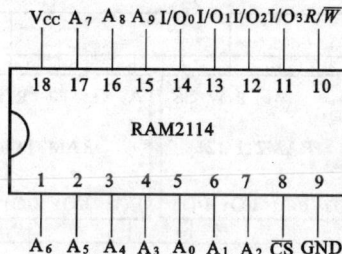

图 5.3.5　2114 静态 RAM 的管脚排列图

在实际应用中，往往需要使用多片存储器以扩展存储容量。

（2）位数的扩展。位数扩展的方法是将几片的地址输入端、读写控制端、片选端都对应地并联在一起，I/O 端的位数就得到了扩展，总位数等于几片 RAM 位数之和。图 5.3.6 所示电路为用两片静态 RAM2114（1024 字×4 位）组成 1024 字×8 位的存储器，两片 RAM 的 I/O 端分别作为高四位数据端和低四位数据端。

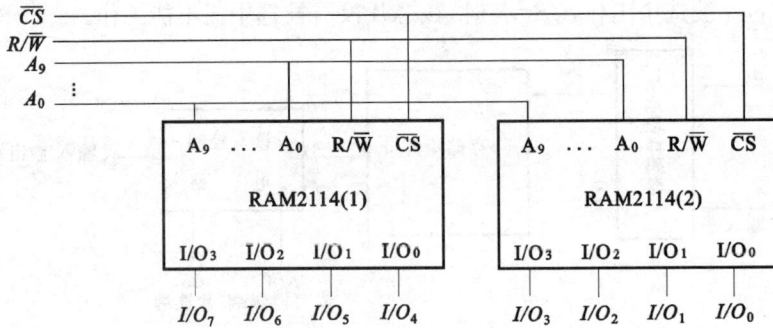

图 5.3.6　2114 位数扩展

（3）字数的扩展。字数扩展的方法是将几片 RAM 的 I/O 端、读写控制端、地址输入端都对应地并联起来，用一个译码器控制 RAM 芯片的片选端。例如用 4 片 RAM2114 组成 4096 字×4 位的存储器，4096（2^{12}）个地址需要 12 条地址输入线。而每片 RAM 只有 10 个地址线，此时可用 12 位地址输入线中的最高两位 $A_{11}A_{10}$ 经 2-4 线译码器译出 4 条输出选择线接各芯片的 $\overline{CS}$ 端，用来选择某一芯片工作，从而实现了字的扩展，如图 5.3.7 所示。例如，$A_{11}A_{10}=10$，则选中第 3 片 RAM。

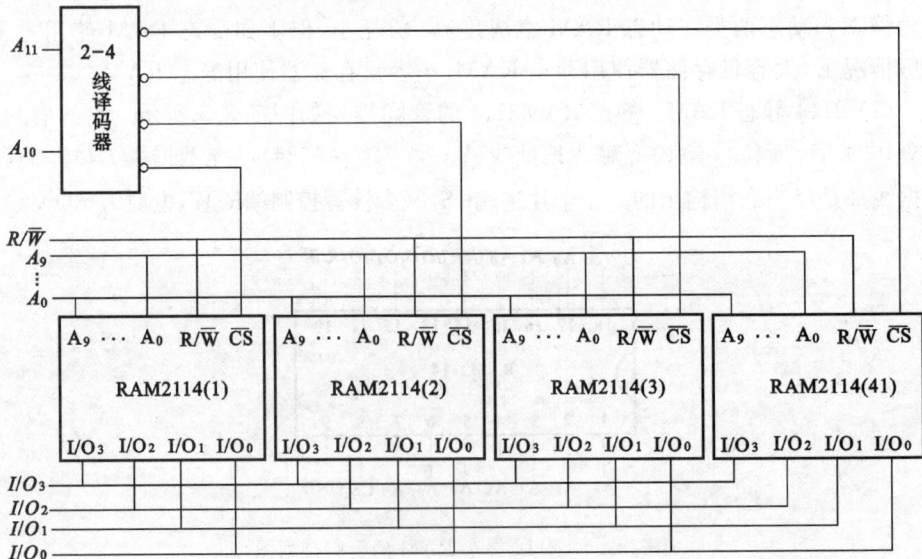

图 5.3.7　2114 字数扩展

5.4 综合应用举例

1. 数字钟

数字钟是日常生活中经常用到的小型数字系统。它由标准脉冲信号发生器、计数、译码显示电路和校准电路组成。其原理图如图 5.4.1 所示。

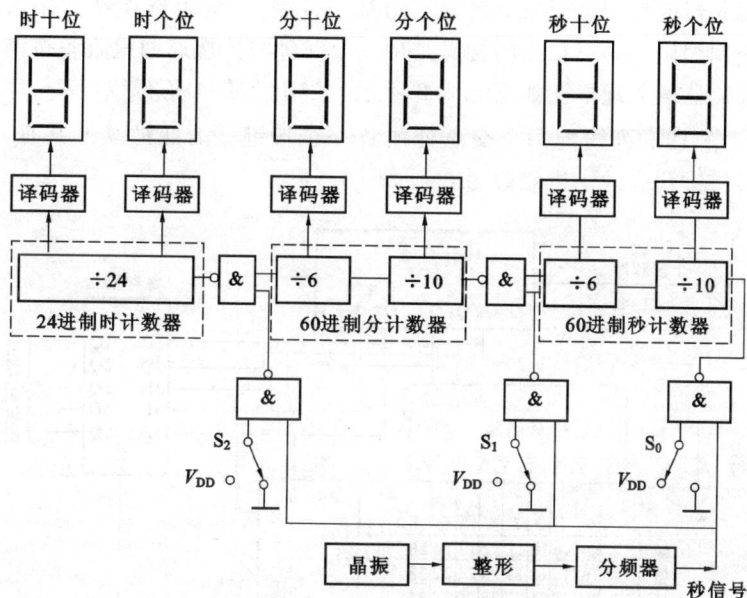

图 5.4.1 数字钟原理电路

（1）标准脉冲信号发生器。标准脉冲信号发生器由晶振、整形和分频器三部分构成。

晶振电路：采用石英晶体振荡器产生频率精度高和稳定度好的矩形脉冲，设该系统中的晶振频率为 $2^{15}(32768)$ Hz。

整形电路：将晶振的输出变换为标准的矩形脉冲。

分频电路：将整形后的矩形脉冲经分频器分频后变成周期为 1 s 的标准秒脉冲。

（2）计数、译码显示电路。这部分电路包括两个 60 进制计数器、一个 24 进制计数器以及相应的译码显示电路。标准秒脉冲进入秒计数器进行 60 分频（即经过 60 个脉冲）后，得出分脉冲；分脉冲进入分计数器进行 60 分频后，得出时脉冲；时脉冲进入时计数器。时、分、秒计数器的输出送入译码显示电路。最大的显示值为 23 小时 59 分 59 秒，再输入一个秒脉冲后，显示为零。

（3）校准电路。数字钟启动后，若显示时间与实际时间有误差，则应根据标准时间进行校准。校秒时采用等待方式，即将送往秒计数器的秒信号用一控制门锁住（S_0

接地),秒信号不能进入计数器。当数字钟的秒显示值与标准时间相同时,手动开关打开控制门(S_0 接 V_{DD}),于是数字钟的秒计时便与标准时间同步,校秒完成。校分和校时则采用加速方式,即分别利用控制门将秒信号直接送入分计数器(S_1 接 V_{DD})和时计数器(S_2 接 V_{DD}),使计数器以秒的节奏快速工作,直到与标准时间相符合时,将控制门封锁(S_1、S_2 接地),进行正常计数。

2. 动态扫描键盘编码器

键盘编码器的作用是当按下键盘上的某一按键时,输出寄存器就存入与该按键相应的二进制编码。动态扫描的含义是用一个时钟源依次巡回检查各按键的状态。

键盘编码器的原理框图如图 5.4.2 所示。键盘上有 4 条行线($D_0 \sim D_3$),8 条列线($\overline{Y}_0 \sim \overline{Y}_7$),行线和列线的每个交点处放置一个按键。因此键盘上共有 $4 \times 8 = 32$ 个按键。各按键代表的十进制数为 0 到 31。

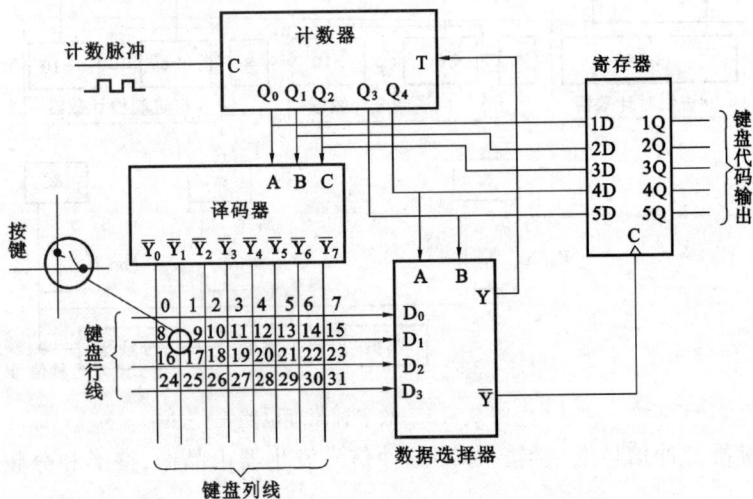

图 5.4.2   动态扫描键盘编码器原理框图

用于扫描的计数器为五位二进制计数器。T 端为计数控制端,$T=1$ 时,正常计数;$T=0$ 时,停止计数,保持现行计数器状态。计数器低三位输出 Q_2、Q_1、Q_0 送入 3-8 线译码器用来控制各列线的电平,译码器输出低电平有效;高两位 Q_3、Q_4 用来控制数据选择器以选择行线输出。首先,计数器对计数脉冲计数,如果键盘上所有按键均不按下,四条行线均悬空,相当于选择器的输入 $D_0 \sim D_3$ 均为 1,因此不管计数器为何态,选择器输出 $Y=1$,$\overline{Y}=0$。此时计数器的控制端 $T=Y=1$,因此继续不停地计数,即对键盘不停地扫描。$\overline{Y}$ 送入寄存器的时钟脉冲输入端 C,该寄存器是在 C 端脉冲前沿时接收数据,因此时 $\overline{Y}=0$,所以寄存器内数据保持不变。当按键 A_{ij}(i 为行号,j 为列号)被按下时,它使键盘上的 i 行和 j 列接通。当计数器低三位计数到与 j 列对应的编码时,译码器输出使 j 列呈现低电平,从而使得 i 行变为低电平。如果此

时计数器高两位 Q_4Q_3 恰好是使选择器选择第 i 行状态输出,使得输出端 Y 由 1 变为 0,$\overline{Y}$ 由 0 变为 1。于是计数器停止计数,并保持现行计数器状态。与此同时,寄存器在 $\overline{Y}$ 端前沿作用下,将计数器此时的状态存入寄存器。因此,寄存器保存的数据便是按键 A_{ij} 的二进制代码。例如按下第 9 号按键,它对应的列线是 $\overline{Y}_1$,行线是 D_1。$\overline{Y}_1$ 的编码是 $Q_2Q_1Q_0=001$,D_1 的编码是 $Q_4Q_3=01$,所以只有当计数器的输出状态 $Q_4Q_3Q_2Q_1Q_0=01001$ 时,译码器 $\overline{Y}_1$ 输出低电平,同时选择器选择行状态 $D_1=\overline{Y}_1=0$ 输出,使 $\overline{Y}$ 产生正跳变,将计数器的 01001 状态存入寄存器。因此寄存器所存数据 01001 便是第 9 号键的二进制代码。因为每个按键所对应的行、列不同,所以存入寄存器的代码也不相同。

习　题

5.1　一个由与非门构成的基本 R-S 触发器的 $\overline{R}_D$、$\overline{S}_D$ 端波形如题图 5.1 所示,试画出输出端 Q 的波形。设触发器初始状态分别为 1 和 0 两种情况。

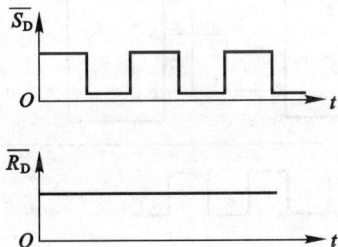

题图 5.1　习题 5.1 的图

5.2　后沿触发的 J-K 触发器的 CP、$\overline{R}_D$、$\overline{S}_D$、J 和 K 波形如题图 5.2 所示,试画出触发器输出端 Q 的波形。

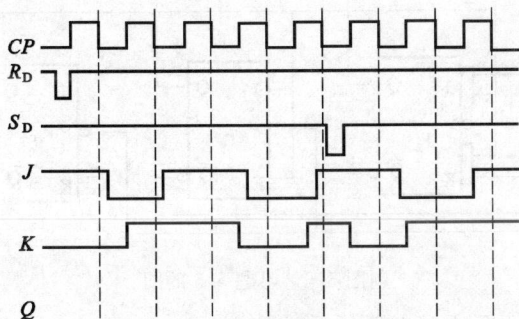

题图 5.2　习题 5.2 的图

5.3　电路如图 5.1.10 所示,已知 CP 和输入信号 T 的波形如题图 5.3 所示,试

画出 Q 端的波形。设触发器的初始状态 $Q=0$。

5.4 试画出题图 5.4 所示电路在 CP 脉冲作用下各触发器输出端 Q_0、Q_1 的波形,设各触发器初始状态为 0。

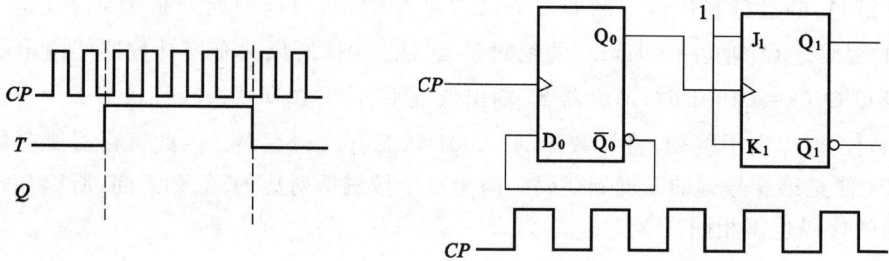

题图 5.3 习题 5.3 的图 　　　　题图 5.4 习题 5.4 的图

5.5 试画出题图 5.5 所示电路在 CP 脉冲作用下各触发器的输出端 Q_0、Q_1、Q_2 的波形,设各触发器初始状态为 0。

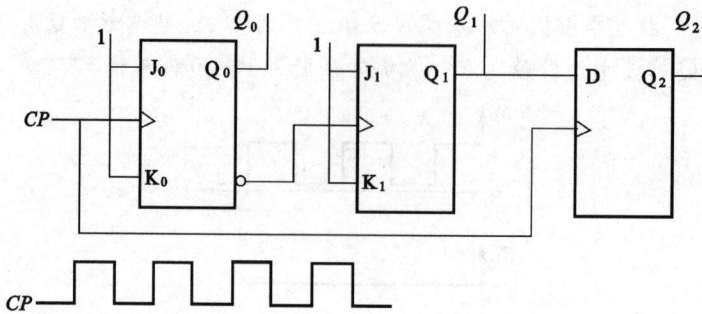

题图 5.5 习题 5.5 的图

5.6 分析题图 5.6 所示电路的逻辑功能。

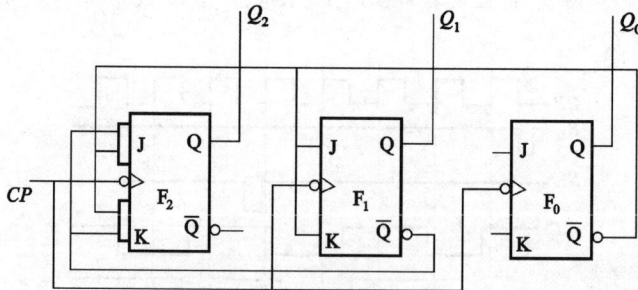

题图 5.6 习题 5.6 的图

5.7 分析题图 5.7 所示电路的逻辑功能。

5.8 一个七位二进制加法计数器,如果输入脉冲频率 $f=512\,\mathrm{kHz}$,试求此计数器最高位触发器输出脉冲的频率。

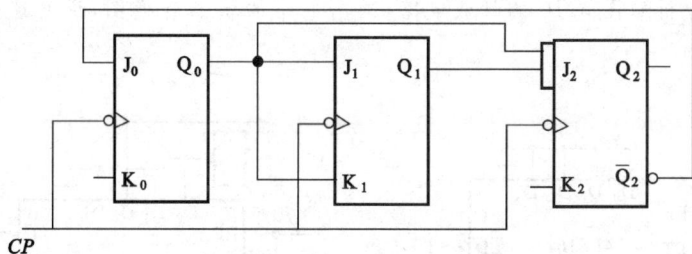

题图 5.7　习题 5.7 的图

5.9　回答以下问题：

(1) 一个后沿触发的 8421BCD 码十进制计数器，设其初态 $Q_3Q_2Q_1Q_0 = 0000$，输入的时钟脉冲频率 $f = 1$ kHz。试问在 10 ms 时间内，共输入多少个脉冲？在第 10.1 ms 时计数器的状态 $Q_3Q_2Q_1Q_0 = ?$

(2) 如果这个计数器是四位二进制计数器，同样设其初态 $Q_3Q_2Q_1Q_0 = 0000$，输入的时钟脉冲频率 $f = 1$ kHz。试问在 11 ms 时间内，共输入多少个脉冲？在第 11.1 ms 时计数器的状态 $Q_3Q_2Q_1Q_0 = ?$

5.10　分析题图 5.8 所示电路的逻辑功能。

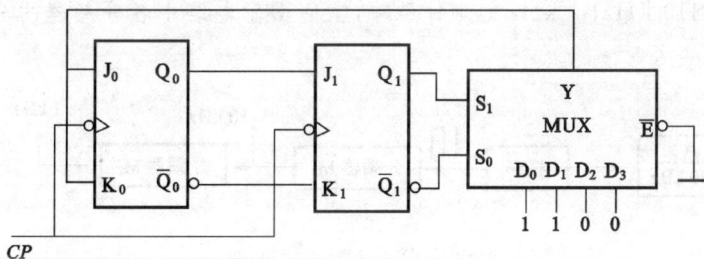

题图 5.8　习题 5.10 的图

5.11　由集成计数器构成的计数电路如题图 5.9 所示，试分析各计数电路的模值 M_1、M_2、$M_3 = ?$

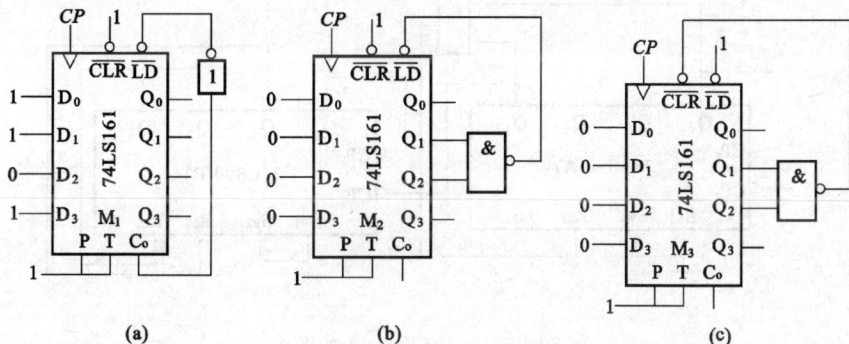

题图 5.9　习题 5.11 的图

5.12 分析题图 5.10 的计数电路,画出电路的状态转换图,说明这是多少进制的计数器。

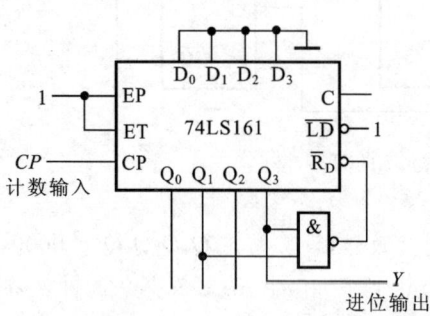

题图 5.10 习题 5.12 的图   题图 5.11 习题 5.13 的图

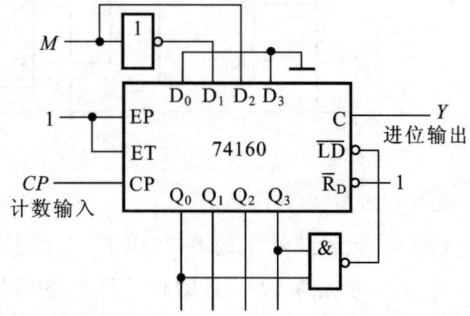

5.13 试分析题图 5.11 的计数器在 $M=1$ 和 $M=0$ 时各为几进制?

5.14 在电子钟电路中,通常采用晶体振荡器产生精确的时钟脉冲。如果晶体振荡器能产生精确的 100 kHz 的振荡波形,经整形之后送给分频器,如题图 5.12 所示。为了得到10 kHz,1 kHz 的时钟脉冲,试问图示电路中各分频器的分频系数是多少?

题图 5.12 习题 5.14 的图

5.15 题图 5.13 是用两片中规模集成计数器 74LS90 组成的计数电路,试分析此电路是几进制计数器?

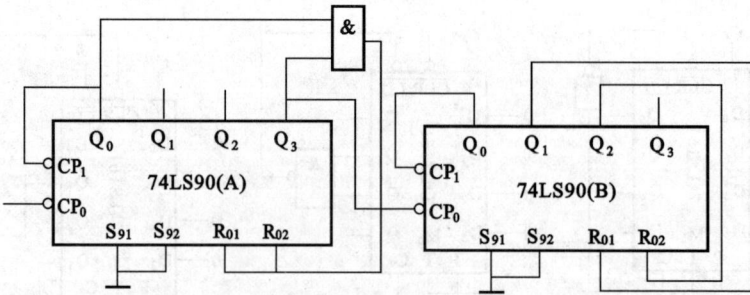

题图 5.13 习题 5.15 的图

5.16 题图 5.14 是用两片中规模集成计数器 74LS161 组成的计数电路,试分析此电路是几进制计数器？

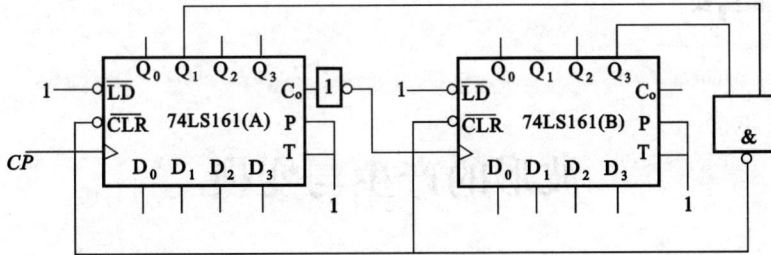

题图 5.14　习题 5.16 的图

5.17　试用 74LS161 和门电路设计一模值 $M=10$ 的计数器(分别用反馈置零法和反馈置数法)。

5.18　指出下列半导体存储器的字数,具有的数据线数和地址线数。

(1) 4096×1；(2) 1024×4；(3) 2048×4 ；(4) 8192×8；(5) 16384×8。

5.19　用 RAM2114 构成一个 2048 字×4 位的 RAM,画出电路图。

第6章

波形的产生与变换

波形产生电路是用来产生具有一定频率和幅度的交流信号的,它包括正弦波产生电路和非正弦波产生电路两大类。它们无需外加输入信号便能自动产生各种周期性的波形,例如正弦波、方波和三角波等,通常也称为振荡电路。波形变换电路的作用是将某种波形变换成另一种波形,或者对某种波形进行整形等。本章将介绍波形的产生与变换的几种典型电路。

基本要求

(1)掌握振荡电路自激振荡的条件,了解自激振荡建立的过程;
(2)理解555定时器的电路结构,熟练掌握其原理和功能,以及由其组成的单稳态、史密特触发器、方波发生器的典型电路。

6.1 正弦波振荡器

正弦波信号常常作为信号源,被广泛地应用于无线电通信、自动测量和自动控制等系统中。其频率范围很广,可以从零点几赫兹至几百兆赫兹,输出功率可以从几毫瓦至几十兆瓦。

6.1.1 自激振荡

电路引入负反馈可以改善放大电路的性能,如果引入正反馈则可以使电路在没有外加输入信号的情况下,有一定频率和幅度的交流信号输出,这种现象称为**自激振荡**。在放大电路中,自激振荡是非正常工作状态,必须设法消除它。而本节讨论的振荡电路,正是利用自激振荡产生正弦波。既然振荡电路不需外接信号源,它是怎样进行工作的呢?下面就来讨论产生正弦波即自激振荡的条件。

在图 6.1.1 中,设 A 是放大电路的放大倍数,F 是反馈电路的反馈系数。当将开关合在端点 1 上时,就是一般的交流放大电路。假设在放大电路的输入端加上一个正弦波电压 $\dot{U}_i$,则产生输出电压 $\dot{U}_o$。如果将输出信号 $\dot{U}_o$ 反馈到输入端,反馈电

压为 $\dot{U}_{\mathrm{f}}$，并设法使 $\dot{U}_{\mathrm{f}}$ 与 $\dot{U}_{\mathrm{i}}$ 大小相等，相位相同，则反馈电压就可以取代外加输入信号电压。此时，将开关合在端点 2 上，去掉信号源而接上反馈电压 $\dot{U}_{\mathrm{f}}$，输出电压仍保持不变。这样在放大电路的输入端不外接信号的情况下，输出端仍有一定频率和幅度的正弦波信号输出，这样就形成自激振荡。放大电路的输入信号是从自己的输出端反馈回来的反馈电压，因此

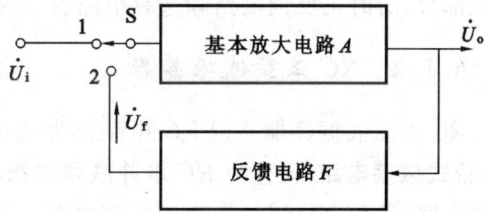

图 6.1.1　自激振荡方框图

$$\dot{U}_{\circ}=A\dot{U}_{\mathrm{f}}$$

因为

$$\dot{U}_{\mathrm{f}}=F\dot{U}_{\circ}=FA\dot{U}_{\mathrm{f}}$$

则

$$AF=1 \qquad\qquad (6.1.1)$$

式(6.1.1)就是自激振荡的**平衡条件**，由于

$$A=|A|\angle\varphi_A,\quad F=|F|\angle\varphi_F$$

则

$$AF=|AF|\angle(\varphi_A+\varphi_F)$$

式中，φ_A、φ_F 分别为 A 和 F 的相位角。这样，式(6.1.1)可以写为

$$|AF|\angle(\varphi_A+\varphi_F)=1$$

上式可以展开为如下两式：

$$|AF|=1 \qquad\qquad (6.1.2)$$

$$\varphi_A+\varphi_F=\pm 2n\pi \qquad\qquad (6.1.3)$$

式(6.1.2)称为**幅度平衡条件**，式(6.1.3)称为**相位平衡条件**。反馈电路只有为正反馈时才能满足这一相位平衡条件。

　　既然自激振荡无需外接信号源，那么起始信号从何而来呢？当振荡电路接通电源时，在电路的输入端将激起一个微小的扰动信号，这就是起始信号。它经过基本放大电路的放大和正反馈电路的反馈后，得到一个幅值较大的信号，然后再放大、再反馈后，幅值进一步增大。当信号的幅值增大到一定程度后，放大器件进入非线性区，输出的幅值便不再继续增大，振荡电路的输出便自动稳定在某一幅值上。由此可见，为了起振，必须满足

$$|AF|>1$$

　　另外，扰动信号是一个随机信号，含有一系列频率不同的正弦信号。为了在输出端得到一个单一频率的正弦输出信号，振荡电路还必须有选频电路，它对不同频率的信号分量，产生不同的放大倍数和相移，而对某一特定频率的信号，具有较强的正反馈，满足自激振荡条件，得以保留。其他频率的信号不能满足条件，从而使 $AF<1$，

信号最终被衰减为零。因此,正弦波振荡电路都包含放大电路、正反馈电路和选频电路三部分,有时正反馈电路和选频电路合二为一。

6.1.2 *RC* 正弦波振荡器

RC 正弦波振荡器是以 *RC* 电路作为选频电路的自激振荡器。图 6.1.2 所示为 **RC 桥式振荡电路**,又称为 **RC 串并联网络振荡器**。它由两部分组成,即放大电路和选频电路,选频电路同时作为正反馈电路。放大电路的输入电压为 *RC* 选频电路的输出电压 $\dot{U}_{\text{f}}$,它是输出电压 $\dot{U}_{\text{o}}$ 的一部分。

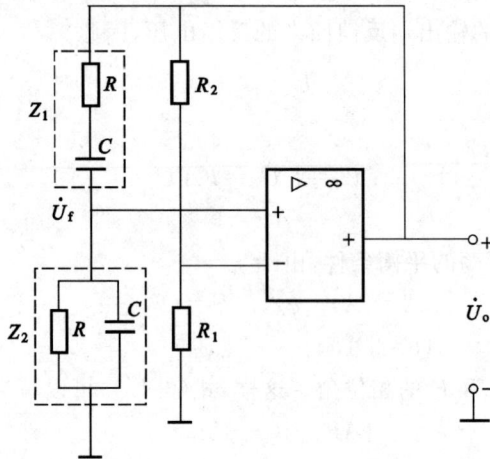

图 6.1.2 *RC* 桥式振荡电路

由图 6.1.2 可知

$$F=\frac{\dot{U}_{\text{f}}}{\dot{U}_{\text{o}}}=\frac{Z_2}{Z_1+Z_2}=\frac{\dfrac{R}{1+j\omega RC}}{R+\dfrac{1}{j\omega C}+\dfrac{R}{1+j\omega RC}}=\frac{1}{3+j(\omega RC-\dfrac{1}{\omega RC})}$$

令 $\omega_0=1/RC$,则上式变为

$$F=\frac{1}{3+j(\dfrac{\omega}{\omega_0}-\dfrac{\omega_0}{\omega})}$$

幅频特性为

$$|F|=\frac{1}{\sqrt{3^2+(\dfrac{\omega}{\omega_0}-\dfrac{\omega_0}{\omega})^2}}$$

相频特性为

$$\varphi_F = -\arctan\left[\dfrac{\dfrac{\omega}{\omega_0} - \dfrac{\omega_0}{\omega}}{3}\right]$$

由此可知,当 $\omega = \omega_0 = 1/RC$ 时,F 的幅值最大,其最大值为

$$|F| = \dfrac{1}{3} \qquad\qquad (6.1.4)$$

F 的相位角为零,即

$$\varphi_F = 0$$

由图 6.1.2 可知,放大电路为同相的,即 $\varphi_A = 0$,这样,$\varphi_A + \varphi_F = 0$,满足式 (6.1.3),即满足了相位平衡条件。说明 $\omega = \omega_0 = 1/RC$ 时,$\dot{U}_f$ 与 $\dot{U}_o$ 同相,选频电路引入了正反馈。

因此,RC 桥式振荡器的振荡频率为

$$f_0 = \dfrac{1}{2\pi RC} \qquad\qquad (6.1.5)$$

为了满足自激振荡的起振幅度条件,还要求 $|AF| > 1$。

将式(6.1.4)代入起振的振幅条件得

$$|AF| = \dfrac{1}{3}|A| > 1$$

因此

$$|A| > 3$$

因同相比例电路的电压放大倍数为

$$A = 1 + \dfrac{R_2}{R_1}$$

因此,要求

$$1 + \dfrac{R_2}{R_1} > 3$$

由此得电路的起振条件为

$$R_2 > 2R_1$$

另外,R_2 引入的是电压串联负反馈,它能够提高输入电阻,减小输出电阻,提高输出端的带负载能力,同时还可以提高振荡电路的稳定性和改善输出电压的波形(使其更接近正弦波)。

【练习与思考】

6.1.1　正弦波振荡器产生自激振荡要具备那些条件?

6.1.2　为了使由运放构成的 RC 自激振荡器起振,放大电路应满足哪些条件?

6.2　多谐振荡器

多谐振荡器是一种能直接产生方波、矩形波和三角波等波形的自激振荡器。由

于这些波形中含有丰富的谐波,因此得名多谐振荡器。数字电路中的 CP 脉冲一般来自多谐振荡器。

6.2.1　用运放构成的多谐振荡器

用集成运放构成的多谐振荡器如图 6.2.1 所示。它实际上是在滞回比较器的基础上引入具有延迟特性的 RC 负反馈支路组成的。集成运放的输出电压通过限流电阻 R_3 加到双向稳压管 D_Z 上,同时 u_o 经电阻 R_1、R_2 分压后加在集成运放的同相输入端,反相输入端的电压为电容电压 u_C。集成运放采用正负电源,工作在正、负饱和两个非线性区。

从比较器的观点看,u_+ 作为比较器的参考电压,u_o 通过 R 对 C 进行充、放电,形成 u_C,作为比较器的输入信号 u_-。当电路接通电源瞬间,电容电压 $u_C=0$,集成运放处于正饱和还是负饱和纯属偶然。现在假设集成运放处于正饱和,因为双向稳压管的正负稳定电压均为 U_Z,这时 $u_o=U_Z$,集成运放同相输入端的电压为

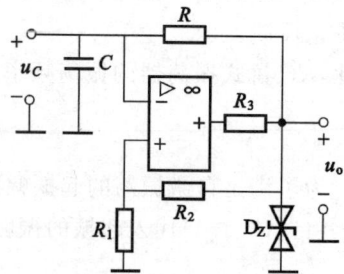

图 6.2.1　用集成运放构成的多谐振荡器

$$u_+ = \frac{R_1}{R_1+R_2}U_Z$$

此时 u_o 通过 R 向 C 充电,使得 u_C 按指数规律上升,在 $u_- < u_+$ 时,$u_o=U_Z$ 不变,当 u_C 上升到使 u_- 略大于 u_+ 时,集成运放由正饱和迅速转变为负饱和,输出电压 u_o 从 U_Z 跳变为 $-U_Z$。

当 $u_o = -U_Z$ 时,集成运放同相输入端的电压为

$$u_+ = -\frac{R_1}{R_1+R_2}U_Z$$

这时 C 经 R 放电,使得 u_- 逐渐下降到零,进而反向充电,使得 u_- 向 $-U_Z$ 变化。在 $u_- > u_+$ 时,$u_o = -U_Z$ 不变,当 u_- 下降到略小于 u_+ 时,集成运放由负饱和迅速转变为正饱和,输出电压 u_o 从 $-U_Z$ 跳变为 $+U_Z$。以后不断重复,形成振荡,在输出端产生矩形波,u_o 与 u_C 的波形如图 6.2.2 所示。

由图 6.2.2 可知,在电容放电过程中,u_C 的变化规律由下式决定:

$$u_C(t) = u_C(\infty) + [u_C(0) - u_C(\infty)]e^{-\frac{t}{\tau}} \qquad (6.2.1)$$

其中,$\tau=RC$ 是电路的充、放电时间常数,在这个电路中,电容的充、放电时间常数相等。以 t_0 时刻作为计时零点,则

$$u_C(0) = \frac{R_1}{R_1+R_2}U_Z$$

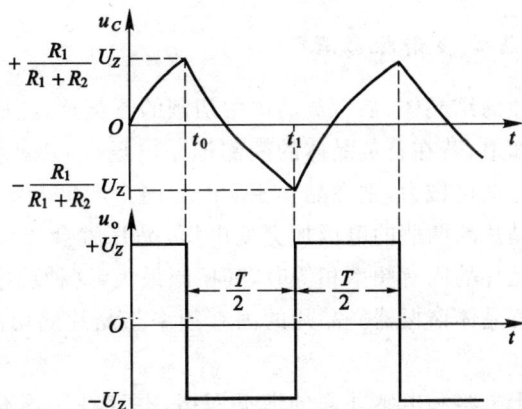

图 6.2.2   图 6.2.1 电路的波形

$$u_C(\infty) = -U_Z$$

把以上各式代入(6.2.1)式,得

$$u_C(t) = \left[\frac{R_1}{R_1+R_2}U_Z + U_Z\right] \cdot e^{-\frac{t}{\tau}} - U_Z$$

由图 6.2.2 可知,在电容放电过程中,u_C 从 $\dfrac{R_1}{R_1+R_2}U_Z$ 降到 $-\dfrac{R_1}{R_1+R_2}U_Z$ 所用的时间等于方波振荡周期的一半,即

$$t_1 - t_0 = \frac{T}{2}$$

当 $t = \dfrac{T}{2}$ 时,$u_C(t) = -\dfrac{R_1}{R_1+R_2}U_Z$,所以

$$-\frac{R_1}{R_1+R_2}U_Z = \left(\frac{R_1}{R_1+R_2}U_Z + U_Z\right)e^{-\frac{T}{2\tau}} - U_Z$$

由上式解得方波振荡周期为

$$T = 2RC \ln\left(1 + \frac{2R_1}{R_2}\right)$$

输出方波频率为

$$f_0 = \frac{1}{2RC \ln\left(1 + 2\dfrac{R_1}{R_2}\right)} \tag{6.2.2}$$

如果适当选取 R_1、R_2 的值,例如 $R_2 = 1.16R_1$,则上式可以简化为

$$f_0 = \frac{1}{2RC} \tag{6.2.3}$$

显然,改变 R、C 即可以改变输出方波的频率。

6.2.2　石英晶体多谐振荡器

石英是各向异性的结晶体,从石英晶体中切割的石英片,经加工可以制作石英谐振器。从物理学中知道,若在石英晶体的两侧加一电场,晶片就会产生机械变形,反之若在晶片的两侧施加机械力,则在晶片相应的方向上产生电场,这种物理现象称为**压电效应**。如果在晶片的两侧的电极加交变电压,晶片就会产生机械振动。当外加交变电压的频率与晶片的固有频率相等时,其振幅最大,这种现象称为**压电谐振**。因此石英晶体又称石英晶体谐振器。晶片的固有频率与晶片的切割方式、几何形状和尺寸有关。

石英晶体相当于电容和电感并联的谐振网络,并存在一固有的谐振频率 f_0,当外加电压频率为 f_0 时它的阻抗最小,频率为 f_0 的电压信号最容易通过,且在电路中形成正反馈,而其他频率的信号均被石英晶体所衰减。因此,振荡器的工作频率必然是 f_0,而与外接电阻、电容无关。石英晶体的品质因数 Q 很高,有极好的选频特性。因此其频率稳定度很高,可达 $10^{-10} \sim 10^{-11}$,能满足大多数数字系统对频率稳定度的要求。

为了得到频率稳定性较高的单一频率的矩形脉冲,常用的方法是在多谐振荡器电路中接入石英晶体,组成石英晶体振荡器,如图 6.2.3 所示。图中反相器 G_1 用于产生振荡,反相器 G_2 用于缓冲和整形。石英晶体和电容 C_1、C_2 谐振于石英晶体的谐振频率 f_0 附近,改变 C_1 可以微调谐振频率。并接在反相器 G_1 输出和输入之间的电阻 R 是为 G_1 提供适当的偏置的,使 G_1 工作在线性放大区,以增强电路的稳定性和改善振荡器的输出波形。

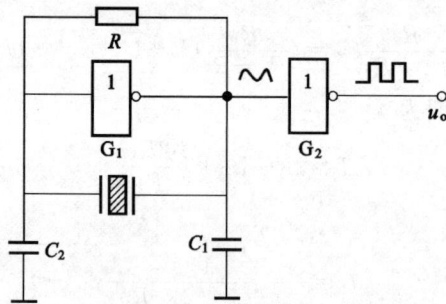

图 6.2.3　石英晶体多谐振荡器

【练习与思考】

6.2.1　如何改变图 6.2.1 中输出波形的频率?

6.2.2　石英晶体多谐振荡器的输出信号是接近正弦波的,请问如何得到比较理想的矩形波?

6.3　555 定时器及其应用

555 定时器是一种多用途的单片集成电路。如在外部配上少许阻容元件，便能构成多谐振荡器、单稳态触发器和施密特触发器等电路。由于它的性能优良，使用灵活方便，因而在波形的产生与变换、测量与控制、家用电器和电子玩具等许多领域中都得到了广泛的应用。

555 的由来是由于在芯片中采用了 3 个 5 kΩ 的分压电阻。尽管 555 的产品型号繁多，但几乎所有的产品型号最后的 3 位数码都是 555。而所有 CMOS 产品型号最后的 4 位数码都是 7555，而且它们的逻辑功能与外部引脚排列也完全相同。目前一些厂家在同一基片上集成 2 个 555 单元，其型号为 556，在同一基片上集成 4 个 555 单元，其型号为 558。

6.3.1　555 定时器

图 6.3.1 为集成 555 定时器的内部简化电路结构图和管脚排列图。

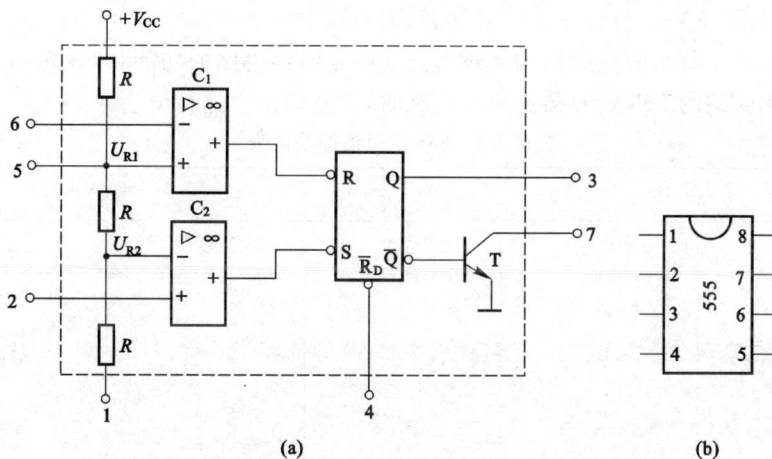

图 6.3.1　555 定时器的电路结构图与管脚排列图

555 定时器由 3 个 5 kΩ 的分压电阻、2 个电压比较器 C_1 与 C_2、1 个基本 RS 触发器和放电管 T 组成。比较器 C_1 的参考电压 U_{R1} 为 $\frac{2}{3}V_{CC}$，加在同相输入端；比较器 C_2 的参考电压 U_{R2} 为 $\frac{1}{3}V_{CC}$，加在反相输入端。各管脚的功能如下：

1 脚：接地端。

2 脚：低电平触发端，由此端输入触发脉冲。当此输入端的输入电压大于 $\frac{1}{3}V_{CC}$

时, C_2 的输出为高电平"1";当输入电压小于 $\frac{1}{3}V_{CC}$ 时, C_2 的输出为低电平"0",使基本 RS 触发器置"1"。

3 脚:输出端 Q,输出电流可以达到 200 mA,因此可以直接驱动继电器、发光二极管、扬声器、指示灯等。输出高电压约低于电源电压 1～3 V。

4 脚:复位端,由此输入负脉冲(或使其电位低于 0.7 V)使基本 RS 触发器直接复位(置"0")。

5 脚:电压控制端,在此端可以外加一电压以改变比较器的参考电压。不用时,经 0.01 μF 的电容接地,以防止干扰信号的引入。

6 脚:高电平触发端,由此端输入触发脉冲。当此输入端的输入电压小于 $\frac{2}{3}V_{CC}$ 时, C_1 的输出为高电平"1";当输入电压大于 $\frac{2}{3}V_{CC}$ 时, C_1 的输出为低电平"0",使基本 RS 触发器置"0"。

7 脚:放电端,当触发器的 $\overline{Q}=1$ 时,放电晶体管 T 导通,外接电容元件通过 T 放电。

8 脚:电源端 V_{CC},可以在 5～18 V 范围内使用。

由图 6.3.1 所示的电路结构不难得到 555 定时器电路的功能,如表 6.3.1 所示。在分析后面介绍的 555 定时器的应用电路时,就依据该表进行分析。

表 6.3.1　555 定时器的功能表

输　　　入			输　　出	
6 脚电压 u_6	2 脚电压 u_2	$\overline{R}_D$	Q	T
φ	φ	0	0	导通
$<\frac{2}{3}V_{CC}$	$<\frac{1}{3}V_{CC}$	1	1	截止
$>\frac{2}{3}V_{CC}$	$>\frac{1}{3}V_{CC}$	1	0	导通
$<\frac{2}{3}V_{CC}$	$>\frac{1}{3}V_{CC}$	1	保持原状态	保持原状态

6.3.2　555 定时器的应用

1. 用 555 定时器构成的单稳态触发器

(1) 电路组成。图 6.3.2 是由 555 定时器构成的单稳态触发器。R 和 C 为外接定时元件。输入信号 u_i 加在低电平触发端(2 脚),并将高电平触发端(6 脚)与放电端(7 脚)接在一起,然后再和定时元件 R 与 C 相接。

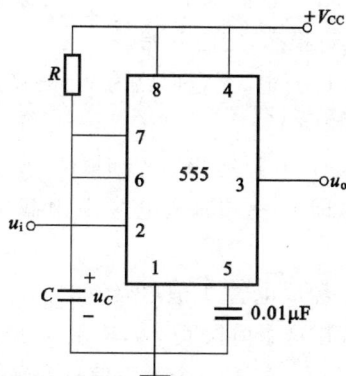

图 6.3.2　555 定时器构成的单稳态触发器

单稳态触发器的工作特点是:有一个稳定状态和一个暂稳态。在触发脉冲作用下,电路将从稳态翻转到暂稳态,然后在储能元件的作用下,暂稳态停留一段时间后,又能自动返回到稳定状态。

(2) 工作原理。电源接通后,在 u_i 为高电时,若触发器初态为 0,则 u_o 输出低电平,此时放电管 T 导通,将电容 C 短路,u_6 为低电平,R、S 均为 1,故输出低电平是稳定的。若触发器初态为 1,则电路有一个逐渐稳定的过程:首先,由于触发器初态为 1,放电管 T 截止,电源 V_{CC} 会经过 R 向电容 C 充电,电容器上的电压 u_C 因充电而上升,当 u_C 上升到 $2 V_{CC}/3$ 时,使 $R=0$,由于此时 $S=1$,触发器就会由 1 变 0,$\overline{Q}=1$,放电管 T 饱和导通,u_C 通过放电管 T 放电到 0,于是电路进入稳定状态,输出低电平。其工作波形如图 6.3.3 所示。

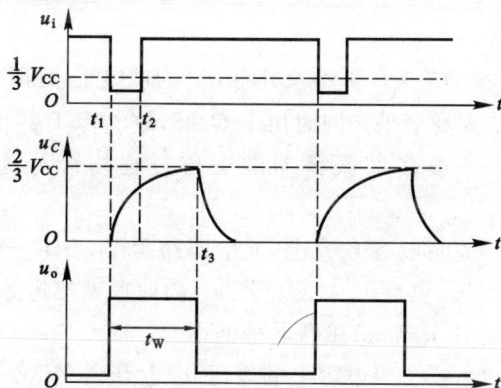

图 6.3.3　单稳态触发器的波形图

① 稳态:触发器处于 0 状态,定时电容 C 已放电完毕,u_C、u_o 均为低电平。

② 触发翻转:在 u_i 负脉冲作用下,低电平触发端(2)得到低于 $V_{CC}/3$ 的触发电

平,则 $S=0$,R 仍然为高电平,$R=1$(因为 $u_C=$ "0"),所以输出为高电平,$u_o=$ "1"。同时放电管 T 截止,电路进入暂稳态,定时开始。

③ 暂稳态阶段:定时电容 C 充电,充电回路为 $V_{CC} \rightarrow R \rightarrow C \rightarrow$ 地,充电时间常数为 $\tau_1=RC$,u_C 按指数规律上升,趋向 V_{CC}。

④ 自动返回:当电容电压 u_C 上升到 $2V_{CC}/3$ 时,$R=0$(此时 $S=1$),触发器置0,输出 u_o 由高电平变为低电平,即 $u_o=$ "0",放电管 T 由截止变为饱和,定时结束,暂稳态结束。

⑤ 恢复阶段:定时电容 C 经放电管 T 放电,经 $(3\sim5)\tau_2$ ($\tau_2=R_{CES}C$,R_{CES} 为 T 的集电极饱和电阻)放电至 0 V,在这个阶段 $Q=0$,输出 u_o 维持低电平。

恢复阶段结束,电路返回稳态,当下一个触发信号到来时,又重复上述过程。

(3) 主要参数。

① 输出脉冲宽度 t_W:输出脉冲宽度为定时电容 C 上的电压 u_C 由零充到 $\frac{2}{3}V_{CC}$ 所需的时间,即

$$t_W=RC\ln 3\approx1.1RC \qquad (6.3.1)$$

由上式可见,脉冲宽度 t_W 与定时元件 R、C 有关,而与输入脉冲宽度及电源电压大小无关,调节定时元件,可以改变输出脉冲宽度。

② 恢复时间 t_{re}:暂稳态结束后,还需要一段时间恢复,以便使电容 C 在暂态期间所充的电荷放完,使电路回到初始稳态,一般 $t_{re}=(3\sim5)\tau_2$,由于放电管的饱和电阻 R_{CES} 很小,所以 555 定时器构成的单稳态触发器的 t_{re} 很小,u_C 的下降沿很陡。

2. 555 定时器构成的多谐振荡器

由 555 定时器构成的多谐振荡器如图 6.3.4 所示,它只需外接 R_1、R_2 和 C,电路非常简单。

接通电源瞬间 $t=t_0$,电容 C 来不及充电,u_C 为低电平,此时,$R=1$,$S=0$,触发器置1,即 $Q=1$,输出 u_o 为高电平。同时由于 $\overline{Q}=0$,放电管 T 截止,电容 C 开始充电,电路进入暂稳态 I 。一般多谐振荡器的工作过程均可分为以下四个阶段,如图 6.3.5 所示。

(1) 暂稳态 I ($t_0\sim t_1$):电容 C 充电,充电回路为 $V_{CC} \rightarrow R_1 \rightarrow R_2 \rightarrow C \rightarrow$ 地,充电时间常数为 $\tau_1=(R_1+R_2)C$,电容 C 上的电压 u_C 随时间 t 按指数规律上升,趋向 V_{CC} 值。在此阶段内输出电压 u_o 暂稳在高电平上。

(2) 自动翻转 I ($t=t_1$):当电容上的电压 u_C 上升到 $2V_{CC}/3$ 时,由于 $S=1$,$R=0$,使触发器状态由 1 变为 0,$\overline{Q}$ 由 0 变成 1,输出电压 u_o 由高电平跳变为低电平,电容 C 中止充电。

(3) 暂稳态 II ($t_1\sim t_2$):由于此刻 $\overline{Q}=1$,因此放电管 T 饱和导通,电容 C 放电,放电回路为 $C \rightarrow R_2 \rightarrow$ 放电管 T $\rightarrow$ 地,放电时间常数 $\tau_2=R_2C$(忽略 T 管的饱和电阻

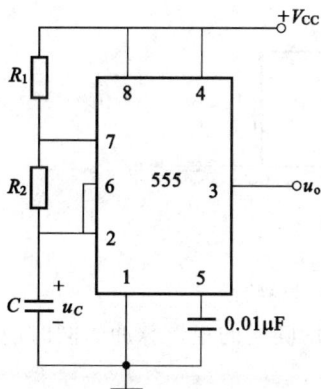

图 6.3.4 555 定时器构成的
多谐振荡器

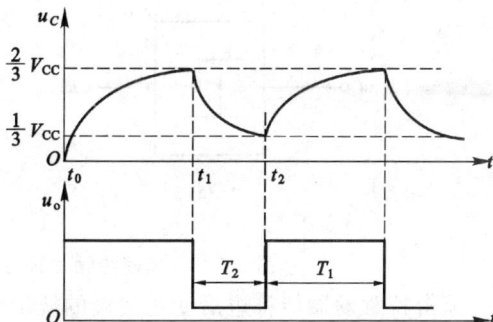

图 6.3.5 555 定时器构成的多谐
振荡器的波形图

R_{CES}),电容上的电压 u_C 按指数规律下降,趋向 0,同时使输出暂稳在低电平。

(4) 自动翻转 Ⅱ($t=t_2$):当电容电压 u_C 下降到 $V_{CC}/3$ 时,$S=0$,$R=1$,使触发器 Q 的状态由 0 变 1,$\overline{Q}$ 由 1 变 0,输出电压 u_o 由"0"跳变到"1",电容器中止放电。

由于 $\overline{Q}=0$,放电管 T 截止,电容 C 又开始充电,进入暂稳态 Ⅰ。

以后,电路重复上述过程,反复振荡,其工作波形如图 6.3.5 所示。

振荡器的主要参数为

振荡周期: $$T = T_1 + T_2 = 0.7(R_1 + 2R_2)C \tag{6.3.2}$$

振荡频率: $$f = \frac{1}{T}$$

占空比: $$D = \frac{T_1}{T_1 + T_2} = \frac{0.7(R_1 + R_2)C}{0.7(R_1 + 2R_2)C} = \frac{R_1 + R_2}{R_1 + 2R_2}$$

3. 555 定时器构成的施密特触发器

施密特触发器有两个稳定状态,也是一种双稳态触发器,但它和前面介绍的触发器不同。施密特触发器有 3 个特点:(1)它属于电平触发,可以把变化非常缓慢的信号变成边沿很陡的矩形脉冲;(2)输出状态发生翻转时的输入电压(阈值电压)和输入信号的变化方向有关,即输入信号从小变到大和从大变到小的阈值电压不同;(3)输出的两种稳定状态都需要依赖输入信号来维持,没有记忆功能。施密特触发器的符号如图 6.3.6(a)所示。

图 6.3.6(b)是施密特触发器的电压传输特性。在输入电压上升过程中,输出电压 u_o 由高电平跳变到低电平时的输入电压称为正向阈值电压,用 U_+ 表示;在输入电压下降过程中,输出电压 u_o 由低电平跳变到高电平时的输入电压称为负向阈值电压,用 U_- 表示。从图中可以看到,U_+ 与 U_- 是不同的,具有滞回特性。$U_+ - U_-$ 称为**滞回电压**或**回差**,用 ΔU 表示。

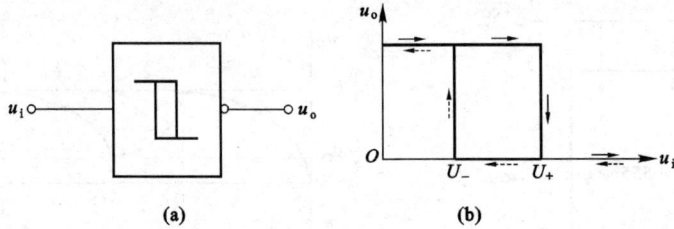

图 6.3.6　施密特触发器的符号和电压传输特性

　　施密特触发器能将边沿变化缓慢的波形整形为边沿陡峭的矩形脉冲。同时由于具有回差电压,使其抗干扰能力增强。

　　由 555 定时器构成的施密特触发器如图 6.3.7(a)所示。5 端接有 $0.01~\mu\text{F}$ 的滤波电容,以提高电路的稳定性,一般也可不接。

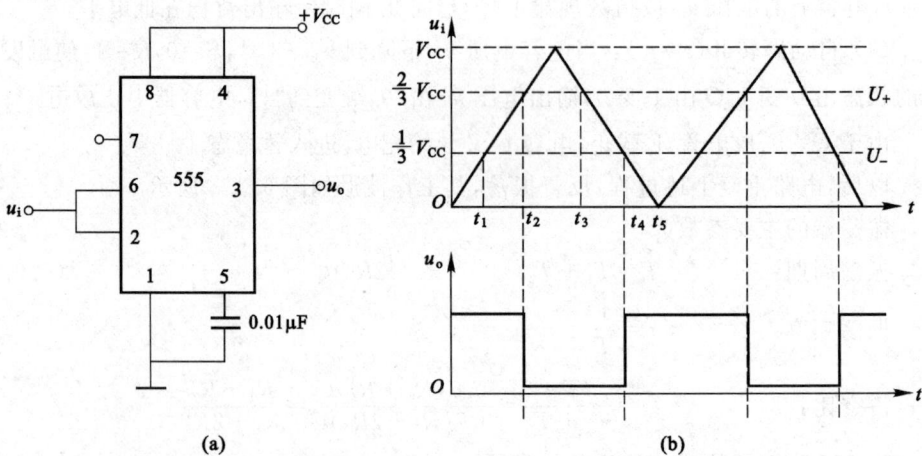

图 6.3.7　555 定时器构成的施密特触发器

　　由于高电平触发端(6)和低电平触发端(2)是连在一起的,所以输出端电平 u_o 受输入电压 u_i 控制。下面应用 555 定时器的功能表 6.3.1,结合图 6.3.7(b)所示的工作波形分析其工作原理。

　　(1) $0\sim t_1$ 期间:u_i 由小到大上升,$u_\text{i}<\dfrac{1}{3}V_\text{CC}$,$u_2<\dfrac{1}{3}V_\text{CC}$,$u_6<\dfrac{2}{3}V_\text{CC}$,输出 $u_\text{o}=$"1"。

　　(2) $t_1\sim t_2$ 期间:u_i 继续上升,$\dfrac{1}{3}V_\text{CC}<u_\text{i}<\dfrac{2}{3}V_\text{CC}$,即 $u_2>\dfrac{1}{3}V_\text{CC}$,$u_6<\dfrac{2}{3}V_\text{CC}$,输出 u_o 保持在高电平"1"上。

（3）$t_2 \sim t_3$ 期间：$u_i > \frac{2}{3}V_{CC}$，即 $u_2 > \frac{1}{3}V_{CC}$，$u_6 > \frac{2}{3}V_{CC}$，输出 $u_o=$"0"。

（4）$t_3 \sim t_4$ 期间：u_i 由大到小下降，$\frac{1}{3}V_{CC} < u_i < \frac{2}{3}V_{CC}$，即 $u_2 > \frac{1}{3}V_{CC}$，$u_6 < \frac{2}{3}V_{CC}$，输出 u_o 保持在低电平"0"上。

（5）$t_4 \sim t_5$ 期间：u_i 继续下降，$u_i < \frac{1}{3}V_{CC}$，即 $u_2 < \frac{1}{3}V_{CC}$，$u_6 < \frac{2}{3}V_{CC}$，输出 $u_o=$"1"。

由图可见，施密特触发器可以将输入的三角波整形为矩形脉冲波。

【练习与思考】

6.3.1 在555构成的单稳态触发器中，如果输入的触发脉冲宽度大于输出脉冲宽度时，电路还能正常工作码？

6.3.2 施密特触发器经常用于脉冲的整形，请说明其工作原理。

*6.4 集成函数发生器 8038 及其应用

集成函数发生器 8038 是一种多用途的波形发生器，可以用来产生正弦波、方波和三角波信号，在生物医学工程和仪器仪表等领域应用非常广泛。

1. 8038 管脚功能说明

8038 为14脚双列直插式，可以是塑料封装，也可以是陶瓷封装。该芯片有三种波形输出：正弦波、三角波和方波，它的工作频率可在 $0.001\ \text{Hz} \sim 500\ \text{kHz}$ 的范围内调节，输出波形的失真度小于 1%，外接较少的元件就可完成所要求的功能，使用灵活，适应性强。管脚排列如图 6.4.1 所示。

各个引脚的功能如下：

1、12脚：正弦波线性调节端。调节接在第1和12脚之间的 $100\ \text{k}\Omega$ 电位器，正弦波的失真度可以减小到小于 1%。

2脚：正弦波输出端。从8038第2脚输出的正弦波幅度为：$U_{sin}=0.22V_S$。式中，V_S 为电源电压。通常 $|V_{CC}|=|V_{EE}|=V_S$，或者 $V_{EE}=0$，$V_{CC}=V_S$。

3脚：三角波输出端。从第3脚输出的三角波的幅度为 $0.33V_S$。

4、5脚：占空比/频率调节端。调节正电源 V_{CC} 和第4、5两脚之间的外接电阻，可以使输出波形对称，获得占空比为 50% 的方波。而且该外部电阻和另一个外接电容 C 一起决定输出波形的频率。

6脚：$+V_{CC}$ 端。该引脚接电源的正端，取值在 $10 \sim 30\ \text{V}$ 之间。

7脚：调频频偏。该引脚是8038内部两个电阻（$10\ \text{k}\Omega$ 和 $40\ \text{k}\Omega$）的联接点，这两

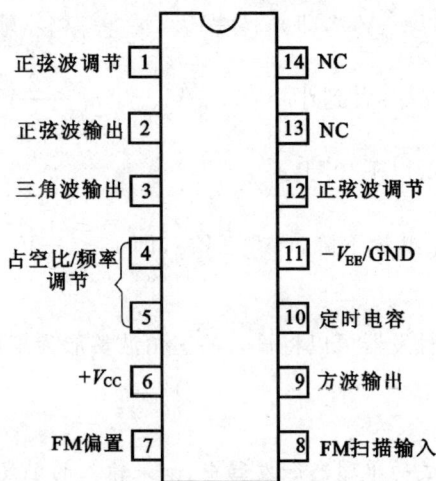

图 6.4.1　8038 的管脚排列图

个电阻组成电源电压分压器。对于给定的外接定时电阻和电容,当第 7 脚与第 8 脚直接相连时,输出频率较高;相反,当第 8 脚接 $+V_{CC}$ 时,输出频率较低。

8 脚:FM 扫描输入。对于调频扫描或调频频偏较大时,调制信号应加在第 8 脚和 $+V_{CC}$(第 6 脚)之间,此时可产生非常大的频率摆动范围。频率摆动范围定义为最高频率与最低频率之比。8038 的频率摆动范围可以超过 1 000:1,要想得到较小的频偏,调频信号应直接加在第 8 脚。

9 脚:方波输出端。这是一个集电极开路输出端,因此工作时应该从该引脚接一个负载电阻到相应的正电源 $+E$,$+E$ 可以大于 $+V_{CC}$,也可以小于或等于 $+V_{CC}$,但 $+E$ 不得超过 30 V。要得到与 TTL 兼容的方波输出,必须把负载电阻(典型值为 10 kΩ)接到 $+5$ V 电源。

10 脚:定时电容端。接在第 10 与第 11 脚之间的定时电容 C_T,同第 4、5 脚所接的电阻共同决定了输出的频率。当第 10 与第 11 脚短接时,则振荡立即停止。

11 脚:接 $-V_{EE}$ 或接地端。

在使用正、负双电源时,第 11 脚接负电源 $-V_{EE}$。输出波形相对于 0 V 对称;使用单一正电源时,第 11 脚接地,输出波形是单极性,平均电压是 $+V_{CC}/2$。

13、14 脚:空脚。使用时,第 13、14 脚可悬空,因为它们未与内部电路相连。

2. 应用举例

8038 集成芯片产生正弦波、三角波、方波信号的外部联接图如图 6.4.2(a)所示。若第 10 脚外接定时电容为 C_T,第 4 和 5 脚联接在一起通过 R_C 接 $+V_{CC}$,调节 R_C,使波形对称,则该电路产生的振荡频率为

$$f = \frac{1}{2\pi R_C C_T} \tag{6.4.1}$$

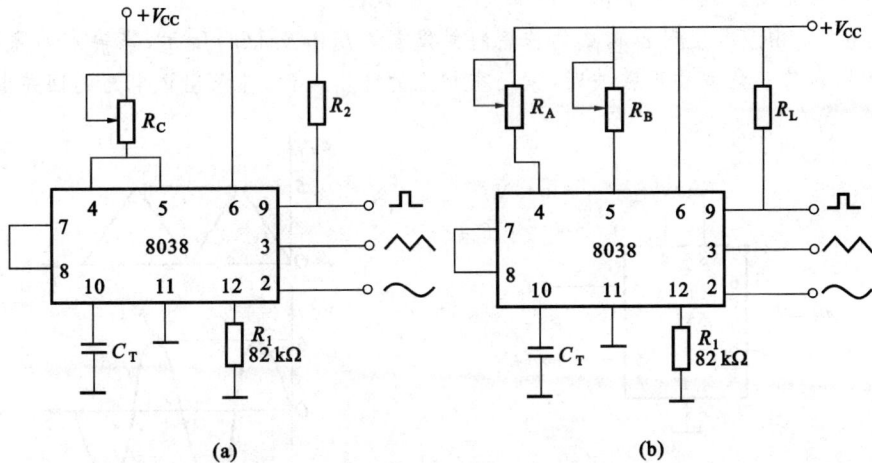

(a)　　　　　　　　　　　(b)

图 6.4.2　8038 产生正弦波、三角波、方波信号的外部联接图

图中电阻 R_1 为内部正弦波转换网络的偏置电阻,其值大约为 82 kΩ,R_2 是开路集电极 9 脚的负载电阻,它的上端可接到一个电压范围为 5~30 V 电压的电源上。为了改善 8038 的性能,电路可改接成如图 6.4.2(b)所示的电路,图中第 4、5 脚分别用一个电位器接到 $+V_{CC}$ 端,这样就可以独立地调节输出波形的上升及下降部分。R_A 控制三角波的上升部分、正弦波的 90°至 270°部分和方波的高电平部分,调节 R_B 则可以调节输出波形的另外一半,调整时相互有影响,需反复调几次,输出波形的频率为

$$f = \frac{1}{1.66 R_A C_T \left(1 + \dfrac{R_B}{2R_A - R_B}\right)} \tag{6.4.2}$$

习　题

6.1　如图 6.1.2 所示的 RC 串并联正弦波振荡电路,已知 $R=20$ kΩ,电容采用可变电容器,其变化范围为 30~60 pF,试求振荡频率 f_0 的变化范围。

6.2　如图 6.1.2 所示的 RC 串并联正弦波振荡电路,为了自动稳幅,反馈电阻 R_2 常常采用热敏电阻,请问反馈电阻 R_2 应该具有正温度系数还是负温度系数?

6.3　电路如图 6.1.2 所示。已知 $R=18$ kΩ,$C=100$ pF,$R_1=15$ kΩ,$R_2=20$ kΩ,请问该电路能否产生自激振荡? 如果不能,请说明理由。

6.4　在如图 6.3.2 所示的单稳态触发器中,假设 $C=100$ μF,电阻 R 用一个阻值为 10 kΩ 的固定电阻和一个 100 kΩ 的电位器串联代替,调节电位器就可以改变输

出脉冲的宽度。试估算输出脉冲宽度的调节范围。

6.5 由 555 定时器构成的施密特触发器如题图 6.1(a)所示,当输入如题图(b)所示的对称三角波和正弦波时,试画出相应的输出波形,并求出该电路的回差电压。

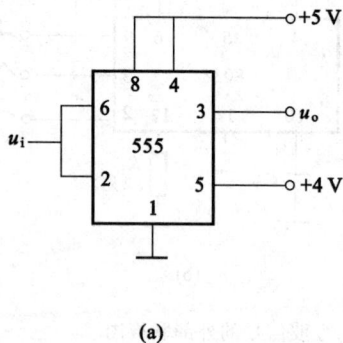

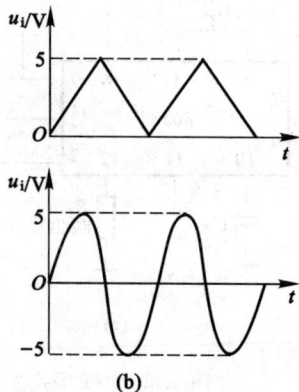

题图 6.1 习题 6.5 的电路

6.6 在题图 6.2 所示电路中,LED_1 和 LED_2 为发光二极管,设 $V_{CC}=6$ V,$R_1=R_2=1$ kΩ,$R=1$ MΩ,$C=30$ μF(无初始储能)。若在 $t=0$ 时把开关 S 闭合,试问:

(1) S 闭合后两个发光二极管是否同时发亮? 若不是同时发亮,指出哪个先亮,哪个后亮,两者的时间间隔是多少?

(2) 电路达稳态后,两个发光二极管的工作情况又如何?

(3) 画出 S 闭合后电压 u_R 和 u_o 的波形图。

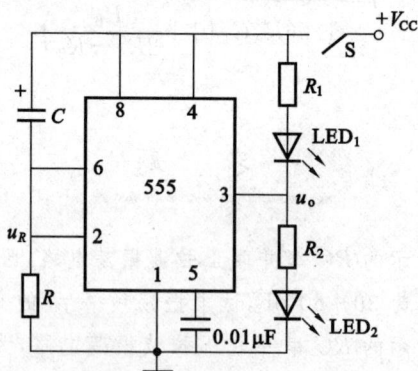

题图 6.2 习题 6.6 的电路

6.7 一过压监视电路如题图 6.3 所示。试说明当监视电压 U_X 超过一定值时,发光二极管 D 将发出闪烁的信号。

提示:当 T 饱和导通时,555 的 1 端可以认为处于地单位。

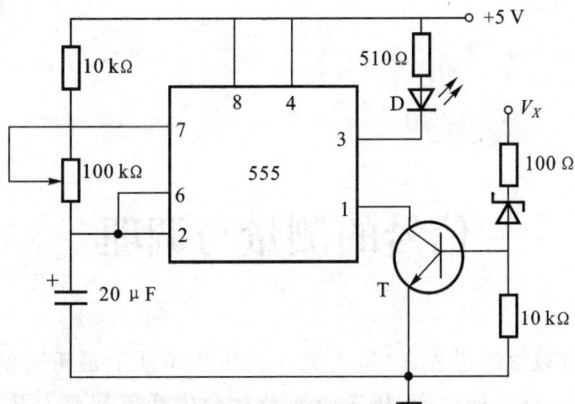

题图 6.3　习题 6.7 的电路

6.8　题图 6.4 所示为用 555 定时器组成的液位监视电路。当液面低于正常值时,该监视电路发声报警,试说明该电路报警的原理,并计算指示器发声的频率。

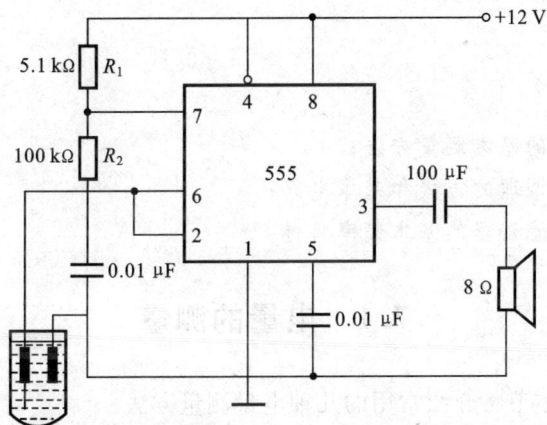

题图 6.4　习题 6.8 的电路

第7章

信号的测量与调理

测量是确定量数值的过程，也是人类认识事物本质的最重要的方法和手段。在人类的一切活动领域中，如生产、科学研究及社会生活等都离不开测量。一般来说，现实存在的模拟量可分为电量(如电压、电流、功率、频率等)和非电量(如温度、压力、速度、流量等)两类。因此，对这些物理量的测量也就分为电量的测量和非电量的测量。本章将对电量的常用测量方法和非电量的电测量方法以及常用的信号调理电路做简要介绍。

◈ 基本要求

(1) 掌握电量的基本测量方法；

(2) 了解信号调理的方式和基本电路；

(3) 掌握无源滤波器的基本频率特性。

7.1 电量的测量

电量有很多，本节将介绍常用的几种电量测量方法。

7.1.1 电压的测量

电压的测量分为直流电压测量和交流电压测量。

1. 直流电压的测量

图 7.1.1 是直流数字电压表的原理图，该电路可以测量 200 mV、2 V、20 V、200 V、1 000 V 共五个量程的直流电压。首先经电输入衰减网络进行电压衰减后，通过电压跟随器，最后送入数字电压表进行测量显示。所谓数字电压表是指直接显示数字的电压表，其工作原理可参考其他文献。

当输入电压为 1 000 V 时，开关应扳到 1 000 V 挡上，而误扳到 200 mV 挡(或其他低电压挡)上，这时通过二极管 D_1 和跟随器的输出电阻对地导通，如图 7.1.1 所示的电流 I 的回路，这样就起到了输入保护的功能。其电流 I 的值为

$$I = \frac{1\,000}{R_6} = \frac{1\,000}{300 \times 10^6} = 3.3\,(\text{mA})$$

式中忽略了跟随器的输出电阻和二极管 D_1 的导通电压。

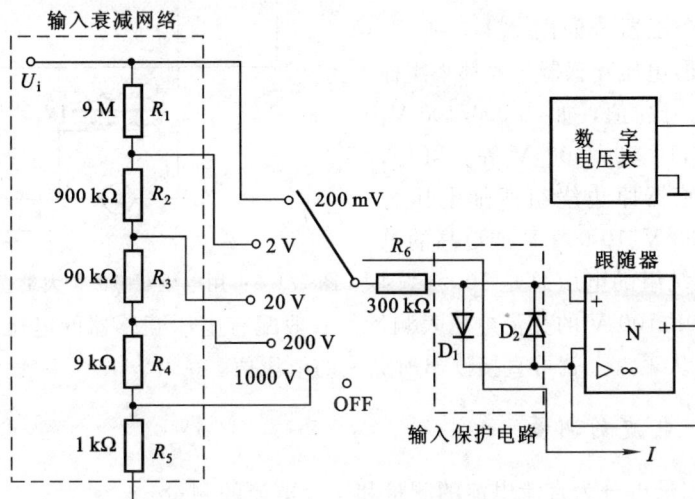

图 7.1.1　直流数字电压表的原理图

2. 交流电压的测量

图 7.1.2 是交流数字电压表的原理图,该电路可以测量 200 mV、2 V、20 V、200 V、1000 V 共五个量程的交流电压。

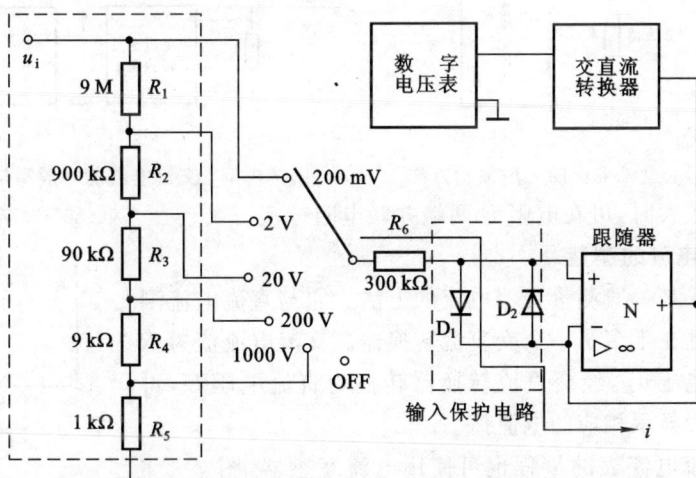

图 7.1.2　交流数字电压表的原理图

交流数字电压表内部包含一个交直流转换器,它可以将输入交流电压变换为直流电压,然后接直流数字电压表进行测量显示。其电路中的其他环节与前述的直流电压表中的相应环节原理相同,在此不再赘述。

当测量高压时,考虑到操作人员的人身安全和仪表绝缘材料的耐压程度等实际问题,常用电压互感器(实质是精度较高的降压变压器),如图 7.1.3 所示。为了测量方便,电压互感器一般都采用标准的电压比值,如 3 000/100 V、6 000/100 V,10 000/100 V 等。可见,虽然电压互感器原边绕组所加电压为 3 000 V、6 000 V、10 000 V 或更高的电压,但其副边绕组的电压总是 100 V,因

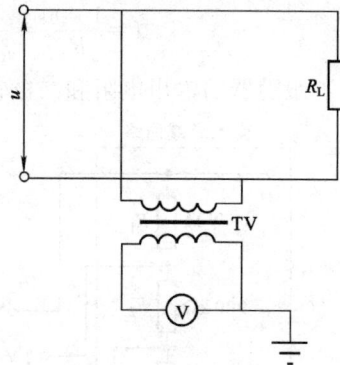

图 7.1.3 用电压互感器扩大量程的原理图

此都可以用 0~100 V 的交流电压表测量。一般配有电压互感器的电压表表面刻度都已归算好,从表盘上就可直接读出所测量的电压值。

7.1.2 电流的测量

电流的测量也分为直流电流的测量和交流电流的测量。

1. 直流电流的测量

图 7.1.4 是一般测量直流电流的方法。被测电流 I 通过分流器 R 时,产生的电压为 $U_\circ = IR$,用数字电压表测量其电压 $U_\circ$,便可换算为电流 I 并显示出来。

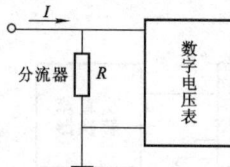

图 7.1.4 直流电流的一般测量方法

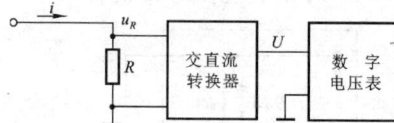

图 7.1.5 交流电流的一般测量方法

若电流较大时,可在电阻 R 两端并联电阻分流。

2. 交流电流的测量

图 7.1.5 是一般测量交流电流的方法。它与直流电流测量的不同之处在于多了一个交直流转换器。交流电流流过 R 时产生交流电压 u_R,经交直流转换器转换为直流电压 U,再由数字电压表显示相应的电流值。

扩大交流电流表的量程也可使用电流互感器,图 7.1.6 所示为电流互感器扩大量程的原理图。在使用时,互感器的原绕组(匝数少)应串接在待测电流的电路中,副绕组(匝数多)则与电流表串接成一个闭合回路。需要注意的是,电流互感器的副绕组不许开路,也不能装熔断器,否则当副绕组开路时,会在绕组中感应很

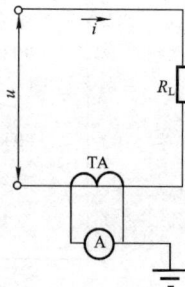

图 7.1.6 电流互感器扩大量程的原理图

高的电压,损坏电流互感器的绝缘,并危及操作人员的安全。

7.1.3 功率的测量

功率的测量分为单相功率的测量和三相功率的测量。

1. 单相功率的测量

图 7.1.7 是测量单相有功功率的一般方法。设 $u=\sqrt{2}U \cdot \sin \omega t$,$i=\sqrt{2}I \sin (\omega t-\varphi)$,则

$u_o=Kui=2Kui\sin \omega t \cdot \sin(\omega t-\varphi)=KUI\cos \varphi-KUI \cos(\omega t-\varphi)$

将乘法器的输出电压 u_o 通过低通滤波器后,其输出电压为

$$U_o=KUI \cos \varphi \qquad (7.1.1)$$

当取 $K=1$ 时,式(7.1.1)变为

$$U_o=UI \cos \varphi \qquad (7.1.2)$$

于是达到了测量单相有功功率的目的。

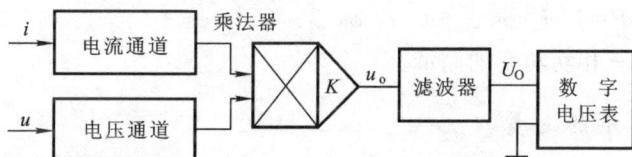

图 7.1.7 测量单相有功功率的一般方法

图 7.1.7 所示电路也可用于测量直流功率。

2. 三相功率的测量

图 7.1.8 是测量三相有功功率的一般方法。图 7.1.9 是三相电力线。由这两图可得(取 $K=1$)。

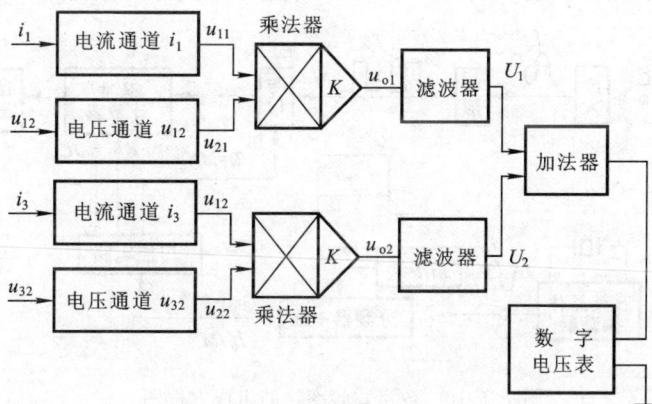

图 7.1.8 测量三相有功功率的一般方法

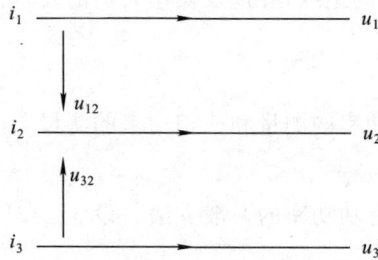

图 7.1.9　三相电力线

$$p = u_{12}i_1 + u_{32}i_3 = (u_1 - u_2)i_1 + (u_3 - u_2)i_3$$
$$= u_1i_1 - u_2i_1 + u_3i_3 - u_2i_3 = u_1i_1 + u_2i_2 + u_3i_3 = p_1 + p_2 + p_3$$

因为

$$i_1 + i_2 + i_3 = 0$$

因此

$$P = U_1 I_1 \cos \varphi_1 + U_2 I_2 \cos \varphi_2 + U_3 I_3 \cos \varphi_3 \tag{7.1.3}$$

从而实现了三相功功率的测量。

7.1.4　频率的测量

脉冲频率或周期的检测一般使用数字式频率计。

1. 数字式频率计的工作原理

数字式频率计的原理方框图如图 7.1.10 所示。频率为 f_x 的被测信号经放大和整形后加到闸门(这里是与门)的输入端 A,在闸门的另一输入端 B 加上时间宽度为 T 的门控信号来控制闸门的开、闭。显然,只有在时间 T 内被测信号才能通过闸门,送到脉冲计数器进行计数。设在时间 T 内计数器累计的脉冲数为 N,则频率为

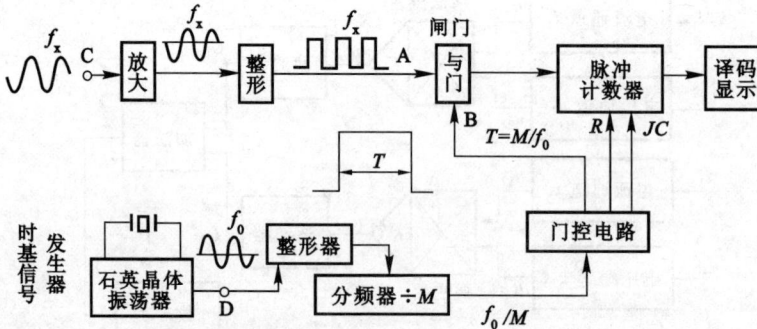

图 7.1.10　数字式频率计的组成方框图

$$f_x = \frac{N}{T}$$

经译码显示后,即可显示频率值。

　　门控信号的宽度 T 必须是非常准确的,由时基信号发生器提供。时基信号发生器由一个高稳定的石英振荡器和一系列数字分频器组成,通常把 T 选为 1 ms,10 ms,0.1 s,1 s,10 s 等,使计数值与被测频率成简单的倍数关系。通过控制显示器小数点的位置和频率单位(Hz、kHz、MHz 等)即可直接显示被测频率值。例如,测量同一频率信号,当 $T = 1$ s 时,若计数 $N = 100\ 000$,则 $f_x = 100\ 000$ Hz,显示 100.000 kHz;若 T 改为 0.1 s,则计数值必减少为 10 000,则显示100.00 kHz。频率计的相对误差为

$$\frac{\Delta N}{N} = \frac{\pm 1}{N} = \pm \frac{1}{f_x T}$$

　　可见,闸门宽度值 T 越大,测量精度越高,但反应也越慢。另外,因为计数器的计数范围和时基频率是一定的,因此当被测频率较高时,闸门宽度 T 应相应减小,避免计数器溢出而造成测量失败。

2. 数字式频率计测周期原理

　　当用测频法测量低频信号时,测量的相对误差会明显上升。为了提高测量低频时的准确度,减少测量误差的影响,可改测周期 T_x,然后计算 $f_x(1/T_x)$。测周期时,图 7.1.10 中的 C 端加标准的高频信号 f_0,其周期 $T_0 = 1/f_0$,在 D 端加周期为 T_x 的待测信号,即把被测信号与时基信号换位,门控信号由 T 变为 T_x,则可构成测周期 T_x 的电路。这样在每一 T_x 内,计数器计得的脉冲数为 T_x/T_0,若 $T_x = 10$ ms,$T_0 = 1\ \mu s$,则从计数显示器计得脉冲数为 10 000 个,如以 ms 为单位,则从计数器显示器上可读得 10.000 ms。显然,T_x 愈大(即被测频率愈低),计数器所计脉冲数越多,测量误差越小。

3. 用大规模集成电路测量频率或周期

　　在有微处理器(如单片机)或计算机的场合,可以采用大规模集成电路,如 8155 或 8253 等,实现对频率或周期的测量。

　　8253 含有 3 个功能相同且独立的 16 位(二进制)可编程减法计数器,每个计数器有 6 种工作方式,其工作方式及计数常数分别由编程选择,可进行二进制或 2-10 进制计数或定时,最高计数频率为 2.6 MHz。

　　因为 8253 的功能很强,又涉及到与单片机或 PC 机的联接、编程和时序等问题,故在此不做过多介绍。详细应用信息请查阅相关文献。

【练习与思考】

7.1.1　使用电流互感器时必须注意什么问题?

7.1.2 某数字式频率计,若其最大计数值为 1 000 000,选闸门宽度 $T=1$ s,当被测频率为 1.1 MHz 时,显示频率为多少? 若选 $T=0.1$ s 呢?

7.2 非电量的测量

在工业生产和日常生活中,往往需要测量许多物理量,以便研究它们的规律性、检验设计是否符合客观规律和满足实际要求。在这些被测物理量中多数是非电量,如:机械量(位移、速度、压力、应变等),热工量(温度、流量等),化工量(浓度、成分等)。早期,这些物理量的测量多采用非电方法,如用尺测量长度,用水银温度计测量温度等。随着科学技术的发展,对测量的精度、速度都提出了新的要求,用非电方法测量这些物理量已经不能满足需要,必须采用电测技术。

所谓非电量电测法是把被测非电量转换成与非电量有一定关系的电量,再进一步测量电量的方法。实现这种转换技术的器件叫做**传感器**。

非电量的电测法结构框图如图 7.2.1 所示。

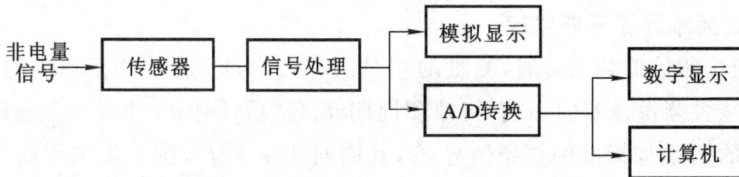

图 7.2.1 非电量的电测法结构框图

图中传感器的作用是将非电信号变换成电信号。变换后的电信号通常较为微弱(μV 或 mV 量级),还需进行放大、滤波等处理,然后可由直读式仪表显示出被测非电量的数值。目前较常见的是将处理后的信号经模-数(简称 A/D)转换器转换成数字信号,再由数码管显示被测值或送入计算机处理。

传感器种类繁多,根据其工作特性及输出效应大致可分为两类:

(1)结构型传感器。利用结构的位移或形变来完成非电量到电量的转换。常用的结构型传感器有电阻型传感器、电感型传感器和电容型传感器等。采用电阻型传感器进行测量时,它是将被测的压力、扭力等物理量通过弹性变形转换成电阻值的变化;采用电感型传感器进行测量时,它是利用被测物理量改变铁芯气隙的大小,从而转变成电感量或互感量的变化;采用电容型传感器测量时,是利用被测机械量变化时,通过距离、面积、介电常数等引起电容量变化。

(2)物性型传感器。利用材料的压阻、湿敏、热敏、光敏、磁敏、气敏等效应将应变、湿度、温度等物理量转变成电量。常用的物性型传感器有热敏电阻、气敏电阻、湿敏电阻、光敏电阻、热电偶、霍尔元件、光敏二极管、三极管和光电耦合器等。

随着大规模集成电路和微处理器的发展,传感器正向高可靠、高精度、小型化、集成化和智能化方向发展。

7.2.1　温度的测量

按测量方式的不同,温度测量可分为接触式和非接触式测量。接触式测温的传感器有热电阻、热电偶和半导体温度传感器等。非接触式测温目前在工业上还是以辐射式测温为主,有光学高温计和辐射高温计等。这里只介绍工业上常用的热电阻和热电偶测温的工作原理。

1. 热电偶温度传感器

(1) 热电效应。将两种不同的导体两端紧密地联接在一起,组合成一个闭合回路,如图 7.2.2 所示。当两接点温度不等($T > T_0$)时,回路中就会产生电动势,从而形成电流,这一现象称为**热电效应**,该电动势称为**热电动势**。

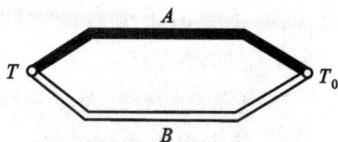

图 7.2.2　热电偶结构原理

通常把上述两种不同导体的组合称为**热电偶**。热电偶的一端焊接或绞接在一起,与被测介质充分接触,感受被测温度,称为热电偶的工作端或热端;另一端与导线联接,称为自由端或冷端。热电偶产生的热电势与被测温度有一一对应的关系,一般为非线性。

根据所用金属材料的不同,热电偶可分为铂铑$_{10}$-铂、铂铑$_{30}$-铂铑$_6$、镍铬-镍硅、镍铬-铜镍等型号,不同的热电偶,其测温范围、测量精度和适用的环境各不相同。

(2) 中间导体定则。在热电偶回路中,可以接入联接导线、测试仪表(如毫伏表、变送器)等,只要保证这些中间导体各自两端的温度相同,则对热电偶的热电势输出值没有影响。这就是热电偶的**中间导体定则**。

(3) 热电偶冷端温度的补偿。因为所有标准化热电偶的分度表(热电势与温度的关系表格)都是指冷端温度处在 $0℃$ 时的热电势,因此要求热电偶工作时,冷端温度必须保持 $0℃$,或进行冷端温度补偿,否则将要产生误差。

① $0℃$ 恒温法。把热电偶冷端放在环境温度为 $0℃$ 的容器里,此时热电偶的输出和分度表值一致。但这种理想方法只适用于实验室中使用,工业中使用极为不便。

② 电路补偿。一般的热电偶温度变送器都采用电路进行冷端温度补偿,使得热电偶的输出相当于冷端始终保持在 $0℃$,如补偿电桥法等。通常,热电偶和变送器做成一体,二线制 $4 \sim 20$ mA 直流电流输出。

③ 计算修正法。这种方法比较精确,但是比较繁琐,适用于多支热电偶测温的微机采集系统中。将多支热电偶的冷端集在一起,用其他方式(如热电阻)测其冷端温度,再由每支热电偶的热电势通过查表和计算得出其热端温度。

例如,用镍铬-镍硅热电偶测某介质的温度,测得热电势为 33.29 mV,冷端温度

30℃。由分度表查得30℃时的热电势为1.20 mV,故冷端温度为0℃时的热电势应为33.29+1.20＝34.49（mV）。再据此电势查分度表得温度为829.6℃,此值即为真实温度值。

④ 补偿导线的应用。热电偶的补偿导线又称延伸导线,它是一种廉价导线,在一定的温度范围内,其热电特性与其相应的热电偶热电特性十分相近。它的用途是把热电偶的冷端延伸出去,远离热端,并与冷端补偿器、变送器、显示仪表等联接起来构成测温回路,同时不会由于引入该导线而使工作热电偶带来附加误差。

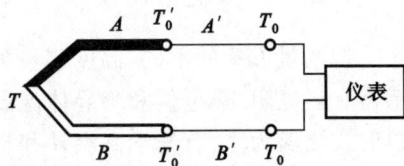

图 7.2.3　热电偶补偿导线及仪表联接示意图

热电偶补偿导线及测量仪表的联接电路如图 7.2.3 所示。

2. 热电阻温度传感器

在－200～500℃温度范围内,一般使用热电阻温度传感器。

热电阻温度传感器是基于金属导体或半导体电阻值与温度呈一定函数关系的原理实现温度测量的。实验证明,大多数金属导体当温度上升1℃时,其电阻值均增大0.4％～0.6％;而半导体当温度上升1℃时,其电阻值则下降3％～6％。

工业上常用的热电阻为铂电阻和铜电阻。

(1)铂电阻。铂电阻由纯铂电阻丝绕制而成,其测温范围为－200～850℃。它的特点是精度高、性能可靠、抗氧化性好、物理化学性能稳定。它除作为一般工业测量元件外,还可作为标准器件。它的缺点是电阻温度系数小,电阻与温度呈非线性。

一般工业上常用的铂电阻,我国规定的分度号为Pt10和Pt100。即相应0℃时的电阻分别为$R_0=10\ \Omega$和$R_0=100\ \Omega$。

(2)铜电阻。铜电阻一般用于－50～150℃范围的温度测量。它的特点是电阻值与温度之间基本为线性关系,电阻温度系数大,且材料易提纯,价格便宜。但它的电阻率低,易氧化,所以在温度不高、对测温元件体积无特殊限制时,可以使用铜电阻测量温度。

我国工业用铜热电阻的分度号分为 Cu50 和 Cu100 两种,其 R_0 的阻值分别为50 Ω和100 Ω。

(3)热电阻测温线路。热电阻温度计主要由热电阻传感器、电阻测量桥路、显示仪表及联接导线所组成。为了消除导线电阻对温度测量的影响,热电阻温度计的联接线路一般为三线制接法,如图7.2.4所示。热电阻R_t有三根引线,有两根引线及其联接导线的电阻分别加到电桥相邻两桥臂中,第三根线则接到电源线上,即相当于把电源与电桥的联接点 a 从显示仪表内部的测量桥路上移到热电阻本体附近。

当电桥平衡时,可得下列关系

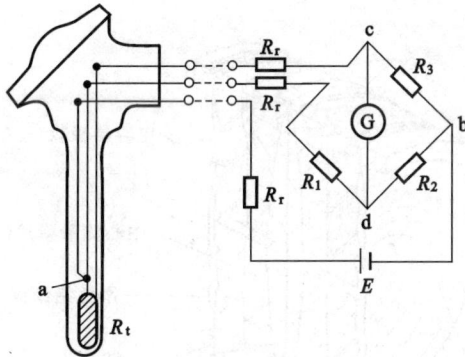

图 7.2.4　热电阻三线制接法

$$(R_t + R_r)R_2 = (R_1 + R_r)R_3$$

$$R_t = \frac{(R_1 + R_r)R_3 - R_r R_2}{R_2} = \frac{R_1 R_3}{R_2} + \frac{R_3 R_r}{R_2} - R_r$$

若使 $R_2 = R_3$，则上式就和 $R_r = 0$ 时的情况完全相同，即说明此种接法时导线电阻 R_r 对热电阻的测量毫无影响。再用测量放大器、线性化电路和 U/I 转换电路代替微安表 G，就可以输出与温度成线性关系的 4～20 mA 电流信号了。

7.2.2　压力的测量

在工程技术中，压力被定义为垂直而均匀作用于物体单位面积上的力，与物理学中的压强概念相同。在工程技术中，为了不同的测试目的，常使用以下压力名词术语：

绝对压力：从完全真空的零压力起所测得的压力。

表压力：以大气压作为零压力起所测得的压力。

差压：两个压力之间的差值。

测量压力的传感器很多，下面只介绍常用的电容式和应变片式压力传感器。

1. 电容式压力传感器

(1) 测量原理。电容式压力传感器是将压力的变化转换为电容量的变化，电容量的改变可以采用变极板间隙式和变极板面积式两种方法，一般采用变间隙式方法。下面以差动电容式差压传感器说明其测压原理，如图 7.2.5 所示。

被测介质的两种压力 p_H、p_L 分别通入高、低两压力室，作用在 δ 元件（即敏感元件）的两侧隔离膜片上，通过隔离膜片和 δ 元件内的填充液传送到预张紧的测量膜片两侧。测量膜片与两侧绝缘体上的电极各组成一个电容器，在无压力通入或两侧压力均等时，测量膜片处于中间位置，两侧两电容器的电容量相等。当两侧压力不相等时，测量膜片产生位移，两侧电容量就不等。

可以证明

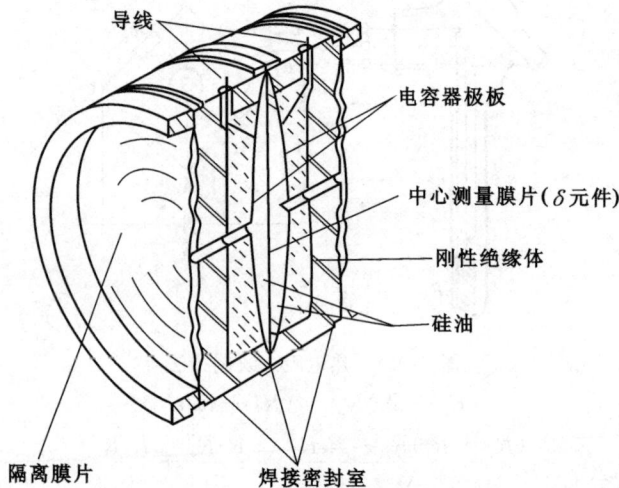

图 7.2.5　电容式差压传感器结构图

$$\frac{C_L - C_H}{C_L + C_H} = K(p_H - p_L)$$

式中,C_H 和 C_L 分别为高、低压侧的电容值,K 是与结构有关的常数,此式表明 $\dfrac{C_L - C_H}{C_L + C_H}$ 与差压成正比,且与介电常数无关。

表压力变送器和绝对压力变送器的工作原理和差压变送器的原理相同,所不同的是低压室压力是大气压或真空。

(2) 差动脉冲宽度调制电路。将电容变化转变成电压变化的电路有多种,如交流电桥电路等,这里介绍一种差动脉冲宽度调制电路。

差动脉冲宽度调制电路如图 7.2.6 所示。它由比较器 A_1、A_2,双稳态触发器及电容充放电回路所组成。C_1、C_2 为传感器的差动电容,U_R 为参考直流电压,双稳态触发器的两个输出端 A、B 为电路输出。

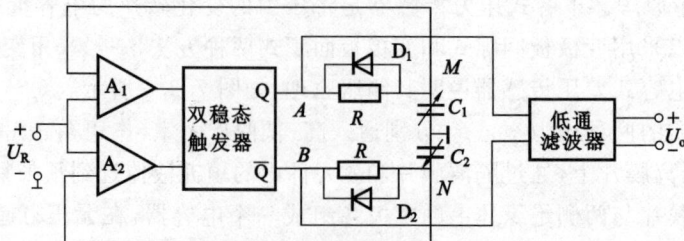

图 7.2.6　差动脉冲宽度调制电路

设电源接通时,双稳态触发器的 $A(Q)$ 端为高电位,$B(\overline{Q})$ 端为低电位,因此 A 点

高电位通过 R 对 C_1 充电,直至 M 点电位升至参考电位 U_R 时,比较器 A_1 输出极性改变,产生一脉冲,触发双稳态触发器翻转,A 点变成低电位,B 点变成高电位。此时二极管 D_1 导通,C_1 逐步放电至零;同时,B 点的高电位经 R 向 C_2 充电,当 N 点电位充电至 U_R 时,比较器 A_2 产生一脉冲,使触发器的两个输出端各自产生一宽度受 C_1、C_2 调制的脉冲方波。

当 $C_1=C_2$ 时,电路各点的电压波形如图 7.2.7(a)所示,A、B 两点间平均电压为零。当 $C_1>C_2$ 时,C_1、C_2 充放电时间常数发生改变,电压波形如图 7.2.7(b)所示,A、B 两点间平均电压不再为零。输出直流电压 U_o 由 A、B 两点间电压 U_{AB} 经低通滤波后获得,即

$$U_o=U_A-U_B=\frac{T_1}{T_2+T_2}U_1-\frac{T_2}{T_1+T_2}U_1=U_1\frac{T_1-T_2}{T_1+T_2} \tag{7.2.1}$$

式中　U_1——触发器输出高电平;

T_1、T_2——C_1、C_2 充电至 U_R 所需时间。

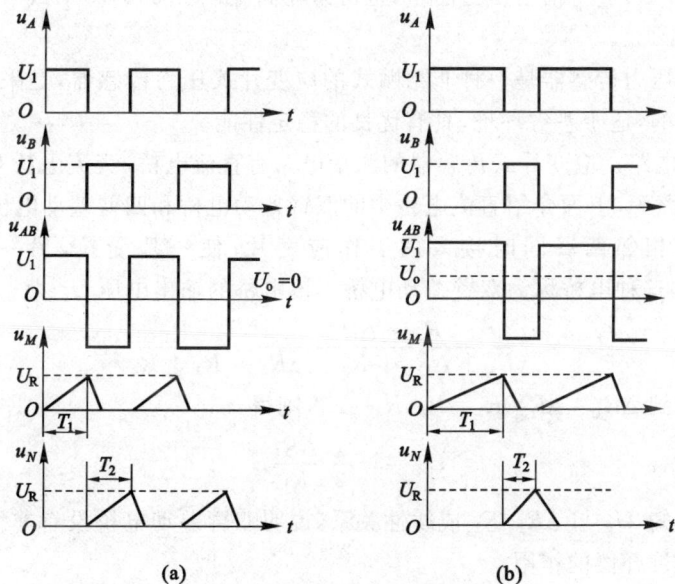

图 7.2.7　各点电压波形图

根据图 7.2.7,由 $u_M(t)$ 和 $u_N(t)$ 的指数曲线关系可得

$$T_1=RC_1\ln\frac{U_1}{U_1-U_R}$$

$$T_2=RC_2\ln\frac{U_1}{U_1-U_R}$$

代入式(7.2.1),则得该电路的输出直流电压为

$$U_\circ = \frac{C_1 - C_2}{C_1 + C_2} U_1$$

由上式可知,差动电容的变化使充电时间不同,从而使双稳态触发器输出端的方波脉冲宽度不同,从而输出电压的平均值不同,它与电容 C_1、C_2 的差值成正比。

2. 应变片式压力传感器

应变片分金属应变片和半导体应变片。

(1) 测量原理。金属电阻应变片测量压力的原理是基于其**应变效应**,即金属导体在外界作用下(如压力等)产生机械变形时,其阻值将发生相应的变化。

半导体应变片测量压力的原理是基于**压阻效应**,即单晶半导体材料沿某一轴向受到外力作用时,其电阻率 ρ 发生变化。所以半导体应变片式压力传感器又称为压阻式压力传感器或硅传感器,它在小量程时有很高的精度和灵敏度,但温度系数大。应变与电阻的关系为非线性。

应变片式压力传感器的结构形式有粘贴式、非粘贴式及脉动式,在一般温度条件下($-40\sim+80$℃)进行精密压力测量,也可以在高温($<1\,500$℃)下或对腐蚀介质进行压力测量。

合金薄膜压力传感器是一种非粘贴式的应变片式压力传感器,是采用近代薄膜技术制造而成的,适于恶劣环境,具有优良的稳定性能。

(2) 测量电路。应变片式传感器的测量电路有直流电桥、交流电桥和电阻-频率(R/f)转换电路等,下面介绍直流电桥中的双臂差动电桥和四臂差动电桥。

在电桥的相邻两臂同时接入两工作应变片,使一片受拉,另一片受压,如图 7.2.8 所示,这种电桥称为双臂差动电桥。该电桥的输出电压 $U_\circ$ 为

$$U_\circ = \left(\frac{R_2 - \Delta R_2}{R_1 + \Delta R_1 + R_2 - \Delta R_2} - \frac{R_4}{R_3 + R_4} \right) E$$

如果考虑到 $\Delta R_1 = \Delta R_2$,$R_1 = R_2$,$R_3 = R_4$,则得

$$U_\circ = -\frac{1}{2} \frac{\Delta R_1}{R_1} E$$

由上式可知,$U_\circ$ 与 $\Delta R_1/R_1$ 成线性关系,说明双臂差动电桥没有非线性误差,同时还可起到温度补偿的作用。

如果按图 7.2.9 接成四片工作片的四臂差动电桥,使相对桥臂的两片受压,另两片受拉,以满足 $\Delta R_1 = \Delta R_2 = \Delta R_3 = \Delta R_4$,$R_1 = R_2 = R_3 = R_4$(称等臂电桥)的条件,则其输出电压为

$$U_\circ = -\frac{\Delta R_1}{R_1} E$$

其输出电压是双臂差动电桥输出电压的两倍。

另外还有压电式、电位器式、电感式、霍尔式等压力传感器,可以根据不同的应用场合选用不同的传感器。

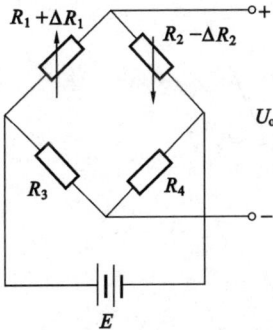

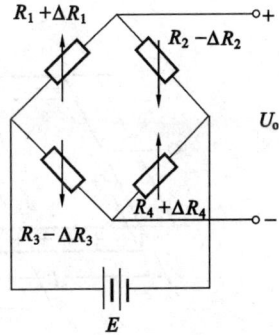

图 7.2.8　差动电桥　　　　　　图 7.2.9　四臂差动电桥

7.2.3　转速的测量

测量转速的方法有很多,其中用得比较多的是光电式和霍尔式等。

1. 光电式测速传感器

利用光电元件产生正比于转速的脉冲信号,可以实现非接触测量。光电式测速传感器常用透射式与反射式两种类型。图 7.2.10 给出了透射式光电测速传感器的原理图。测量盘固定联接在被测转轴上而随同旋转。测量盘与静止固定的读数盘沿外缘周刻有相同间距的径向缝隙。由光源发射的光线,经透镜会聚,透过测量盘与读数盘的缝隙可照射到光敏元件上。测量时测量盘随轴转动,每转过一条缝隙,从光源射来的光线照射到光敏元件上一次,引起光敏元件输出一个电脉冲,再经整形放大,就得到一个可以测量计数的脉冲信号。这种测速传感器每转可产生 20~500 个脉冲,最高转速可测 100 000 r/min 以上,最低几乎可以从零转开始,分辨率高。此外,它对转轴附加载荷很小。缺点是需要一套光学系统,环境灰尘会影响正常工作。

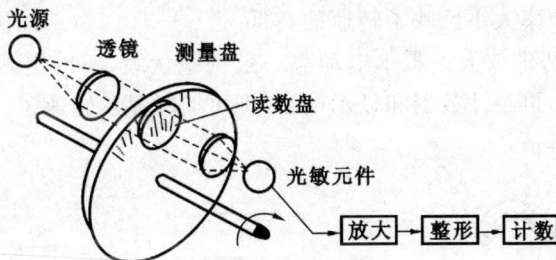

图 7.2.10　光电式测速传感器

2. 霍尔式测速传感器

(1)霍尔元件的基本工作原理。如图 7.2.11 所示的半导体薄片,若在它的两端通以控制电流 I,在薄片的垂直方向上施加磁感应强度为 B 的磁场,则在半导体薄片的两侧产生一电动势 E_H,称为**霍尔电动势**,这一现象称为**霍尔效应**。E_H 的大小可用

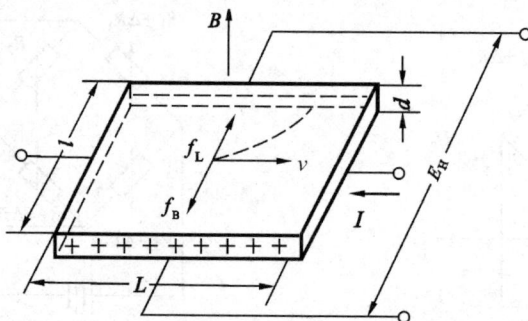

图 7.2.11　霍尔效应原理图

下式表示

$$E_{\mathrm{H}} = \frac{R_{\mathrm{H}} I B}{d} \cos \theta \quad (\mathrm{V})$$

式中　R_{H}——霍尔系数,单位为 $\mathrm{m^3/C}$,半导体材料(尤其是 N 型半导体)可以获得很大的霍尔系数;

　　　　θ——磁感强度 B 与元件平面法线间的角度,当 $\theta \neq 0$ 时,有效磁场分量为 $B \cos \theta$;

　　　　d ——霍尔元件厚度,单位为 m,霍尔元件一般都比较薄,以获得较高的灵敏度。

(2)霍尔元件测速原理。利用霍尔元件实现非接触转速测量的原理图如图 7.2.12 所示。通以恒定电流的霍尔元件,放在齿轮和永久磁铁中间。当机件转动时,带动齿轮转动,齿轮使作用在元件上的磁通量发生变化,即齿轮的齿对准磁极时磁阻减小,磁通量增大;而齿间隙对准磁极时,磁阻增大,磁通量减小。这样随着磁通量的变化,霍尔元件便输出一个个脉冲信号。旋转一周的脉冲数等于齿轮的齿数。因此,脉冲信号的频率大小反映了转速的高低。

(3)霍尔电动势的放大。霍尔电动势一般为毫伏级,所以实际使用时都采用运算放大器加以放大,再经计数器和显示电路,即可实时显示转速了。放大电路的原理电路如图 7.2.13 所示。

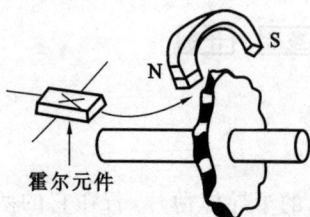

图 7.2.12　霍尔式转速测量示意图　　　　图 7.2.13　霍尔电动势的放大电路

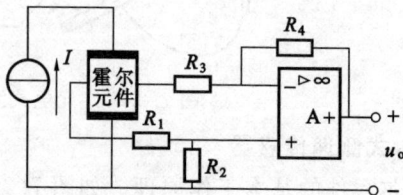

7.2.4　物位的测量

在工业生产过程中,常需要对一些设备和容器内的物位进行测量和控制,例如:气体-液体间的液位高度,气体-固体颗粒或液体-固体间的料位高度,液体-液体间的界面(如油水界面)高度的测量等,我们统称为物位的测量。下面简单介绍两种物位测量方法。

1. 差压式液位测量

对于不可压缩的液体,其相对密度不变,因此液柱的高度与液柱起点处所受静压成正比,由此可以通过测量液体的静压求得液位的高度。密闭容器内的液位可由液位起点与液面上部气体的压力差测得,称为**差压式液位测量**。敞口容器内的液位既可采取这种差压法,又可采取压力法来测量。

在有压密闭容器中,因为液面上有气压,常采用差压式液位测量方法,以消除液面上压力的影响,如图 7.2.14 所示。知道介质相对密度 γ 及测出压差 Δp 即可得到液位高度:

$$H = \frac{\Delta p}{\gamma}$$

测量时,将差压信号转换成电信号,电信号便反映了相应的液位高度。

若测量敞口容器内的液位,则差压变送器的负压室应与大气相通。

2. 超声波物位测量

当超声波在空气中传播遇到障碍物（包括水等液体)时,就会产生明显的反射,利用这一原理可以测量物位。

超声波测量液位的工作原理如图 7.2.15 所示,将超声波发射、接收器安装在离液体底部高为 H 的位置上,设液面的高度为 h',传感器距液面的距离为 h,超声波传播速度为 c,从发射到接收需要的时间为 t,则

$$h = \frac{c \cdot t}{2}$$

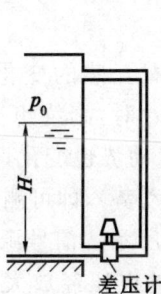

图 7.2.14　差压法测液位　　　　图 7.2.15　超声波测液位原理图

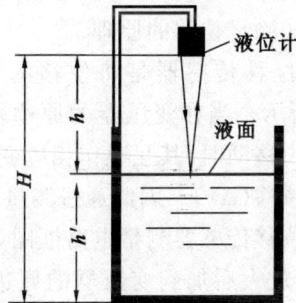

计算出 h，则液位的高度为

$$h' = H - h$$

超声波反射式物位计主要由发射、接收和计数/显示电路组成，原理方框图如图 7.2.16 所示。发射电路是一个 40 kHz 的多谐振荡器，与超声波发射换能器联接可以发射出一串串断续的 40 kHz 超声波信号，每发射完一串它就向计数器送出一个脉冲，触发启动计数，假设该时刻为 t_0。接收电路与接收器联接，用于接收从障碍物反射回来的超声波信号，并将其转换成电信号，接收完一串完整的信号，就产生一个脉冲，设此时刻为 t_1，该脉冲用来读取这一时刻译码器中的数据，此数据（时间差）就是超声波传播的时间 $t = t_1 - t_0$。译码电路把计数器送来的 BCD 码转换成 7 段 LED 码，然后驱动 LED 数码管，显示出结果。

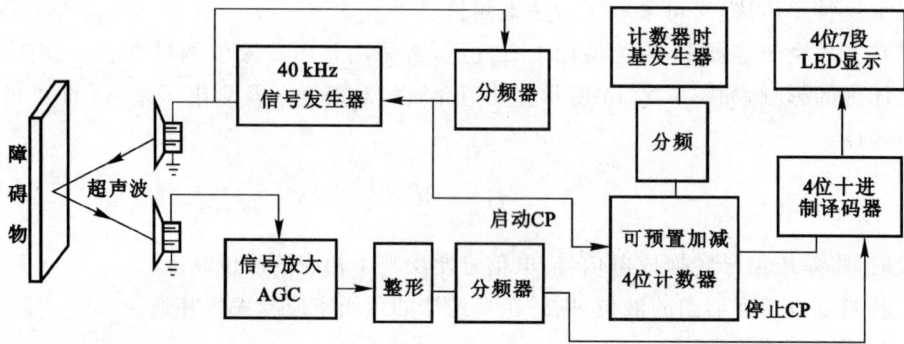

图 7.2.16　超声波液位计原理方框图

以上是用于测物距时的原理，当用于测量液位时，在此基础上，需增加一个减法运算电路，实现 $h' = H - h$ 运算，使显示结果为液位。

7.2.5　其他量的测量

1. 位移的测量

位移的测量方法有变压器式、电阻式、应变式、电感式、电容式和电涡流式等。下面介绍变压器式测量位移的原理。

变压器式位移传感器是将位移的变化转换为线圈互感的变化，其原理图如图 7.2.17(a) 所示。当在变压器的原边输入交流电压 u_i 时，副绕组感应出电势 e。当铁芯在线圈中移动时，其互感作相应变化，因而感生电动势也变化，其变化量（Δe）正比于铁芯的位移（Δx）。因此通过测量副边电压（即电动势），即可测量机械位移。

变压器式位移传感器测量电路框图如图 7.2.17(b) 所示。信号源可产生正弦交流信号，经功率放大后加到变压器的原边，变压器副边的电压经放大、精密整流、滤波，将交流电压变换为直流电压。因为各环节均是线性的，因此其输出直流电压 ΔU。正比于位移 Δx。

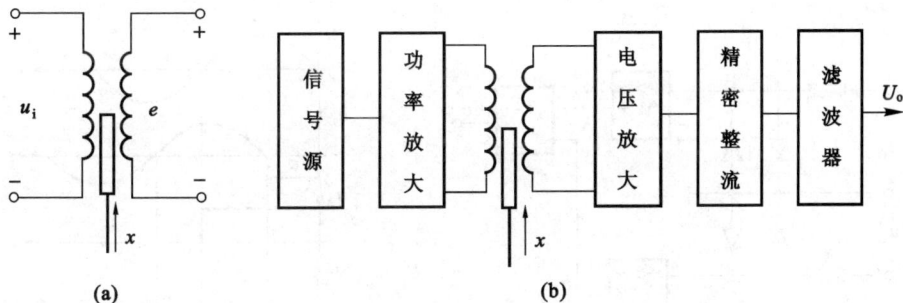

图 7.2.17 变压器式位移传感器及测量原理框图

2. 扭矩的测量

扭矩的测量有相位差式和电阻应变式等。

（1）相位差式。相位差式扭矩传感器有磁电式、电容式和光电式。下面简单介绍磁电式扭矩传感器的工作原理和测量电路。

磁电式扭矩传感器又称感应式扭矩传感器，其原理图如图 7.2.18 所示。在弹性轴的两端安装有两个相同的齿轮，在齿轮上方分别安装有两个相同的、绕在磁钢上的信号线圈。弹性轴两端分别与动力轴和被测轴固定。弹性轴转动时，由于磁钢与齿轮的齿和齿间气隙的磁导率的交替变化，在两个信号线圈中分别感应出两个交变电势 e_1 和 e_2，该两电动势有一恒定的初始相位差 φ_0。当弹性轴受到扭矩 T 作用时，产生扭转变形，两齿轮将有相对扭转角 θ，导致两电动势的相位差变化 $\Delta\varphi$，测出 $\Delta\varphi$ 即可求得扭矩 T，而且根据其电动势的频率还可同时测出转速值。因为两电动势的信号较弱，所以要先进行信号放大，然后送入相位差检测器检测其相位差 φ。

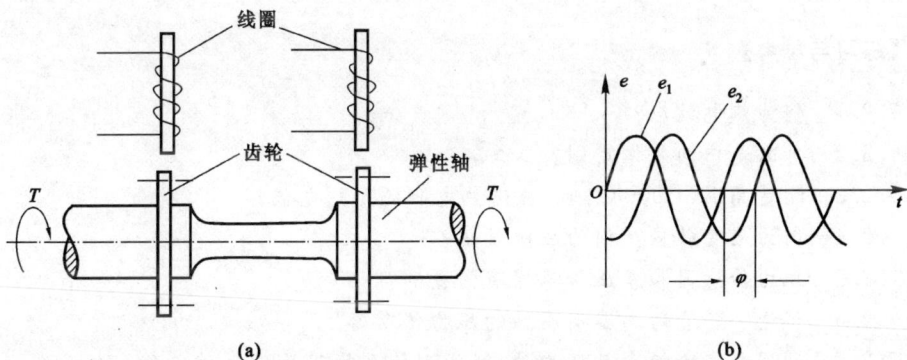

图 7.2.18 磁电式扭矩传感器原理示意图

(a) 原理图；(b) 波形图

图 7.2.19(a)是相位差检测原理图，图中 A_1 与 A_2 是 2 个过零比较器，R_1、R_2 起限流作用。设 u_{i1} 超前 u_{i2}，当两信号经两对反并联的二极管限幅后，进入比较器 A_1

和 A_2,再经异或门后便得出相位差为 φ 的波形,如图 7.2.19(b)所示。

(a)

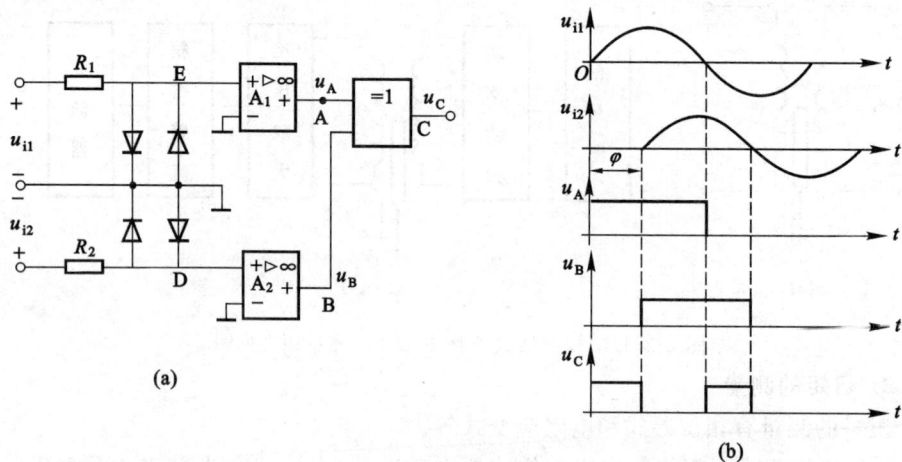

(b)

图 7.2.19　相位检测器

在扭矩测量中,一般采用微处理器(如单片机)进行测量、计算,再配以显示、打印等输出电路。利用微处理器内部的计数器和高频时基脉冲,对相位检测器输出的信号进行计数测量,计算出其周期、相位差、转矩、转速和轴功率(根据 $P_2 = T \cdot n/9\,550$ kW),再进行显示、打印等操作。

本电路也经常用于交流电路中功率因数的检测。

(2) 电阻应变式。它是利用应变片将扭矩产生的剪应变(通过某种装置转变成正应变)转换成电量而进行测量的,有关应变片的原理和测量前已述过,在此不再赘述。

【练习与思考】

7.2.1　何为热电效应?

7.2.2　什么是中间导体定则?

7.2.3　测量高温(1 000℃)时,应选热电阻还是热电偶?

7.2.4　何为应变效应? 何为压阻效应?

7.2.5　压力传感器和差压传感器有何差别?

7.2.6　试选一种能耐高温耐腐蚀的压力传感器。

7.2.7　利用电容除能测量压力外,还能测什么物理量?

7.2.8　被测压力为 80 kPa,现有量程范围为 0~100 kPa,准确度等级为 0.1 级的压力传感器和量程范围为 0~300 kPa,准确度等级为 0.05 级的压力传感器,问选择哪一个传感器更合适? 说明原因。

7.2.9　试比较光电式与霍尔式测速仪的优缺点。

7.2.10 利用霍尔元件还能测量什么物理量?

7.2.11 差压式液位计和差压式压力计有何异同?

7.2.12 差压计可测量差压、表压和压力,试说明如何测量?

7.2.13 超声波液位计是怎样测量液位的?

7.2.14 利用超声波可以进行哪些物理量的测量?试列举之并设计实现框图。

7.2.15 试定性分析变压器式位移传感器的输出信号与位移的关系。

7.3 信号调理电路

在前面所述的非电量测量系统中,传感器已将各种非电量变换为电压信号。但这种非电量的变化是缓慢的,电信号的变化量常常很小(一般只有几毫伏到几十毫伏),所以往往需要将电信号加以放大、滤波,信号的这种处理方式统称为**调理**。

7.3.1 测量放大器

测量放大器的作用是将测量电路或传感器送来的微弱信号进行放大,再送到后面的电路去处理。一般对测量放大器的要求是输入电阻高、噪声低、稳定性好、精度及可靠性高、共模抑制比大、线性度好、失调小,并有一定的抗干扰能力。

1. 用集成运放构成的测量放大器

同相输入放大电路的输入电阻高,但在两输入端有共模信号加入,对环境的共模干扰信号很敏感。因此,需选用共模输入电压范围大、共模抑制比高的集成运放,并在电路上应采取必要的措施滤除外部的共模干扰。

反相输入放大电路由于集成运放的输入端"虚地",在短距离测量时,抗环境干扰性能较好。但在远距离测量时,由于地电阻会引入干扰,或由于传感器的工作环境恶劣,造成在传感器输出端产生干扰,这些干扰信号被放大后输出,将严重影响电路的性能。此外,反相输入放大电路的输入电阻过低,不易与传感器直接联接。

典型的测量放大器(也称数据放大器)原理电路如图 7.3.1 所示。它包含有两级放大器,A_1、A_2 组成第一级,二者均接成同相输入,因此输入阻抗很高。A_3 组成差动放大级,将差动输入转变为单端输出。在该放大电路中,若 $R_2 = R_3$,$R_4 = R_5$,$R_6 = R_7$,则该放大电路的电压放大倍数为

$$A_u = \frac{u_o}{u_i} = -\frac{R_6}{R_4}\left(1 + \frac{2R_2}{R_1}\right) \qquad (7.3.1)$$

由式(7.3.1)可见,调节电位器 R_1 的大小,可改变其电压放大倍数,从而实现了增益调节。

2. 测量放大器集成芯片

目前已有多种型号的单片测量放大器集成芯片,这些芯片与集成运放构成的测

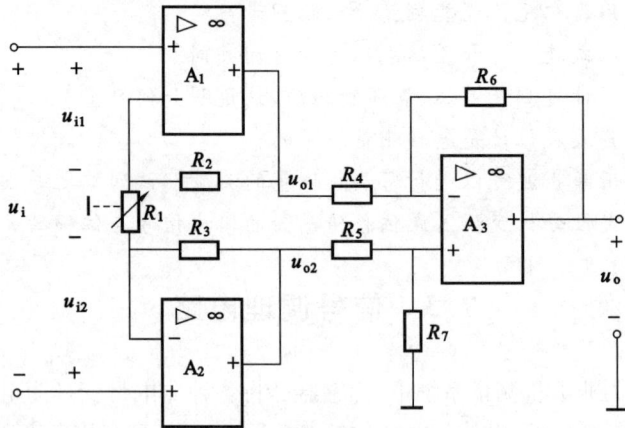

图 7.3.1 测量放大器原理电路

量放大器相比,具有性能优异、体积小、价格低、抗干扰能力强、使用方便等优点。下面以 AD521 芯片为例,简单介绍其电路组成。

AD521 为标准 14 引脚双列直插封装,它的电压放大倍数由外接电阻调节,其引脚排列与基本接法如图 7.3.2 所示。图中引脚 OFFSET(4、6)两端接 10 kΩ 电位器的两固定端,滑动端接负电源端,用来调节放大电路的零点。通常 SENSE(12)端和 U_o(7)端相连,参考端 R_{EF} 接地,使负载上的信号电压和测量端 SENSE 与参考端 R_{EF} 之间的电压一致。测量放大器的电压放大倍数计算公式为

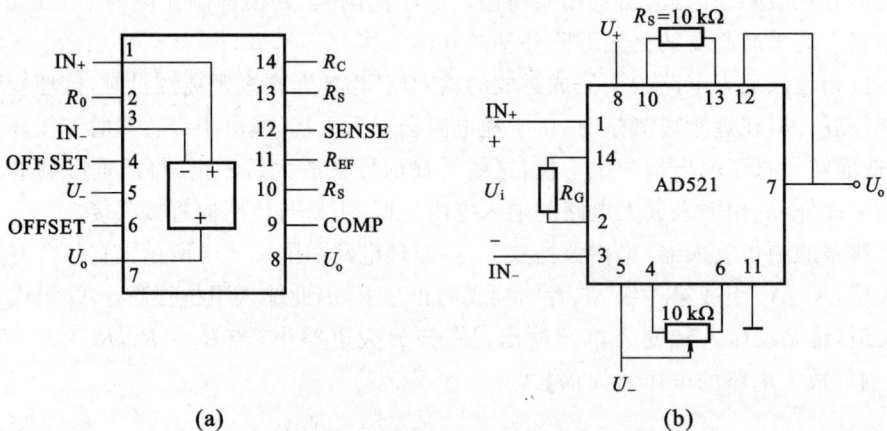

(a)   (b)

图 7.3.2 AD521 的引脚排列与基本接法

(a) 引脚排列;(b) 基本接法

$$A_u = \frac{U_o}{U_i} = \frac{R_S}{R_G} \qquad (7.3.2)$$

放大倍数在 0.1~1 000 范围内调整,通常选取 $R_S = 100$ kΩ±5%,R_G 可调节,

这时的放大倍数较稳定。

7.3.2 隔离放大器

随着测量系统的应用环境日益复杂,实际的测量系统往往由多个功能模块组成。这些模块有时采用不同的电源单独供电,但由于各电源特性不一及地线分布参数的影响,会产生很强的共模干扰。这时在模块之间的信号传输,或某个模块输入与输出端之间,采用一般的测量放大器往往会造成工作不正常或一定程度的损坏,此时必须考虑采用隔离放大器。

隔离放大器的种类很多,有变压器耦合的隔离放大器,也有光电耦合的隔离放大器;有专用的隔离放大器芯片,也有根据不同电路要求设计的分立元件组成的隔离放大器。下面以常用的光电耦合器组成的一个实用线性隔离放大器为例,说明其工作原理。

图 7.3.3 是隔离放大器的电路图。电路的核心是两个光电耦合器 V_1 和 V_2,V_2 和 R_3 组成输出级。V_1 和 V_2 的初级串接,两者流过同一电流 I_1,V_1 和 R_2 组成负反馈电路。电源电压 $U_{C2} > U_{C1}$。电容 C 用来消除电路中可能产生的自激振荡。

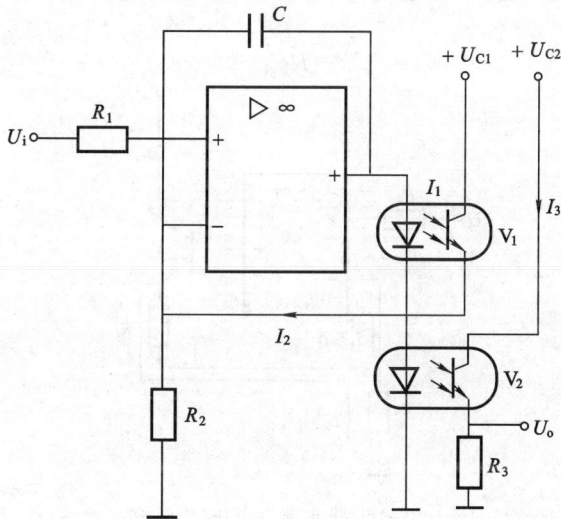

图 7.3.3 线性隔离放大器

光电耦合器是非线性器件,设 V_1 和 V_2 的电流非线性传输函数分别为 $g_1(I_1)$ 和 $g_2(I_2)$,则

$$I_2 = g_1(I_1)$$
$$I_3 = g_2(I_1)$$

对理想运放有 $U_i = U_- = R_2 I_2$,而 $U_o = R_3 I_3$,则放大器的电压放大倍数为

$$A_u = \frac{U_o}{U_i} = \frac{R_3 I_3}{R_2 I_2} = \frac{R_3}{R_2} \cdot \frac{g_2(I_1)}{g_1(I_1)} \tag{7.3.3}$$

如果 V_1 和 V_2 选用同型号的光电耦合器,可以认为它们的传输函数的温度特性和电流非线性是基本一致的,即 $g_1(I_1) = g_2(I_1)$。故 $A_u = \frac{R_3}{R_2}$,具有线性放大作用。

该电路的输入和输出仅有光的耦合,没有电的联系,因此能很好地隔断共模干扰,可以解决模块模拟信号的不共地传输问题。

7.3.3　电压-电流转换器

传感器输出的信号经过放大后,其输出仍为电压信号。电压信号不适于远距离传输,因为传输线路上的电阻压降将使信号衰减。为了解决这一问题,一般远距离传输多用电流信号,这就需要电压-电流转换器,将电压信号变换为电流信号。

1. 由运算并放大器实现的电压-电流转换器

由运算放大器实现的电压-电流转换器如图 7.3.4 所示。被转换的电压 U 通过电阻 R_1 加到运算放大器的同相输入端,经过放大后,反馈到反相输入端的电压非常接近于电压 U,则通过电阻 R_2 的电流为

$$I_L = \frac{U}{R_2} \tag{7.3.4}$$

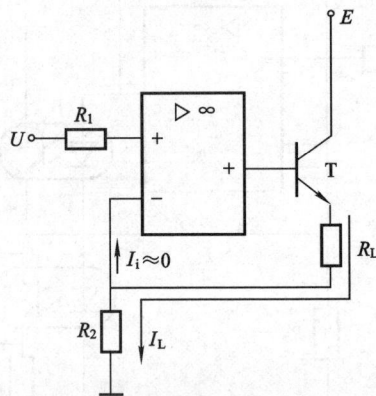

图 7.3.4　运算放大器实现的电压-电流转换器

由式(7.3.4)可见,R_2 为常数,输出电流 I_L 正比于输入电压 U,从而实现了电压-电流转换的目的。同时,输出电流 I_L 与负载电阻 R_L 无关,从而可实现信号的远距离传输。

2. 集成电压-电流转换器

在仪器仪表中,一般输出 $4\sim20$ mA 的标准电流信号,目前多采用集成电压-电流转换器。

$4\sim20$ mA 的电压-电流变换器有两种:一种为三线制(电源正端,输出信号正端

和公共地端），如 AD694 等；另一种为两线制，如 XTR101、XTR501、XTR110 等。下面以常用的二线制 U/I 变换器 XTR101 为例作一简单介绍。

XTR101 是精密低漂移的两线变送器集成电路，主要用于压力变送器、温度变送器、毫伏变送器等场合。

图 7.3.5 为 XTR101 的简单的电路原理图和 DIP（双列直插型）管脚图。其管脚说明如下：

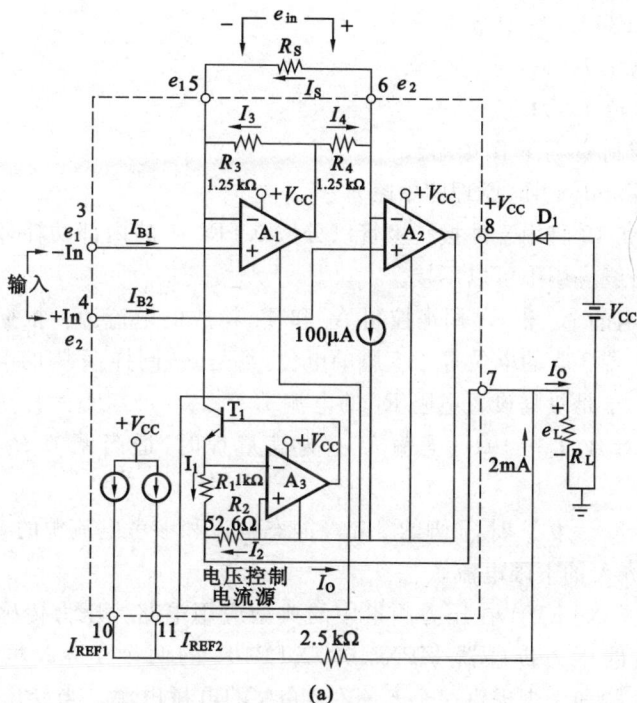

(a)

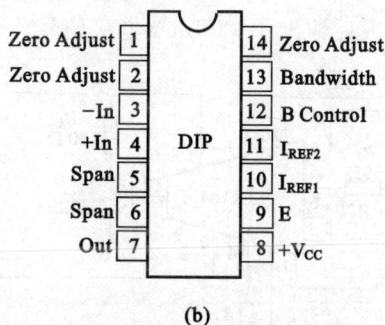

(b)

图 7.3.5 XTR101 的电路原理图和管脚图

(a) 原理图；(b) 管脚图

1、2、14:外接电位器调零端(原理图中略);

3:信号输入负端;

4:信号输入正端;

5、6:通过在此两端接合适的电阻实现量程的调节;

7:电流信号输出端;

8:电源;

9:发射极 E(原理图中略);

10:基准电流 I_{REF1};

11:基准电流 I_{REF2};

12:基极控制 B(原理图中略);

13:带宽(Bandwidth,原理图中略)。

其中 9 脚和 12 脚用于外接三极管以分散 XTR101 的内部功耗,降低其温升,提高其精度,在一般应用中可以不接。

单电源供电的 A_1 和 A_2 用来控制 A_3 和 T_1 构成的电流源。根据运算放大器虚短的概念,输入端 3 脚的电位等于 5 脚的电位,都是 e_1,同样,4 脚的电位等于 6 脚的电位,都是 e_2。于是量程设置电阻 R_S 的电流 $I_S = (e_2 - e_1)/R_S = e_{in}/R_S$,而 $I_1 = I_S + I_3$。电路被设计成 $I_2 = 19I_1$,当输入 e_{in} 为满量程时,适当调节 R_S,使 I_O 为满度 20 mA。

当 $e_{in} = e_2 - e_1 = 0$ V 时,7 脚的 2 mA 静态电流和参考电流源的 2 mA 电流构成了输出 $I_O = 4$ mA 的下限电流。

图 7.3.6 是 XTR101 在压力测量中的典型应用电路。压力传感器采用的是摩托罗拉的 X 型硅压力传感器 MPX7100,XTR101 的两个 1 mA 恒流源合并后向 MPX7100 的 3 脚和 1 脚提供一个 6.4V、2 mA 的电桥电源。当受压时,传感器的 2 脚和 4 脚相应输出电压信号给 XTR101 的信号输入端 3 脚和 4 脚,经放大、U/I 变换和 T_1 功率三极管功率放大后输出 4～20 mA 电流信号。T_1 功率管使 XTR101 工作

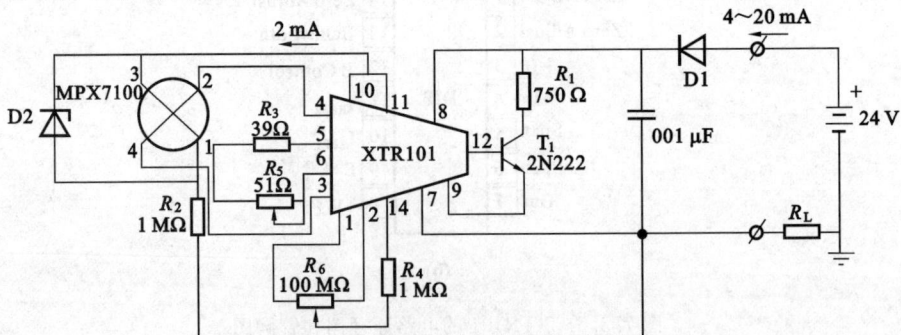

图 7.3.6 X 型硅压力传感器变送电路

时热源外移,以保证其工作稳定性。R_6 用于调节变送器初始零位 4 mA,R_5 用于调节变送器满量程时,使其输出 20 mA。

7.4 滤 波 器

滤波器是一种能使一定频率范围内的信号顺利通过,而使其他频率的信号受到较大衰减的电路,主要用于滤除干扰信号。一般在微弱信号放大的同时附加滤波功能或在信号采样前使用滤波器。滤波器常以它的工作频率范围来命名,如低通滤波器指低频信号能通过而高频信号不能通过的滤波器;高通滤波器的性能则与之相反。带通滤波器是指在某一个频率范围内的信号能通过而在此之外的信号均不能通过的滤波器;带阻滤波器的性能则与之相反。各种滤波器的理想特性如图 7.4.1 所示。其中,图(a)为低通滤波器的特性;图(b)为高通滤波器的特性;图(c)为带通滤波器的特性;图(d)为带阻滤波器的特性。

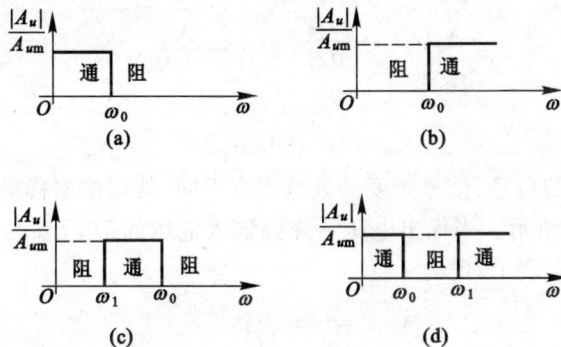

图 7.4.1 滤波电路的理想特性

滤波器分为无源滤波器、有源滤波器。近年来又发展了开关电容滤波器和可编程滤波器,下面分别予以介绍。

7.4.1 无源 RC 滤波器

由无源器件构成的滤波器称无源滤波器。图 7.4.2(a)是无源 RC 低通滤波器的电路图。对于输入信号中的低频成分,由于电容的容抗很大,$X_C \gg R$,信号能顺利通过;而对于高频成分,$X_C \ll R$,信号被大大衰减而不能通过。故为低通滤波器。

图 7.4.2(a)所示电路的频率特性为

$$A_u(\mathrm{j}\omega) = \frac{\dot{U}_2}{\dot{U}_1} = \frac{1}{1 + \mathrm{j}\omega RC} = \frac{1}{\sqrt{1 + (\omega RC)^2}} \angle (-\arctan(\omega RC)) \quad (7.4.1)$$

幅频特性为

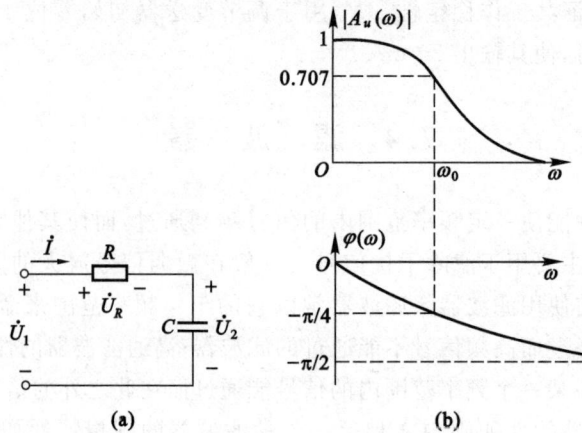

图 7.4.2　无源 RC 低通滤波器

(a) 电路图；(b) 频率特性

$$|A_u(\omega)| = \frac{U_2}{U_1} = \frac{1}{\sqrt{1 + (\omega RC)^2}} \qquad (7.4.2)$$

相频特性为

$$\varphi(\omega) = -\arctan(\omega RC) \qquad (7.4.3)$$

对于不同频率的信号,信号幅度的衰减程度不同,其相位偏移量也不同。其频率特性如图 7.4.2(b)所示。当输出电压下降到输入电压的 70.7% 时对应的角频率称为**截止角频率**,以 ω_0 表示,此时

$$\omega_0 = \frac{1}{RC} \qquad (7.4.4)$$

如果将 R 和 C 易位,改为从电阻 R 两端输出,就构成了高通滤波器。

7.4.2　有源滤波器

由无源 RC 电路和有源的运算放大器构成的滤波器,称为**有源滤波器**。与无源滤波器比较,它具有体积小、频率特性好等优点,因而得到广泛应用。

图 7.4.3(a)是有源低通滤波器的电路。由 RC 电路得出

$$\dot{U}_+ = \dot{U}_C = \frac{\dfrac{1}{\mathrm{j}\omega C}}{R + \dfrac{1}{\mathrm{j}\omega C}} \dot{U}_\mathrm{i} = \frac{1}{1 + \mathrm{j}\omega RC} \dot{U}_\mathrm{i}$$

根据同相比例运算电路的运算关系得出

$$\dot{U}_\mathrm{o} = \frac{1 + \dfrac{R_\mathrm{F}}{R_1}}{1 + \mathrm{j}\omega RC} \dot{U}_\mathrm{i}$$

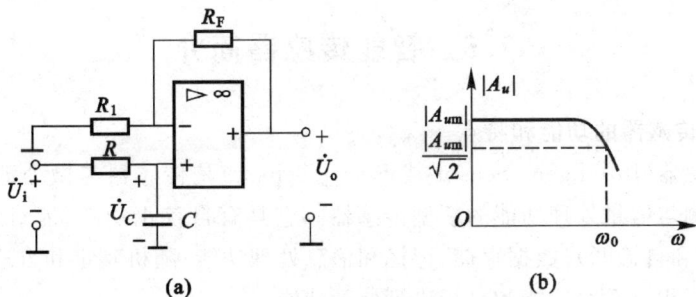

图 7.4.3　有源低通滤波器

故
$$A_u = \frac{\dot{U}_o}{\dot{U}_i} = \frac{1 + \dfrac{R_F}{R_1}}{1 + j\omega RC} = \frac{1 + \dfrac{R_F}{R_1}}{1 + j\dfrac{\omega}{\omega_0}} \qquad (7.4.5)$$

式中　$\omega_0 = \dfrac{1}{RC}$　或 $f_0 = \dfrac{1}{2\pi RC}$

电压放大倍数 A_u 的值为

$$|A_u| = \frac{1 + \dfrac{R_F}{R_1}}{\sqrt{1 + \left(\dfrac{\omega}{\omega_0}\right)^2}} \qquad (7.4.6)$$

当 $\omega = 0$ 时，$|A_{um}| = 1 + \dfrac{R_F}{R_1}$

当 $\omega = \omega_0$ 时，$|A_u| = \dfrac{1 + \dfrac{R_F}{R_1}}{\sqrt{2}} = \dfrac{|A_{um}|}{\sqrt{2}}$

滤波器的幅频特性如图 7.4.3(b)所示。

图 7.4.3 所示电路是一阶有源低通滤波器，如果将两节 RC 电路级联起来，则可以构成二阶有源低通滤波器，其滤波效果更好，当 $\omega > \omega_0$ 时，信号衰减得更快些，频率特性更接近理想特性。如果将有源低通滤波器中 RC 电路的 R 和 C 位置对调，则成为有源高通滤波器。如果将低通滤波器和高通滤波器适当配合级联，则可构成带通和带阻滤波器。

目前，性能好，应用广的是集成开关电容滤波器和可编程滤波器，根据需要可进行选择。

【练习与思考】

7.4.1　根据幅频特性特点说明什么是低通、高通、带通、带阻滤波器。

7.4.2　无源 RC 滤波器的输出能大于输入吗？为什么？

*7.5　智能传感器简介

1. 智能传感器的功能和特点

智能传感器(Intelligent Sensor 或 Smart Sensor)是传感器与微处理器的结合，兼有信息检测与信息处理功能的新型传感器。它具有自校正功能(能对外界信息进行检测、判断和自诊断)；数据存储、记忆和信息处理功能；随机整定和自适应能力；还具有与主机互相对话的功能和自行决策处理功能。

由上述智能传感器的主要功能可见，它的精度、稳定度、可靠性、分辨力和信噪比等都比传统传感器要高，然而其价格却更低。因为它是采用廉价的集成电路工艺和芯片以及强大的软件来实现的。

2. 智能传感器实现的技术途径

按照智能传感器实现的技术途径可分为非集成化实现、集成化实现和混合实现三种。非集成化实现就是将传统的传感器、信号调理电路、带数字总线接口的微处理器组合为一整体。例如美国罗斯蒙特公司、SMAR 公司生产的电容式智能压力(差压)变送器系列产品。近十年来迅速发展起来的模糊传感器也是一种非集成化的智能传感器。集成化实现是采用微机械加工技术和大规模集成电路工艺技术，利用硅作为基本材料制成敏感元件、信号调理电路和微处理器单元，并把它们集成在一块芯片上，所以又称为集成智能传感器(Integrated Smart / Intelligent Sensor)。集成化智能传感器按其具有的智能化程度又可分为初级、中级和高级三种形式，集成化程度越高，其智能化水平也越高。由于在一块芯片上实现智能传感器存在许多困难，而且有时也不一定是必须的，所以混合实现是更切合实际的途径。混合实现是将各集成化环节，如敏感元件、信号调理电路、微处理器单元、数字总线接口等按不同的组合方式集成在二块或三块芯片上，并装在一个外壳里。

3. 智能传感器举例

ST-3000 系列智能变送器是美国霍尼韦尔(Honeywell)公司于 1983 年推出的智能化压力变送器，它由两部分组成：一部分为传感芯片及调理电路；另一部分为微处理器、存储器以及 I/O 接口等，具有双向通信能力和完善的自诊断功能，它的输出有标准的 4～20 mA 模拟信号及数字信号两种形式。图 7.5.1 为 ST-3000 智能变送器的结构框图。

ST-3000 智能变送器量程比最大可达 400∶1，一般传感器仅为 10∶1；模拟输出时的精度达量程的±0.075%，数字输出时可达读数的 0.125%；可以与智能现场通信器(SFC)联接，进行远距离通信，用户可以方便地调节变送器的有关参数；还具有诊断变送器故障的功能。

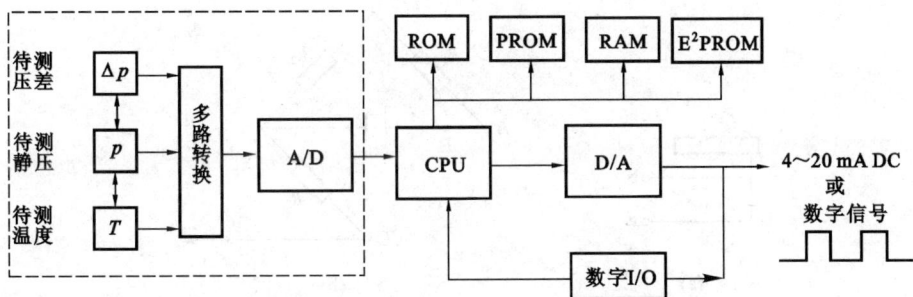

图 7.5.1　ST-3000 智能压力变送器的结构框图

习　题

7.1　在图 7.1.1 所示电路中,设 $U_i = 900$ V,数字电压表的量程为 200 mV。

(1) 求每个抽头点对地的电位各为多少?

(2) 此时开关应打向何处?

(3) 当开关打向正确的位置后,数字电压表的输入电压为多少?

(4) 数字电压表显示的值是多少?

7.2　根据图 7.1.7 所示的单相功率测量电路,试设计一功率因数测量电路。

7.3　题图 7.1 为一热电偶测温回路,A、B 为热电极,C、D 为补偿导线,请说明各联接点处标出的各温度值或相关的温度值之间必须满足什么样的关系(是否要求相等、恒定)才不会引入测量误差。

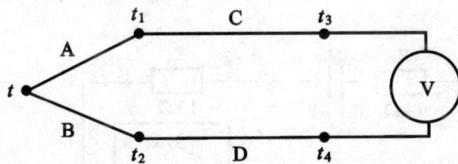

题图 7.1　题 7.3 的图

7.4　用镍铬-镍硅热电偶测量炉温,其仪表示值为 600℃,而冷端温度为 65℃,则实际温度为 665℃,对不对? 为什么? 该如何计算?

7.5　热电阻三线制接法要解决什么问题? 是怎样解决的? 请完成题图 7.2 中的热电阻接线。

7.6　某电桥接线如题图 7.3 所示,其中 $R = R_1 = R_2 = 120$ Ω,$r = 3$ Ω,请计算由引线电阻 r 引起的相对误差为多少? 该问题该如何解决?

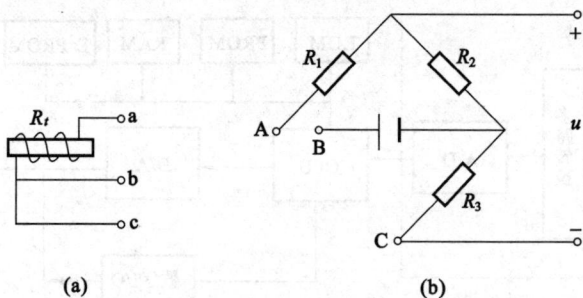

题图 7.2 题 7.5 的图

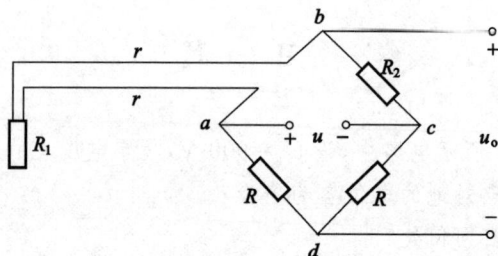

题图 7.3 题 7.6 的图

7.7 概述差动脉冲宽度调制电路是如何将差动电容的变化转变为电压的变化的?

7.8 光电式测速仪码盘槽缝数为 1 024,测得每 1 秒钟内有 256 个脉冲,试求所测转速 n 为多少?

7.9 电路如图题图 7.4 所示,求其频率特性和截止频率。

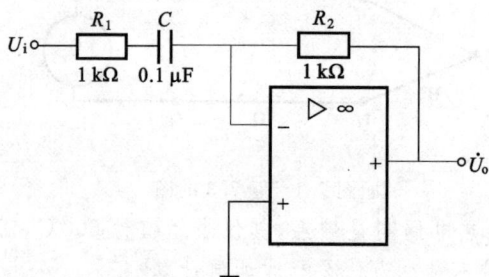

题图 7.4 题 7.9 的图

7.10 题图 7.5 为反相输入的一阶低通有源滤波电路,试推导其频率特性。若 $C=0.1\ \mu F$,$R_1=1\ k\Omega$,$R_f=3k\Omega$,求其截止频率 f_c。

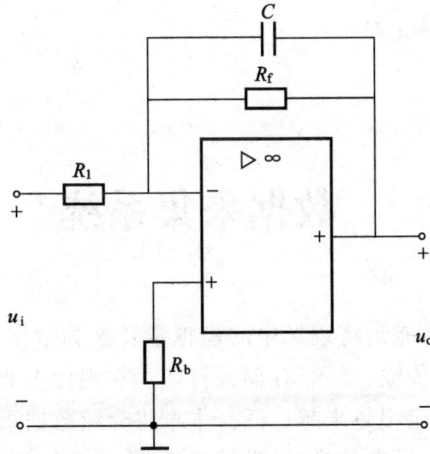

题图 7.5 题 7.10 的图

7.11 某压力传感器的压力测量范围为 0～10 MPa,其输出电信号为 0～100 mV。若该信号用如图 7.3.1 所示的测量放大器放大,要求放大器的输出信号为 0～5 V,试按式(7.3.1)选择各电阻值;若放大器输出 4 V 时,则被测压力为多少?

7.12 电路如图 7.3.6 所示,若 $R_L = 250\ \Omega$,则其输出电压的变化范围为多少?

7.13 某变送器输出信号的最高频率约为 1 kHz,为防止高频干扰,试设计一个低通滤波器。

第8章

数据采集系统

数据采集系统的功能是将现场中的模拟量转换为数字量并自动地进行采集,然后再送微机进行处理、传输、显示、存储或打印。在现代工业测控系统中,数据采集系统是必不可少的,而且应用越来越广泛。本章将介绍数据采集系统的组成,包括多路模拟开关、采样保持器、模数转换器、数模转换器、数据的处理。最后介绍两个数据采集系统实例。

基本要求

(1) 掌握数/模、模/数转换的基本原理;

(2) 掌握采样定理;

(3) 了解测量数据的处理方法。

8.1 一般工业测控系统的组成

图 8.1.1 为一般工业测控系统的组成框图。这是一个多输入、多参量测量系统。对于多路信号,尤其是各路信号为不同量纲的物理量时,每路传感器输出的信号电平都会有较大的差异,一般都要经过单独的滤波放大,将其转换为标准的模拟电压信号。为了实现微机对这些模拟量的检测、运算和控制,就需要通过**模数转换器**(Analog to Digital Convertor,简称 ADC 或 A/D)将模拟量转换为数字量。如果被测物理量是快速变化的,尽管所用 A/D 转换器的转换速度较快,但 A/D 转换总需要一定的时间,微机也不可能同时调入多个信号,因此有必要在某一时刻同时采集各个被测信号,并在一段时间内保持不变,给予充分时间让 A/D 转换器进行转换,微机进行处理。因此,在测量快速变化的信号时,在滤波放大电路之后应接入采样-保持(Sample-Hold,简称 S/H)器。若被测物理量是缓慢变化的,可去掉采样-保持器。

在实际数据采集系统中,往往需要同时使用多个传感器。如果对一个传感器专用一个 A/D,显然将使系统成本大大增加。通常的办法是使多个传感器复用一个公

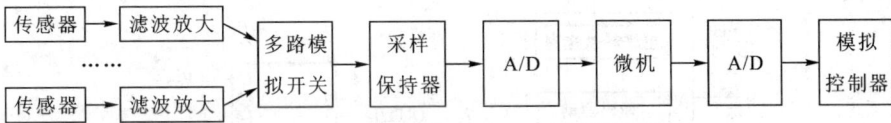

图 8.1.1　一般工业测控系统的组成框图

共的 A/D,即将多个传感器轮流切换至 A/D,以达到各回路分时占用 A/D 转换电路的目的。多路模拟开关就是为完成这一任务而设计的。

　　当需要对某一物理量进行控制时,由微机确定控制量的大小,通过数模转换器(Digital to Analog Convertor,简称 DAC 或 D/A)把数字量转换成模拟量,然后再通过模拟控制器实现对物理量的控制。

8.2　多路模拟开关

　　模拟开关是一种能按照控制指令对模拟信号传输进行通、断控制的电子器件。理想开关在接通时其导通电阻应为零,在断开时其关断电阻应为无穷大。模拟开关多用场效应管构成,因为场效应管的 U_{GS} 能控制 D、S 之间导通和断开,但这样做成的模拟开关接通时还会有一导通电阻,在断开时仍会有一小的关断电流,电阻并非无穷大,这是电子开关与机械开关的不同点。但当后面所接的负载电阻很大时,电子开关的电阻带来的误差是非常小的。

　　CC4051 是一个双向传输的 CMOS 多路开关集成芯片,它既可用于 8 路到 1 路的切换(用于 A/D),又可用于 1 路到 8 路的切换(用于 D/A)。其原理电路如图 8.2.1(a)所示,管脚图如图 8.2.1(b)所示,真值表如表 8.2.1 所示。由 3 个地址线 A、B、C 的状态及 INH 端来选择 8 个通道中的某一路接通。

表 8.2.1　CC4051 的真值表

输 入 状 态				接通通道
INH	A	B	C	
0	0	0	0	0
0	0	0	1	1
0	0	1	0	2
0	0	1	1	3
0	1	0	0	4
0	1	0	1	5
0	1	1	0	6
0	1	1	1	7
1	X	X	X	无

　　当 IN/OUT 管脚作为输入时,OUT/IN(3 脚)作为输出可以将 8 路模拟信号按照选通地址将某一路传送到第 3 脚;相反,当 OUT/IN 作为输入时,可以将该输入信号按照选通地址分发到各 IN/OUT 端。

　　CC4052 是双向双四通道多路模拟开关,而 AD7501～AD7503 是单向多输入单输出模拟开关。

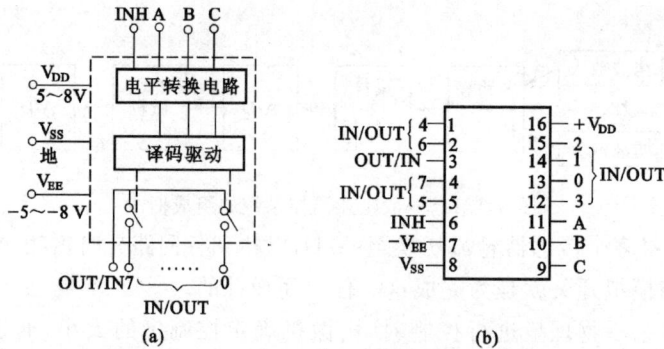

图 8.2.1　CC4051 原理电路图和管脚图

8.3　采样保持器

采样保持器常用于输入信号变化较快或具有多路输入信号的数据采集系统中，也可用于其他要求对信号进行瞬时采样和存储的场合。因为 A/D 转换过程需要一定的时间，所以需要采样保持器的配合，以便在 A/D 转换过程中有一个稳定的输入量。采样保持器的工作过程由外部信号控制，工作过程分"采样"和"保持"两个阶段。"采样"就是要求输出信号能快速而准确地跟随输入信号的变化；而"保持"则是在两次采样间隔时间内保持上一次采样结束瞬间的状态。

一种基本的采样保持器电路如图 8.3.1 所示。电路由模拟开关、存储电容和缓冲放大器等三部分组成。模拟开关通常采用场效应管，缓冲器为集成运放构成的电压跟随器。当控制信号 L 为高电平时，N 沟道增强型场效应管 T 导通，电路处于采样状态。此时 u_i 通过 T 向存储电容 C 充电，集成运放输出跟随输入，$u_o = u_C = u_i$，即输出电压跟踪输入电压变化。当控制信号 L 为低电平时，T 管截止，输入信号 u_i 被断开，电路处于保持状态，$u_o = u_C$。由于电容 C 无放电回路，故能将上次采样结束时的 u_i 保持一段时间，直到下次再采样。其输入、输出波形如图 8.3.2 所示。

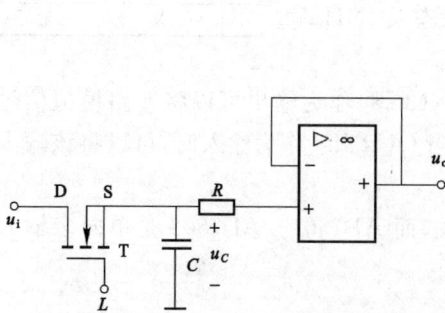

图 8.3.1　采样保持器电路

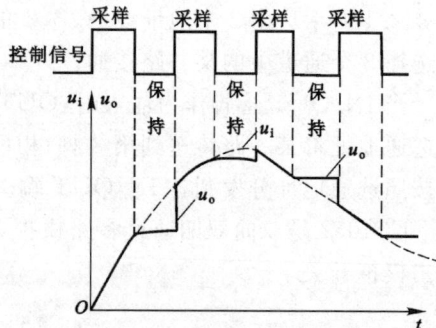

图 8.3.2　采样保持器的输入输出波形

常用的集成采样保持器芯片有 LF398 和 AD582 等。

8.4　数模转换器

数模转换器的功能是将数字量转换为模拟量。

数模转换器 DAC 的输入是一个 n 位二进制数 N，按权位展开它可表示为

$$(N)_2 = d_{n-1} \cdot 2^{n-1} + d_{n-2} \cdot 2^{n-2} + \cdots + d_1 \cdot 2^1 + d_0 \cdot 2^0$$

DAC 的输出是与数字量成正比的模拟量（电压或电流）A

即

$$A = K \cdot N = K(d_{n-1} \cdot 2^{n-1} + d_{n-2} \cdot 2^{n-2} + \cdots + d_1 \cdot 2^1 + d_0 \cdot 2^0)$$

式中，K 为转换器的转换系数。

数模转换器的工作原理是，首先将输入数字量的每一位代码按其权位的大小转换成相应的模拟量，然后将代表各位的模拟量相加即可得到与该数字量成正比的模拟量，从而实现了数模转换。DAC 有许多种类型，下面仅介绍用得较多的倒 T 形电阻网络 DAC。

1. 倒 T 形电阻网络 DAC

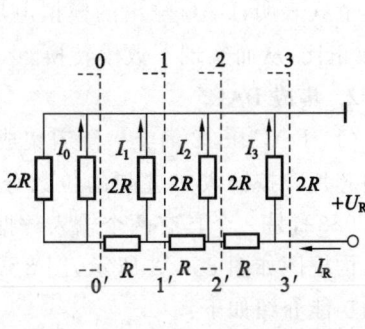

图 8.4.1 是四位倒 T 形电阻网络 DAC 的原理图。它由 R、$2R$ 构成的倒 T 形电阻网络、模拟电子开关 S、求和放大器 A 和基准电压源 U_R 等部分组成。开关 $S_0 \sim S_3$ 分别受数字量 $d_0 \sim d_3$ 的控制，当某位二进制数码为 1 时，开关接到运放的反相输入端（虚地），为 0 时接到运放的同相输入端（地）。

我们先计算电阻网络的输出电流 I_{o1}，计算时要注意两点：

（1）不论模拟开关接到运放的反相输入端（虚地）或接地，也就是不论输入数字信号是 1 或 0，倒 T 形电阻网络可用图 8.4.2 所示的电路来等效。

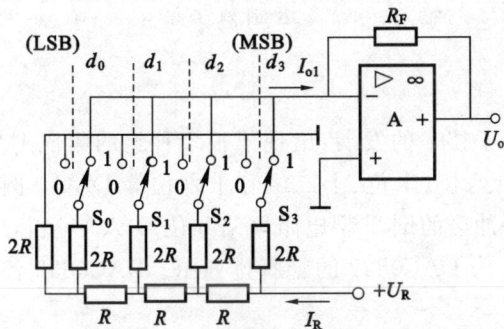

图 8.4.1　倒 T 形电阻网络 DAC　　　图 8.4.2　计算倒 T 形电阻网络输出电流的等效电路

（2）$00'$、$11'$、$22'$、$33'$ 左边部分电路的等效电阻均为 R。因此，从参考电压端输入

的电流为

$$I_R = \frac{U_R}{R}$$

而后根据分流公式得出流过 S_3、S_2、S_1、S_0 各开关的支路电流为

$$I_3 = \frac{1}{2}I_R = \frac{U_R}{2^1 R}, \qquad\qquad I_2 = \frac{1}{4}I_R = \frac{U_R}{2^2 R}$$

$$I_1 = \frac{1}{8}I_R = \frac{U_R}{2^3 R}, \qquad\qquad I_0 = \frac{1}{16}I_R = \frac{U_R}{2^4 R}$$

当 $d_i = 1$ 时，$I_i = \frac{U_R}{2^4 \cdot R} d_i 2^i$，$(i = 0, 1, 2, 3)$，该电流流向运放的反相输入端，对 I_{o1} 有贡献；当 $d_i = 0$ 时，I_i 流向地，对 I_{o1} 无贡献。由此可以得出电阻网络的输出电流为

$$I_{o1} = d_3 \cdot I_3 + d_2 \cdot I_2 + d_1 \cdot I_1 + d_0 \cdot I_0$$
$$= \frac{U_R}{2^4 \cdot R}(d_3 \cdot 2^3 + d_2 \cdot 2^2 + d_1 \cdot 2^1 + d_0 \cdot 2^0)$$

则运算放大器输出的模拟电压 U_o 为

$$U_o = -I_{o1}R_F = -\frac{R_F U_R}{2^4 \cdot R}(d_3 \cdot 2^3 + d_2 \cdot 2^2 + d_1 \cdot 2^1 + d_0 \cdot 2^0)$$

如果输入的是 n 位二进制数，则

$$U_o = -\frac{R_F U_R}{2^n \cdot R}(d_{n-1} \cdot 2^{n-1} + d_{n-2} \cdot 2^{n-2} + \cdots + d_0 \cdot 2^0)$$

当取 $R_F = R$ 时，则上式为

$$U_o = -\frac{U_R}{2^n}(d_{n-1} \cdot 2^{n-1} + d_{n-2} \cdot 2^{n-2} + \cdots + d_0 \cdot 2^0) \qquad (8.4.1)$$

上式表明，DAC 输出的模拟电压 U_o 与输入 n 位二进制数字量 $d_{n-1}, d_{n-2}, \cdots, d_0$ 成正比，从而实现了数模转换。

2. 集成 DAC

(1) DAC 0832 简介。随着集成电子技术的发展，出现了很多种类的集成 DAC 电路芯片。按输入二进制的位数分，有八位、十位、十二位和十六位等 DAC。例如 DAC0832，是一个具有两个输入数据缓冲区的倒 T 型电阻网络 8 位 D/A 转换芯片，其结构框图如图 8.4.3 所示，图 8.4.4 为 DAC0832 的管脚排列图。DAC0832 各管脚的功能介绍如下：

$D_7 \sim D_0$：8 位数据输入端；

ILE：(Input Latch Enable)数据允许锁存信号；

$\overline{CS}$：输入寄存器选择信号，低电平有效；

$\overline{WR_1}$：输入寄存器的写选通信号。从原理图中可以看出，输入寄存器的锁存信

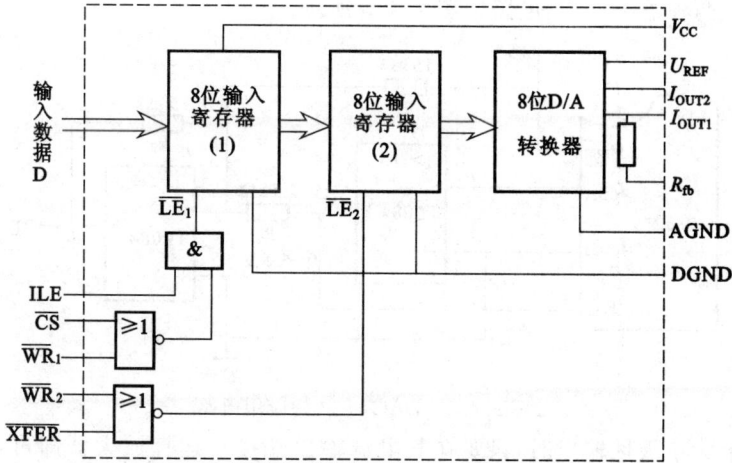

图 8.4.3　DAC0832 的原理电路方框图

号$\overline{LE_1}$,是由 ILE、$\overline{CS}$、$\overline{WR_1}$ 的逻辑组合产生的,当 $\overline{LE_1}$ 为高电平时,输入寄存器的状态随输入数据变化;当$\overline{LE_1}$ 为低电平时,将输入的数据锁存;

$\overline{XFER}$:数据传送信号,低电平有效;

$\overline{WR_2}$:DAC 寄存器的写选通信号。DAC 寄存器的锁存信号$\overline{LE_2}$由$\overline{XFER}$和$\overline{WR_2}$的逻辑组合产生。当$\overline{LE_2}$ 为高电平时,DAC 寄存器的输出随寄存器的输入而变化,而当$\overline{LE_2}$ 为低电平时,将输入寄存器的内容送入 DAC 寄存器并开始转换;

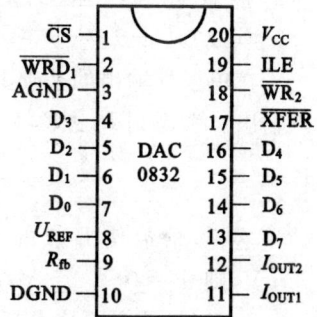

图 8.4.4　DAC0832 的管脚
排列图

U_{REF}:由外电路提供的基准电源输入端,电压范围为$-10 \sim +10$ V;

R_{fb}:为外部运算放大器提供的片内反馈电阻,用以提供适当的输出电压,该端又称为反馈信号输入端;

I_{OUT1}:电流输出端 1;

I_{OUT2}:电流输出端 2,$I_{OUT1} + I_{OUT2} =$ 常数;

AGND:模拟地;

DGND:数字地。

在电路布线时,数字地和模拟地应尽量分开。模拟地 AGND 与模拟电路的参考地相接,数字地 DGND 与数字电路的参考地相接,数字地与模拟地在电源的负端连在一起。

(2) DAC0832 的输出方式。DAC0832 为电流输出型 D/A 转换器,可提供单极性和双极性两种输出方式,电路如图 8.4.5 所示。

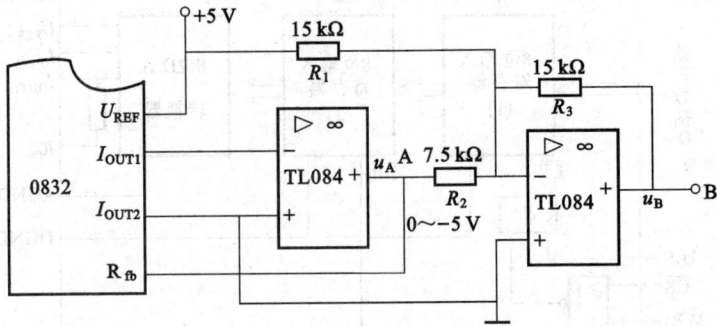

图 8.4.5　DAC 0832 的应用电路

当要求为单极性输出时,只要在其电流输出端接一运算放大器即可,从 A 点输出。输出电压为 $u_A = I_{OUT1} \times R_{fb}$(注意:反馈电阻 R_{fb} 为片内电阻),其极性和基准电压的极性相反。当 U_{REF} 接 + 5 V(或 − 5 V)时,u_A 的电压范围是 0~−5 V(或 0~+5 V)。

在单极性输出的基础上再增加一级运算放大器,便构成了双极性输出电路,从 B 点输出。考虑到 $R_1 : R_2 : R_3 = 2 : 1 : 2$,所以

$$u_B = -\left(\frac{R_3}{R_2}u_A + \frac{R_3}{R_1}U_{REF}\right) = -(2u_A + U_{REF})$$

这样,恰恰使 B 点的输出在 A 点输出的基础上产生了一偏移。假设 $U_{REF} = +5$ V,则 $u_A = 0 \sim -5$ V,而 $u_B = -5 \sim +5$ V。

3. DAC 的主要技术指标

DAC 的主要技术指标如下:

(1) 分辨率。DAC 的分辨率是指最小输出电压(对应的输入二进制数为 1)与最大输出电压(对应的输入二进制数的所有位全为 1)之比。例如 8 位 DAC 的分辨率为

$$\frac{1}{2^8 - 1} = \frac{1}{255} \approx 0.004$$

(2) 精度。转换器的精度是指输出模拟电压的实际值与理想值之差。该误差是由于参考电压偏离标准值、运算放大器的零点漂移、模拟开关的压降以及电阻阻值的偏差等原因所引起的。

(3) 输出电压(或电流)的建立时间。从输入数字信号起到输出模拟电压或电流达到稳定值所需的时间,称为建立时间。由于倒 T 形电阻网络 DAC 是并行输入的,其转换速度较快。像十或十二位单片集成 DAC(不包括运放)的转换时间一般不超过 1 μs,DAC0832 的转换时间约 1 μs。

此外,还有线性度、电源电压抑制比、功率消耗以及温度系数等参数。

【练习与思考】

8.4.1 某一 DAC 的最大输出电压为 5 V,若要求其分辨率为 5 mV,应选择几位的 DAC。

8.4.2 在图 8.4.1 所示电路中,当 $d_3 d_2 d_1 d_0$ 分别为 0000,1000 和 1111 时,若参考电压为 +5 V,根据式(8.4.1),电阻网络的输出电压 U_o 分别为多少?

8.4.3 在图 8.4.1 所示的四位 DAC 转换电路中,若参考电压 $U_R = 10$ V,$R_F = R/2$,求当输入数字量 $d_3 d_2 d_1 d_0 = 0101$ 时,各个模拟开关的位置如何? 输出电压 $U_o = ?$

8.5 模数转换器

模数转换器 ADC 的功能是将模拟量转换为数字量。常用 ADC 有三类:并行比较型、逐次逼近型和双积分型。转换后输出的数字量有的为二进制数,有的为 BCD 码。下面仅介绍应用最为广泛的逐次逼近型 ADC。

1. 逐次逼近型 ADC

大家对用天平称物体重量的过程非常熟悉,好比用四个分别重 8、4、2、1 g 的砝码去称重 13 g 的物体,其过程如表 8.5.1 所示。

表 8.5.1 天平称重过程

顺序	砝码重量	比较判断	砝码去留
1	8 g	8 g < 13 g	留
2	8 + 4 g	12 g < 13 g	留
3	12 + 2 g	14 g > 13 g	去
4	12 + 1 g	13 g = 13 g	留

逐次逼近型 ADC 的工作过程与上述称重过程十分相似。它由置数控制逻辑电路、逐次逼近寄存器、D/A 转换器和电压比较器等部分组成,其原理框图如图 8.5.1 所示。

转换前先将寄存器清 0,转换开始后,按照时钟脉冲 CP 的节拍,首先将逐次逼近寄存器最高位置 1,即 $d_{n-1} = 1$(其余位为 0),此时,D/A 转换器的输出模拟电压为 U_o。U_o 被反馈到电压比较器的同相输入端同待转换的模拟输入电压 U_x 进行比较,若 $U_o < U_x$,比较器输出低电平,即 $U_c = "0"$,d_{n-1} 位置的 1 被保留;否则,比较器输出高电平,即 $U_c = "1"$,d_{n-1} 位置的 1 被清零。

最高位比较完了,又将寄存器次高位置 1,即 $d_{n-2} = 1$(后面各位为 0),与此同时,数字量增加 $d_{n-2} = 1$ 后,D/A 转换器的输出模拟电压 U_o 和 U_x 再进行比较,与上一步相同,若 $U_o < U_x$,比较器输出低电平,d_{n-2} 位置的 1 被保留;否则,比较器输出高电

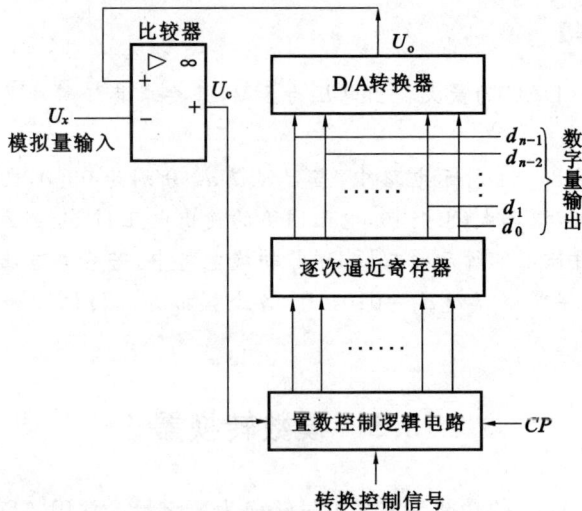

图 8.5.1 逐次逼近型 ADC 原理图

平,d_{n-2} 位置的 1 被清零。

这样逐位试探比较下去,直到最低位 d_0。显然,寄存器中最后保留的 n 位数字量就是对应待转换模拟输入电压 U_x 的数字量。

今以四位逐次逼近型 ADC 为例(设输入电压 $U_x = 5.52$ V,D/A 转换器的参考电压 $U_R = -8$ V),分析其转换过程。

第一个脉冲 CP 到来时,使逐次逼近寄存器的最高位 d_3 置 1,其余位为 0,即寄存器状态 $d_3 d_2 d_1 d_0 = 1000$,由式(8.4.1)得 D/A 转换器的输出电压为

$$U_o = -\frac{U_R}{2^4}(1 \cdot 2^3 + 0 \cdot 2^2 + 0 \cdot 2^1 + 0 \cdot 2^0) = \frac{8}{16} \times 8 = 4 \text{ (V)}$$

因 $U_o < U_x$,故比较器输出低电平,d_3 位置的 1 被保留。

第二个脉冲 CP 到来时,使逐次逼近寄存器的次高位 d_2 置 1,后两位为 0,即寄存器的状态 $d_3 d_2 d_1 d_0 = 1100$,此时 D/A 转换器的输出电压 $U_o = 8/16 \times 12 = 6$ (V),因 $U_o > U_x$,故比较器输出高电平,d_2 位置的 1 被取消变为 0。

第三个脉冲 CP 到来时,d_1 置 1,此时寄存器的状态 $d_3 d_2 d_1 d_0 = 1010$,D/A 转换器的输出电压 $U_o = 8/16 \times 10 = 5$ (V),因 $U_o < U_x$,故比较器输出低电平,d_1 位置的 1 被保留。

第四个脉冲 CP 到来时,d_0 置 1,此时寄存器的状态 $d_3 d_2 d_1 d_0 = 1011$,D/A 转换器的输出电压 $U_o = 8/16 \times 11 = 5.5$ (V),因 $U_o < U_x$,故比较器输出低电平,d_0 位置的 1 被保留。这样,经过四个脉冲就完成了一次转换,将输入的 5.52 V 模拟电压转换为数字量 1011。

上例中转换误差为 0.02 V。误差取决于转换器的位数,位数越多,误差越小。

2. 集成 ADC

目前一般用的多数是单片集成 ADC,其种类很多,如 AD571,ADC0801,ADC0809 等。下面介绍 CMOS、8 通道、8 位模数转换器 ADC0809。

ADC0809 是按逐次逼近原理工作的,它除了具有基本的 A/D 转换功能之外,内部还包括 8 路模拟输入通道,为了实现 8 路信号的分时采集,在片内设置了 8 路模拟开关以及相应的通道地址锁存和译码电路,输出具有三态缓冲能力,能与微机总线直接相连。其选中通道与地址码的关系如表 8.5.2 所示。ADC0809 的管脚功能图如图 8.5.2 所示。

表 8.5.2　ADC0809 选中通道与地址码的关系

选中模拟通道	C	B	A
IN_0	0	0	0
IN_1	0	0	1
IN_2	0	1	0
IN_3	0	1	1
IN_4	1	0	0
IN_5	1	0	1
IN_6	1	1	0
IN_7	1	1	1

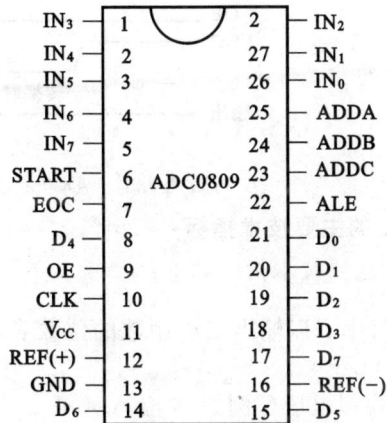

图 8.5.2　ADC0809 的管脚功能图

各管脚功能说明如下:

$IN_0 \sim IN_7$:8 路模拟信号输入端。

ADDA、ADDB、ADDC:地址选择线。

$D_7 \sim D_0$:8 位数字量输出端。

REF(+):正参考电压端。

REF(−):负参考电压端。

START:启动输入端,输入启动脉冲的下降沿使 ADC 开始转换,脉冲宽度要求大于 100 ns。

ALE:通道地址锁存输入端,输入 ALE 脉冲上升沿使地址锁存器锁存地址信号。为了稳定锁存地址,即在 ADC 转换周期内,模拟多路开关稳定地接通某一指定的模拟通道,ALE 脉冲宽度应大于 100 ns。下一个 ALE 脉冲上升沿允许通道地址更新锁存。

OE:输出允许端,它控制 ADC 内部三态输出缓冲器。当 OE=0 时,各数字输出端呈高阻态;当 OE=1 时,数字量允许输出。

EOC:转换结束标志,由 ADC 内部的控制逻辑电路产生。EOC=0 表示转换正在进行;EOC=1 表示转换已经结束,可以读取转换的数据。

图 8.5.3 为 ADC0809 的工作时序图,据此可以设计与微机总线的接口。

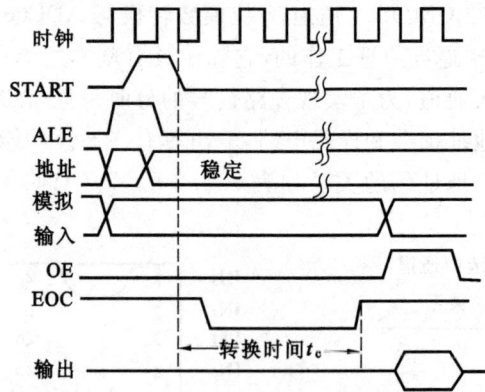

图 8.5.3　ADC0809 的工作时序图

3. ADC 的主要技术指标

ADC 的主要技术指标如下:

(1)分辨率。以输出二进制数的位数表示分辨率,n 位 ADC 能分辨出 $\dfrac{U_{im}}{2^n}$,U_{im} 为最大输入模拟电压。例如,8 位 ADC,$U_{im}=5$ V,则分辨率为 $\dfrac{5}{2^8}=19.5$ mV。显然位数越多,分辨率越高。

(2)转换精度。转换精度是指实际输出的数字量与理想的数字量之间的误差。一般用相对误差表示。

(3)转换速度。指完成一次转换所需的时间。转换时间是指从接到转换控制信号开始到输出端得到稳定的数字输出信号所经过的这段时间。采用不同的转换电路,其转换速度是不同的。并行比较型(电路复杂)比逐次逼近型快得多,双积分型速度最慢(抗干扰能力强)。低速的 ADC 为 1~30 ms,中速的约为 50 μs,高速的约为 50 ns。

此外,还有电源电压抑制比、功率消耗、温度系数、输入模拟电压范围等,在此不再一一介绍。

【练习与思考】

8.5.1　如果将一个最大幅值 5.1 V 的模拟信号转换为数字信号,要求模拟信号每变化 20 mV 能使数字信号最低位(LSB)发生变化,试问应选多少位的 A/D 转换器?

8.5.2　说明 A/D 转换器的主要作用、主要技术指标以及芯片选择方法。

8.6 数据的采集与处理

8.6.1 采样定理

在对传感器输出的模拟电量进行模/数转换时,必须以一定的时间间隔对信号波形进行采样,以取得数值序列,这些序列值就称为采样值。两相邻采样点之间的时间间隔称为**采样间隔**或**采样周期** T_s,对应的频率称为**采样频率** $f_s(f_s=1/T_s)$。

1. 信号采样

在采样系统中,把时间上连续的模拟信号转换成时间上离散的脉冲或数字序列,如图8.6.1所示。完成这一转换的电路称为**采样器**或**采样开关**。在实际应用中,采样开关均为电子开关,开关闭合时间极短。图8.6.1(a)为对连续时间信号 $x(t)$ 的采样,采样间隔为 T_s,图8.6.1(b)为采样后得到的离散时间信号。

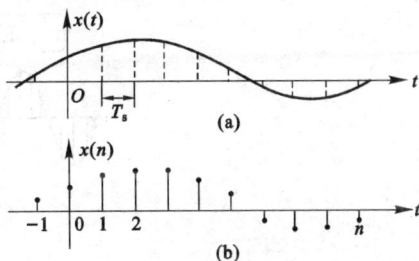

图8.6.1 信号采样

把连续的模拟信号通过采样转换成了离散的数字序列后,我们仍希望不要丢失原信号的任何特征,并且在处理数据时能把原信号完整地不失真地恢复出来。在什么情况下才能满足这一要求呢?

首先应该知道,任何一个连续的时间信号,都可以分解为一个恒定分量(即直流分量,如果有的话)和多个或无穷多个频率、相位、幅值各不相同的正弦波的叠加。如果采样条件满足下面的采样定理,则采样得到的离散数字序列就能包含原信号的全部特征。

2. 采样定理

采样定理:对于具有有限带宽 f_c 的模拟信号,可以用 $T_s \leqslant \dfrac{1}{2f_c}$ 的间隔对该时间信号进行采样,该采样信号可以完整地描述原来的模拟信号。

在实际应用采样定理时,应注意以下两点:

(1)采样定理所规定的采样频率 $f_s=1/T_s$,是在理想条件下采用的采样频率的下限。如果信号中含有 $f=\dfrac{1}{2}f_s$ 的周期性分量,则用此采样频率采样时会形成不确定的局面。在实际工程上常取 $f_s=(3\sim5)f_c$,即采样频率是信号所含最高有效频率成分的3~5倍或更高。

(2)在采样定理中要求采样频率大于信号最高频率的2倍,否则就会使离散数字序列和连续模拟信号所包含的信息不一致,如图 8.6.2(c)所示的情形。这也意味着只有带宽有限的信号才能用离散的采样值加以描述。

下面以单一频率信号的采样对采样定理进行直观地简单说明。

在图 8.6.2(a)中,采样频率远大于 2 倍的信号频率,直接联接用黑点表示的采样点就可以充分地表现出正弦波的波形;在图 8.6.2(b)中,采样频率略大于 2 倍的信号频率,虽然用手工联接黑点来恢复波形有些困难,但通过计算来完全恢复波形是没有问题的,可以说,(a)和(b)采样的结果是完全相同的。

在图 8.6.2(c)中,采样频率远小于 2 倍的信号频率,无论是手工联接黑点还是通过计算处理,都会误以为是一个实际上不存在的低频信号,即不能恢复原波形。

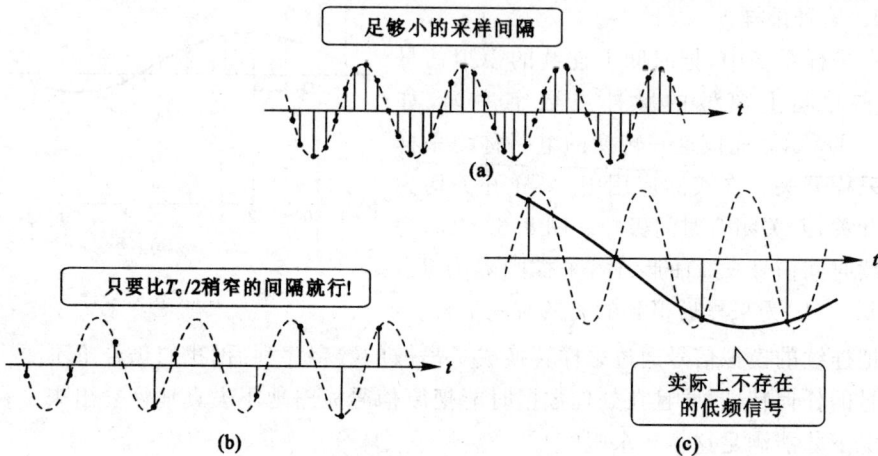

图 8.6.2　正弦波的采样

(a) $f_s \gg 2f_c$; (b) f_s 略大于 $2f_c$; (c) $f_s < 2f_c$

8.6.2　数据采集模块简介

近年来,一些半导体厂家推出了大量具有高分辨率的完整的数据采集子系统,这类子系统又常被称为数据采集模块(Data Acquisition Module)。这一类产品的出现,大大方便了数据采集系统的构成。这些模块具有如下一些特点:

(1)一般配有 16 路单端模拟输入通道或 8 路差动模拟输入通道,通道数可以进一步扩展,采用时序或随机方式选择通道。

(2)内部包含测量放大器与采样-保持电路。

(3)内部包含的 ADC 分辨率一般有 12 位、14 位和 16 位。其内部还有定时与控制逻辑。

(4)有的模块具有三态缓冲输出,可以直接与微处理器数据总线相联接。

高性能数据采集模块如 DT5712(36 引脚,分辨率 12 bit,转换速度 40 kHz)、DT5716、DT5714 等均自身带有三态缓冲器。而 DAS1128、ADAM-12 等自身不带三态缓冲器,使用时必须外接三态缓冲器才能连到微处理器的数据总线上。

8.6.3 测量数据的处理

数据采集系统所得到的原始数据,在信号的传输、放大和 A/D 转换等过程中,由于受到各种干扰、零点漂移等影响会偏离其真实数值。对于明显偏离真实值的数据称为**奇异项**。对于在采样过程中出现的奇异项必须予以剔除,以使待处理的数据尽可能好地逼近真实值,使处理结果更加准确。一般情况下,干扰是不可避免的,所以还必须进行数字滤波。数字滤波的理论和方法很多,这里只介绍不需太多理论知识的滤波方法,即奇异项的剔除、平滑滤波和平均滤波。

1. 剔除原始数据中的奇异项

数据中的奇异项是指数据中明显错误的个别数据。在全部原始数据中哪些是奇异项,要根据我们对所测物理过程的了解和数据采集系统本身具有的精度来确定。比如,我们测量的是工业加热炉的炉温,所得数据如图 8.6.3 所示。由于炉子热容量很大,而加热源的功率有限,炉温只能缓慢上升而不可能有突变,如图中虚线所示。所测得的数据应在精度范围内落在这条虚线的两侧,两相邻数据的差不应超过某一小的 W(称为误差窗口)值。但个别的数据由于受到偶然的强干扰的影响,会大大偏离其正常值,即它们与相邻点的差远大于 W,这些数据就是奇异项,应予以剔

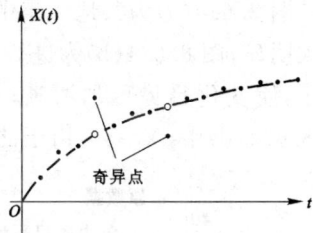

图 8.6.3 数据中的奇异点

除。然后根据一定的插值原理,人为地补上一些数据,如图 8.6.3 中的"○"所示。

2. 平滑滤波

平滑滤波的目的是滤除迭加在信号上的噪声。大家知道,噪声是一种随机量,它有很宽的频带,噪声的大小是以其方差 σ_n^2 来衡量的。平滑滤波器在结构上与一般低通滤波器相同,事实上,一般低通滤波器就具有滤除噪声的作用。不过衡量平滑滤波器性能的指标却与一般滤波器不同,它不以通带的变化和阻带的衰减来表示,而是以滤波后噪声方差的衰减来表示。

移动平均平滑滤波器是常用的平滑滤波器,下面对这种平滑数据的方法作一介绍。

设待处理的数据 X_k 是由信号 S_k 和噪声 n_k 两部分叠加形成的,即

$$X_k = S_k + n_k \tag{8.6.1}$$

现在把 X_k 及两侧各 m 个点的 $2m+1=N$ 点的平均值作为滤波器的输出 $\hat{X}_k$,即

$$\hat{X}_k = \frac{1}{N} \sum_{i=-m}^{m} X_{k+i} \tag{8.6.2}$$

　　这实际上就是取滤波器的系数都是 $1/N$ 的非递归滤波器。只要连续地改变 k 值并套用式(8.6.2)，即可自前至后对所有数据进行平均的平滑处理。必须注意，其平均区段是逐点向后移动的，所谓移动平均这一名称就是由此而来。当然，由式(8.6.2)对数据进行平滑处理时，数据的前 m 个点和最末尾 m 个点是不能进行平滑的，因而平滑滤波应比需要的数据多取 $N=2m$ 个数据。

　　原数据经平滑滤波处理后的方差比原数据的方差减小了 N 倍(推导过程略)。由此可见，增大平均数据的数目 N，就可使平滑后的数据的方差减至所允许的范围内。不过这个结论是在取 N 个数期间信号分量不变的条件下推出的。也就是说，为保证在取数期间信号是不变的，应使取值时间远小于信号的变化周期，因而数据量 N 越小，平滑滤波引入的方法误差也越小。这个结论恰好和滤除噪声的条件相反，因而在选取平滑滤波的数据点时，应根据信号变化的快慢、采样速率、噪声大小等进行综合考虑。

　　图 8.6.4(a)为某地一年中的日平均气温曲线图，由于波动较大而使其整体趋势不太明显；图 8.6.4(b)为进行了 $N=5$ 的平滑滤波后的曲线，其中细微的波动被去掉了，使变化趋势更加清晰；在图 8.6.4(c)中，$N=25$，只留下了粗略的趋势；在图 8.6.4(d)中，$N=50$，由于曲线过于平坦而变得没有意义了。

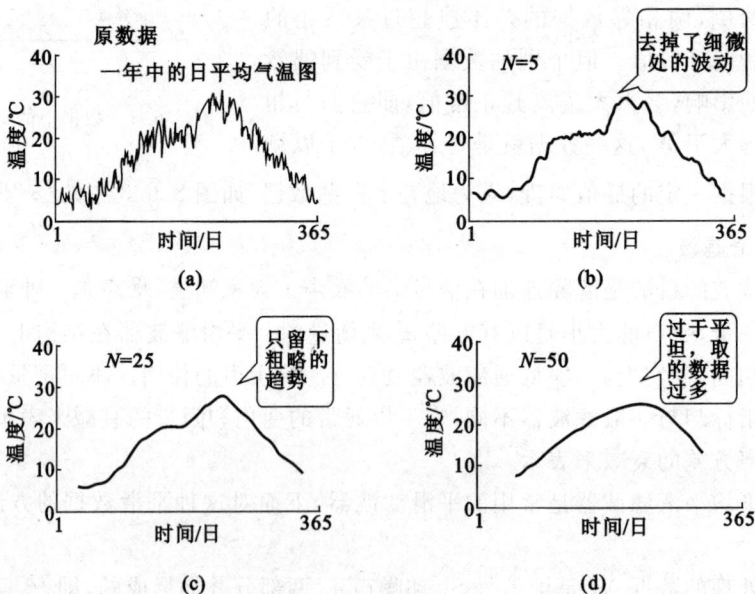

图 8.6.4　将气温曲线用移动平均平滑

3. 平均滤波

　　有些情况下，信号的变化是缓慢的，如稳定工况下的压力、温度、流量等，所以通过 A/D 转换而得到的数据也应该是很平稳的，但是，在信号的传输和采集过程中，虽然经过了硬件滤波处理,但信号仍会受到一定程度的高频干扰而使数据发生小幅度的波动。这种情况下可以采取平均滤波的方法。

对同一信号连续采样数次(如 50 次,具体次数应视系统的具体情况而定),然后按大小进行排序,再将两端偏差较大的数据各剔除一部分(如各去除 8 个),再将其余数据取平均值。经过这样处理后的数据就比较稳定了。如果系统干扰较强,则应增加采样次数,但会影响系统的运行速度。

如果系统还存在较低频的干扰,则还应采用平滑滤波的方法进行滤波处理。

电路滤波和数字滤波结合使用,会取得较好的效果。

*8.7　数据采集系统实例

1. 心电监护仪数据采集系统

图 8.7.1 所示为心电监护仪数据采集系统的电路结构框图。该电路由五部分组成,即数据采集电路、存储电路、显示电路、时序电路和微机接口电路。

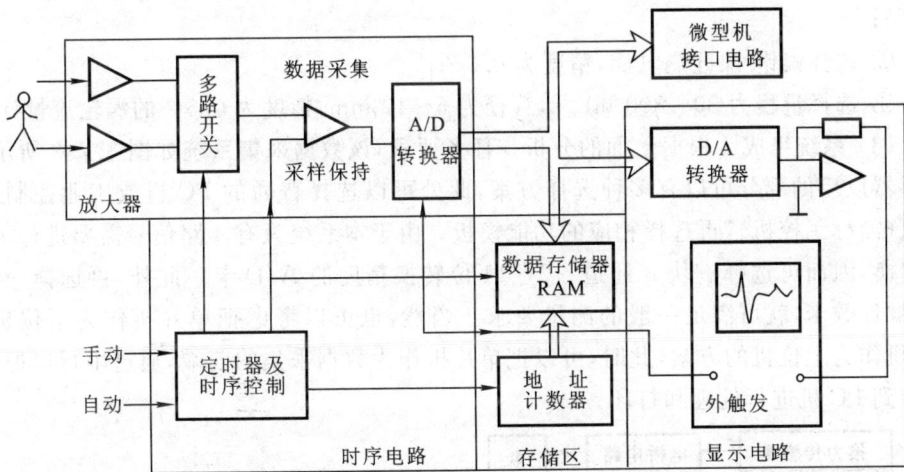

图 8.7.1　心电监护仪数据采集系统框图

系统采集心电信号的工作过程为:心电信号经输入隔离运算放大器、多路模拟开关、采样-保持电路后,进入模-数转换器 ADC。ADC 的结果——反映心电信号的数字量存储在随机存取存储器中,在荧光屏上显示的心电图是数-模转换器 DAC 输出的模拟量,而 DAC 的输入则是从随机存取存储器中读出的心电数据。整个系统在实时采集的同时,也不停地在荧光屏上进行显示。只有当冻结信号到来时,系统才会停止采集,而专门显示冻结在随机存取存储器中的心电信号。

2. 小型地面液体火箭发动机试验台测控系统

设计一用于某小型地面液体火箭发动机试验台的测量控制系统。已知需要测量的物理量是 1 路推力,2 路压力,1 路温度,1 路流量。其中推力测量范围为 0～2.2 kN,精度要求为 0.1%;压力测量范围 1 路为 0～0.5 MPa,1 路为 0～2.5 MPa,精度要求为 0.5%;温度测量范围均为 0～800℃,精度要求为 1%;流量测量范围为 50～200 mL/s,精度要求为 0.5%。要求在试验过程中能看到各参量的实时变化,试验完毕立即打印测量与计算结果。

(1) 任务分析。在进行系统设计前,应首先明确任务要求,了解测量控制对象的工作原理,搞清被测物体的工作规律,输入和输出的详细情况,包括模拟信号的动态范围、信号源阻抗、负载阻抗、所用数字码制、逻辑电平及逻辑极性;要了解工作环境条件,例如工作温度范围、电源波动范围、系统的精度要求等。还要进行系统的误差预算,即分配给每一个局部的误差;有无特殊环境条件,例如冲击和振动等;系统的技术要求:分辨率、精度及采集速度等,并确定软件、硬件的设计方案。

(2) 选择与确定传感器。

① 按照要求选择量程为 3 kN,精度为 0.03% 的应变式力传感器;

② 选择量程为 1 MPa 和量程为 3 MPa 的压电式压力传感器各一个,精度均为 0.2%;

③ 选择镍铬-镍硅热电偶,精度为 0.5%;

④ 选择量程为 30～300 mL/s,管径为 6～10 mm,精度为 0.5% 的涡轮流量计。

(3) 系统组成。根据上面的分析与任务要求,该数据采集系统如图 8.7.2 所示。传感器以后的部分可以有多种选择方案,此处可以选择普通的 PC 机或工业控制计算机(简称工控机),再选择相应的功能模板。由于本系统只有 4 路信号需要进行 A/D 转换,因而可选一块 8 通道、12～14 位转换精度的 A/D 卡。此外,再选择一块定时/计数卡,就可满足一般的测量要求。当然,也可以考虑把单片机作为下位机,PC 机作为上位机的方案,此时,可以把单片机作为数据采集的前端,通过串行口把数据传到 PC 机进行处理和打印。

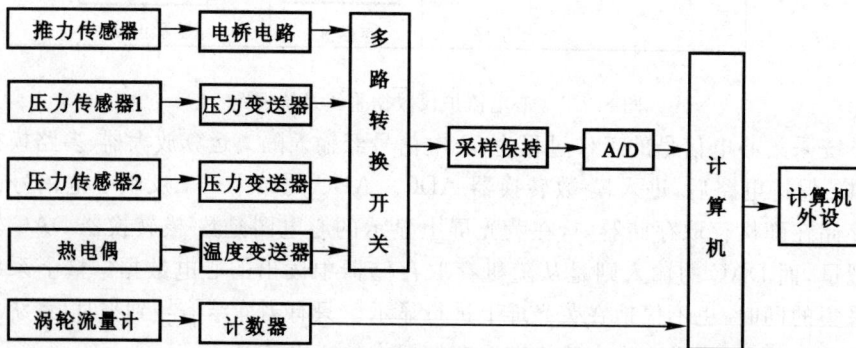

图 8.7.2　液体火箭发动机试验台的测量系统框图

习　题

8.1　某一 10 位 D/A 转换器输出电压为 0～10 V,试问输入数字量的最低位代表几毫伏。

8.2　已知某 D/A 转换器,输入 $n=12$ 位二进制数,最大满刻度输出电压 $U_{om}=5$ V,试求最小分辨电压 U_{LSB} 和以百分数表示的分辨率。

8.3　有一 8 位倒 T 形电阻网络 DAC,$R_F=3R$,当 $d_7\sim d_0=00000001$ 时,$U_o=-0.04$ V,则当 $d_7\sim d_0$ 分别为 00101010 和 11111111 时,U_o 各为多少?

8.4　将图 8.4.1 所示电路改为 12 位,若 $U_R=10$ V,输入 12 位二进制数为 101010101010,当 $R_F=R=10$ kΩ 时,输出电压 $U_o=$?

8.5　在题图 8.1 所示的 DAC 电路中,已知 $U_{REF}=1$ V,求 D_1D_0 分别为 00,01,10,11 时的 u_o。

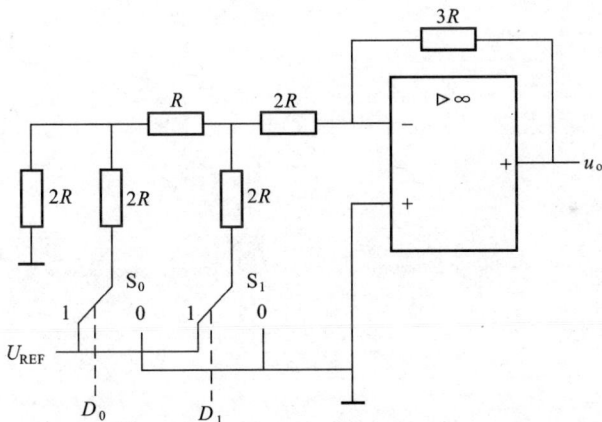

题图 8.1　习题 8.5 的图

8.6　设 ADC0809 A/D 转换器的输入电压范围为 0～5 V,试求输入电压为 2 V、3 V、4 V 时对应的输出二进制数是多少?

8.7　设逐次逼近型 A/D 转换器的参考电压 $U_{REF}=8$ V,输入模拟电压为 2.7 V。如果分别用 4 位和 6 位逐次逼近型 A/D 转换器来转换,试问转换器输出的 4 位码 $(d_3d_2d_1d_0)$ 和 6 位码 $(d_5d_4d_3d_2d_1d_0)$ 分别是多少?

8.8　某变送器输出的信号中,有用信号的最高频率为 1 kHz,由于受到较强干扰,被叠加了 30 kHz 的高频干扰信号,由于没有设置滤波器,所以决定采用数字滤波,请确定该采集系统最低的理论采样频率和实际采样频率。如果考虑到高频干扰信号与测量信号无关,用 10 kHz 的采样频率是否也可以? 能否有效滤除干扰信号?

为什么?

8.9 试设计一个实用的数据采集系统,设计要求与给定条件如下:

测量6个温度点,其中有4路温度范围为0～200℃,有2路温度范围为0～1 000℃,要求测温精度为0.5%,采集速度2次/秒。还有2路压力信号,压力范围为0～100 MPa,压力测量精度为0.5%,采集速度100次/秒。

8.10 在上述系统中,当6路温度均为100℃时,各路温度的绝对误差是多少?相对误差是多少?当达到满量程值时误差是多少?

第9章

直流稳压电源

在工农业生产和科学实验中,主要应用交流电,但在某些场合,如电解、电镀、蓄电池的充电、直流电动机等,都需要直流电源供电。此外,在电子线路和自动控制装置中还需要电压非常稳定的直流电源。获得直流电源的方法很多,如干电池、蓄电池、直流发电机等,但比较常用的方法是利用交流电源变换而成的半导体直流稳压电源。本章将介绍这种直流稳压电源,包括线性稳压电源和开关稳压电源。

基本要求

(1) 正确理解直流稳压电源的组成及各部分的作用;
(2) 掌握整流电路的工作原理,估算输出电压及电流的平均值;
(3) 了解滤波电路工作原理,能够估算电容滤波电路输出电压平均值;
(4) 正确理解串联型稳压电路的工作原理,能够估算输出电压的调节范围;
(5) 了解集成稳压器的工作原理及使用方法。

9.1 直流稳压电源的组成

直流稳压电源一般由四部分组成,其方框图如图 9.1.1 所示。

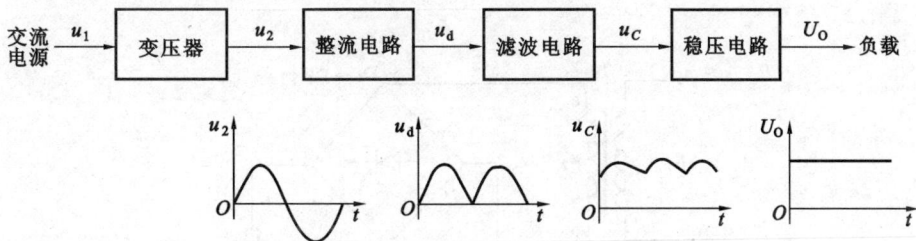

图 9.1.1 直流稳压电源的组成方框图

变压器:其作用是把电网电压变换成所需要的交流电压。

整流电路:其作用是利用二极管的单向导电特性,将正负交替变化的正弦交流电变换成单一方向的脉动直流电。

滤波器：其作用是将脉动直流电中的脉动成分(即纹波)滤除掉,平滑输出直流电。

稳压电路：其作用是使输出直流电压保持稳定。

根据稳压电路中调整三极管的工作状态可分为线性稳压电源和开关稳压电源。线性稳压电源中的调整管工作在线性放大状态,该稳压电源的优点是精度高、纹波小、噪声小、电路结构简单。它的缺点是功耗大、效率低,一般只能达到 $40\%\sim60\%$。开关稳压电源中的调整管工作在开关状态,功耗小、效率高,一般可达到 $70\%\sim90\%$。它的缺点是电路复杂、输出纹波电压大。

9.2 单相整流滤波电路

整流电路的任务是将交流电变换成直流电。整流电路可以分为三相整流和单相整流,在小功率整流电路中(1 kW 以下),一般采用单相整流。

9.2.1 单相桥式整流电路

利用二极管组成的单相桥式整流电路如图 9.2.1(a)所示,图中 Tr 为电源变压器,设交流电网电压为 u_1,副边的交流电压为 u_2(设 $u_2=\sqrt{2}U_2\sin\omega t$ V), $u_1/u_2=k$,k 为变压器的变比,一般为常数,且 $k>1$。R_L 是负载电阻,4 只整流二极管 $D_1\sim D_4$ 接成电桥的形式,故称之为桥式整流电路。图 9.2.1(b)是它的简化画法。

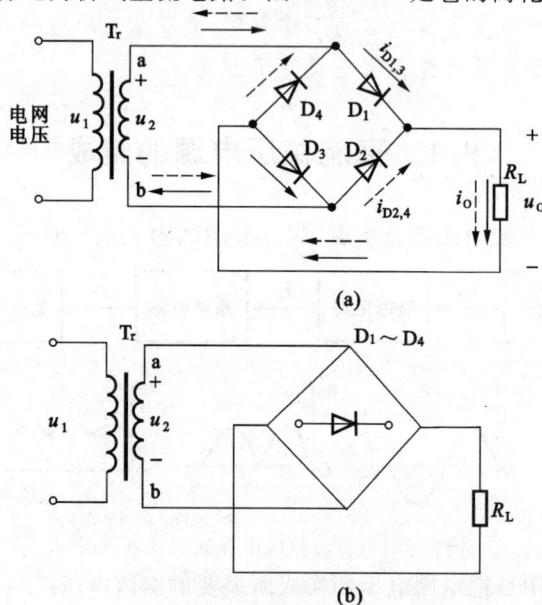

图 9.2.1 单相桥式整流电路图
(a)单相桥式整流电路；(b) 简化画法

为简单起见,在以下分析整流电路时,二极管均认为是理想二极管,即正向导通电压和正向电阻为零,反向电阻为无穷大,且忽略变压器的内阻。

1. 工作原理

在输入电压的正半周,其极性为上正下负,即a点的电位高于b点的电位,二极管 D_1 和 D_3 因承受正压而导通,D_2 和 D_4 因承受反压而截止,电流 i_1 的通路是 $a{\rightarrow}D_1{\rightarrow}R_L{\rightarrow}D_3{\rightarrow}b$(图中实箭头方向)。在负载电阻 R_L 上得到一个半波电压,$u_L = u_2$。

在输入电压的负半周,其极性为上负下正,即a点的电位低于b点的电位,二极管 D_2 和 D_4 导通,D_1 和 D_3 截止,电流 i_2 的通路是 $b{\rightarrow}D_2{\rightarrow}R_L{\rightarrow}D_4{\rightarrow}a$(图中虚箭头方向)。在负载电阻 R_L 上得到一个半波电压,$u_L = -u_2$。故在负载电阻 R_L 上得到脉动的直流电压,由于是电阻性负载,所以负载电流 i_L 的波形与 u_L 的波形相似。其整流波形如图 9.2.2 所示。

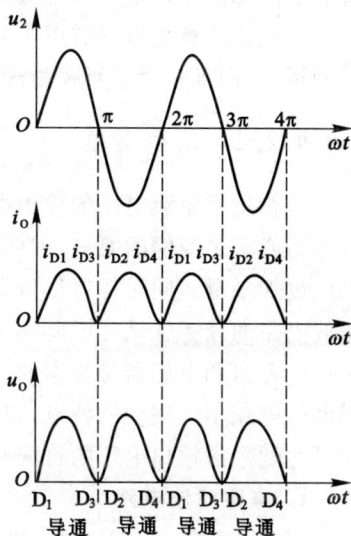

图 9.2.2　单相桥式整流电路的整流波形图

2. 负载上的直流电压 U_L 和直流电流 I_L 的计算

单相桥式整流电路输出电压的平均值为

$$U_L = \frac{1}{\pi}\int_0^\pi \sqrt{2}U_2 \sin \omega t \, d(\omega t) = \frac{2\sqrt{2}}{\pi}U_2 = 0.9U_2 \qquad (9.2.1)$$

流过负载电阻的平均电流为

$$I_L = \frac{U_L}{R_L} = \frac{0.9U_2}{R_L} \qquad (9.2.2)$$

3. 整流元件的选择

由于单相桥式整流电路中,二极管 D_1、D_3 和 D_2、D_4 轮流导通半个周期,所以流过二极管的电流平均值为

$$I_D = \frac{1}{2}I_L = 0.45\frac{U_2}{R_L} \qquad (9.2.3)$$

由图 9.2.2 可见,在 u_2 正半周时,二极管 D_1、D_3 导通,D_2、D_4 截止而承受反向电压,反向电压的最大值为 u_2 的峰值,即

$$U_{RM} = \sqrt{2}U_2 \qquad (9.2.4)$$

在 u_2 负半周时,二极管 D_1、D_3 承受同样大小的反向电压。

选择二极管时主要依据式(9.2.3)和(9.2.4)。为了安全起见,选择二极管的最

大整流电流 I_{OM} 应大于流过二极管的平均电流 I_D,一般取 $I_{OM}=(1.2\sim1.5)I_D$;二极管的反向峰值工作电压 U_{RM} 应大于在电路中实际承受的最大反向电压的一倍。

单相桥式整流电路需用 4 只二极管,给安装带来不便。现在市场上有出售的硅整流桥,其内部包含了桥式整流电路,可选择使用。

9.2.2　滤波电路

单相桥式整流电路的输出电压为脉动的直流电压,含有大量的高次谐波(纹波),这远不能满足我们的要求,因此需要采取措施,尽量降低输出电压中的纹波,使输出电压更加平滑。同时还要尽量保留其中的直流成分,使输出直流电压的值尽可能大。滤波电路的任务就是完成此项工作的。

电容器和电感器是基本的滤波元件。利用电容器两端的电压不能突变和流过电感器的电流不能突变的特点,将电容器和负载电阻并联或将电感器与负载电阻串联,即可达到平滑输出电压的目的。

1. 电容滤波电路

图 9.2.3 所示为单相桥式整流电容滤波电路。下面分空载和带负载两种情况进行分析。

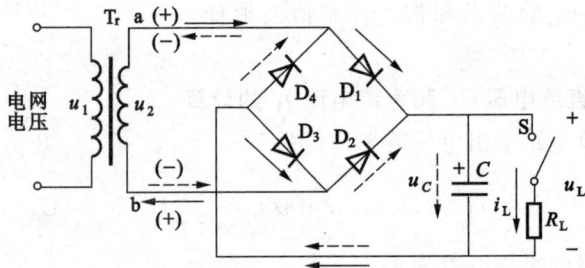

图 9.2.3　桥式整流、电容滤波电路

空载(开关 S 断开)情况:设空载时电容 C 两端的初始电压 u_C 为零。接入交流电源后,在 u_2 正半周时,D_1、D_3 导通,u_2 通过 D_1、D_3 对电容 C 充电。u_2 负半周时,D_2、D_4 导通,u_2 通过 D_2、D_4 对电容 C 充电。由于充电回路等效电阻很小,所以充电很快,u_C 基本跟随输入电压 u_2 变化。当 u_2 达到最大值时,电容 C 迅速被充电到交流电压 u_2 的最大值。当 u_2 过了峰点之后,电容电压仍为 $\sqrt{2}U_2$,而 $u_2<\sqrt{2}U_2$,因此,二极管承受反压而截止,电容 C 因无放电回路而不能放电,故输出电压 u_L 恒为 $\sqrt{2}U_2$。波形如图 9.2.4(a)所示。空载时电容滤波效果很好,不仅输出直流电压无脉动,而且其值由 $0.9U_2$ 上升到 $\sqrt{2}U_2\approx1.4U_2$。但须注意,若电源接通时,正好对应 u_2 的峰值电压,就将有很大的瞬时冲击电流流过二极管。因此,选择二极管时其最大整流电流值应选得大一些,且电路中还应加限流电阻,以防止二极管损坏。

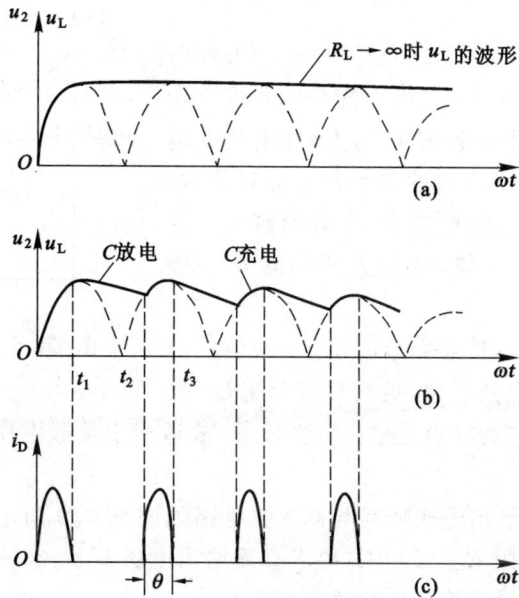

图 9.2.4　电容滤波波形

(a) 空载；(b) 接负载电阻；(c) 二极管电流波形

带负载电阻(开关 S 闭合)情况：图 9.2.4(b)所示波形表示了电容滤波在带负载电阻后的工作情况。在 $t=0$ 时接通电源，在 u_2 正半周时，u_2 通过 D_1、D_3 对电容 C 充电，若忽略变压器的内阻和二极管的导通电阻，这一段时间 $u_L=u_2$，当 $t=t_1$ 时，$u_2=\sqrt{2}U_2$，电容电压也达到最大值。之后 u_2 按正弦规律下降很快，而电容电压 u_L(与 u_C 相等)不能突变，故 $u_2<u_L$，D_1、D_3 承受反压而截止，故电容 C 通过 R_L 放电，由于 R_L 较大，故放电时间常数 $R_L C$ 较大。放电过程一直持续到下一个周期 u_2 又上升到和电容上电压 u_L 相等的 t_2 时刻，u_2 通过 D_2、D_4 对 C 充电，直至 $t=t_3$，二极管又截止，电容再次放电。如此循环，形成周期性的电容器充放电过程。

由以上分析，电容滤波电路有以下几点结论：

(1) 纹波电压(脉动成分)降低了，而且纹波电压与放电时间常数有关。当 $R_L C$ →∞(负载开路)时，滤波效果最佳，纹波电压为 0。$R_L C$ 越小，放电速率越快，纹波电压越大。为了得到平滑的直流电压，一般选择有极性的大电解电容，并取

$$\tau = R_L C = (3 \sim 5)T/2 \tag{9.2.5}$$

式中，T 为输入交流电压的周期，我国交流电源的周期为 20 ms。

(2) 输出直流电压提高了，而且输出直流电压 U_L 随着负载电流 I_L 的增加而减小。U_L 随 I_L 的变化关系称为输出特性或外特性。如图 9.2.5 所示。

当 C 一定，R_L→∞(负载开路)时，输出电压最大，其值为 $\sqrt{2}U_2$；当 $C=0$ 时，无滤波电容，输出电压最小，其值为 $0.9U_2$。单相桥式整流电容滤波电路的输出电压一般

按下面的公式进行计算

$$U_L = 1.2U_2 \qquad (9.2.6)$$

（3）由图 9.2.4 可见，二极管的导电角度 θ 变小了，$\theta < 180°$，且时间常数 $R_L C$ 越大，导电角 θ 越小。电流的有效值和平均值的关系与波形有关，在平均值相同的情况下，波形越尖，有效值越大。变压器副边电流有效值 I_2 与负载电流平均值 I_L 一般按下式计算

$$I_2 = (1.5 \sim 2)I_L \qquad (9.2.7)$$

图 9.2.5 电容滤波电路的外特性

总之，电容滤波电路简单，负载直流电压 U_L 较高，纹波也较小。但它的缺点是输出特性较差，故适用于负载电压较高，负载较小且变化不大的场合。

例 9.2.1 有一单相桥式整流电容滤波电路如图 9.2.3 所示，已知交流电源频率 $f = 50$ Hz，负载电阻 $R_L = 200$ Ω，要求直流输出电压 $U_L = 30$ V，试求变压器副边电压的有效值 U_2，选择整流二极管及滤波电容器。

解 （1）计算变压器副边电压的有效值 U_2
由式（9.2.6）得

$$U_2 = \frac{30}{1.2} = 25 \text{ (V)}$$

（2）选择整流二极管
负载电流为

$$I_L = \frac{U_L}{R_L} = \frac{30}{200} = 150 \text{ (mA)}$$

流过二极管的电流

$$I_D = \frac{1}{2}I_L = 75 \text{ (mA)}$$

二极管所承受的最高反向电压

$$U_{RM} = \sqrt{2}U_2 = \sqrt{2} \times 25 = 35 \text{ (V)}$$

因此，可以选用二极管 2CP11，其最大整流电流为 100 mA，反向工作峰值电压为 50 V。

（3）选择滤波电容器
根据式（9.2.5），取 $R_L C = 5 \times \frac{T}{2} = 5 \times \frac{0.02}{2} = 0.05$ (s)。由此得滤波电容

$$C = 0.05/200 = 250 \text{ (μF)}$$

考虑电网电压波动 10%，则电容器承受的最高电压为

$$U_{RM} = \sqrt{2}U_2 \times 1.1 = \sqrt{2} \times 25 \times 1.1 = 38.5 \text{ (V)}$$

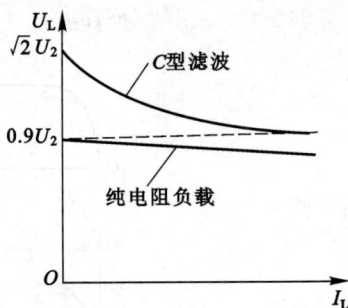

选用标称值为 270 μF/50 V 的电解电容器。

2. 电感滤波电路

在桥式整流电路和负载电阻 R_L 之间串入一电感器 L，便组成桥式整流电感滤波电路，如图 9.2.6 所示。利用电感对交流纹波电流的抑制作用，交流纹波电流不能通过 R_L，从而在 R_L 上得到比较平滑的直流。当忽略电感的电阻时，负载上的平均电压 U_L 和纯电阻（不加电感）负载时的相同，即 $U_L = 0.9 U_2$。

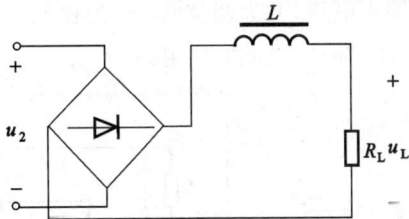

图 9.2.6　电感滤波电路

电感滤波的特点是整流管的导电角度大（电感 L 的反电势作用），峰值电流小，输出特性比较平坦。但由于铁芯的存在，使得笨重、体积大。一般适用于低压、大电流场合。

另外，为了得到更好的滤波效果，还可采用倒 L 型滤波和 π 型滤波电路，如图 9.2.7所示。

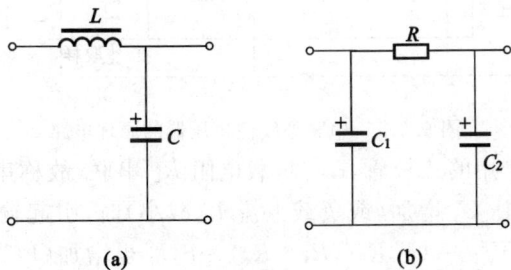

(a)　**(b)**

图 9.2.7　倒 L 型滤波和 π 型滤波电路

(a) 倒 L 型；(b) π 型

【练习与思考】

9.2.1　若图 9.2.1 中的二极管 D_1 短路或断路，对电路将会产生什么影响？

9.2.2　电容滤波和电感滤波电路的特性有什么区别？各适用于什么场合？

9.2.3　单向桥式整流电容滤波电路的输出电压范围是多少？

9.3　串联型线性集成稳压电源

尽管整流滤波电路的输出电压比较平滑，但它是不稳定的，它会随着输入电压的波动或负载的变化而变化，因此，必须通过稳压电路（也称稳压器）进行稳压，使负载获得稳定的直流电压。

9.3.1 串联型线性集成稳压电路的工作原理

串联型线性集成稳压器的原理电路如图 9.3.1 所示。图中 U_I 为整流滤波电路的输出电压，T 为调整管，A 为比较放大器，设其开环电压增益为 A，U_{REF} 为基准电压，R_1 与 R_2 组成取样电路。

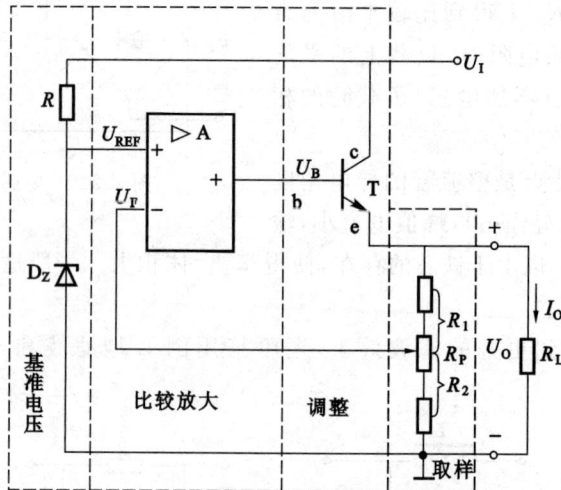

图 9.3.1 串联型线性稳压器的原理电路

电路中起调整作用的三极管 T 与负载电阻 R_L 串联，故称串联稳压电路。稳压过程如下：当输入电压 U_I 增加（或负载电流 I_O 减小）时，引起输出电压 U_O 增加，取样电压（或反馈电压）$U_F = U_O R_2 / (R_1 + R_2) = F U_O$ 也增加（F 为反馈系数）。U_F 与基准电压 U_{REF} 相比较，其差值电压经比较放大器放大后，使 U_B 和 I_C 减小，调整管 T 的极间电压 U_{CE} 增大，使 U_O 减小，从而维持 U_O 恒定。同样，当输入电压 U_I 减小（或负载电流 I_O 增加）时，经过调整管的调节作用，U_O 也维持恒定。

从反馈的角度来看，该电路属于电压串联负反馈，调整管 T 联接成电压跟随器，因而有下列关系

$$U_B = A(U_{REF} - F U_O) \approx U_O$$

或

$$U_O \approx U_{REF} \frac{A}{1 + AF} \tag{9.3.1}$$

在深度负反馈的条件下，$|1 + AF| \gg 1$，因此有

$$U_O \approx \frac{U_{REF}}{F} = U_{REF}\left(1 + \frac{R_1}{R_2}\right) \tag{9.3.2}$$

上式表明，输出电压 U_O 与基准电压 U_{REF} 近似成正比关系，调节 R_1 与 R_2 的比值，即可调整输出电压 U_O 的大小，因此它是设计稳压电路的基本关系式。

由以上分析可知，反馈越深，调整作用越强，电路的输出电阻 r_o 越小，输出电压

越稳定。

9.3.2 三端固定式输出集成稳压器及其应用

随着半导体工艺的发展,出现了包含图 9.3.1 所示电路的集成稳压器,这类器件具有精度高、体积小、使用方便、性能稳定等优点。

1. 三端固定式输出集成稳压器

集成稳压器的规格种类繁多,具体电路也有差异,最简单的是三端固定式输出集成稳压器,它只有 3 个引线端:输入端(接整流滤波电路的输出)、输出端(接负载)和公共地端。其外形和管脚图如图 9.3.2 所示。常用的有两个系列,78×× 系列为正输出,79×× 系列为负输出,"××"代表输出电压值,有 5 V、6 V、8 V、9 V、10 V、12 V、15 V、18 V、24 V 等,输出电流有 0.1 A(78L××、79L××)、0.5 A(78M××、79M××)和 1.5 A(78××、79××)3 种。如 W78M15 表示输出电压为 +15 V、输出电流为 0.5 A。W79M15 表示输出电压为 −15 V、输出电流为 0.5 A。

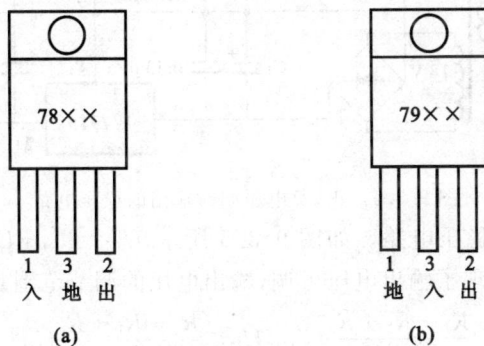

图 9.3.2 78 和 79 系列三端稳压器外形和引线图

(a) 78 系列;(b) 79 系列

2. 三端固定式输出集成稳压器的应用

(1)基本应用电路。图 9.3.3 为 78 系列和 79 系列三端稳压器的基本应用电路。

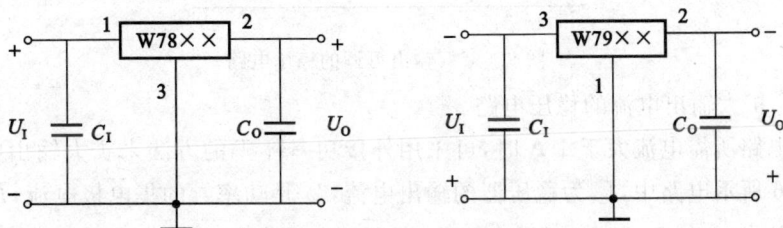

图 9.3.3 基本应用电路

使用时要注意下列问题:

① 为了防止自激振荡,在输入端一般要接一个 $0.1\sim0.33\ \mu F$ 的电容 C_1。

② 为了消除高频噪声和改善输出的瞬态特性,即在负载电流变化时不致引起 U_O 有较大波动,输出端要接一个 $1\ \mu F$ 左右的电容 C_O。

③ 为了保证输出电压的稳定,输入、输出间的电压差应大于 2 V。但也不应太大,太大会引起三端稳压器功耗增大而发热,一般取 $3\sim5$ V。

④ 除 W7824(W7924)的最大输入电压为 40 V 外,其他稳压器的最大输入电压为 35 V。

⑤ 尽管三端稳压器有过载保护,为了增大其输出电流,外部要加散热片。

(2) 正、负电压同时输出的稳压电路。如图 9.3.4 所示,该电路可同时输出 ±15 V 两路电压。

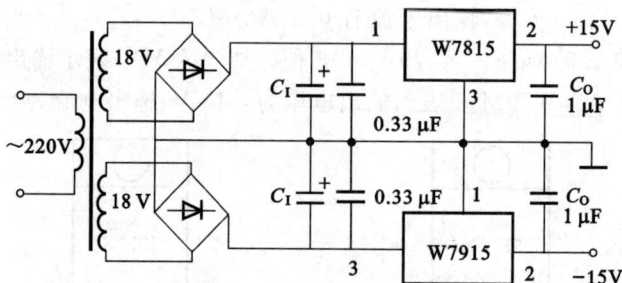

图 9.3.4 正、负电压同时输出的稳压电路

(3) 输出可调的稳压电路。如图 9.3.5 所示,$U_O=U'_O+U''_O$,故调节电位器 R_P 即可改变 U''_O,从而实现了输出电压可调,输出电压的调节范围是

$$\frac{R_1+R_P+R_3}{R_1+R_P}U'_O\leqslant U_O\leqslant\frac{R_1+R_P+R_3}{R_1}U'_O$$

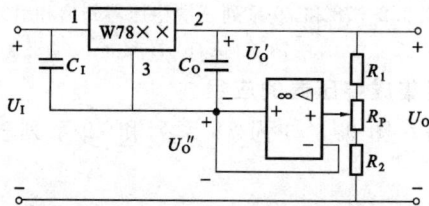

图 9.3.5 输出可调的稳压电路

(4) 扩大输出电流的稳压电路。

当电路所需电流大于 1 A 时,可采用外接功率管 T 的方法来扩大输出电流。在图 9.3.6 所示电路中,I_2 为稳压器的输出电流,I_C 是功率管的集电极电流,I_R 是电阻 R 上的电流,一般 I_3 很小,可忽略不计,则可得出

$$I_2\approx I_1=I_R+I_B=-\frac{U_{BE}}{R}+\frac{I_C}{\beta}$$

的关系式,式中 β 是功率管的电流放大系数。设 $\beta=10$,$U_{BE}=-0.3$ V,$R=0.5$ Ω,I_2 $=1$ A,则由上式可算出 $I_C=4$ A,$I_O=I_2+I_C=5$ A,可见输出电流比 I_2 扩大了。图中的电阻 R 的阻值要使功率管只能在输出电流较大时才导通。

(5)恒流源电路。如图 9.3.7 所示,图中的输出电流为

$$I_L = I_Q + \frac{U_{\times\times}}{R}$$

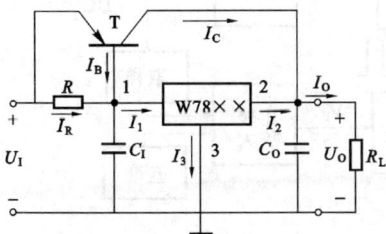

图 9.3.6　扩大输出电流的稳压电路　　　　图 9.3.7　恒流源电路

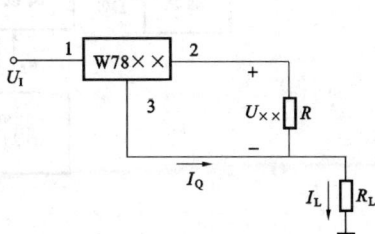

显然,I_L 与负载电阻无关,当器件选定后,$U_{\times\times}$ 为一定值,I_Q 很小且不变,因此,I_L 为恒流输出。

【练习与思考】

9.3.1　78 系列和 79 系列三端集成稳压器属哪一类型稳压电路? 它们的区别是什么?

9.3.2　稳压电路对输入电压波动的范围有没有限制? 对负载的变化有没有限制?

9.3.3　若电容滤波电路的输出端接三端集成稳压器,则式(9.2.5)中的 R_L 应如何计算?

9.4　开关型稳压电源

前述的串联反馈式稳压电源由于调整管工作在线性放大区,因此其功率损耗大,电源效率低。为了克服上述缺点,可采用开关型稳压电源。开关型稳压电源中的晶体管工作在饱和导通和截止两种开关状态,管耗较小,电源效率大大提高,其体积小、重量轻。

9.4.1　串联降压型开关稳压电源

串联降压型开关稳压电源的原理框图如图 9.4.1 所示。它由开关调整管、滤波器、比较放大器和脉宽调制器等环节组成。开关调整管是一个由脉冲 u_P 控制的电子开关,如图 9.4.2 所示。当控制脉冲 u_P 出现时,电子开关闭合,$u_{PO}=U_I$;而当 $u_P=0$

时,电子开关断开,$u_{PO}=0$。开关的开通时间 t_{on} 与开关周期 T 之比称为脉冲电压的 **占空比**,用 D 表示,即

$$D = \frac{t_{on}}{T} \tag{9.4.1}$$

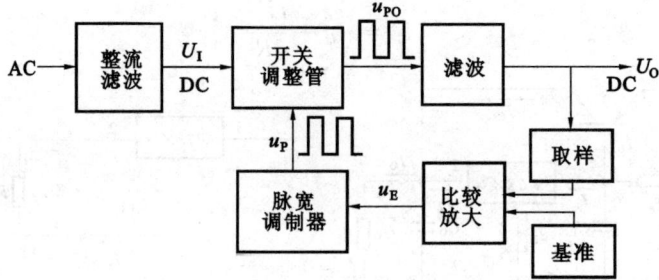

图 9.4.1 串联降压型开关稳压电源原理框图

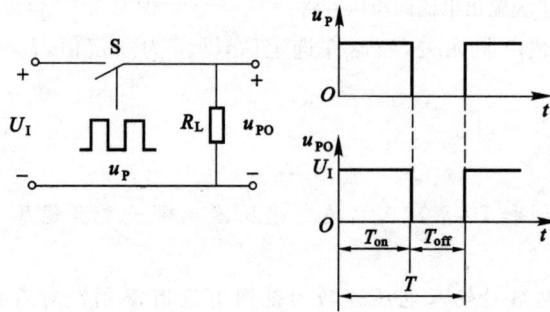

图 9.4.2 图 9.4.1 电路的波形

可见,开关调整管的输出电压 u_{PO} 仍是一个脉冲高度为 U_I、脉宽由 u_P 控制(等于 u_P 脉宽)、频率与 u_P 相同的矩形脉冲电压。滤波器由电感电容组成,对脉冲电压 u_{PO} 进行滤波,得到纹波(波形脉动部分的峰-峰值)很小的直流输出(平均)电压 U_O,其值为

$$U_O = DU_I \tag{9.4.2}$$

将输出电压 U_O 取样与基准电压在比较放大环节中比较放大,其输出 u_E(误差)作为脉宽调制器的输入信号。脉宽调制器是一个基准电压为锯齿波的电压比较器,输出脉冲电压 u_P 的脉宽由 u_E 控制,而频率与锯齿波的频率相同。

其工作原理如下:当输入电压 U_I 和负载都处于稳定状态时,输出电压 U_O 稳定不变,设对应的误差信号 u_E 和控制脉冲 u_P 的波形如图 9.4.3(a)所示。如果输出电压 U_O 发生波动,例如 U_I 上升会导致 U_O 上升,则比较放大电路使 u_E 下降,脉宽调制器的输出信号 u_P 的脉宽变窄,如图 9.4.3(b)所示,开关调整管的开通时间 t_{on} 减小,使占空比 D 下降,U_O 也下降。通过上述调整过程,使输出电压 U_O 基本保持不变。

输出电压 U_O 的稳定过程可描述如下：

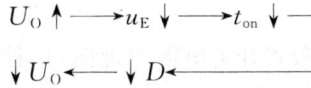

$$U_O \uparrow \longrightarrow u_E \downarrow \longrightarrow t_{on} \downarrow$$
$$\downarrow U_O \longleftarrow \downarrow D \longleftarrow$$

这种频率固定、调节脉宽的控制方法称为脉冲宽度调制（PWM）法。

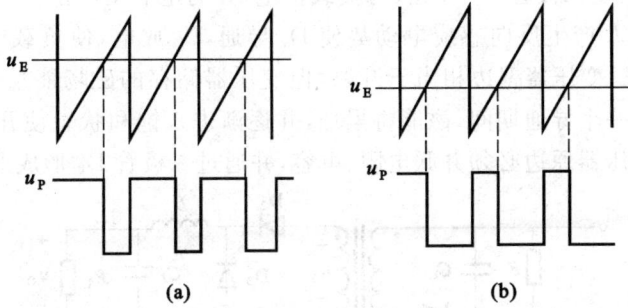

图 9.4.3 PWM 波形

(a) U_O 基本保持不变；(b) U_O 上升

图 9.4.4 所示为串联降压型开关稳压电源的原理图，晶体管 T 为开关调整管，稳压管 D_Z 的稳定电压 U_Z 作为基准电压，电位器 R_P 对输出电压 U_O 取样送入比较放大环节与基准电压 U_Z 相比较。滤波器由 L、C 组成，当控制信号使晶体管 T 导通时，U_I 向负载 R_L 供电，同时也为电感 L 和电容 C 充电；当控制信号使 T 截止时，电感 L 储存的能量通过续流二极管 D 向负载 R_L 释放，电容 C 也同时向负载 R_L 放电。该电路的输出电压与式（9.4.2）相同，因 $D \leqslant 1$，因此称为降压型开关电源。

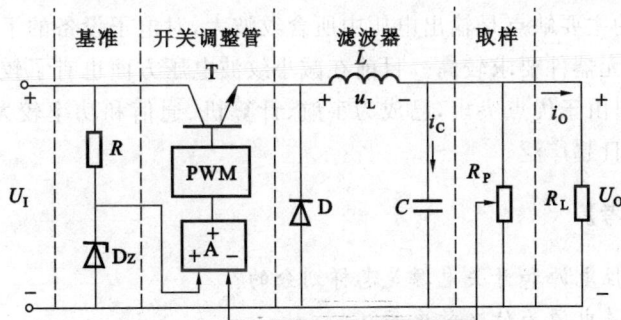

图 9.4.4 串联降压型开关稳压电源原理图

9.4.2 无工频变压器型开关稳压电源

前面所介绍的开关稳压电源的直流输入电压 U_I 一般来自工频变压器变压、整流和滤波。从实用角度出发，希望开关电源的输入直流电压 U_I 直接从交流 220 V 电源整流滤波获取，再将斩波后得到的高频电压用脉冲变压器转换成需要的输出电压，这样做的目的是去掉了笨重的工频变压器,并将输出电路与供电电源、开关器件和控制电路隔离开来。

图 9.4.5 所示为单端正激式开关电源原理图,这种开关电源的工作情况与降压型开关电源有相似之处,当开关管 T 导通时,变压器原边电压近似等于输入电压 U_1,变压器副边电压使二极管 D_2 导通,为负载供电,并为电容 C_2 充电。当开关管 T 截止时,滤波电感 L 产生反向感应电动势使 D_3 导通,C_2 放电,使负载电流连续,在此 t_{off} 期间,D_2 截止,变压器副边相当于开路,但变压器储存的磁场能量必须在 t_{off} 期间放掉,否则在下一个导通期间,磁能将累加,并逐渐进入饱和状态使开关管过流而烧毁。因而,在变压器原边必须并联电阻、电容,并通过二极管 D_1 形成退磁回路。

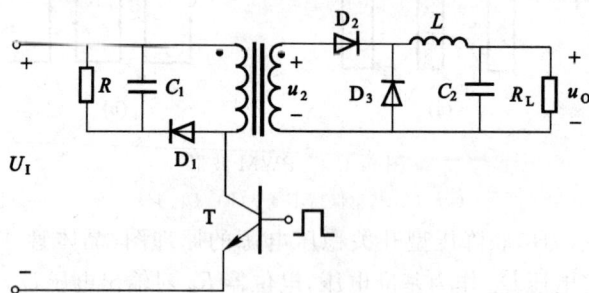

图 9.4.5　单端正激式开关电源原理图

近年来,开关稳压电源专用集成电路发展很快,品种不断增多,常见的有:MC34063,LM2575,TL494 和 CW3842 等。这些芯片将开关电源的 PWM 控制电路、开关管驱动电路和保护电路集成在一起,具有可靠性高、使用方便等优点。

开关电源的主要缺点是输出电压中所含纹波大,对电子设备的干扰较大,而且电路比较复杂,对元器件要求较高。目前在减小纹波电压方面也有了较大进展,而且还在不断研究。但由于优点突出,已成为宇航、计算机、通信和功率较大电子设备中电源的主流,应用日趋广泛。

【练习与思考】

9.4.1　线性电源和开关电源是怎样划分的?

9.4.2　开关电源为什么效率高?

9.4.3　开关电源是靠什么来调节输出电压的?

9.4.4　无工频变压器型开关稳压电源的特点是什么?

习 题

9.1 选择合适答案填入空内。

(1) 整流的目的是_____。

    A. 将交流变为直流　　B. 将高频变为低频　　C. 将正弦波变为方波

(2) 在单相桥式整流电路中,若有一只整流管接反,则_____。

    A. 输出电压约为 $2U_D$　　B. 变为半波直流　　C. 整流管将因电流过大而烧坏

(3) 直流稳压电源中滤波电路的目的是_____。

    A. 将交流变为直流　　　　B. 将高频变为低频

    C. 将交、直流混合量中的交流成分滤掉

(4) 滤波电路应选用_____。

    A. 高通滤波电路　　　　B. 低通滤波电路　　　　C. 带通滤波电路

9.2 变压器副边有中心抽头的全波整流电路如题图 9.1 所示,副边电源电压为 $u_2 = \sqrt{2}U_2 \sin \omega t$ V,忽略二极管的正向压降和变压器内阻。

(1) 分别画出无滤波电容和有滤波电容两种情况下输出电压 u_L 及二极管承受的反向电压 u_R 的波形;

(2) 求无滤波电容时整流电压的平均值 U_0;

(3) 求有、无滤波电容两种情况下二极管所承受的最大反向电压 U_{RM};

(4) 计算整流二极管的平均电流 I_D。

9.3 电路如题图 9.2 所示。

(1) 标出输出电压 u_{L1}、u_{L2} 的极性;

(2) 求输出电压的平均值 U_{L1}、U_{L2};

(3) 求各二极管承受的最大反向电压。

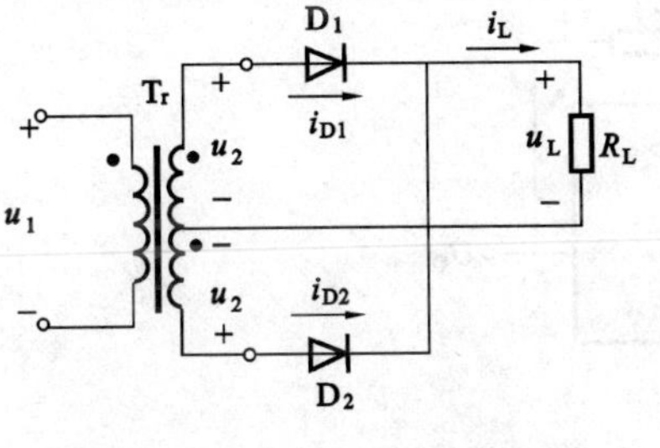

题图 9.1　习题 9.2 的图 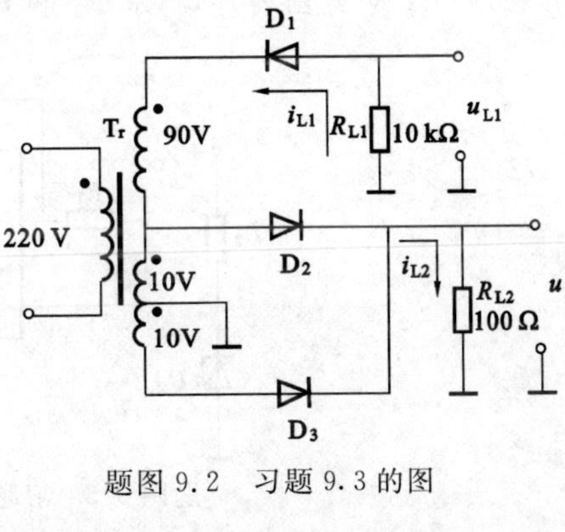　　　　题图 9.2　习题 9.3 的图

9.4　桥式整流电路如题图 9.3 所示,试画出下列情况下 u_{AB} 的波形(设 $u_2 = \sqrt{2}\,U_2 \sin \omega t$ V)。

(1) S_1、S_2、S_3 打开,S_4 闭合;

(2) S_1、S_2 闭合,S_3、S_4 打开;

(3) S_1、S_4 闭合,S_2、S_3 打开;

(4) S_1、S_2、S_4 闭合,S_3 打开;

(5) S_1、S_2、S_3、S_4 全部闭合。

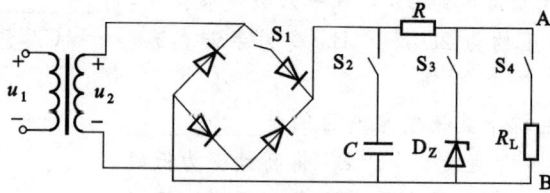

题图 9.3　习题 9.4 的图

9.5　一单相桥式整流电路如题图 9.4 所示,负载平均电压 $U_O = 110$ V,负载电阻 $R_L = 50\ \Omega$,试求变压器副边绕组电压,并选择二极管。

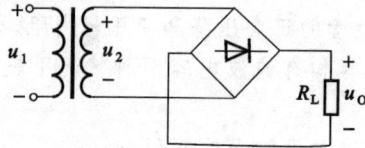

题图 9.4　习题 9.5 的图

9.6　单相桥式整流电容滤波电路,已知:交流电源频率 $f = 50$ Hz,要求输出 $U_O = 30$ V,$I_O = 0.15$ A,试选择二极管及滤波电容。

9.7　电路如图 9.3.1 所示,已知:$U_{REF} = 3$ V,取样电路中上下两个电阻均为 3 kΩ,电位器 $R_P = 10$ kΩ。输出电压 U_O 的最大值、最小值各为多少?

9.8　电路如题图 9.5 所示,已知 $U_Z = 5$ V,反馈电路的最大电流限制在 0.5 mA 之间,U_O 在 5~12 V 范围内可调,求 R_1 和 R_P 的值。

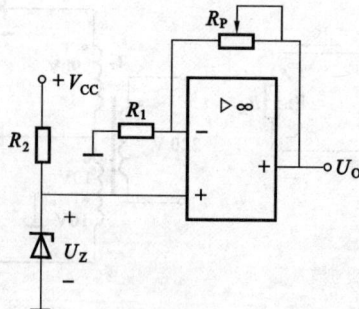

题图 9.5　习题 9.8 的图

9.9 题图9.6所示电路是 W78×× 稳压器外接功率管扩大输出电流的稳压电路,具有外接过流保护环节,用于保护功率管 T_1,试分析其工作原理。

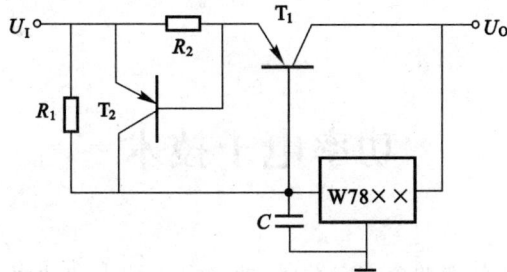

题图 9.6 习题 9.9 的图

9.10 用两个 W7815 稳压器能否构成输出(1)30 V;(2)−30 V;(3)±15 V 的稳压电路?

9.11 试设计一直流稳压电源,其输入为 220 V、50 Hz 的交流电源,输出电压为 ±15 V,输出电流为 1 A,要求:

(1) 画出电路图;

(2) 计算各参数;

(3) 选择三端集成稳压器、滤波电容器、整流二极管和变压器。

第10章

功率电子技术

目前,电子技术正朝着两个方向发展,即微电子技术和功率电子技术(电力电子技术)。功率电子技术是利用大功率半导体器件进行功率变换和控制的一门技术,是电力、电子、控制三大电气工程技术领域之间的一门交叉学科,它包括整流、逆变、交流调压和斩波等方面的内容。本章将介绍常用功率半导体器件(包括晶闸管,可关断晶闸管,功率晶体管和场效应管,绝缘栅双极型晶体管,MOS 控制的晶闸管)和功率变换电路及其功率电子技术的应用系统。

基本要求

(1) 了解常用功率电子器件的基本原理和分类方法;
(2) 了解功率变换电路的基本原理及其应用。

10.1 常用功率电子器件

功率电子器件也叫做电力电子器件,根据不同的开关特性,它可分为如下三种类型:

(1) 不可控器件。这类器件通常为两端器件,只能改变加在器件两端的电压极性,而不能控制其导通和关断,如整流二极管等。

(2) 半控型器件。这类器件通常为三端器件,通过控制信号能够控制其导通而不能控制其关断,普通晶闸管及其派生器件属于这一类。

(3) 全控型器件。这类器件也为三端器件,通过控制信号既可以控制其导通,也可以控制其关断,因而也称为自关断器件。这类器件有可关断晶闸管、功率晶体管、功率场效应晶体管、绝缘栅双极型晶体管和 MOS 控制的晶闸管等。

除上述分类外,根据控制信号不同,功率电子器件还可分为电流控制型和电压控制型两类。

10.1.1 晶闸管

晶闸管(又称可控硅),简记为 T(Thyristor)或 SCR(Silicon Controlled Rectifi-

er),它是一种大功率半导体器件,它既有与二极管相同的单向导电作用,又具有可控的开关作用,因此在强电领域的功率变换和控制中,发挥了重要作用。

1. 晶闸管的电路符号和导通关断条件

晶闸管的电路符号如图 10.1.1 所示。它有 3 个电极:阳极 A、阴极 K 和门(控制)极 G。晶闸管与二极管一样,具有单向导电性,即电流只能从阳极 A 流向阴极 K,但它必须同时满足:① $U_{AK}>0$(与二极管的导通条件相同);② $U_{GK}>0$。这是晶闸管导通的两个必要条件。显然,晶闸管与二极管的不同就在于多了一个控制导通条件。为了使晶闸管关断,必须满足流过晶闸管的电流 $I_A<I_H$(I_H 称为**维持电流**:维持晶闸管导通所必须的最小电流),这是晶闸管的

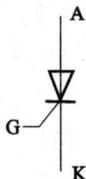

图 10.1.1 晶闸管的
电路符号

关断条件。另外,晶闸管一旦导通后,其门极便失去了控制作用。因此,一般在晶闸管的门极和阴极间加正脉冲信号(满足导通的第二个条件)控制其导通。晶闸管在工作过程中要消耗功率而发热,因此使用时必须按厂家规定安装一定形式的散热器。

2. 晶闸管的伏安特性和主要参数

(1) 伏安特性曲线。晶闸管阳极和阴极间的电压 U_{AK} 与晶闸管阳极电流 I_A 间的关系,称为晶闸管的伏安特性,其伏安特性曲线如图 10.1.2 所示。

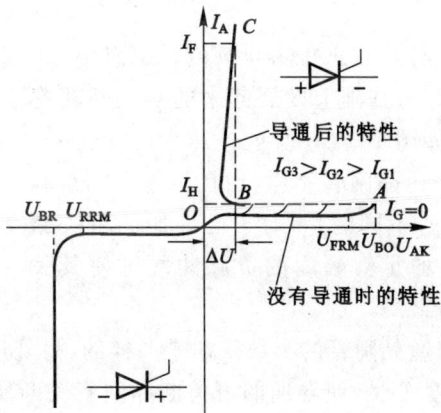

图 10.1.2 晶闸管的伏安特性曲线

晶闸管的正向特性(第一象限)又有断态与通态之分。图中的 OA 段,当 $I_G=0$ 时,U_{AK} 增大但 I_A 很小,晶闸管处于断态。当 U_{AK} 增大到 U_{BO} 时,I_A 剧增,正向压降变小,晶闸管由断态变为通态。导通后其特性与二极管的正向特性相似,工作在特性曲线的 BC 段。U_{BO} 为 $I_G=0$ 时的正向转折电压。由图 10.1.2 可见,随着门极电流 I_G 的增大,正向转折电压下降。因此,正常使用时,必须给晶闸管的门极加触发电流 I_G 使其导通。晶闸管的反向特性(第三象限)与二极管的反向特性曲线相似。当

$U_{AK} < 0$ 时,反向漏电流极小,晶闸管处于阻断状态,因此说明晶闸管具有单向导电性。当反向电压加到一定值 $U_{AK} = U_{BR}$ 后,反向漏电流急剧增大,使晶闸管造成反向击穿而损坏。U_{BR} 称为**反向击穿电压**。

(2) 主要参数。

① 正向重复峰值电压 U_{FRM}:在 $I_G = 0$ 的条件下,可以重复加在晶闸管两端的正向阻断电压的最大值(即正向耐压),按规定,U_{FRM} 是正向转折电压 U_{BO} 的 80%。

② 反向重复峰值电压 U_{RRM}:在 $I_G = 0$ 的条件下,晶闸管所能承受的最大反向电压。按规定 U_{RRM} 为反向击穿电压 U_{BR} 的 80%。

③ 额定正向平均电流 I_F:在规定环境温度(40℃)及标准散热条件下,晶闸管处于全导通时可以连续通过的最大工频正弦半波电流的平均值。

④ 维持电流 I_H:在 $I_G = 0$ 的条件下,维持晶闸管正常导通所必需的最小电流。当流过晶闸管的电流小于 I_H 时,导通的晶闸管就自动关断。

⑤ 导通平均电压 U_F:在规定环境温度和标准散热条件下,当正向通过正弦波额定电流时,元件两端的压降在一个周期内的平均值,一般为 $0.4 \sim 1.2$ V。

除以上参数外,还有一些动态指标,如:断态电压临界上升率 du/dt、通态电流临界上升率 di/dt、开通时间 t_{on}、关断时间 t_{off} 等,使用时可查阅有关手册。

10.1.2 可关断晶闸管

可关断晶闸管,简记为 GTO(Gate Turn-off Thyristor),它是在普通晶闸管的基础上发展起来的自关断功率电子器件,其电路符号如图 10.1.3 所示。

可关断晶闸管与普通晶闸管一样,当在门极上加正脉冲时可使其正向导通;所不同的是,对于已导通的可关断晶闸管,只要在门极上加足够幅度的负脉冲便可使其关断,因此它是一种全控器件。

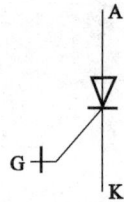

图 10.1.3 GTO 的符号

可关断晶闸管与普通晶闸管的参数基本是一样的,另外还有一些特殊参数:

① 负门极电流幅度 I_{RGM}:使导通的可关断晶闸管关断所必须的反向门极电流。I_{RGM} 一般取被关断阳极电流 I_A 的 $(1/5) \sim (1/3)$。

② 负门极关断电压 U_{RGM}:门极关断电压是用来产生门极关断电流 I_{RGM} 所需要的门极反向电压。多数情况下,$U_{RGM} = (10 \sim 20)$V。

10.1.3 功率晶体管和功率场效应管

功率晶体管 GTR(Giant Transistor)和功率场效应管 PMOSFET(Power Metal Oxide Semiconductor Field Effect Transistor) 的工作原理与普通晶体管和场效应晶体管的工作原理近似,只是在制造工艺上作了改进,使之可以通过大电流和承受高电压。GTR 的电路符号与普通晶体管的符号是一样的。N 沟道 PMOSFET 和 P 沟道 PMOSFET 的符号如图 10.1.4 所示,其中的二极管是由 PMOSFET 结构本身形成的一个寄生二极管,它与 PMOSFET 构成一个不可分割的整体。由于晶体管和场效应管的工作原理在第 1 章已经介绍,在此不再赘述。

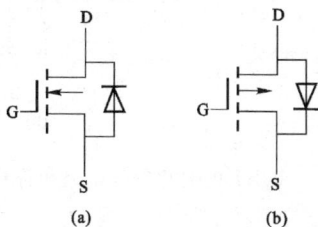

图 10.1.4　PMOSFET 的符号

10.1.4　绝缘栅双极型晶体管

　　PMOSFET 是单极型电压控制器件,它具有开关速度快、输入阻抗高、热稳定性好以及驱动功率小和控制简单等特点,但它存在通态电阻大和电流小的缺点。GTR 是双极型电流控制器件,其特点是饱和压降小、电流大,但它存在着开关速度低、驱动功率大以及控制电路复杂等缺点。复合器件是两种器件的结合,吸取各自的优点,弥补另一种器件的不足。绝缘栅双极型晶体管,简称 IGBT(Insulated Gate Bipolar Transistor),是 80 年代出现的新型复合器件。它将 MOSFET 和 GTR 的优点集于一身,既有输入阻抗高、速度快、热稳定性好和驱动简单的特点,又有通态电阻小、耐压高和承受电流大等优点。

　　IGBT 是以 MOSFET 为驱动元件,GTR 为主导元件的达林顿结构器件。图 10.1.5(a)为 N 沟道 IGBT 的等效电路,它是 N 沟道 MOSFET 和 PNP 型 GTR 组成的复合器件,其电路符号如图 10.1.5(b)所示。P 沟道 IGBT 的符号与图中的箭头方向恰好相反。IGBT 是一种电压控制器件,它的开通和关断由栅、射极电压 u_{GE} 控制,对于 N 沟道 IGBT,当 u_{GE} 为正且大于开启电压 U_{th} 时,MOSFET 内部形成沟道,并为 PNP 管提供基极电流,从而使 IGBT 导通,并具有较低的通态压降 U_{CE}。当 u_{GE} 为负时,MOSFET 内的沟道消失,PNP 晶体管的基极电流被切断,IGBT 关断。

　　因为 IGBT 是 GTR 和 MOSFET 管组成的复合器件,因此 IGBT 的转移特性和 N 沟道增强型 MOS 管的转移特性相似,输出特性和三极管的输出特性相似。不同的是,IGBT 的集电极电流 i_C 受栅、射极电压 u_{GE} 控制。

　　为了便于散热和安装,大于 50 A 的 IGBT 一般做成模块式。目前已有将驱动电路、保护电路与 IGBT 集成在一个模块中的产品,称为**智能功率模块**(IPM)。有关它们的详细功能,请参阅产品说明及有关资料。

图 10.1.5　IGBT 的简化等效电路和符号

(a) 等效电路；(b) 符号

10.1.5　MOS 控制的晶闸管

　　MOS 控制的晶闸管（MOS Controlled Thyristor），简称 MCT，它是由 MOSFET 与 SCR 复合而成的复合器件，它的输入侧为 MOSFET 结构，输出侧为 SCR 结构。因此兼有 MOSFET 高输入阻抗、低驱动功率和开关速度快以及 SCR 耐压高、电流容量大的特点。同时，它又克服了 SCR 不能自关断和 MOSFET 通态压降大的缺点。是 SCR 的升级换代产品。

　　图 10.1.6(a)、(b) 所示为 P-MCT 和 N-MCT 的符号。目前应用较多的为 P-MCT，图 10.1.7 所示为 P-MCT 的等效电路图。MCT 是在 SCR 结构中集成一对 MOS 管，这对 MOS 管的作用是控制 SCR 的开通和关断，使 SCR 开通的 MOSFET 称为 ON-FET，使 SCR 关断的 MOSFET 称为 OFF-FET，这两个 MOSFET 的栅极连在一起构成 MCT 的门极 G。MCT 是电压控制器件，对 P-MCT 而言，当门极相对于阳极加一负触发脉冲时，ON-FET 导通，它的漏极电流使 NPN 三极管导通，后者的集电极电流又使 PNP 三极管导通，而 PNP 管的集电极电流反过来又维持 NPN 管的导通，形成正反馈自锁效应，使 MCT 保持导通状态。当门极与阳极之间加一正触

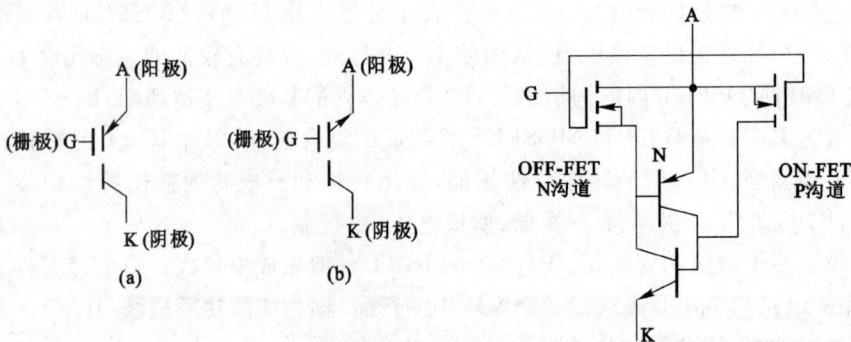

图 10.1.6　MCT 的符号

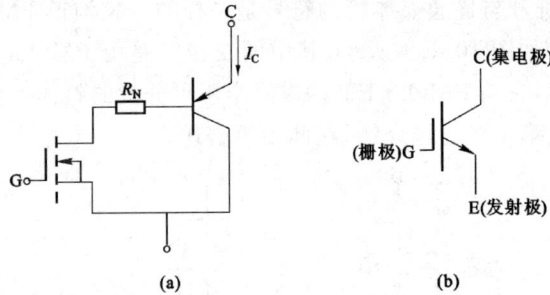

图 10.1.7　MCT 的等效电路

发脉冲时,OFF-FET 导通,使 PNP 三极管的发射结短路而立即截止,导致正反馈自锁效应不能继续维持,使 MCT 关断。

N-MCT 的工作原理与 P-MCT 的相似,只是用正脉冲使之开通,用负脉冲使之关断。

【练习与思考】

10.1.1　不可控、半控、全控型功率电子器件的主要区别是什么?

10.1.2　SCR 的导通和阻断条件是什么?

10.1.3　GTO、GTR、MOSFET 各自有什么优缺点?

10.1.4　什么是复合器件? IGBT 和 MCT 是由什么器件复合而成的? 它们各有什么特点?

10.2　功率变换电路

10.2.1　可控整流电路(AC/DC)

1. 单相桥式半控整流电路

在第 9 章我们介绍了由二极管组成的单相桥式不可控整流电路,如图9.2.1所示。若将图中的二极管换成晶闸管则组成单相桥式可控整流电路。它们的区别主要是晶闸管导通需要加触发脉冲,就是说晶闸管的导通时间是可以控制的,因此其整流后的输出电压是可控的,故称为**可控整流电路**。下面以图10.2.1(a)所示的单相桥式半控整流电路为例,来说明其工作原理。

在图 10.2.1(a)所示电路中,由于只有 T_1、T_2 可控,而 D_1、D_2 不可控,故称为单相桥式半控整流电路。设电源电压 $u_2 = \sqrt{2} U_2 \sin \omega t$ V, 在 u_2 的正半周,T_1 和 D_2 承受正压,但只有到 $\omega t = \alpha$ 时门极才加上触发脉冲 u_G,晶闸管 T_1 才导通,导通后负载电压 $u_o = u_2$(忽略管压降),同时,T_2 和 D_1 因承受反压而关断。当电源电压过零时,负载电流 i_o 降到零,T_1 和 D_2 关断。在 u_2 的负半周,T_2 和 D_1 承受正压,只有在 $\omega t = \pi + \alpha$ 时才加上正向触发脉冲 u_G,T_2 才导通,导通后 $u_o = -u_2$,同时,T_1 和 D_2 因承受反向电压而关断。各处的电压波形如图 10.2.1(b)所示。对于电阻性负载,负载电流 i_o 与电压 u_o 的波形是相似的。

图中的 α 称为**控制角**,它是晶闸管从承受正压开始到导通时刻所对应的角度。θ 称为**导通角**,即晶闸管在一周期内导通的角度。

由图 10.2.1(b)可见,输出电压的平均值为

$$U_O = \frac{1}{\pi} \int_{\alpha}^{\pi} \sqrt{2} U_2 \sin \omega t \, \mathrm{d}\omega t = \frac{2\sqrt{2} U_2}{\pi} \frac{1 + \cos \alpha}{2} = 0.9 U_2 \frac{1 + \cos \alpha}{2} \qquad (10.2.1)$$

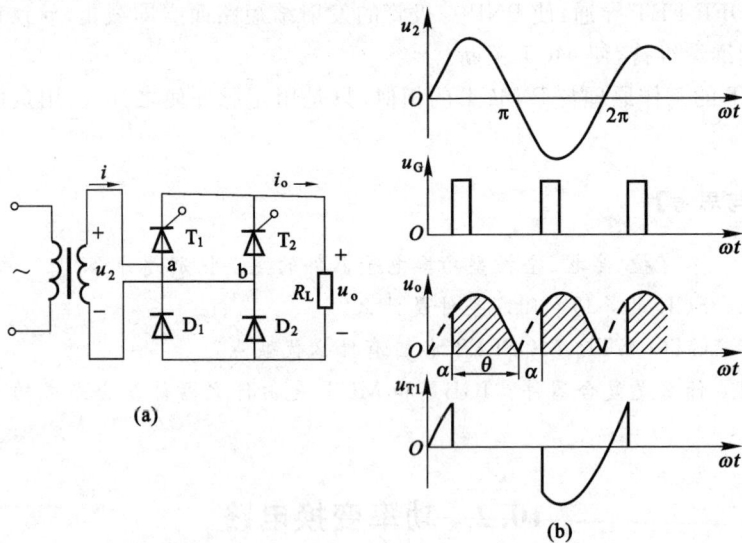

图 10.2.1　单相桥式半控整流电路及其波形

由式(10.2.1)可见,改变控制角 α 即可调节输出电压的平均值,这就是可控的含义。

输出电流的平均值为

$$I_\mathrm{O} = \frac{U_\mathrm{O}}{R_\mathrm{L}} = 0.9\,\frac{U_2}{R_\mathrm{L}}\,\frac{1 + \cos \alpha}{2} \qquad (10.2.2)$$

变压器副边电流 i 或负载电流 i_o 的有效值为

$$I = \frac{1}{R_\mathrm{L}}\sqrt{\frac{1}{\pi}\int_\alpha^\pi \left(\sqrt{2}\,U_2 \sin \omega t\,\right)^2 \mathrm{d}\omega t} = \frac{U_2}{R_\mathrm{L}}\sqrt{\frac{1}{2\pi}\sin 2\alpha + \frac{\pi - \alpha}{\pi}} \qquad (10.2.3)$$

流过晶闸管或二极管的平均电流为

$$I_\mathrm{T} = I_\mathrm{D} = \frac{1}{2}I_\mathrm{O} \qquad (10.2.4)$$

例 10.2.1　有一纯电阻负载,需要可调的直流电源。要求输出电压 $U_\mathrm{O}=0\sim180$ V,电流 $I_\mathrm{O}=0\sim7$ A。现用单相桥式半控整流电路,试求交流输入电压、电流的有效值,并选择晶闸管。

解　当控制角 $\alpha=0(\theta=180°)$ 时,$U_\mathrm{O}=180$ V,$I_\mathrm{O}=7$ A。由式(10.2.1),则交流电压有效值为

$$U_2 = \frac{U_\mathrm{O}}{0.9} = \frac{180}{0.9} = 200 \ (\mathrm{V})$$

考虑到电网电压的波动、管压降、导通角 θ 达不到 $180°$(一般为 $160°\sim170°$ 左右)等因素。交流电压比计算值应当增加 10% 左右,即 $U_2=220$ V,这样就可不用整流变压器,直接接到 220 V 的交流电源上。

$$R_{\mathrm{L}} = \frac{U_{\mathrm{O}}}{I_{\mathrm{O}}} = \frac{180}{7} \approx 25.7 \ (\Omega)$$

由式(10.2.3),交流电流的有效值为

$$I = \frac{U_2}{R_{\mathrm{L}}} = \frac{220}{25.7} \approx 8.6 \ (\mathrm{A})$$

晶闸管所承受的最大正、反向电压和二极管所承受的最大反向电压为

$$R_{\mathrm{RM}} = \sqrt{2} U_2 \approx 1.41 \times 220 = 310 \ (\mathrm{V})$$

流过晶闸管的平均电流为

$$I_{\mathrm{T}} = I_{\mathrm{D}} = \frac{1}{2} I_{\mathrm{O}} = 3.5 \ (\mathrm{A})$$

考虑留有余量,选晶闸管的额定正向平均电流和额定电压分别为

$$I_{\mathrm{F}} > (1.5 \sim 2) I_{\mathrm{T}} \approx (5.3 \sim 7) \ (\mathrm{A})$$

$$U_{\mathrm{N}} > (2 \sim 3) U_{\mathrm{RM}} \approx (620 \sim 93) \ (\mathrm{V})$$

所以选大于 5.3 A、620 V 的晶闸管。

2. 单结晶体管触发电路

由上面的分析可知,要使晶闸管导通,必须在门极加正触发信号。产生触发信号的触发电路很多,下面只介绍较简单的单结晶体管触发电路

(1) 单结晶体管。单结晶体管又称双基极二极管。它的外形和普通三极管相似,但只有一个 PN 结。图 10.2.2 是单结晶体管的结构示意图、表示符号、等效电路和特性曲线。

单结晶体管是在一块高电阻率的 N 型硅片一侧的两端各引出一个电极,分别称为第一基极 B₁ 和第二基极 B₂,而在另一侧靠近 B₂ 处掺入 P 型杂质,形成 PN 结,并引出发射极 E。两个基极至 PN 结的电阻分别为 R_{B1} 和 R_{B2},则二个基极间的电阻 $R_{\mathrm{BB}} = R_{\mathrm{B1}} + R_{\mathrm{B2}}$,其值为 2~15 kΩ。

在图 10.2.2(c)中,若在 B₂ 和 B₁ 两端加电压 U_{BB},在发射极加可调的电压 U_{E},则可测得单结晶体管的伏安特性曲线如图 10.2.2 (d)所示。伏安特性曲线分截止区、负阻区和饱和区。特性曲线中的 P 点称为峰点,V 点称为谷点。

由图 10.2.2(c)可知

$$U_{\mathrm{A}} = \frac{R_{\mathrm{B1}}}{R_{\mathrm{B1}} + R_{\mathrm{B2}}} U_{\mathrm{BB}} = \frac{R_{\mathrm{B1}}}{R_{\mathrm{BB}}} U_{\mathrm{BB}} = \eta U_{\mathrm{BB}} \qquad (10.2.5)$$

其中 $\eta = \dfrac{R_{\mathrm{B1}}}{R_{\mathrm{B1}} + R_{\mathrm{B2}}}$ 称为分压比,与管子的结构有关,一般为 0.5~0.9。

则峰点电压为

$$U_{\mathrm{P}} = U_{\mathrm{A}} + U_{\mathrm{D}} = \eta U_{\mathrm{BB}} + U_{\mathrm{D}} \qquad (10.2.6)$$

式中,U_{D} 是 PN 结的正向压降。一般取 $U_{\mathrm{D}} = 0.7$ V。

所以,当 $U_{\mathrm{E}} < U_{\mathrm{P}}$ 时,单结晶体管截止,管子工作在截止区,E 和 B₁ 间呈高阻状

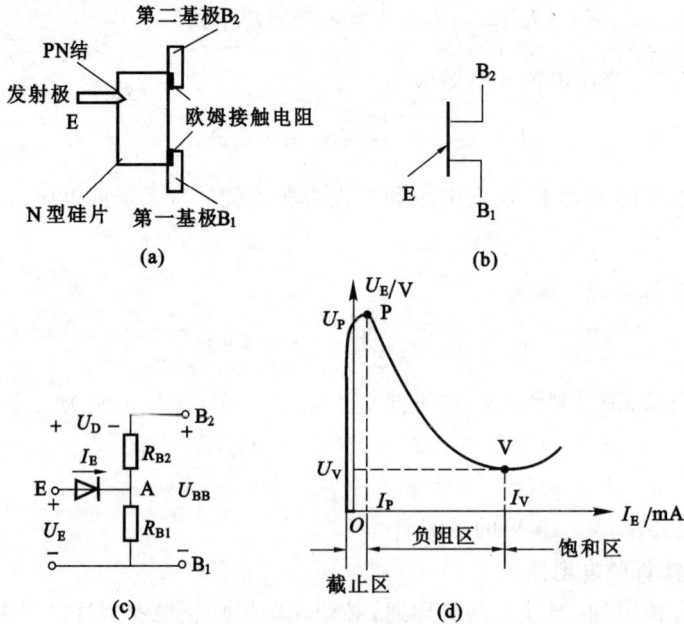

图 10.2.2　单结晶体管的结构、符号、等效电路、特性曲线

态，I_E 是一个很小的反向漏电流。

当 $U_E = U_P$ 时，单结晶体管导通，即 PN 结导通，发射区（P 区）向基区发射了大量的空穴载流子，使 I_E 增长很快，E 和 B_1 间呈低阻状态，R_{B1} 迅速减小，而 E 和 B_1 间电压 U_E 也随着下降，即动态电阻 $\Delta U_E / \Delta I_E$ 为负值，因此称这一段为负阻区。

当 I_E 上升，U_E 下降到谷点电压 U_V 时，若使 I_E 继续增大，U_E 略有上升，但上升不明显，所以谷点右边的特性曲线为饱和区。

因此，当 $U_E = U_P$ 时管子导通，而导通后 $U_E < U_V$ 时，管子又恢复截止。谷点电压约在 2～5 V。触发电路中，常选用 η 大、I_V 大和 U_V 低的单结管，以增大触发脉冲的幅度。

（2）单结晶体管触发电路。在图 10.2.3 所示电路中，虚线以上为主电路，虚线以下为触发电路。主电路就是被触发的整流电路，其工作原理前面已经分析过。这里主要介绍触发电路的工作原理。

单结晶体管、电容 C、可调电阻 R_P 及电阻 R、R_1、R_2 组成了驰张振荡电路。假设接通电源前电容 C 上的初始电压 $u_C = 0$，单结晶体管截止。接通电源后，由电压 u_Z 经 R_P 和 R 给电容 C 充电，充电时间常数为 $(R_P + R)C$。当 u_C 上升到峰值电压 U_P 时，单结晶体管导通，R_{B1} 急剧下降（约为 20 Ω），电容 C 通过 R_1 放电，由于 R_1 阻值较小，放电很快，在 R_1 上形成一个尖脉冲 u_g，其放电时间常数主要由 $R_1 C$ 决定，波形见图 10.2.4。由于电阻 $(R_P + R)$ 较大（一般取几至几十千欧），所以当电容电压下降到

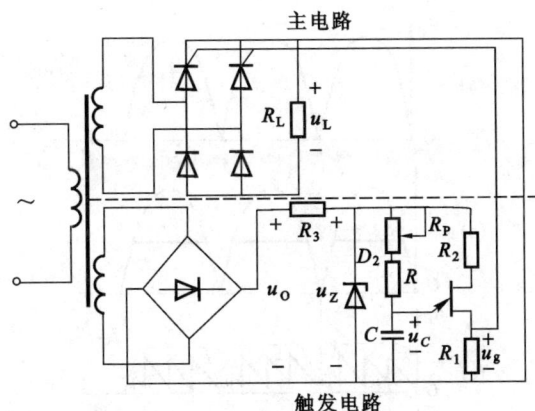

图 10.2.3 由单结晶体管触发的单相桥式半控整流电路

管子的谷点电压时,u_Z 经 $(R_P + R)$ 供给的电流小于管子的谷点电流 I_V,单结晶体管截止。u_Z 再次经 $(R_P + R)$ 给电容 C 充电,重复上述过程。于是就在 R_1 上得到一个又一个的尖脉冲。u_g 第一个脉冲触发晶闸管导通后,后面的脉冲便不起作用。阳极电压过零时,晶闸管关断,触发电路和主电路在电源变压器控制下同步工作。

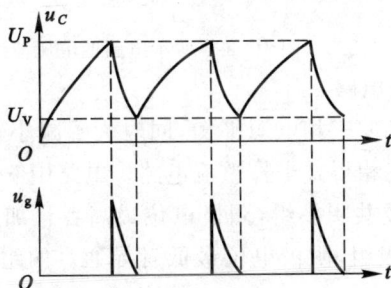

图 10.2.4 触发脉冲 u_g 的波形

改变 R_P 可以调节电容电压 u_C 上升到峰点电压 U_P 的时间,从而调节第一个脉冲 u_g 到来的时刻,即改变了控制角 α 的大小,因此控制了 u_L 的大小。

$(R_P + R)$ 不能太大,也不能太小,太大会使 u_L 的调节范围减少,太小会造成晶闸管的"直通现象"。

一般要求 u_g 脉冲宽度在 10 μs 以上,主要由 $R_1 C$ 决定,故一般取 $C = 0.2 \sim 1$ μF,$R_1 = 50 \sim 100$ Ω。

电阻 R_2 起温度补偿作用,它补偿了因温度上升导致 U_D 下降的值,从而使峰点电压 U_P 保持不变。

R_3 和 D_2 将整流后的电压 u_0 稳定在 u_Z 上,使 u_g 的幅度和每半个周期产生的第一个脉冲 u_g 的时间不受电源电压波动的影响(使每半个周期产生的 α 相同)。图 10.2.3所示电路各处的电压波形如图 10.2.5所示。

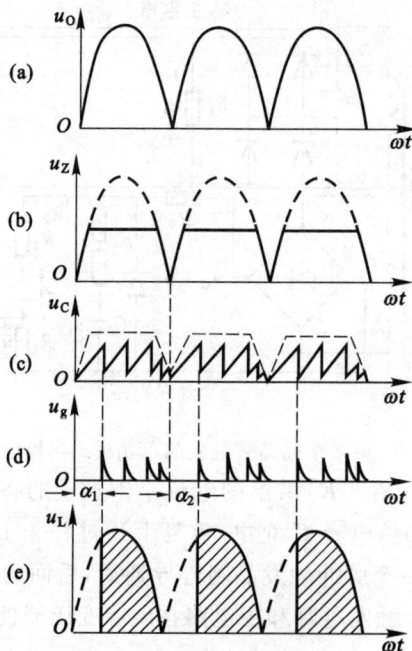

图 10.2.5　图 10.2.3 所示电路的电压波形

3. 三相桥式半控整流电路

对于大功率负载,为了使三相电源平衡,同时为了减小输出电压的脉动程度,常采用如图 10.2.6 所示的三相桥式半控整流电路。电路中 6 个整流元件分为两组,即 3 个晶闸管 T_1、T_2、T_3 接成共阴极组,阳极电位最高者且加触发脉冲时导通;3 个二极管 D_1、D_2、D_3 接成共阳极组,阴极电位最低者导通。两组元件中只有一组为可控的晶闸管,故称三相桥式半控整流电路。

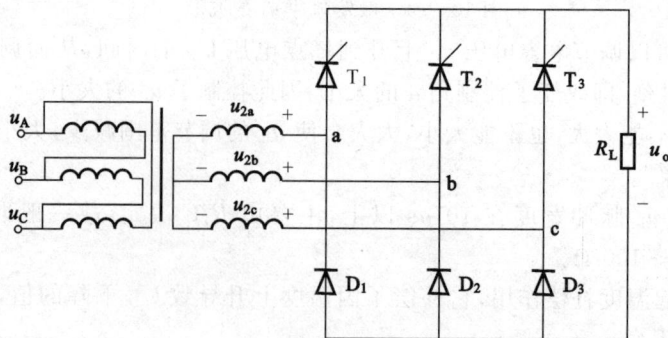

图 10.2.6　三相桥式半控整流电路

下面以电阻性负载为例,分析当控制角 α 变化时电路的工作情况。

当 $\alpha=0°$ 时，即触发脉冲在自然换相点（两相电源电压波形的交点）送入，见图 10.2.7(a)。3 个晶闸管在共阴极组自然换相点 ωt_1、ωt_3、ωt_5 依次触发导通换相。3 个二极管在共阳极组自然换相点 ωt_2、ωt_4、ωt_6 自然换相。例如，在 ωt_1 时刻，u_{2a} 最高，T_1 被触发导通，T_1 导通后使 T_2、T_3 承受反压而关断。此时，u_{2b} 最低，二极管 D_2 导通，使 D_1、D_3 承受反压而截止。在 $\omega t_1 \sim \omega t_2$ 期间，负载得到线电压 u_{ab}。到 ωt_2 时 u_{2c} 最低，二极管换相，D_3 导通 D_2 截止。在 $\omega t_2 \sim \omega t_3$ 期间，负载得到线电压 u_{ac}。到 ωt_3 时 u_{2b} 最高，T_2 被触发导通使 T_1 阻断。以后各元件导通情况类似，任何时刻负载上的电压为该时刻导通元件所联接的线电压。其波形与由 6 个二极管组成的三相桥式不可控整流电路的波形相同，一个周期内有 6 个波峰。

当 $\alpha=30°$ 时的输出电压波形如图 10.2.7(b)所示。

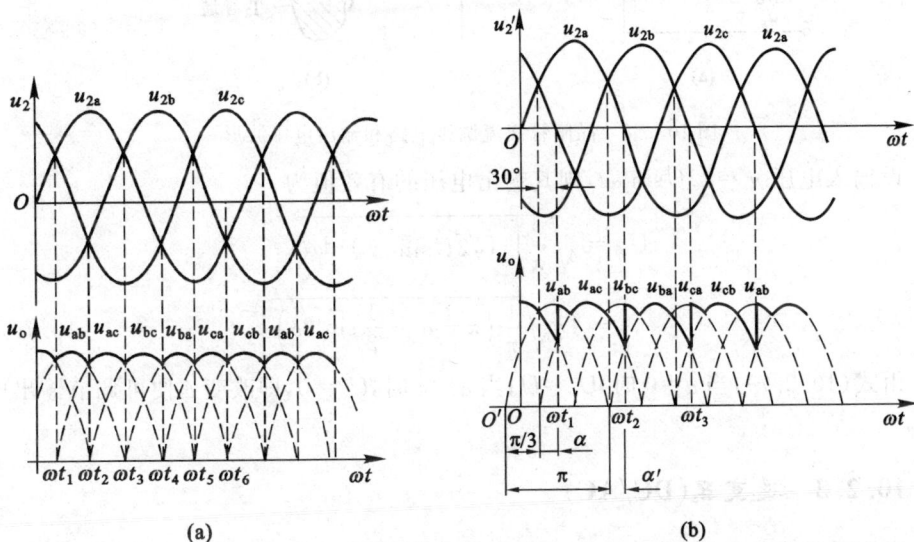

(a)   (b)

图 10.2.7 三相桥式半控整流电路的工作波形

由波形可见，三相桥式半控整流电路中触发脉冲的间隙为 $120°$，每个晶闸管的最大导通角为 $120°$，调节控制角 α 的大小即可改变输出电压的波形和大小。

10.2.2 交流调压器(AC/AC)

交流调压器的任务是将固定的交流输入电压变换成频率不变而大小可调的交流输出电压。交流调压在电加热炉的温度控制、电光源的亮度控制和小型交流电动机的转速控制等方面应用非常广泛。

单相交流调压电路是最基本的电路，它由两只反向并联的晶闸管组成，如图 10.2.8(a)所示。在交流输入电压的正半周，T_2 承受反向电压而不能导通，T_1 承受正向电压，若在 $\omega t=\alpha$ 时刻给 T_1 的门极加触发脉冲，则 T_1 导通，此时，$u_o=u_i$。当

$\omega t = \pi$ 时，T_1 自行关断。在交流输入电压的负半周，T_1 承受反向电压而关断，T_2 承受正向电压，若在 $\omega t = \pi + \alpha$ 时刻给 T_2 的门极加触发脉冲，则 T_2 导通，此时，$u_o = u_i$。当 $\omega t = 2\pi$ 时，T_2 自行关断。可见，在交流输入电压的正、负半周内，T_1、T_2 轮流导通，于是就在负载电阻 R_L 上得到可控的交流电压。其输出电压波形如图 10.2.8(b) 所示。

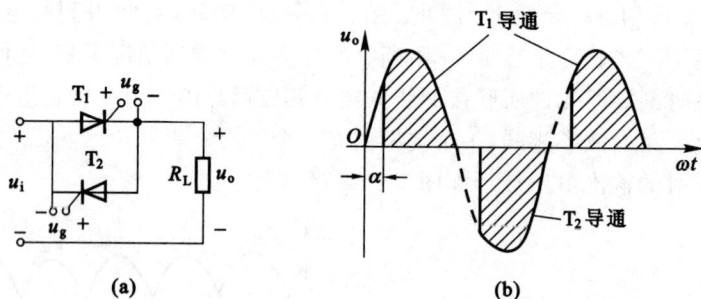

图 10.2.8　晶闸管交流调压电路和输出电压波形

设输入电压 $u_i = \sqrt{2}U\sin \omega t$，则其输出电压的有效值为

$$U_o = \sqrt{\frac{1}{\pi}\int_{\alpha}^{\pi}(\sqrt{2}U\sin \omega t)^2 \mathrm{d}\omega t}$$

$$= U\sqrt{\frac{1}{\pi}\left(\pi - \alpha + \frac{1}{2}\sin 2\alpha\right)} \qquad (10.2.7)$$

由式(10.2.7)，当 $\alpha = 0$ 时，$U_o = U$；当 $\alpha = \pi$ 时，$U_o = 0$，即改变 α 便可调节输出电压。

10.2.3　逆变器(DC/AC)

逆变是整流的反过程，将直流电变换为负载所需要的不同频率和电压值的交流电。完成这种逆变的电路称为逆变电路或逆变器，又称变频器。逆变器在交流电机调速、感应加热、不停电电源等方面应用十分广泛，是构成功率电子学的重要内容。若逆变器的输入是直流电源，则称为直流-交流逆变器。一般大功率逆变器的直流电源是由交流整流得到的，因此，这种电源系统又称为交流-直流-交流逆变器。

按逆变器输出的相数，可分为单相逆变器和三相逆变器。

由 IGBT 组成的单相桥式逆变器如图 10.2.9(a)所示。由于其输入为电压源，故又称为电压型逆变器。

设在 $0 \sim T/2$ 期间，给 T_1、T_2 的栅、射极间加驱动信号 u_{g1}、u_{g2}（图(b)中的 $u_{g1,2}$），则 T_1、T_2 导通，T_3、T_4 关断，忽略它们的管压降，输出电压 $u_o = U_d$；在 $T/2 \sim T$ 期间，给 T_3、T_4 加驱动信号 u_{g3}、u_{g4}（图(b)中的 $u_{g3,4}$），则 T_3、T_4 导通，T_1、T_2 关断，输出电压 $u_o = -U_d$。电路各点的波形如图 10.2.9(b)所示。可见，只要不断交替切换 $T_{1,2}$

和 $T_{3、4}$ 的导通和关断,在负载电阻 R_L 上就可得到幅度为 U_d,频率为 $f(1/T)$ 的交流方波电压,从而实现了直流到交流的逆变过程。

根据图 10.2.9(b),输出电压的有效值为

$$U_o = \sqrt{\frac{2}{T}\int_0^{\frac{T}{2}}U_d^2\mathrm{d}t} = U_d \tag{10.2.8}$$

显然,改变输入电压 U_d 即可改变输出电压的有效值 U_o,改变切换频率 f 即可改变输出的交流频率。

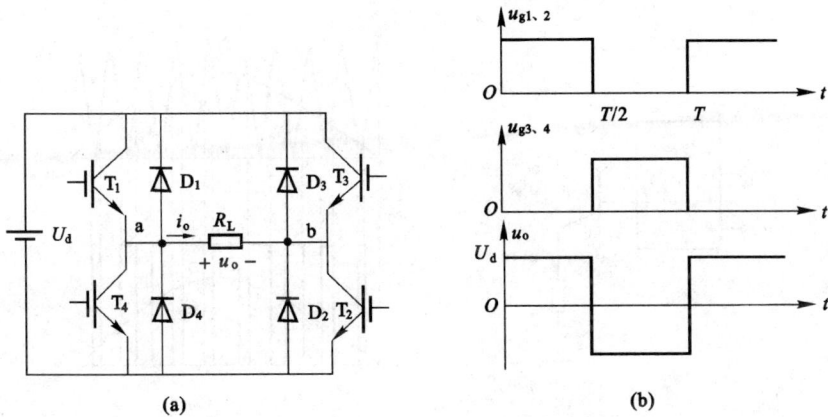

图 10.2.9　单相桥式逆变器及其波形

图中的 $D_1 \sim D_4$ 为续流二极管。对于纯电阻负载,它们不起作用,可以去掉它们。对于大电感负载,由于电感电流不能突变,当某一对 IGBT 关断时,要靠二极管形成电流回路。例如,T_1、T_2 导通时负载电流 i_o 从 a 点流到 b 点,在 $T/2$ 时刻,T_1、T_2 关断,尽管 T_3、T_4 在该时刻加上了驱动信号,但此时由于 i_o 不能突变,仍保持从 a 点流向 b 点,这样就迫使 D_4、D_3 导通,电流流向为电源负极→D_4→a→b→D_3→电源正极。该过程为能量回馈过程,即电感释放能量向电源充电。

图中的 T 若换成晶闸管、晶体管或场效应管,则分别构成晶闸管、晶体管和场效应管逆变器。

上述矩形波输出型逆变器,其导通角为 180°,每周期各开关管只开、关一次,控制简单,开关损耗小。但由于矩形波谐波成分较大,若作为电动机变频调速电源用,会引起谐波损耗与转矩脉动增大,使电动机效率下降,功率因数降低,并影响电动机的平稳运行,因而仅适用于短时供电的不停电电源。电动机变频调速电源通常采用正弦脉宽调制(SPWM)型逆变器。

单极性 SPWM 型逆变器的工作原理如图 10.2.10 所示,将正弦电压 $u_C = U_{cm}\sin 2\pi ft$ 与三角波 u_R 进行比较(u_R 的频率为 u_C 频率 f 的整倍数,且固定不变),比较的结果得到一组宽度不等的序列脉冲。由于三角波 u_R 是线性变化的,因此便可

得到幅值为 U_d、宽度按正弦规律变化的一组矩形脉冲。得到的这组矩形脉冲可以等效为与 u_c 同频率的正弦波电压 u_o，改变 u_c 的频率 f 即可达到调频的目的。等效正弦波 u_o 的幅值（在输入直流电压 U_d 不变的情况下）取决于 u_c 与 u_R 的相对值，如果保持 u_R 不变，提高 u_c 的幅值，则 u_o 的幅值增大，反之，u_o 的幅值减小。SPWM 型逆变器输出的等效正弦波电压（基波）u_O 为

$$u_O = KU_d U_{cm} \sin 2\pi ft \tag{10.2.9}$$

式中，K 为与 SPWM 控制器的参数有关的常数。

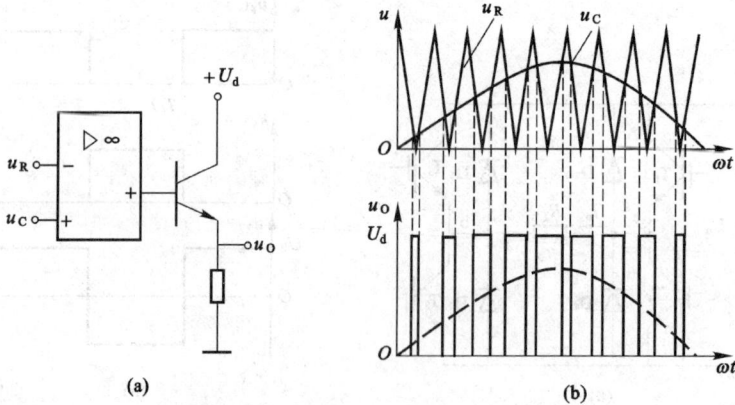

图 10.2.10 单相 SPWM 型逆变器及其波形

目前，逆变器多采用 IGBT 实现的 SPWM 型正弦波逆变器，并利用微机技术实现 SPWM 控制。由于它具有谐波分量小，噪声低，便于实际调频、调压等优点，性能越来越完善，控制精度越来越高，因而得到迅速推广。

10.2.4 斩波器（DC/DC）

将一个固定的直流电压变换成可变的直流电压称之为 DC/DC 变换，也称为**直流斩波**。

从历史上看，这种技术被广泛地应用于无轨电车、地铁列车、蓄电池供电的机动车辆的无级变速以及 80 年代兴起的电动汽车的控制，从而使上述控制获得加速平稳、快速响应的性能，并同时收到节约电能的效果，用直流斩波器代替变阻器调速可节约电能 20%～30%。直流斩波不仅能起调压的作用（开关电源），同时还能起到有效地抑制网侧谐波电流的作用。

有关斩波器的工作原理在第 9 章开关电源一节中已经介绍，在此不再赘述。

【练习与思考】

10.2.1 在图 10.2.1(a)所示电路中，将 T_1 和 T_2 分别与 D_1 和 D_2 互换位置，将

T_1 和 T_2 分别加触发脉冲 u_{g1} 和 u_{g2}，试分析此电路是否仍能实现可控整流？

10.2.2　单相桥式半控整流电路中，整流变压器副边电流的波形和幅值与流过负载的电流的波形和幅值是否相同？

10.2.3　交流调压与可控整流有何异同？

10.2.4　逆变器的作用是什么？

10.2.5　简述正弦脉宽调制型逆变器的工作原理，其电路中的开关器件可否用普通晶闸管替代？

10.3　功率电子应用系统

随着大功率半导体器件的迅速发展，功率电子电路的应用也更加广泛。从电动机的速度控制到电网的无功补偿和有源滤波，从节能电光源到焊接电源，从开关电源到不停电电源等等，无处不用到功率电子电路，下面简要介绍一下变频调速系统和不停电电源，以便对这些系统有个基本了解。

10.3.1　交流电动机变频调速系统

交流电动机由于其结构简单，价格低，便于维护等优点，在工业上获得了广泛应用。异步电动机的转速为 $n=60f(1-s)/p$，式中，f 为电源频率，p 为电机的极对数，s 为电机的转差率。该式说明，可以通过改变极对数 p、电源频率 f 和转差率 s 来实现电机的调速。在功率电子技术迅速发展的今天，变频调速可以采用逆变器实现。

图 10.3.1 是一个典型的电压型逆变器的开环变频调速系统框图。主电路为交-直-交逆变系统，三相可控整流电路的输出经滤波后供电给逆变器，逆变器的输出供电给电动机。由于异步电动机的定子电压与频率之间有 $U=4.44fN\Phi$ 的关系，因此对于恒转矩调速（即恒磁通调速），就有 $\Phi=\dfrac{1}{4.44N}\dfrac{U}{f}$，要求压频比 $\dfrac{U}{f}=$ 常数。因此，该系统的电压和频率均需要控制。因为逆变器的输出电压（即电动机定子电压）正比于输入电压 U_d，因此，电压的控制实质是控制输入电压 U_d。电压函数发生器、电压调节器、相位控制器、电压反馈环节组成电压控制回路。U/f 变换器、环形计数器、门极控制器实现对逆变器的频率控制。

频率给定值 U_P 对应于逆变器的输出频率 f，给定积分器主要是抑制电动机的启动电流，使频率缓慢改变。电压函数发生器可以实现输出 U_D 与输入 U_P' 的某种函数关系。对于恒转矩调速，要求压频比为常数，因此，U_D 与 U_P' 成比例关系。电压函数发生器的输出电压 U_D 作为电压控制系统的给定值，电压调节器为比例积分调节器，其输出电压控制相位控制器改变可控整流电路的控制角 α，实现对电压 U_d 的调节。U/f 变换器产生输出频率 f 与给定电压 U_P'（或 U_P）成比例的脉冲信号。环形计数

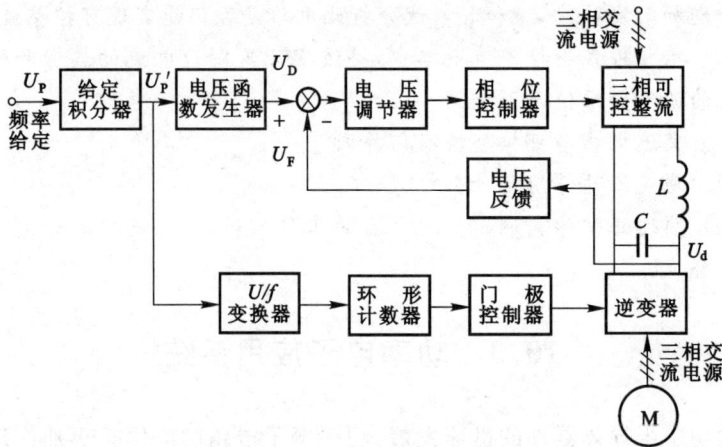

图 10.3.1 电压型逆变器开环变频调速系统

器接受其脉冲列,产生 180°宽门控信号,通过门极控制器控制逆变器中 IGBT 的通断,将直流逆变为交流,其输出频率 f 正比于频率给定值 U_P。

图 10.3.1 所示电路若带速度反馈和转速调节器,就成为异步电动机带转速反馈的调速系统,它的调速性能与直流电机相近。

近几年来,交流电动机变频调速发展很快,尤其在风机、水泵等用异步电动机拖动的场合,采用变频调速可以大大节约能源,因此,它的应用非常广泛。

10.3.2 不停电电源(UPS)

现代许多重要用电设备是不能停电的,如重要的计算机系统、通信系统、医院手术等,停电就会造成重大事故。因此,近年来发展了一种新型不停电电源(Uninterrupted Power System),简称 UPS。UPS 系统组成框图如图 10.3.2 所示。它主要由整流器、逆变器、充电器、蓄电池四部分组成。整流器将交流电变成直流电。正常工作时,K$_1$ 闭合,逆变器将整流器的输出直流电逆变为所需电压和频率的交流电,滤波后供给负载。同时,充电器(也是整流器)将交流电变换为直流电向蓄电池充电。如

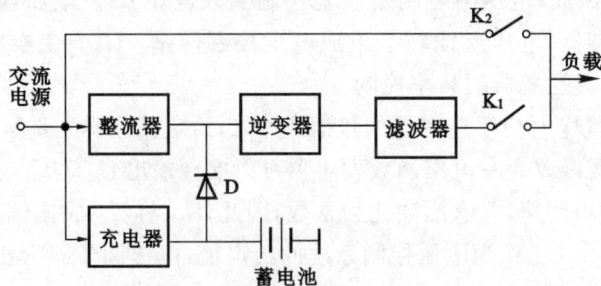

图 10.3.2 UPS 原理框图

电网突然停电,则蓄电池通过二极管 D 为逆变器输入能量,交流电输出不受影响。电路中的二极管 D 起隔离开关的作用,电网正常供电时,二极管截止,整流器的输出不能向蓄电池充电,只有电网停电时二极管才导通。如逆变器发生故障,通过电子电路控制开关 K_2 闭合,K_1 断开,负载直接连通交流电网。

习　题

10.1　一单相桥式半控整流电路,其输入交流电压为 220 V,负载电阻为 1 kΩ,当控制角 $\alpha=0\sim90°$ 时,

(1) 画出输出电压 u_o、晶闸管电压 u_T 和晶闸管电流 i_T 的波形;

(2) 计算负载上电压和电流的平均值。

10.2　分析题图 10.1(a)和(b)所示电路的工作原理。若电路为感性负载时,能否正常工作? 应采取什么措施?

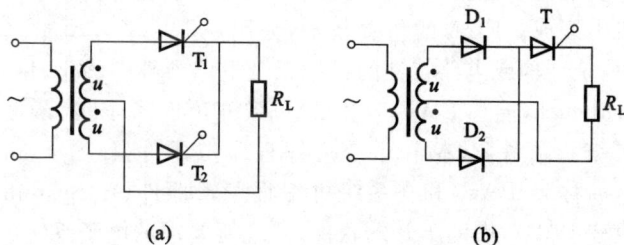

题图 10.1　习题 10.2 的图

10.3　题图 10.2 是一种时间继电器电路。在此,晶闸管作为一个开关,试分析其工作原理。

10.4　题图 10.3 是用两个晶闸管组成的单相交流调压器,试分析其工作原理。

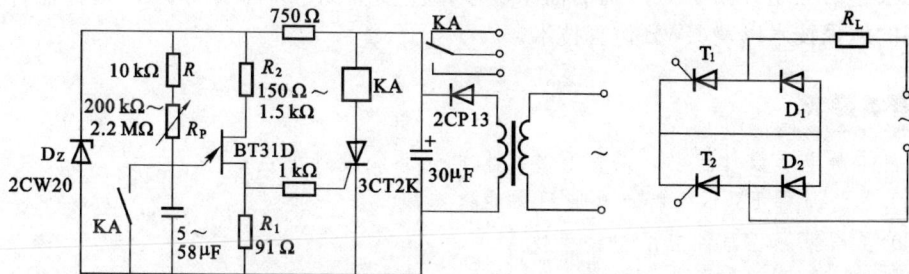

题图 10.2　习题 10.3 的图　　　　　　　题图 10.3　习题 10.4 的图

第11章

电子设计自动化

半个世纪以来,电子工程设计主要以手工设计和计算机辅助设计为主。随着电子器件和计算机软件的不断发展,逐步实现了电子设计自动化(Electronics Design Automation,简称 EDA)。特别是在 20 世纪末,在系统编程技术的出现,才实现了真正意义上的电子设计自动化。EDA 是现在和未来电子设计的必经之路,也是电工电子类教学必不可少的内容。

电子设计自动化主要包括两方面的内容,即电子系统仿真和电子系统设计,全部过程均在计算机上完成。EDA 的仿真技术,为用户提供了全功能、全频带的分析仪器平台,实现了系统结构或电路特性的模拟以及电路参数的优化,相应的仿真软件有 Electronics Workbench(简称 EWB)、ORCAD/PSPICE 等;EDA 的设计技术,主要是指利用在系统可编程器件,包括在系统可编程模拟器件(In-System Programmable Analog circuits,简称 ispPAC)和在系统可编程逻辑器件(In-System Programmable Logic Device,简称 PLD),借助于开发软件,实现所要求的电子系统。

可编程器件是一种由用户编程实现某种电路功能的大规模集成电路。自 70 年代可编程逻辑器件发明以来,从熔丝型发展到光擦除型;到 80 年代又发展为电擦除型;到 90 年代则进一步发展成为在系统可编程型。在 21 世纪来临的前夕,1999 年 11 月,又推出了在系统可编程模拟电路,翻开了模拟电路设计的新篇章,为电子设计自动化技术的应用开拓了更广阔的前景。本章主要介绍 ispPAC、ispPLD 两种器件和它们的编程技术以及 EWB 仿真技术。

基本要求

(1) 了解电子设计自动化的仿真技术和电子系统设计方法;
(2) 熟练掌握 EWB 的特点和使用方法;
(3) 了解可编程器件应用与编程技术。

11.1 可编程模拟器件(PAC)与编程技术

Lattice 公司已推出了三种在系统可编程模拟器件:ispPAC10、ispPAC20 和 isp-

PAC80。其中 ispPAC80 专门用来设计滤波器。本节将介绍 ispPAC10 和ispPAC20 两种器件。

11.1.1 ispPAC 的结构

1. ispPAC10 的结构

ispPAC10 器件的内部结构和外部管脚引线图如图 11.1.1 所示。它由 4 个基本单元电路、模拟布线池（Ananog Routing Pool）、配置存储器、参考电压、自动校正单元和 isp 接口所组成。其内部电路如图11.1.2所示。各引脚功能如表11.1.1所示。

ispPAC10 用 5 V 单电源供电。基本单元电路称为 PAC 块（PACblock），它由两个仪用放大器（Instrument Amplifier，简称 IA）和一个输出放大器所组成，配以电阻、电容构成一个真正的差分输入、差分输出的基本单元电路，如图 11.1.3所示。所谓真正的差分输入、差分输出是指每个仪用放大器有两个输入端，输出放大器也有两个输出端。电路的输入阻抗为10^9 Ω，共模抑

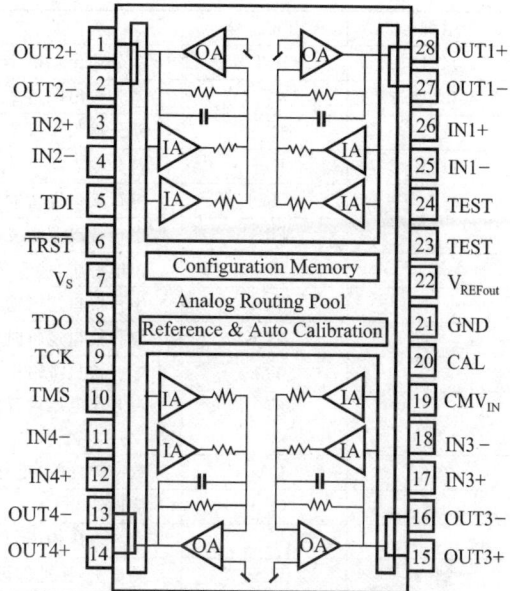

图 11.1.1 ispPAC10 的内部结构和外部管脚引线图

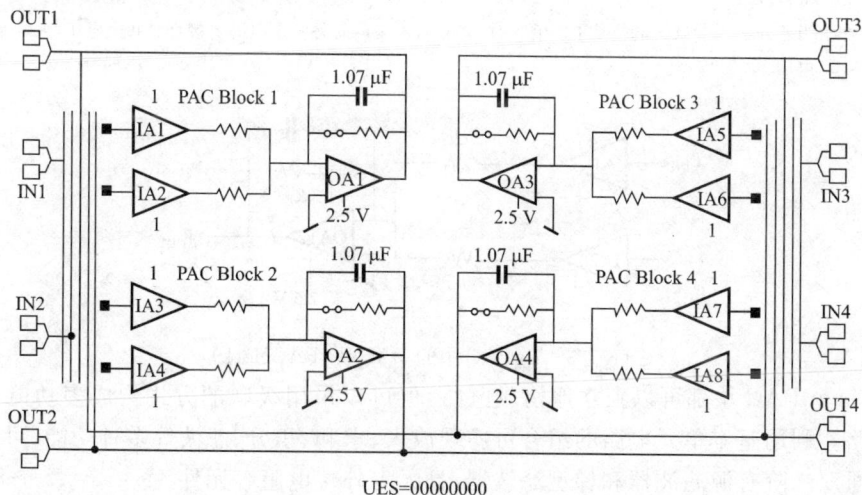

UES=00000000

图 11.1.2 ispPAC10 的内部电路

制比为 69 dB,增益调整范围为 $-10\sim+10$。PAC 块中电路的增益和特性都可以用编程的方法来改变,采用一定的方法,器件可配置成 $1\sim10000$ 倍的各种增益。输出放大器中的电容 C_F 有 128 种值可供选择。反馈电阻 R_F 可以断开或连通。器件中的基本单元可以通过模拟布线池实现互联,以便实现各种电路的组合。

表 11.1.1　ispPAC10 的引脚功能表

引脚号	引脚符号	引脚功能
1、14、15、28	OUT+	差分输出端口 2、4、3、1 的正脚,差分输出电压为 $V_{out+}-V_{out-}$
2、13、16、27	OUT-	差分输出端口 2、4、3、1 的负脚,差分输出电压为 $V_{out+}-V_{out-}$
3、12、17、26	IN+	差分输入端口 2、4、3、1 的正脚,差分输入电压为 $V_{in+}-V_{in-}$
4、11、18、25	IN-	差分输入端口 2、4、3、1 的负脚,差分输入电压为 $V_{in+}-V_{in-}$
5	TDI	串行接口逻辑输入脚,输入数据 TCK 为上升沿有效
6	TRST	串行接口逻辑复位脚,异步控制,低电平有效
7	V_S	正电源脚,接 5 V 直流电压正极
8	TDO	串行接口逻辑输出脚,输出数据为下降沿有效
9	TCK	串行接口逻辑时钟输入脚,当该脚不工作时,器件的模拟特性更优
10	TMS	串行接口逻辑模式选择脚
19	CMVin	当共模电压设置为外部输入时,该脚的外输入共模电压将代替原来的 V_{REFout}(2.5 V)
20	CAL	数字输入脚,进行自动校准,上升沿有效
21	GND	接地
22	V_{REFout}	参考电压输出,与地之间要接 0.1 μF 的旁路电容
23、24	TEST	测试脚,接地即可

注:(1) 差分输入、输出脚所标的正负号只用作参考极性,输入时可以互换联接。

(2) 当两个仪用放大器不接差分输入时,差分输出脚将被作为低阻抗电压输出,此时不能将差分输出两端口短接。

(3) 当差分输入端口的信号是单端输入时,差分输入端口的另一个引脚要接直流共模电压,通常是参考电压。

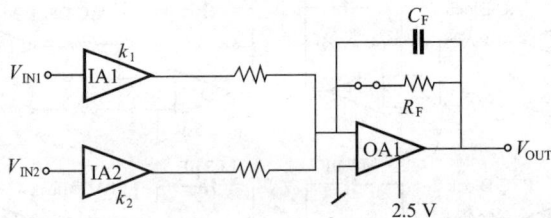

图 11.1.3　ispPAC 中的 PAC 块(PACblock)

　　每个 PAC 块都可以独立地构成电路,也可以采用级联的方式构成多功能的模拟电路。利用基本单元电路的组合可实现放大、求和、积分、滤波等多种功能,可以构成低通双二阶有源滤波器和梯型滤波器,且无需外接电阻容元件。

2. ispPAC20 的结构

ispPAC20 器件的内部结构和外部管脚引线图如图 11.1.4 所示。它由两个基本单元电路、两个比较器、一个 8 位的 D/A 转换器、配置存储器、参考电压、自动校正单元和 ISP 接口所组成。其内部电路如图 11.1.5 所示。各引脚功能如表 11.1.2 所示。

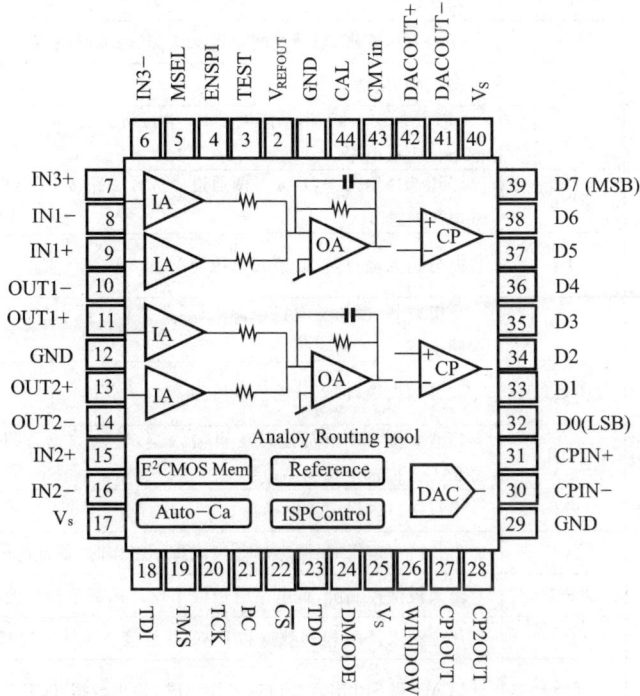

图 11.1.4 ispPAC20 的内部结构和外部管脚引线图

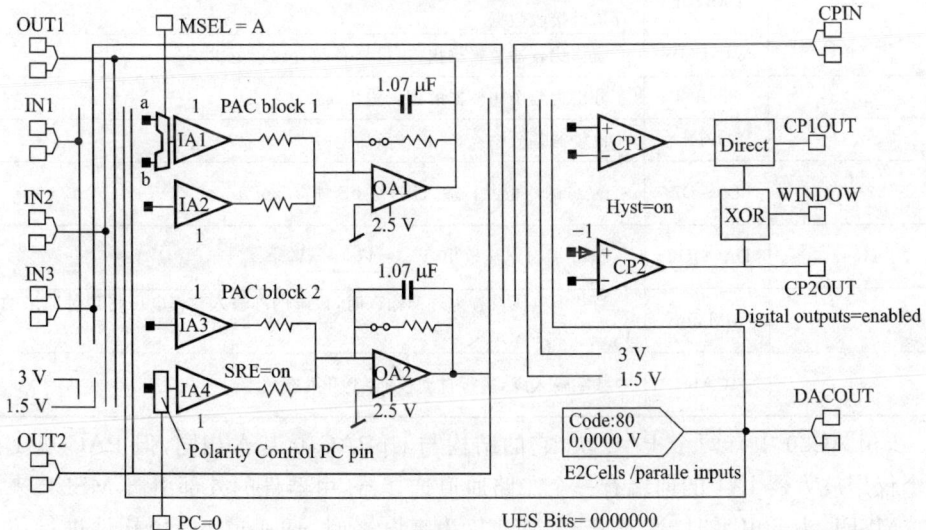

图 11.1.5 ispPAC20 的内部电路

表 11.1.2　ispPAC20 的引脚功能表

引脚号	引脚符号	引　脚　功　能
1、12、29	GND	接模拟地
2	V_{REFout}	参考电压输出,与地之间要接 0.1 μF 的旁路电容
3	TEST	测试脚,接地即可
4	ENSPI	SPI 使能输入脚,当接高电平时,串行口运行 SPI 模式。无输入时,内部下拉为低电平
5	MSEL	通道选择输入脚,从 a、b 两通道中选择一路接 PAC 块,高电平时选 b,低电平时选 a
6、7;8、9;15、16	IN	差分输入端口,差分输入电压为 $V_{in+}-V_{in-}$
17、25、40	V_S	正电源脚,接 5 V 直流电源正极,要接在一起,且加 1 μF 和 0.1 μF 的旁路电容
10、11;13、14	OUT	差分输出端口,差分输出电压为 $V_{out+}-V_{out-}$
18	TDI	JTAG 和 SPI 串行接口逻辑输入脚,输入数据 TCK 为上升沿有效(JTAG),内部上拉为高电平
19	TMS	串行接口逻辑模式选择脚
20	TCK	串行接口逻辑时钟输入脚,当该脚不工作时,器件的模拟特性更优
21	PC	输入极性控制脚,低电平时极性不反。内部下拉为低电平
22	$\overline{CS}$	片选输入,SPI 模式数据和 DAC 并行接口时钟。内部上拉为高电平
23	TDO	JTAG 和 SPI 串行接口逻辑输出脚,输出数据 TCK 为下降沿有效
24	DMODE	DAC 模式逻辑输入,高电平时,DAC 从并行接口 D0～D7 以 CS 为锁存信号接收数据
26	WINDOW	窗体比较器逻辑输出,由设计者配置比较逻辑
27、28	CPOUT	分别为两个比较器的逻辑输出
30、31	CPIN	比较器差分输入,一正一负
32～39	D0～D7	DAC 的八位并行输入脚,由 CS 锁存
41、42	DACOUT	DAC 差分电压输出,$V_{out}=V_{out+}-V_{out-}$
43	CMVin	当共模电压设置为外部输入时,该脚的外输入共模电压将代替原来的 $V_{REFout}(2.5\ V)$
44	CAL	数字输入脚,进行自动校准,上升沿有效

　　ispPAC20 中有两个 PAC 块,它的结构与 ispPAC10 基本相同,但 PAC 块 1 的一个仪用放大器 IA1 的前端有一个二路通道选择器,由器件的外部引脚 MSEL 来控制。MSEL 为低电平时,选通道 a,MSEL 为高电平时,选通道 b。用软件进行仿真时,可以通过软件对 MSEL 进行设置,但在实际电路中需要外部电平控制。

    ispPAC20 中 PAC 块 2 的一个仪用放大器的前端有一个极性控制器,由外部引脚 PC 来控制 IA4 的增益极性,PC 为低电平时,极性不变;PC 为高电平时,极性反相(要把 PC 的应用方式设置为外部管脚)。用软件进行仿真时,可以通过软件对 PC 进行设置,但在实际电路中需要外部电平控制。IA1、IA2、IA3 和 IA4 的增益调整范围为 -10 至 -1,实际上可以通过改变 PC 脚的电平来实现增益调整范围为 $-10 \sim +10$。

    ispPAC20 中的 DAC 单元是一个 8 位电压输出的数模转换器。应用方式有四种,其中内部置数和外部并行输入最为常用。当设置为内部置数时,外部引脚 DMODE 接低电平,ENPSI 接低电平。当设置为外部并行输入时,外部引脚 DMODE 接高电平,ENPSI 接低电平。当输入数据改变时,要给管脚 CS 发一个脉冲,它的上升沿将新数据锁存,使之有效。接口方式可自由选择为:8 位的并行方式;串行 JTAG 寻址方式;串行 SPI 寻址方式。在串行方式中,数据总长度为 8 位,D_0 为数据流的首位,D_7 为最末位。DAC 的输出是完全差分形式,可以与器件内部的比较器或仪用放大器相连,也可以直接输出。无论采用串行还是并行的方式,DAC 的编码如表 11.1.3 所示。

表 11.1.3   DAC 输出输入编码表

	Code		Nominal Voltage		
	DEC	HEX	V_{out+}/V	V_{out-}/V	V_{out}(Vdiff)
$-$Full Scale ($-$FS)	0	00	1.0000	4.0000	-3.0000
	32	20	1.3750	3.6250	-2.2500
	64	40	1.7500	3.2500	-1.5000
	96	60	2.1250	2.8750	-0.7500
MS$-$1LSB	127	7F	2.4883	2.5117	-0.0234
Mid Scale (MS)	128	80	2.5000	2.5000	0.0000
MS$+$1LSB	129	81	2.5117	2.4883	0.0234
	160	A0	2.8750	2.1250	0.7500
	192	C0	3.2500	1.7500	1.5000
	224	E0	3.6250	1.3750	2.2500
$+$Full Scale ($+$FS)	255	FF	3.9883	1.0117	0.0234
LSB Step Size			X$+$0.0117	X$-$0.0117	0.0234
$+$FS$+$1LSB			4.0000	1.0000	3.0000

11.1.2 ispPAC 的接口与缓冲电路

1. 输入接口电路

模拟信号输入至 ispPAC 器件时,要根据输入信号的性质考虑是否需要设置外部接口电路。这主要分成三种情况:

(1) 若输入信号共模电压接近 $V_s/2$,则信号可以直接与 ispPAC 的输入引脚相连。

(2) 若信号中未含有这样的直流偏置,则需要如图 11.1.6 所示的外部电路。此时加到输入端的电压为

$$V_{IN} = V_{IN+} - V_{IN-} = 2.5 + \frac{1}{2}V_i - 2.5 = \frac{1}{2}V_i \tag{11.1.1}$$

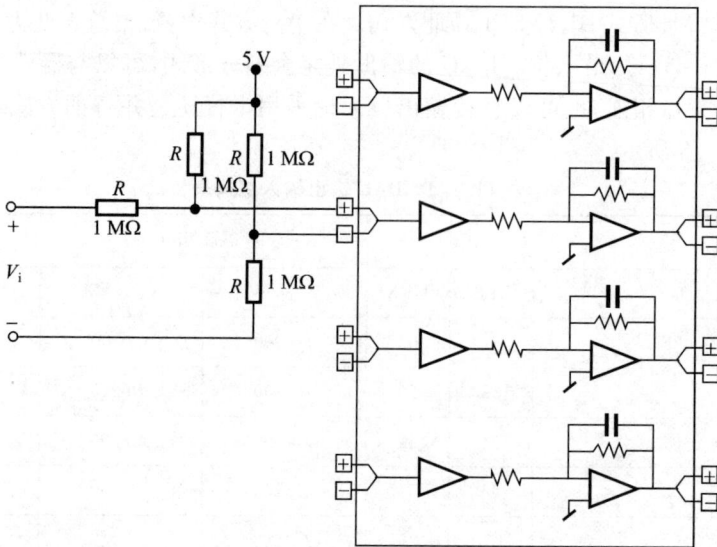

图 11.1.6 直流偶合偏置

(3) 若是交流耦合,外加电路如图 11.1.7 所示。此电路构成了一个高通滤波器,其截止频率为 $1/(2\pi RC)$,电路给信号加了一个直流偏置。电路中的 V_{REFOUT} 可以用两种方式给出,直接与器件的 V_{REFOUT} 引脚相连时,电阻最小取值为 200 kΩ;采用 V_{REFOUT} 缓冲电路,电阻最小取值为 600 Ω。

2. 输出接口电路

由于 PAC 的输出为差分输出,当需要单端输出时,需要用接口电路,将差分输出转换为单端输出。接口电路如图 11.1.8 所示。

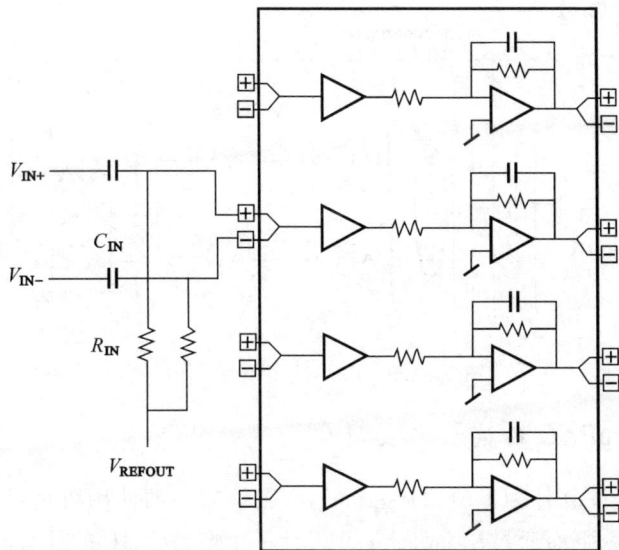

图 11.1.7　具有直流偏置的交流偶合输入

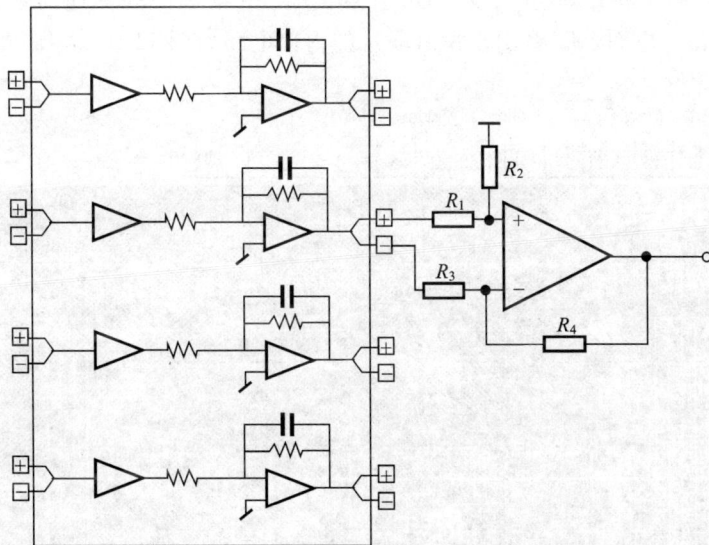

图 11.1.8　输出接口电路

3. 缓冲电路

V_{REFOUT} 输出为高阻抗,当作为参考电压输出时,要进行缓冲,如图 11.1.9 所示。注意 PAC 块的输入不联接,反馈联接端要闭合。此时输出放大器的输出为 V_{REFOUT} 或 2.5 V,这样每个输出成为 V_{REFOUT} 电压源,但不能将两个输出端短路。

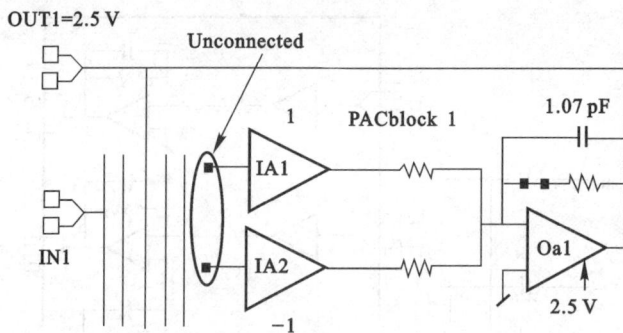

图 11.1.9   PAC 块用作 V_{REFOUT}

11.1.3   ispPAC 的编程与应用

ispPAC 的开发软件为 PAC-Designer ,有关该软件的使用可借助于"帮助"菜单或其他参考资料。下面通过用 ispPAC10 设计一个增益为 10 的放大器,来说明整个电路的设计过程,然后介绍几个 ispPAC 的应用实例。

1. ispPAC 的编程

启动 PAC-Designer 进入设计环境,点击"File"菜单出现新建对话框,选择 isp-PAC10,点击"OK"按钮,将出现没有联接的内部电路如图 11.1.10 所示。

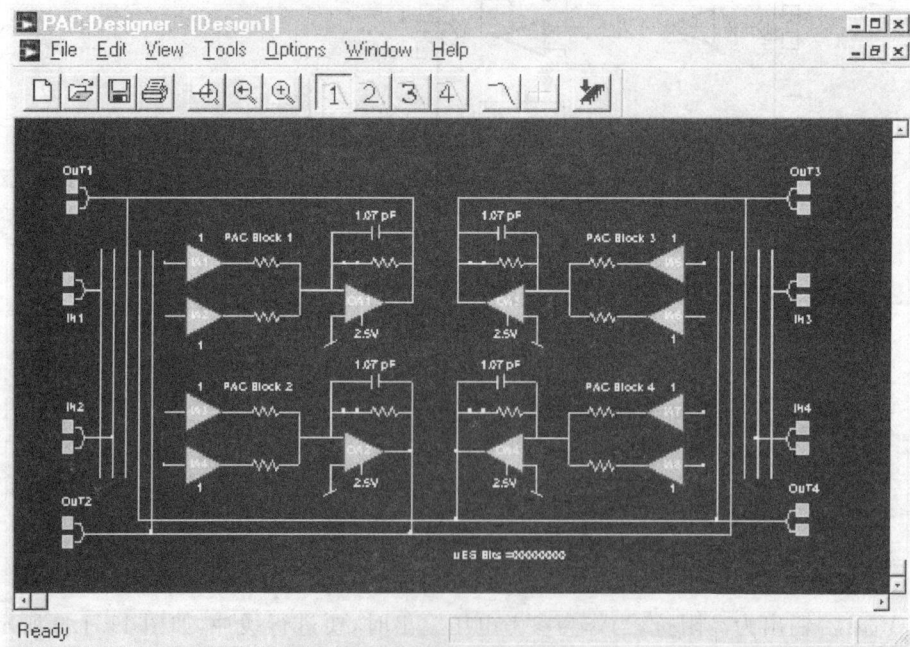

图 11.1.10   ispPAC10 内部电路

由于要求增益为 10，故只用一个 PACblock 即可满足要求。具体设置步骤如下：用鼠标左键双击 IA1 的输入连线端，将出现一个如图 11.1.11 所示的对话框，选择"IN1"，点击"OK"按钮。再用鼠标左键双击 IA1 上的"1"，出现一个如图 11.1.12 所示的增益选择对话框，选定"10"，点击"OK"按钮。到此为止，增益为 10 的放大器就设计完成了，其电路如图 11.1.13 所示。

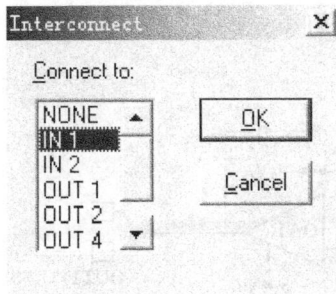

图 11.1. 11　联接对话框　　　　　　　图 11.1.12　增益选择对话框

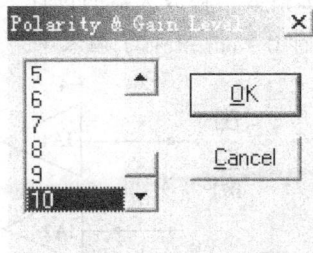

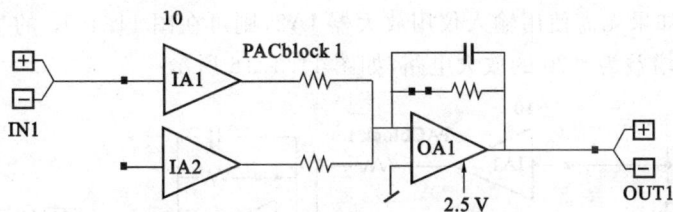

图 11.1.13　增益为 10 的放大器

当电路设计完后，先进行存盘。接下来是进行仿真，以验证所设计的电路是否满足要求。完成仿真参数设置后，选择仿真按钮进行仿真操作，便产生如图 11.1.14 所示的仿真曲线。PAC-Dsigner 软件的仿真结果是以幅频和相频特性曲线的形式给出的。

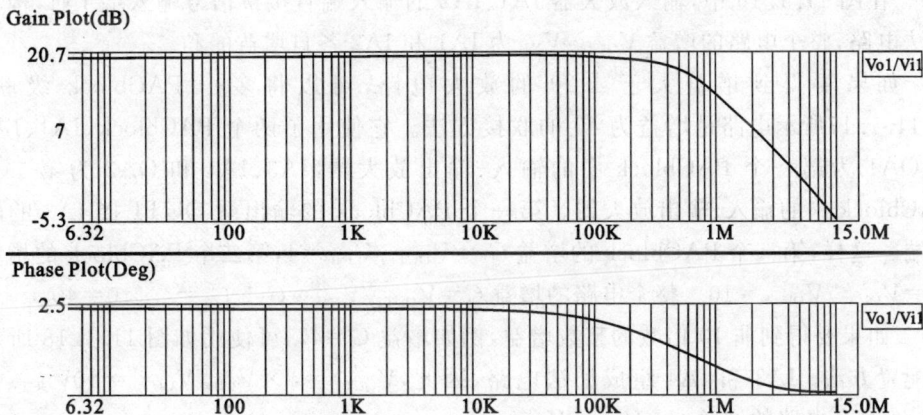

图 11.1.14　幅频/相频仿真曲线

仿真正确后即可进行下载。如果下载线正接有 ispPAC10 器件，可以点击"下载"按钮进行下载。这样，增益为 10 的放大器设计就圆满结束了。

2. ispPAC10 的应用实例

ispPAC10 中的 4 个 PAC 块，可以分别独立使用，也可以级联使用，使用非常灵活，下面介绍几种应用电路。

（1）整数增益放大器的设计。如图 11.1.15 所示，将 IA1 的增益设置为 -4，则可得到输出 V_{OUT1} 相对于输入 V_{IN1} 为 -4 的增益。

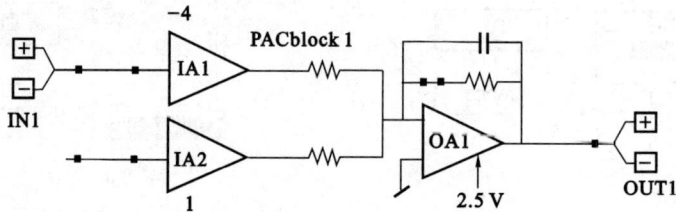

图 11.1.15　增益为 -4 的 PACblock 配置图

设计中如果无需使用输入仪用放大器 IA2，则可在图 11.1.15 的基础上加以改进，得到最大增益为 ±20 的放大电路，如图 11.1.16 所示。

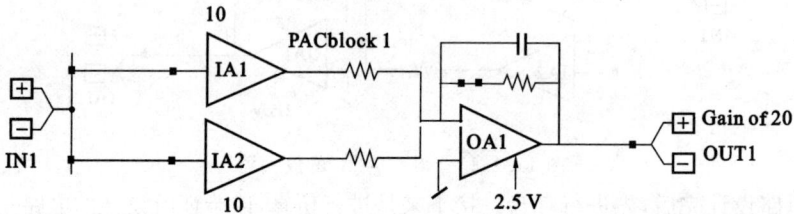

图 11.1.16　增益为 20 的 PACblock 配置图

在图 11.1.16 中，输入放大器 IA1、IA2 的输入端直接接信号输入端 IN1，构成加法电路，整个电路的增益 V_{OUT1}/V_{IN1} 为 IA1 和 IA2 各自增益的和。

如果要得到增益大于 ±20 的放大电路，可以将多个 PACblock 级联。图 11.1.17 所示电路是增益为 40 的联接方法。它使用了两个 PACblock，IA1、IA2 和 OA1 为第一个 PACblock 中的输入、输出放大器，IA3、IA4 和 OA2 为第二个 PACblock 中的输入、输出放大器。第一个 PACblock 的输出端 OUT1 接 IA3 的输入端。这样，第一个 PACblock 的增益 $G_1 = V_{OUT1}/V_{IN1} = 4$，第二个 PACblock 的增益 $G_2 = V_{OUT2}/V_{OUT1} = 10$。整个电路的增益 $G = V_{OUT2}/V_{IN1} = G_1 \times G_2 = 4 \times 10 = 40$。

如果要得到非 10 倍数的整数增益，例如增益 $G = 47$，可使用如图 11.1.18 所示的配置方法。IA3 和 IA4 组成加法电路，因此，$V_{OUT1} = 4 \times V_{IN1}$，$V_{OUT2} = 10 V_{OUT1} + 7 V_{IN1}$，整个电路的增益 $G = V_{OUT2}/V_{IN1} = 47$。

（2）分数增益的设计。除了各种整数倍增益外，配合适当的外接电阻，ispPAC

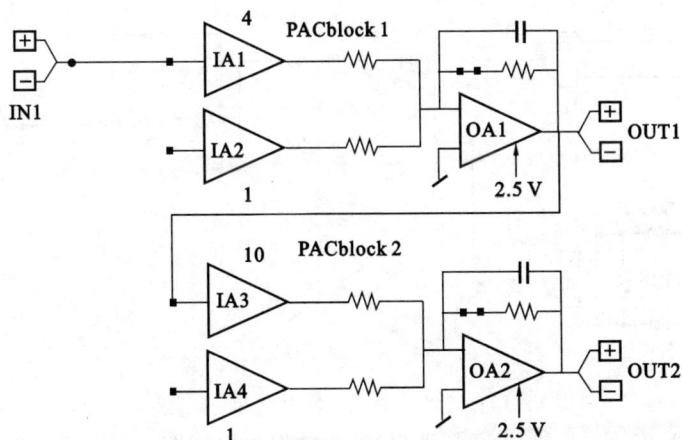

图 11.1.17　增益为 40 的 PACblock 配置图

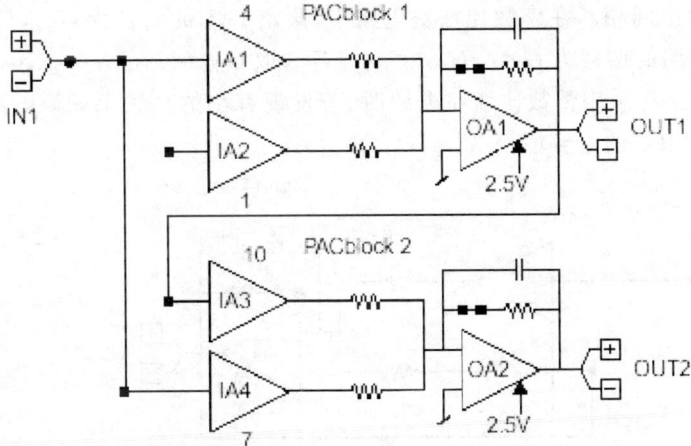

图 11.1.18　增益为 47 的 PACblock 配置图

器件可以提供任意的分数增益的放大电路。例如,想得到一个 5.7 倍的放大电路,可按图 11.1.19 所示的电路设计。

在图 11.1.19 中,通过外接两个 50 kΩ 和 11.1 kΩ 的电阻分压,得到输入电压:

$$V_{in2}=\frac{11.1}{50+50+11.1}V_{in}=0.0999\ V_{in}\approx\frac{V_{in}}{10}$$

而

$$V_{out1}=5\times V_{in}+V_{in2}=5\cdot V_{in}+7\cdot(V_{in}/10)=5.7V_{in}$$

因此

$$G=V_{out1}/V_{in}=5.7$$

(3) 整数比增益的设计。运用整数比技术,ispPAC 器件提供给用户一种无需外接电阻而获得某些整数比增益的电路,如增益为 1/10,7/9 等。

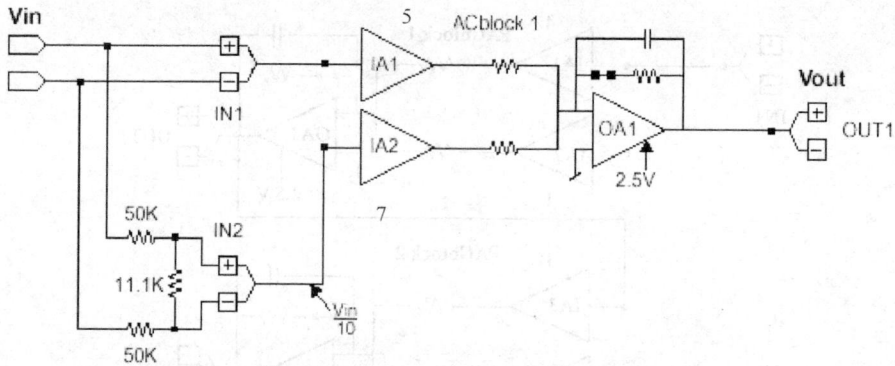

图 11.1.19　增益为 5.7 的 PACblock 配置图

如图 11.1.20 所示，输出放大器 OA1 的电阻反馈回路必须开路。输入仪用放大器 IA2 的输入端接 OA_1 的输出端 OUT_1，并且 IA2 的增益需设置为负值以保持整个电路的输入、输出同相。在整数比增益电路中，假定 IA1 的增益为 G_{IA1}，IA2 的增益为 G_{IA2}，整个电路的增益为 $G=-G_{IA1}/G_{IA2}$。若选取 $G_{IA1}=7$，$G_{IA2}=-10$，整个电路增益为 $G=0.7$。在采用整数比增益电路时，若发现有小的高频毛刺影响测量精度，这时需稍微增大 C_{F1} 的电容值。

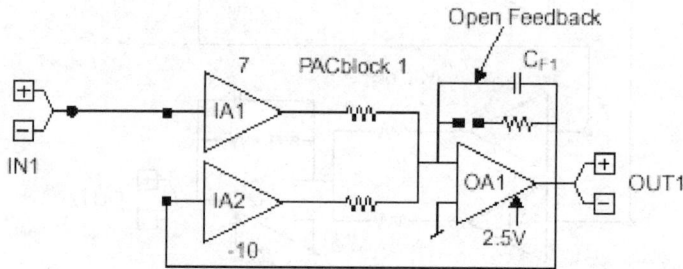

图 11.1.20　整数比增益技术示意图

（4）滤波器的设计。PAC-Designer 中含有一个宏，专门用于滤波器的设计，只要输入 f_0、Q 等参数，即可自动产生双二阶滤波器电路。开发软件中还有一个模拟器，用于模拟滤波器的幅频和相频特性，图 11.1.21 为一个实际的电路。

（5）ispPAC10 实现的传感器测量电路。ispPAC10 实现的传感器测量电路如图 11.1.22 所示。$R_1 \sim R_4$ 组成传感器测量电桥，其差分输出接 IA1 的差分输入，经 IA1 和 IA3 放大后，由 OUT_2 向外输出。图中设置的增益为 100，可以根据需要自行设定。

（6）ispPAC20 实现的电压监控器。ispPAC20 中包含有电压比较器和数模转换器，因此使用更加灵活方便，可实现多种监控、报警电路。电压监控器的作用是监测电压信号，一旦电压超过某一设定值（过压）或低于某一设定值（欠压），电路便发出报警信号。下面介绍一种用 ispPAC20 实现的过压监控器，如图 11.1.23 所示。V_{IN} 为

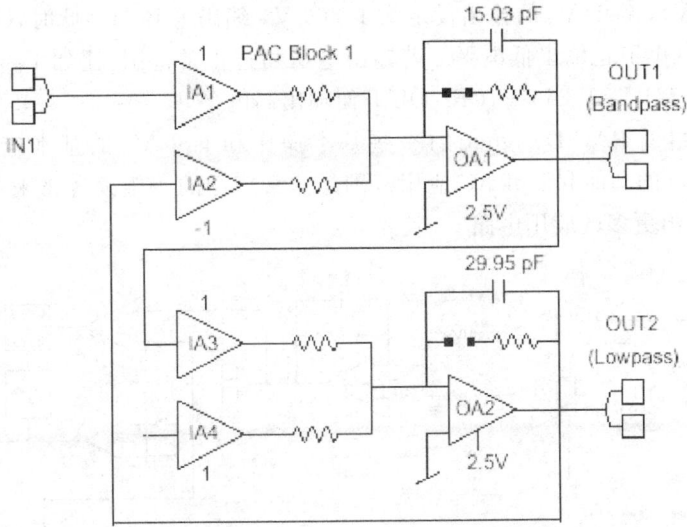

图 11.1.21　PAC 设计的双二阶滤波器

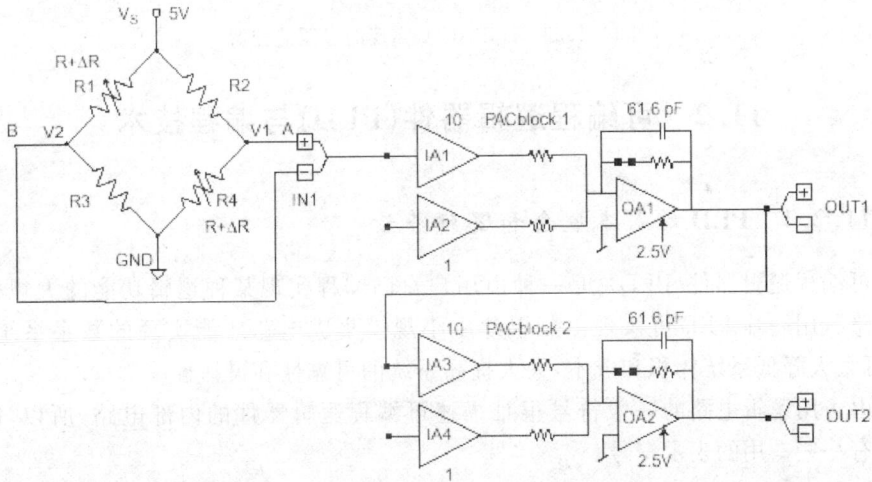

图 11.1.22　ispPAC10 实现的传感器测量电路

要监控的输入电压,经 R_1、R_2 分压后输入到 IA3 的正输入端,负输入端接 V_{REFOUT},放大后 OA2 的输出 OUT2 联接到 CP_1 的同相输入端,反相输入端联接 DAC 的输出 DACOUT,该电压即为比较器的门限电压。当 $V_{OUT2} > V_{DACOUT}$ 时,CP_1 输出高电平,将 Direct or Clocked 设置为 Direct 即可从 CP1OUT 端输出高电平。用该高电平可以驱动一发光二极管或继电器进行报警。

在图 11.1.23 所示的电路中,当输入电压在正常范围时,如 $5 \pm 5\%$ V 以内,即 $V_{IN} = 4.75 \sim 5.25$ V, 取 $R_1 = R_2 = 2.49$ kΩ,则 $V_{IN2+} = 2.375 \sim 2.625$ V,$V_{IN2-} = 2.5$ V, $V_{IN2} = -0.125 \sim 0.125$ V,$V_{OUT2} = -1.25 \sim 1.25$ V。DAC 的输出电压范围

为 6 V(±3 V),将 DAC 的输出设定为 1.266 V,编码为 B6H。此时,CP₁ 输出低电平,因此 CP1OUT 也输出低电平。若输出电压超过正常范围,比如 $V_{IN2}=0.127$ V,则 $V_{OUT2}=1.27$ V>1.266 V,CP1 OUT 便输出高电平。

上面介绍了 PAC-Designer 的一些基本操作和 ispPAC 的基本应用电路。但 PAC-Designer 的功能和 ispPAC 应用范围是非常广泛的。望读者将来不断探索,勇于创新,开发出更多的应用电路。

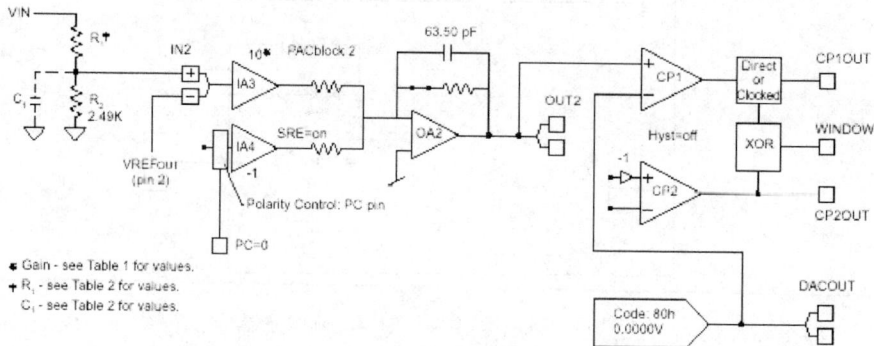

图 11.1.23　ispPAC20 实现的过压监控器

11.2　可编程逻辑器件(PLD)与编程技术

11.2.1　PLD 的基本概念和逻辑符号

可编程逻辑器件(PLD),是一种由用户自己编程实现某种逻辑功能的大规模集成电路。用一片 PLD 可实现由几十片中小规模集成电路才能实现的数字系统,因此,可大大降低系统体积和成本,大大提高系统的可靠性和灵活性。

由于用逻辑电路的一般符号很难描述可编程逻辑器件的内部电路,所以,PLD 电路有一些专用的表示符号。

1. PLD 连线

PLD 有三种导线联接方式,如图 11.2.1 所示。"·"表示硬线联接,也即固定联接;"×"表示编程联接,这个联接点的接通或断开是靠编程来实现的;在交叉点处既无"·"也无"×",则表示二联接线断开。

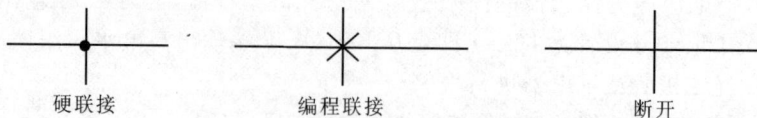

硬联接　　　　　　编程联接　　　　　　断开

图 11.2.1　PLD 的三种连线形式

2. PLD 输入与输出电路

（1）输入缓冲器。PLD 电路一般都采用如图 11.2.2 所示的带互补输出的输入缓冲器。它有两个输出端，分别是输入的原码 A 和反码 $\overline{A}$。

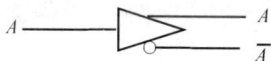

图 11.2.2　PLD 的输入缓冲器

（2）三态输出缓冲器。图 11.2.3(a)是 PLD 电路中常用的三态输出缓冲器，实际上在 PLD 电路中常采用如图 11.2.3(b)所示的带反馈的三态输出缓冲器。这样可使输出端复用，既可当输入端使用，也可当输出端使用。例如，当 $EN=1$ 时，端子 I/O 当输出端使用，即 $O=A$；当 $EN=0$ 时，三态门为高阻状态，端子 I/O 则作输入端使用，此时 $B=I$，$C=\overline{I}$。

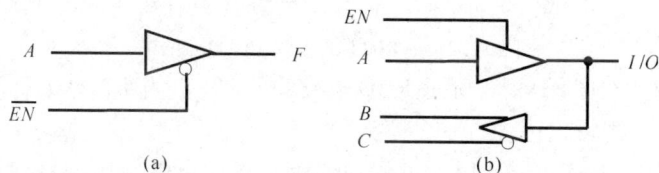

图 11.2.3　三态输出缓冲器

3. PLD 逻辑门

（1）PLD 与门。图 11.2.4 为与门的 PLD 符号。其输出表达式为 $F=AB$。在图 11.2.5(a)中，其全部输入均接通，故输出总是为"0"，此种状态叫做与门的缺省状态。为了简单起见，在缺省状态的与门中划一个大"×"来代替各输入项所对应的"×"，如图 11.2.5(b)所示。

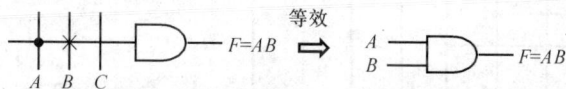

图 11.2.4　与门的 PLD 表示法

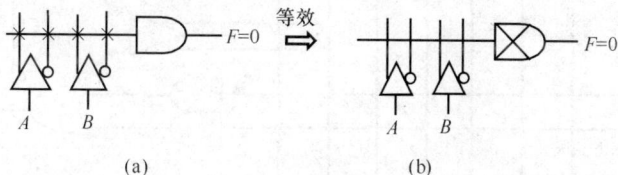

（a）　　　　　　（b）

图 11.2.5　PLD 与门输出为 0 时的简化画法

（2）PLD 或门。图 11.2.6 为或门的 PLD 符号，其输出 $F=A+C$。

例 11.2.1　试写出图 11.2.7 所示 PLD 电路输出端 F 的逻辑表达式。

解　由于第 1 与第 4 个与门的乘积项均为 0，故输出逻辑表达式为 $F=A\overline{B}+$

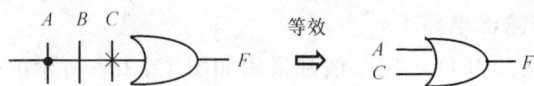

图 11.2.6　PLD 或门表示法

$\overline{AB}$。

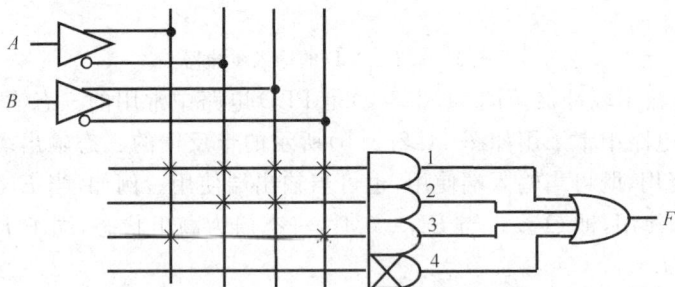

图 11.2.7　例 11.2.1 的 PLD 电路图

例 11.2.2　在图 11.2.8 所示 PLD 电路中,试写出当 $EN=0$ 和 $EN=1$ 时,输出端 F_1 和 F_2 的逻辑表达式。

解　当 $EN=1$ 时,三态门 G_1 工作,此时 F_1 作输出端使用,而此时的三态门 G_2 为高阻态,此时 F_2 作输入端使用,所以 $F_1=A\overline{F_2}+\overline{A}F_2$;当 $EN=0$ 时,三态门 G_2 工作,此时 F_2 作输出端使用,而此时的三态门 G_1 为高阻态,此时 F_1 作输入端使用,所以 $F_2=B\overline{F_1}+\overline{B}F_1$。

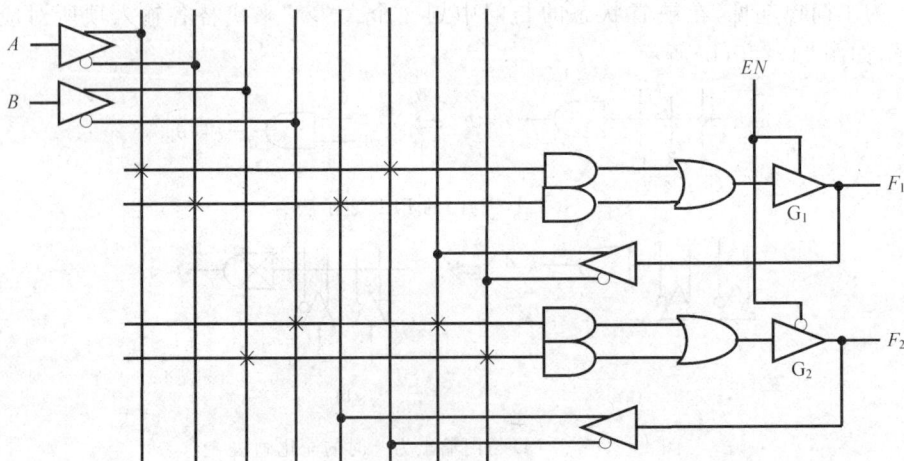

图 11.2.8　例 11.2.2 的 PLD 电路图

11.2.2　PLD 的基本结构

1. PLD 的基本结构框图

PLD 的基本结构主体就是由与门和或门电路构成的"与阵列"和"或阵列",如图 11.2.9 所示。其输入电路就是图 11.2.2 所示的电路,输出电路就是图 11.2.3 所示的电路。

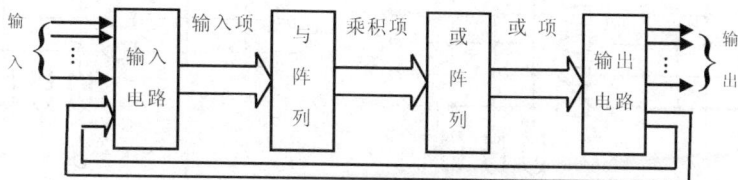

图 11.2.9　PLD 的基本结构框图

2. 可编程逻辑器件的分类

根据与阵列和或阵列是否能够编程以及输出功能的不同,可编程逻辑器件大致可分为以下几类。

(1) 可编程只读存储器 PROM（Programmable Read Only Memory）。PROM 电路是于 70 年代初期最先问世的 PLD 器件,其结构如图 11.2.10 所示。从编程部位来看,它是与阵列固定（不可编程）或阵列可编程。输入数据 I_2、I_1、I_0 经过输入缓冲器输出其原码和反码（非）,和与门的输入线按一定要求作固定联接,形成与阵列。可编程或阵列由与门的输出线和或门的输入线组成,其交叉处由制造厂家用熔丝联接。用户使用前根据要求用编程器将阵列中的某些熔丝烧断,以实现一定的逻辑关系。由于编程是用烧断熔丝实现的,因而一旦编程后,就不能再更改了。工作时,系统根据输入数据 I_2、I_1、I_0,从输出端 O_2、O_1、O_0 读取或阵列的信息,因而称为只读存储器。PROM 主要用于存放数据和微程序,也可以实现逻辑函数。

例 11.2.3　某一编程的 PROM 如图 11.2.11 所示。(1)若把 A_1、A_0 看作输入逻辑变量,写出 D_3、D_2、D_1、D_0 的逻辑函数;(2)若把 A_1、A_0 看作输入地址变量,该存储器存储的内容是什么?

解　(1) 由图 11.2.11 可写出

$$D_3 = F_1 + F_3 = \overline{A_1}A_0 + A_1A_0 \qquad D_2 = F_0 = \overline{A_1}\,\overline{A_0}$$

$$D_1 = F_0 + F_1 = \overline{A_1}\,\overline{A_0} + \overline{A_1}A_0 \qquad D_0 = F_2 + F_3 = A_1\overline{A_0} + A_1A_0$$

(2) 当 $A_1A_0 = 00$ 时,$D_3D_2D_1D_0 = 0110$　　当 $A_1A_0 = 01$ 时,$D_3D_2D_1D_0 = 1010$

　　　当 $A_1A_0 = 10$ 时,$D_3D_2D_1D_0 = 0001$　　当 $A_1A_0 = 11$ 时,$D_3D_2D_1D_0 = 1001$

(2) 可编程逻辑阵列 PLA（Programmable Logic Array）。70 年代中期出现了

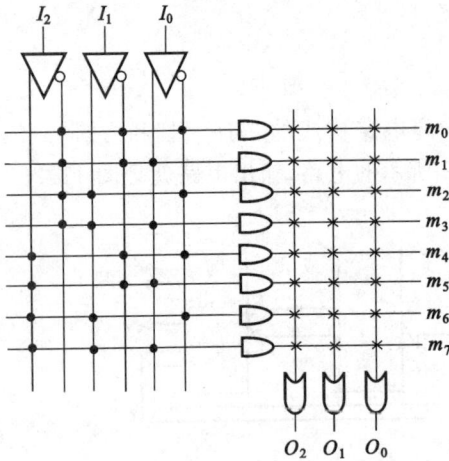

图 11.2.10　PROM 的阵列结构

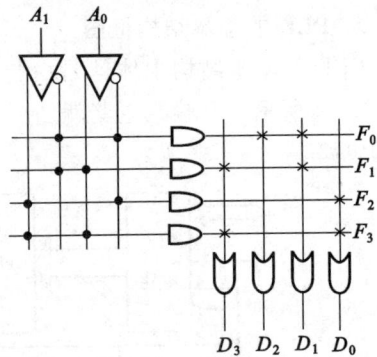

图 11.2.11　例 11.2.3 的图

PLA，如图 11.2.12 所示，它的与阵列和或阵列皆可编程。由于与阵列可编程，这样在实现逻辑函数时，只产生逻辑函数所需要的与项，因而使用更加灵活、方便。但迄今为止，由于 PLA 编程缺少高质量的支撑软件和编程工具，所以并未获得广泛使用。

（3）可编程阵列逻辑 PAL(Programmable Array Logic)。PAL 出现于 80 年代初，其基本结构是由可编程的"与"阵列和不可编程的"或"阵列组成的，如图 11.2.13 所示。输出包含的乘积项数目由固定联接的或阵列提供，可编程与阵列决定每个乘积项的内容。根据输出功能的不同，PAL 可分为专用输出结构、异步 I/O 结构和寄存器型输出结构。图 11.2.13 属专用输出结构，它适用于实现组合逻辑函数。异步

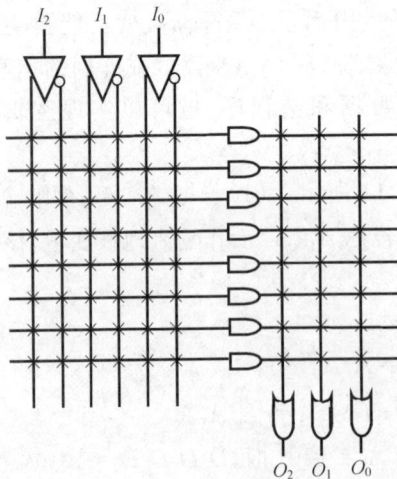

图 11.2.12　PLA 的阵列结构

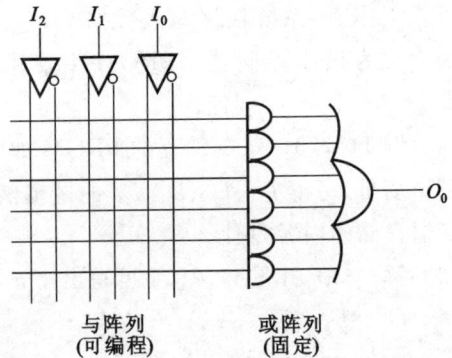

图 11.2.13　PAL 的阵列结构

I/O 结构的特点是输出为三态门,具有输出反馈,从而可以改变输入、输出线的数目,并能实现双向 I/O 的功能。寄存器型输出结构的特点是在时钟脉冲 CLK 的作用下,将与、或阵列的输出存入 D 触发器,D 触发器的 Q 经三态门作为输出端,$\overline{Q}$ 经缓冲器作为反馈信号送回与阵列,这种器件具有记忆功能,适用于实现时序逻辑功能。典型的芯片有 PAL16R8,其内部结构和管脚图如图 11.2.14 所示。型号中的 16 表示阵列输入端数,R 表示寄存器型,8 表示输出端数。阵列中每条纵线代表一个输入信号,例如左边第一组中纵线 0、1 来自引脚 2 的输入缓冲器,2、3 来自右上角 D 触

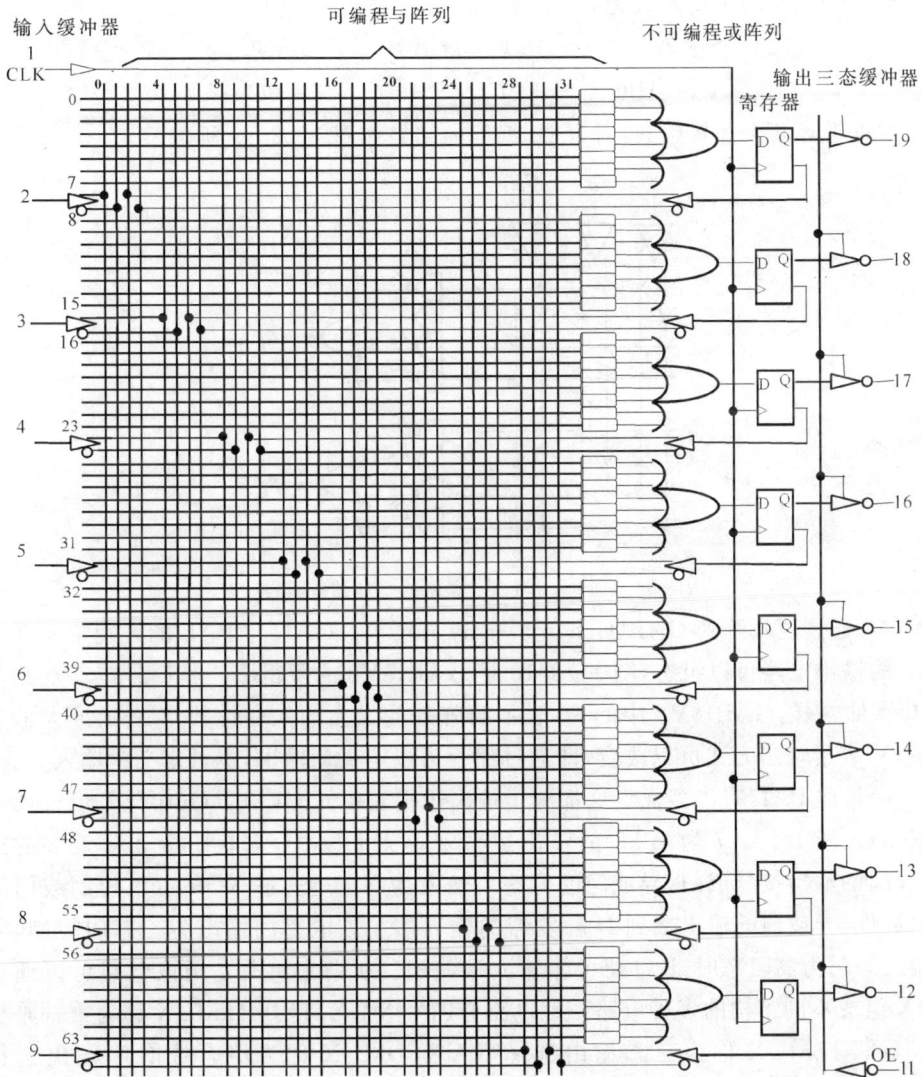

图 11.2.14　PAL16R8 逻辑图

发器 $\overline{Q}$ 端的反馈缓冲器。阵列有 $0 \sim 31$ 共 32 条纵线(每四条一组),相应于 16 个输入变量(来自 2、3、4、5、6、7、8、9 脚的缓冲输入)和 16 个反馈输入变量(来自 8 个 D 触发器 $\overline{Q}$ 端的反馈缓冲器)。阵列的每条横线相应于一个与门,代表一个乘积项。该阵列共有 64 个乘积项,这 64 个乘积项分成 8 组,每组均通过一个或门形成一个输出函数。这些输出函数最后都经过 D 触发器和三态门引至输出端,因而电路共有 8 个输出端,可产生 8 个输出函数。

例 11.2.4 用 PAL 实现全加器,画出阵列编程图。

解 全加器的逻辑函数为

$$S_i = \overline{A}\,\overline{B}C_{i-1} + \overline{A}B\,\overline{C}_{i-1} + A\,\overline{B}\,\overline{C}_{i-1} + ABC_{i-1}$$
$$C_i = \overline{A}BC_{i-1} + A\,\overline{B}C_{i-1} + AB\,\overline{C}_{i-1} + ABC_{i-1}$$

根据上述两个逻辑函数,对 PAL 编程的结果如图 11.2.15 所示。

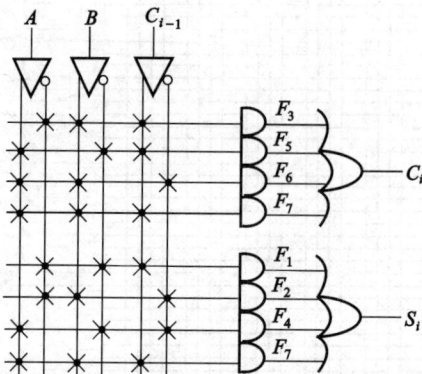

图 11.2.15 用 PAL 实现的全加器阵列图

(4) 通用逻辑阵列 GAL(Generic Array Logic)。GAL 与 PAL 的区别主要在于 GAL 的输出电路可以组态,图 11.2.16 是 GAL16V8 的逻辑图。其型号定义规则与 PAL 器件一样,GAL16V8 中的 16 表示与阵列的最大输入变量数,8 表示最大输出端数,V 表示输出方式可以改变,即通过编程可以定义为输出,也可定义为输入。

GAL 比 PAL 有许多优点这都源于输出逻辑宏单元 OLMC(Output Logic Macro Cell)。图 11.2.17 为 GAL 的输出逻辑宏单元 OLMC,它有一个 8 输入端的或门,或门的输出接异或门,异或门的另一个输入为 XOR,通过 XOR 可以控制或门的输出极性,异或门的输出接到 D 触发器的输入端。该电路的输出为三态门控制,当控制三态门为高阻态时,I/O 便可作输入端使用。所谓宏单元是指该电路可以通过 MUX 组成不同结构的多种电路。该电路有四个 MUX,其中 PTMUX 称为第一乘积项 MUX,TSMUX 称为三态输出选择 MUX,OMUX 称为组合或时序输出选择 MUX,FMUX 称为输出反馈选择 MUX。

这些数据选择器的控制端都由 AC_1 和 AC_0 控制,通过编程,AC_1 和 AC_0 可组合

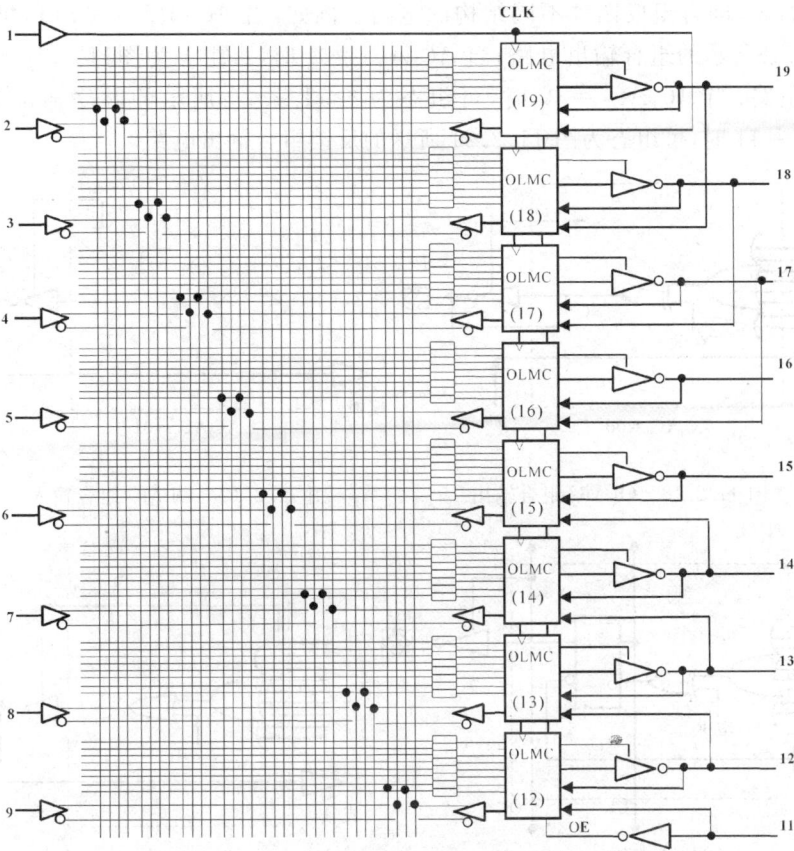

图 11.2.16　GAL16V8 逻辑图

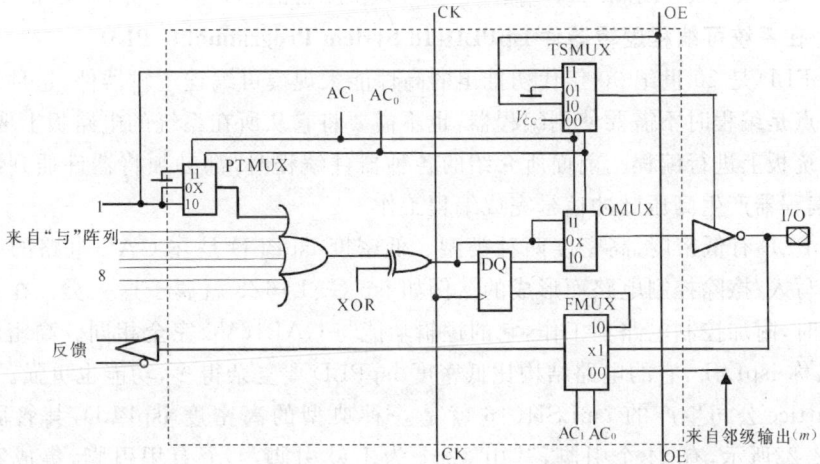

图 11.2.17　GAL 器件的 OLMC

为四种组态，即可组成四种不同结构的电路。例如，当 $AC_1 AC_0 = 00$ 时，可组态为图 11.2.18 所示的组合输出电路；当 $AC_1 AC_0 = 01$ 时，可组态为图 11.2.19 所示的组合输入电路；当 $AC_1 AC_0 = 10$ 时，可组态为图 11.2.20 所示的时序输出电路；当 $AC_1 AC_0 = 11$ 时，可组态为图 11.2.21 所示的反馈组合输出电路。

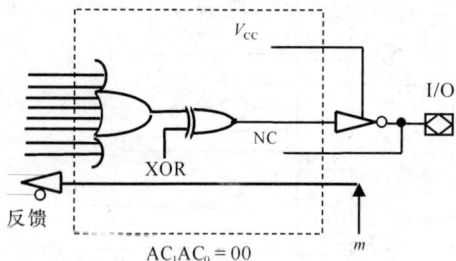

图 11.2.18　OLMC 组合输出　　　　　图 11.2.19　OLMC 组合输入

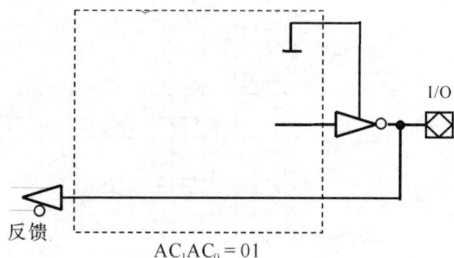

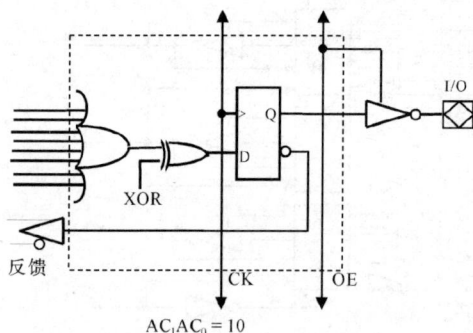

图 11.2.20　OLMC 时序输出　　　　　图 11.2.21　OLMC 反馈组合输出

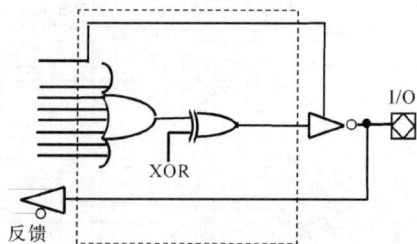

3. 在系统可编程逻辑器件 ispPLD(In System Programmble PLD)

　　ispPLD 是 20 世纪 90 年代初推出的高性能大规模可编程逻辑器件，这种器件的最大特点是编程时不需要使用编程器，也不需要将它从所在系统的电路板上取下，而是在系统板上进行编程。前面所介绍的各种器件编程时，都必须将器件插到编程器上，由编程器产生高压脉冲信号完成编程工作。

　　ispPLD 有低密度、高密度两种类型。低密度 ispPLD 是在 GAL 电路的基础上加进了写入/擦除控制电路而形成的。例如 isp-GAL16Z8 就属于这一类。在正常工作状态时，附加控制电路不工作，它的逻辑功能与 GAL16V8 完全相同。高密度 isp-PLD 又称 ispLSI，它的电路结构比低密度 ispPLD 要复杂得多，功能也更强。

　　Lattice 公司生产的 ispLSI1016 就是一种典型的高密度 ispPLD，其管脚图如图 11.2.22 所示，有 44 个引脚，其中 32 个为 I/O 引脚，4 个专用引脚，集成密度为 2 000 等效门。下面就以该器件为例来介绍其编程过程和应用。

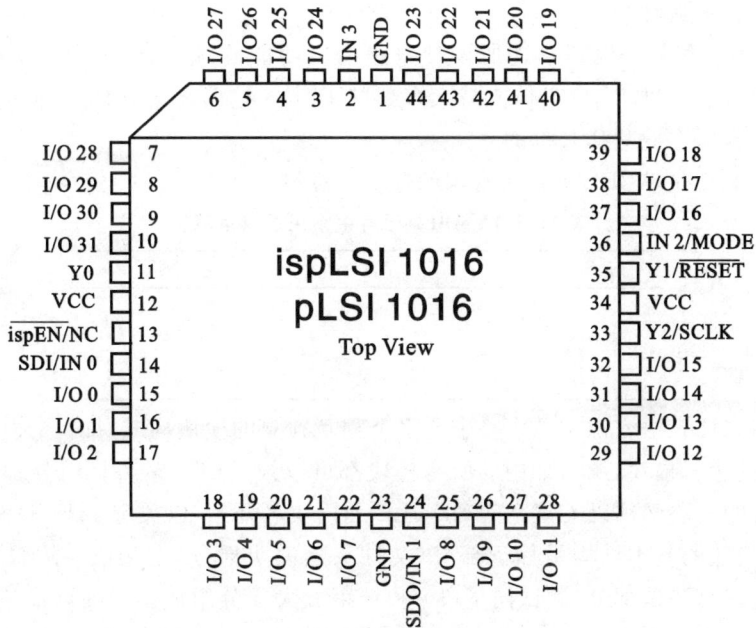

图 11.2.22   ispLSI1016 的管脚图

11.2.3   PLD 的编程与应用

1. PLD 的开发过程

通常将 PLD 的开发过程归纳为以下 5 个步骤：

（1）逻辑设计。逻辑设计的任务是根据系统设计要求对所设计的电路提出一个简洁而完整的功能描述。

（2）选择器件。根据所设计电路的输入、输出端数、寄存器数和门电路数进行统计，并对电路的速度、功耗和接口等要求适当选择器件。

（3）设计和编辑源文件并生成 JED 文件。这是设计中的关键一步，它是将逻辑设计依据所用的开发软件编成源文件，并在软件所提供的适配器上反复调试，适配通过后形成 JEDEC 文件。其实质就是对所设计的电路的描述翻译成 PLD 阵列和宏单元中各联接点的编程信息（简称 JED 文件）。

不同公司的产品有各自的开发软件，Lattice 公司的开发软件为 ispSYNARIO 或 ispEXPERT。设计者将自己的逻辑设计结果以软件所要求的格式写成源文件输入计算机，开发软件就对其进行编译联接，自动生成 JED 文件。

（4）编程下载。将生成的 JED 文件"下载（Down Load）"到编程器件中。

（5）边界扫描测试。编程下载后，还要对芯片进行边界扫描测试，即用测试向量对器件进行测试扫描，检查通过的器件才能使用，这是编程过程中自动完成的。

2. PLD 的编程

PLD 的编程就是编写描述所设计电路逻辑功能的源文件,目前较为流行的是 ABEL-HDL 和 VHDL,它们能支持大多数的 PLD。这两种语言的具体内容请读者参考有关资料,在此只作基本的介绍。

表 11.2.1 是 ABEL 语言中常用的逻辑运算符。

表 11.2.1   ABEL 语言中常用逻辑运算符

运算符	示例	说明
!	! A	$\overline{A}$
#	A#B	A+B
&	A&B	AB

ABEL-HDL 语言源文件由一个或多个相互独立的模块构成,每一个模块包含了一个完整的逻辑描述,源文件中的所有模块都可以被 ABEL 软件同时处理。ABEL-HDL 语言的模块必须以关键字 MODULE 和模块名开始,以关键字 END 结束。

一个模块的基本结构由标记部分(文件头)、说明部分(定义段)、逻辑描述部分(逻辑描述段)、测试部分(测试向量段)和结束五大部分组成。下面以描述 P=AB, Q=A+B, R=$\overline{AB}$, S=A$\oplus$B 为例,说明 ABEL 语言源文件的书写格式,见表 11.2.2。

表 11.2.2   ABEL 语言模块基本结构实例

文件头	MODULE GATA	MODULE 是关键字,GATA 为模块名
说明	DECLARATIONS A,B PIN 4,5 ; P,Q PIN 6,7 ; R,S PIN 8,9;	说明段关键字 定义输入引脚,PIN 是关键字,A,B 为变量名,4,5 为引脚号 定义 6、7、8、9 分别为 P、Q、R、S 的输出引脚
逻辑描述	EQUATIONS P=A&B; Q=A#B; R=!(A&B); S=A&!B#!A&B;	逻辑描述段关键字 实现 P=AB,其中"&"表示逻辑与 实现 Q=A+B,其中"#"表示逻辑或 实现 R=$\overline{A \cdot B}$,其中"!"表示逻辑非 实现 S=A$\oplus$B;

测试向量	TEST _ VECTORS ([A,B]->[P,Q,R,S])
	   [0,0]->[.X.,.X.,.X.,.X.];
	   [0,1]->[.X.,.X.,.X.,.X.];
	   [1,0]->[.X.,.X.,.X.,.X.];
	   [1,1]->[.X.,.X.,.X.,.X.];
		测试向量关键字
		.X. 为任意项

结束部分	END	MODULE GATA 结束关键字

3. PLD 的编程举例

(1) 2-4 译码器的 ABEL 语言描述:

```
MODULE YMQ
Y0,Y1,Y2,Y3 PIN ISTYPE 'COM';"定义组合输出
    A1,A0 PIN;                    "定义输入
    EQUATIONS                    "逻辑方程描述关键字
        Y0=(!A1&!A0);
        Y1=(!A1&A0);
        Y2=(A1&!A0);
        Y3=(A1&A0);
        X=.X.;                   ".X.为任意项
TEST_VECTORS ([A,B]->[Y0,Y1,Y2,Y3])
        [0,0]->[X,X,X,X];
        [0,1]->[X,X,X,X];
        [1,0]->[X,X,X,X];
        [1,1]->[X,X,X,X];
END
```

(2) 四进制可逆计数器的 ABEL 语言描述：

```
MODULE KNJSQ41
    Q1,Q0 PIN ISTYPE 'REG';      "状态输出为寄存器型
    Z PIN ISTYPE 'COM';          "进位输出
    M,CLK PIN;                    "模式选择、时钟信号
    Q=[Q1,Q0]; C,X=.C.,.X.;
    EQUATIONS
    Q1:=M&(!Q1&Q0#Q1&!Q0)#!M&(!Q1&!Q0#Q1&Q0);":=为
寄存器输出
    Q0:=!Q0;
    Q.CLK=CLK;
TEST_VECTORS ([CLK,M]->[Q1,Q0])
    @REPEAT 8 {[C,0]->[X,X];}    "重复指令,此行重复执行8次
    @REPEAT 8 {[C,1]->[X,X];}
END
```

11.3 EWB 及其应用

80 年代末 90 年代初,加拿大 Interactive Image Technologies 公司推出了专门用于电子电路仿真的虚拟"电子工作台"Electronics Workbench,简称 EWB。它可以仿

真模拟电路、数字电路和混合电路,目前已在电子工程设计和电工电子类课程教学领域得到了广泛应用。它具有这样一些特点:

(1) 采用直观的图形界面创建电路:绘制电路图所需的元器件、联接导线,电路仿真需要的测试仪器均可直接从屏幕上选取;

(2) 含有丰富的仪器库,且仪器的控制面板外形和操作方式都与实物相似,可以实时显示测量结果或波形;

(3) 含有丰富的电路元件库,可任意设计模拟电路、数字电路和混合电路;

(4) 提供了非常丰富的电路分析功能;

(5) 作为设计工具,它可与其他流行的电路分析、设计和制板软件交换数据;

(6) 是一种优秀的电子技术训练工具,除了正常的仿真实验外,还可以人为地设置短路、漏电等故障,这在真实实验中是不允许的,这也是 EWB 完成虚拟实验的突出特色。

11.3.1　EWB 的基本界面

启动 EWB5.1 图标后,可以看到其主窗口如图 11.3.1 所示。

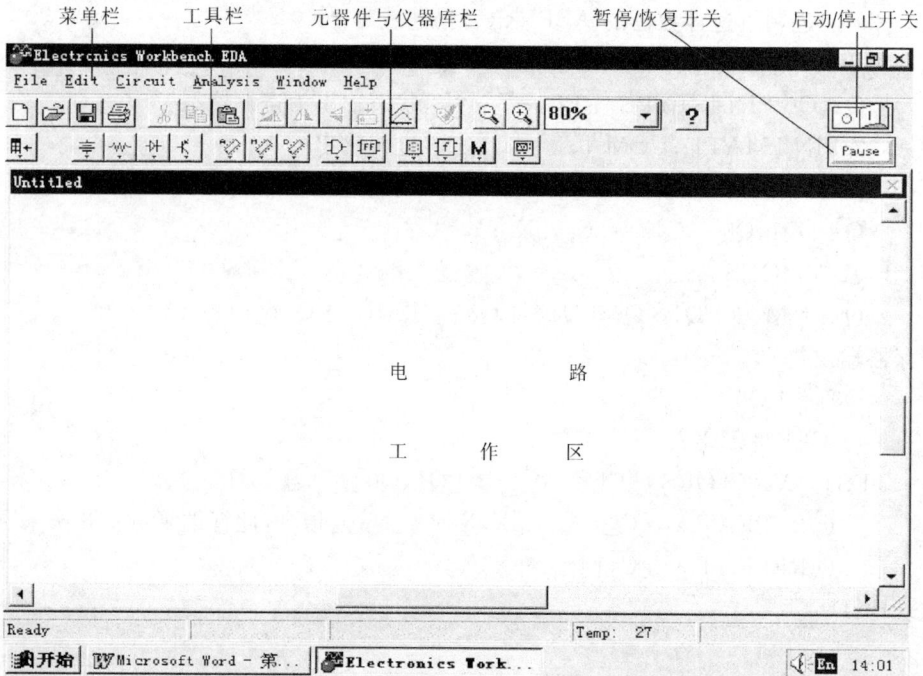

图 11.3.1　EWB 的主窗口

主窗口中最大的区域是电路工作区,在该区域可以创建电路和测试电路。工作区的上方分别是菜单栏、工具栏和元器件库栏。从菜单栏可以选择电路联接、实验所需的各种命令。工具栏包含了常用的操作命令按钮。元器件库栏包含了电路实验所需的各种模拟和数字元器件以及测试仪器。通过操作鼠标即可方便地使用各种命令和实验设备。按下"启动/停止"开关或"暂停/恢复"按钮,即可以进行实验(仿真)。此时,一个元器件丰富、仪器设备齐全、电路联接方便的虚拟电子实验台展现在我们眼前。

11.3.2　EWB 的工具栏

EWB 的工具栏图如图 11.3.2 所示。

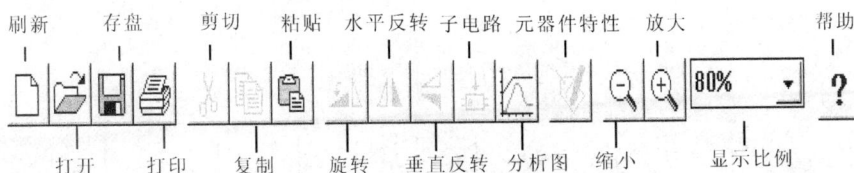

图 11.3.2　工具栏

11.3.3　EWB 的元器件与仪器库

EWB5.1 提供了非常丰富的元器件库及各种常用测试仪器,给电路仿真实验带来了极大的方便。图 11.3.3 为元器件与仪器库栏。

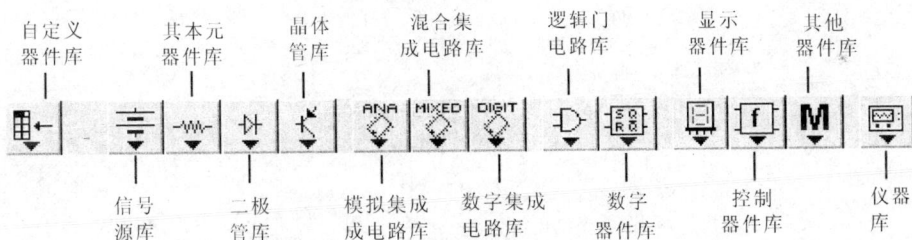

图 11.3.3　元器件与仪器库栏

单击元器件库栏的某一个图标即可打开该元器件库。下面给出每一个元器件库的图标以及该库所包含的元器件及含义。关于这些元器件的功能和使用方法,读者可使用在线帮助功能查阅有关的内容。

(1) 信号源库。信号源库的图标及所含内容如图 11.3.4 所示。

(2) 基本元器件库。基本元器件库的图标及所含内容如图 11.3.5 所示。

(3) 二极管库。二极管库的图标及所含内容如图 11.3.6 所示。

(4) 晶体管库。晶体管库的图标及所含内容如图 11.3.7 所示。

(5) 模拟集成电路库。模拟集成电路库图标及所含内容如图 11.3.8 所示。

(6) 混合集成电路库。混合集成电路库图标及所含内容如图 11.3.9 所示。

(7) 数字集成电路库。数字集成电路库图标及所含内容如图 11.3.10 所示。

（8）逻辑门电路库。逻辑门电路库的图标及所含内容如图 11.3.11 所示。

（9）数字器件库。数字器件库的图标及所含内容如图 11.3.12 所示。

（10）显示器件库。显示器件库的图标及所含内容如图 11.3.13 所示。

（11）控制器件库。控制器件库的图标及所含内容如图 11.3.14 所示。

（12）其他器件库。其他器件库的图标及所含内容如图 11.3.15 所示。

（13）仪器库。仪器库的图标及所含内容如图 11.3.16 所示。

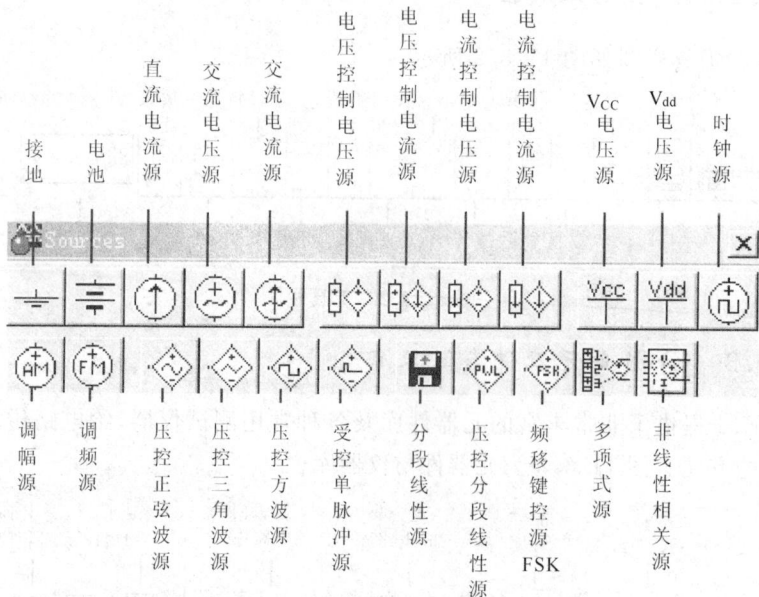

图 11.3.4　信号源库图标及内容

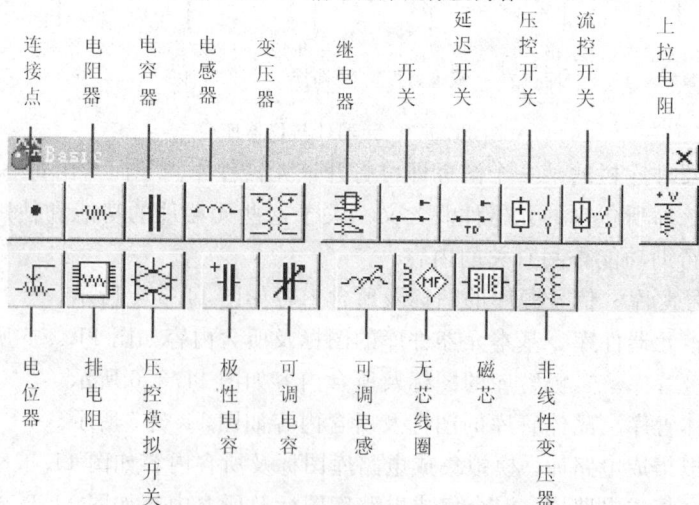

图 11.3.5　基本元器件库图标及内容

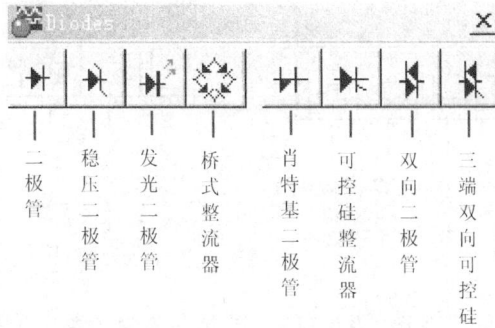

图 11.3.6　二极管库图标及内容

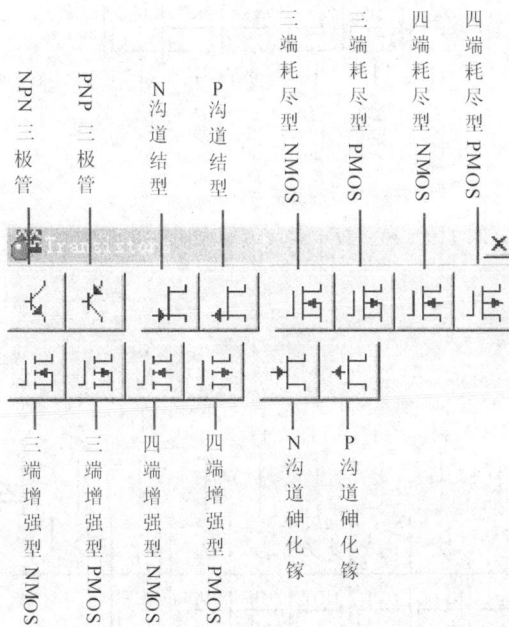

图 11.3.7　晶体管库图标及内容

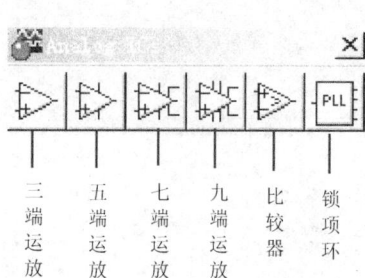

三端运放　五端运放　七端运放　九端运放　比较器　锁项环

图 11.3.8　模拟集成电路库图标及内容

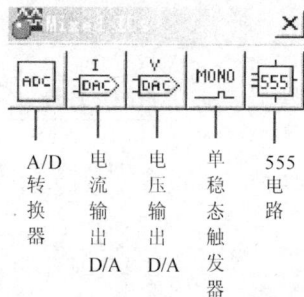

A/D转换器　电流输出 D/A　电压输出 D/A　单稳态触发器　555电路

图 11.3.9　混合集成电路库图标及内容

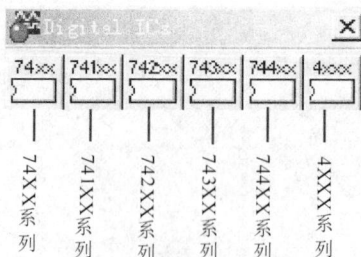

74XX系列　741XX系列　742XX系列　743XX系列　744XX系列　4XXX系列

图 11.3.10　数字集成电路库图标及内容

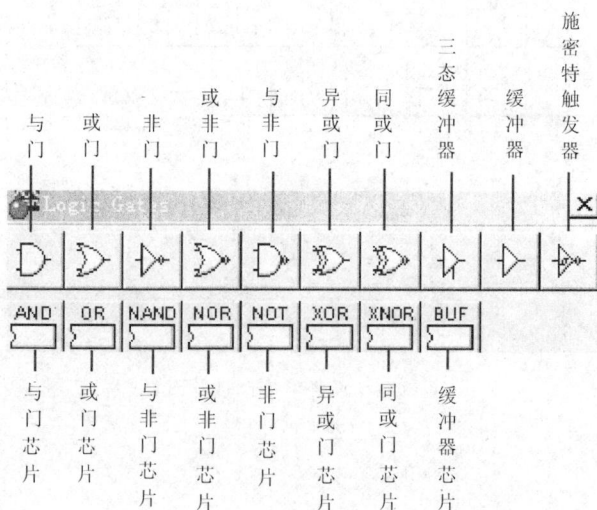

与门　或门　非门　或非门　与非门　异或门　同或门　三态缓冲器　缓冲器　施密特触发器

AND　OR　NAND　NOR　NOT　XOR　XNOR　BUF

与门芯片　或门芯片　与非门芯片　或非门芯片　非门芯片　异或门芯片　同或门芯片　缓冲器芯片

图 11.3.11　逻辑门电路库图标及内容

半加器　全加器　RS触发器　JK触发器一型　JK触发器二型　D触发器一型　D触发器二型

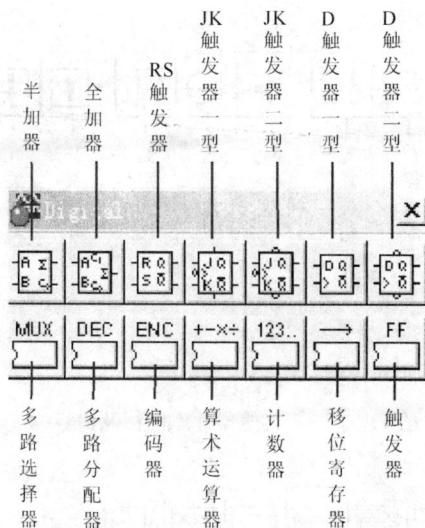

多路选择器　多路分配器　编码器　算术运算器　计数器　移位寄存器　触发器

图 11.3.12　数字器件库图标及内容

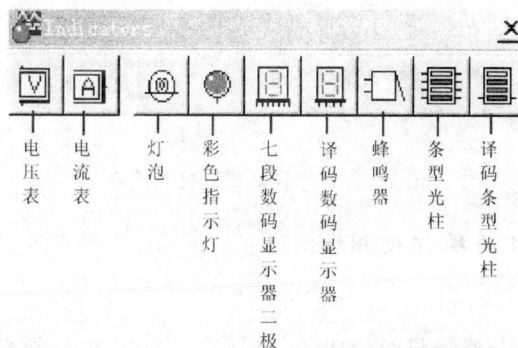

电压表　电流表　灯泡　彩色指示灯　七段数码显示器二极　译码数码显示器　蜂鸣器　条型光柱　译码条型光柱

图 11.3.13　显示器件库图标及内容

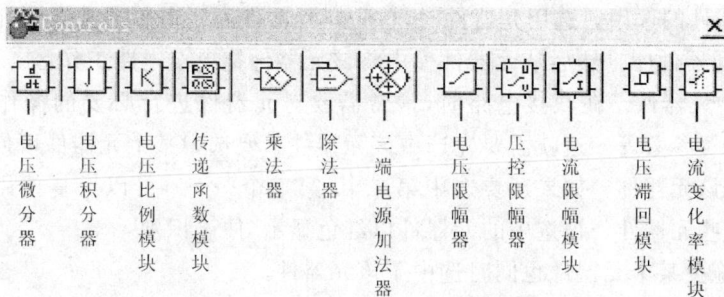

电压微分器　电压积分器　电压比例模块　传递函数模块　乘法器　除法器　三端电源加法器　电压限幅器　压控限幅器　电流限幅模块　电压滞回模块　电流变化率模块

图 11.3.14　控制器件库图标及内容

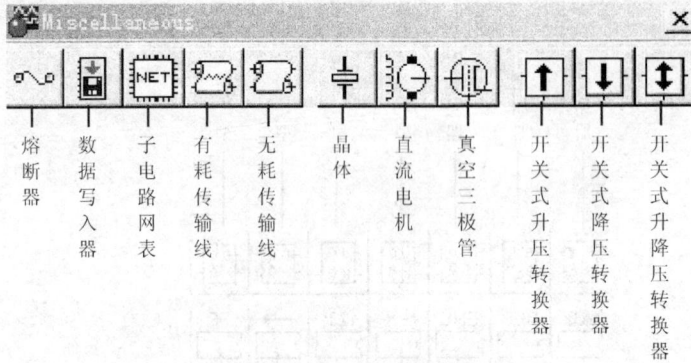

图 11.3.15　其他器件库图标及内容

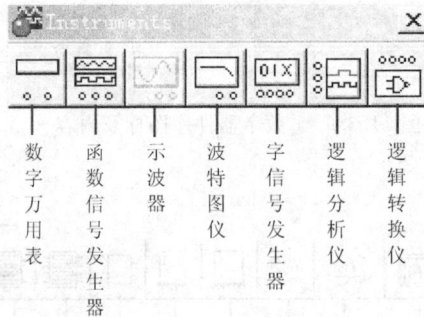

图 11.3.16　仪器库图标及内容

11.3.4　EWB 的操作使用

1. 创建电路

电路是由元器件与联接导线组成的,要创建一个电路,必须掌握元器件的操作和导线的联接方法。

(1)元器件的操作

① 元器件的选用。选用元器件时,首先在元器件库栏中单击包含该元器件的图标,打开该元器件库。然后从元器件库中将该元器件拖曳至电路工作区。

② 选中元器件。在联接电路时,常常需要对元器件进行必要的操作:移动、旋转、删除、设置参数等。这就需要先选中该元器件。要选中某个元器件可使用鼠标器的左键单击该元器件。如果还要选中第二个、第三个……,可以反复使用 CTRL＋单击选中这些元器件。被选中的元器件以红色显示,便于识别。

此外,拖曳某个元器件也同时选中了该元器件。

如果要同时选中一组相邻的元器件,可以在电路工作区的适当位置拖曳画出一个矩形区域,包围在该矩形区域内的一组元器件即被同时选中。

　　要取消某一个元器件的选中状态,可以使用 CTRL＋单击。要取消所有被选中元器件的选中状态,只需单击电路工作区的空白部分即可。

　　③ 元器件的移动。要移动一个元器件,只要拖曳该元器件即可。要移动一组元器件,必须先用前述的方法选中这些元器件,然后用鼠标器左键拖曳其中的任意一个元器件,则所有选中的部分就会一起移动。元器件被移动后,与其相联接的导线就会自动重新排列。选中元器件后,也可以使用箭头键使之作微小移动。

　　④ 元器件的旋转与反转。为了使电路便于联接、布局合理,常常需要对元器件进行旋转和反转操作。可先选中该元器件,然后使用工具栏的“旋转、垂直反转、水平反转”等按钮,或者选择 Circuit/Rotate(电路/旋转)、Circuit/Flip vertical(电路/垂直反转)、Circuit/Flip Horizontal(电路/水平反转)等菜单栏中的命令。也可使用热键 CTRL＋R 实现旋转操作。

　　⑤ 元器件的复制、删除。对选中的元器件,使用 Edit/Cut(编辑/剪切)、Edit/Copy(编辑/复制)和 Edit/Paste(编辑/粘贴)、Edit/Delete(编辑/删除)等菜单命令,可以分别实现元器件的剪切、复制、粘贴和删除等操作。此外,直接将元器件拖曳回其元器件库(打开状态)也可实现删除操作。

　　⑥ 元器件标识、编号、数值、模型参数的设置。在选中元器件后,再按下工具栏中的器件特性按钮,或者选择菜单命令 Circuit/Component Property(电路/元器件特性),会弹出相关的对话框,可供输入数据。元器件特性对话框具有多种选项可供选择,包括 Label(标识)、Model(模型)、Value(数值)、Fault(故障设置)、Disply(显示)、Analysis Setup(分析设置)等内容。下面介绍这些选项的含义和设置方法。

　　Label 选项用于设置元器件的 Label(标识)和 Reference ID(编号)。其对话框如图 11.3.17 所示。Reference ID(编号)通常由系统自动分配,必要时可以修改,但必须保证编号的惟一性。有些元器件没有编号,如联接点、接地、电压表、电流表等。在电路图上是否显示标识和编号可由 Circuit/Schematic Option(电路/电路图选项)的对话框设置。

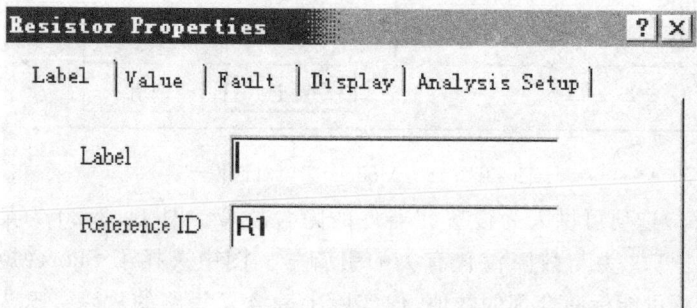

图 11.3.17　Label 选项对话框

　　当选择电阻、电容等一类比较简单的元器件时,会出现 Value(数值)选项,其对话框如图 11.3.18 所示,可以设置元器件的数值。

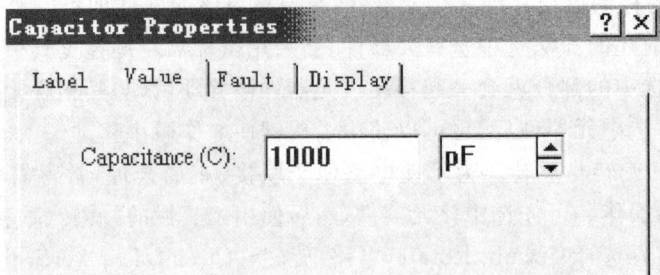

图 11.3.18　Value 选项对话框

　　当元器件比较复杂时,会出现 Model(模型)选项,其对话框如图 11.3.19 所示。模型的缺省设置(Default)通常为 ideal(理想),这有利于加快分析的速度,也能够满足多数情况下的分析要求。如果对分析精度有特殊的需要,可以考虑选择具有具体型号的器件模型。

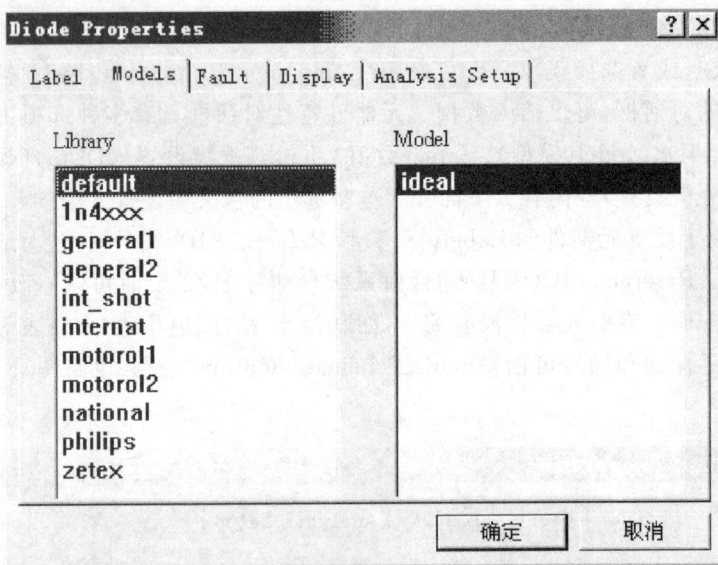

图 11.3.19　Models 选项对话框

　　Fault(故障)选项可供人为设置元器件的隐含故障。图 11.3.20 为某个电感的故障设置情况。1、2 为与故障设置有关的引脚号。图中选择了 Short(短路)设置。这时尽管该电感可能标有合理的数值,但实际上隐含了短路的故障。这为电路的故障分析教学提供了方便。另外,对话框还提供了 Open(开路)、Leakage(漏电)、None(无故障)等设置。

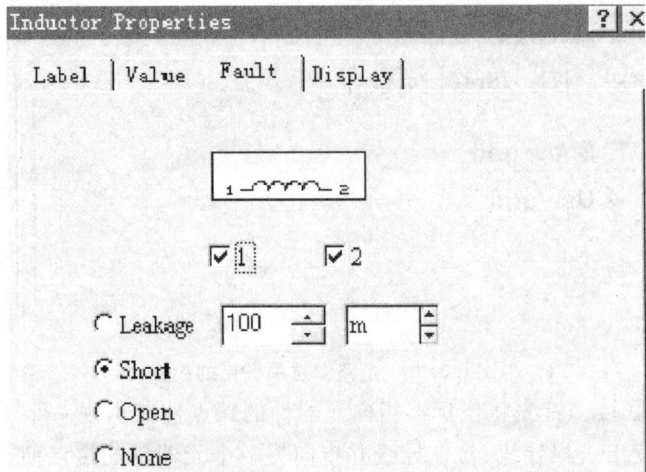

图 11.3.20　故障设置对话框

Display(显示)选项用于设置 Label、Model、Reference ID 的显示方式。相关的对话框如图 11.3.21 所示。该对话框的设置与 Circuit/Schematic Option(电路/电路图选项)对话框的设置有关。如果遵循电路图选项的设置,则 Label、Model、Reference ID 的显示方式由电路图选项的设置决定。否则可由图中对话框下面的三个选项确定。

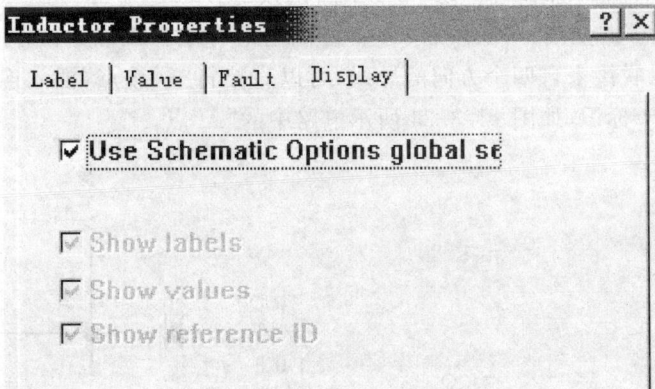

图 11.3.21　Display 选项对话框

另外,Analysis Setup(分析设置)用于设置电路的工作温度等有关参数;Node(节点)选项用于设置与节点编号等有关的参数。

⑦ 电路图选项的设置。选择 Circuit/Schematic Option(电路/电路图选项)菜单命令可弹出如图 11.3.22 所示的对话框,用于设置与电路图显示方式有关的一些选项。图 11.3.22 是关于栅格的设置。如果选择使用栅格,则电路图中的元器件与导线均落在栅格线上,可以保持电路图横平竖直、整齐美观。

(2) 导线的操作

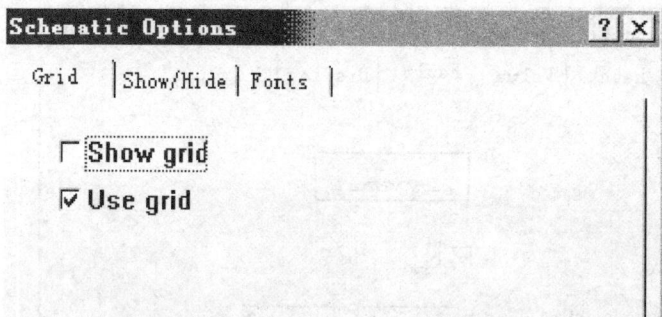

图 11.3.22　电路图选项栅格的设置

① 导线的联接。首先将鼠标器指向元器件的端点使其出现一个小黑圆点,按下鼠标左键并拖曳出一根导线;拉住导线并指向另一个元器件的端点使其出现小圆点;释放鼠标左键,则导线联接完成。

② 连线的删除与改动。将鼠标器指向元器件与导线的联接点使其出现一个圆点;按下左键拖曳该圆点使导线离开元器件端点,释放左键,导线自动消失,完成连线的删除。也可以将拖曳移开的导线连至另一个接点,实现连线的改动。

③ 向电路插入元器件。可以将元器件直接拖曳放置在导线上,然后释放即可插入电路中,如图 11.3.23 所示电路中的二极管。

④ 从电路中删除元器件。选中该元器件,按下 Delete 即可。

⑤ "联接点"的使用。"联接点"是一个小圆点,存放在无源元器件库中,一个"联接点"最多可以联接来自四个方向的导线,可以直接将"联接点"插入连线中,还可以给"联接点"赋予标识,如图 11.3.24 所示电路中的"A"点。

图 11.3.23　在电路中插入元器件　　　　图 11.3.24　"联接点"的操作

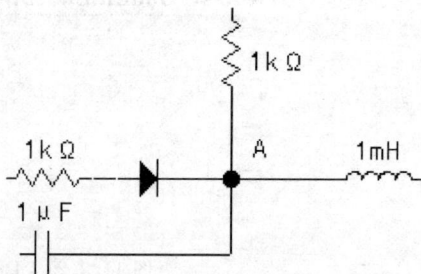

⑥ 调整弯曲的导线。如图 11.3.25 情况,元件位置与导线不在一条直线上就会产生导线弯曲。可以选中该元件,然后用鼠标拖曳或用四个箭头键微调元器件的位置。这种方法也可用于对一组选中元器件的位置进行调整。如果导线接入端点的方向不合适,也会造成导线不必要的弯曲。如图 11.3.26 所示情况,可以对导线接入端点的方向予以调整。

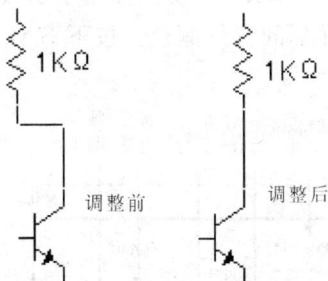

图 11.3.25　导线弯曲的调整　　　　　图 11.3.26　导线接入方向的调整

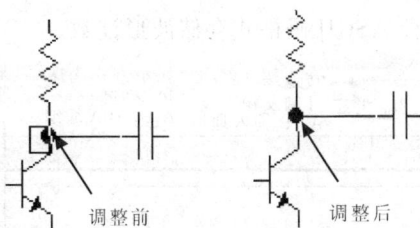

11.3.5　EWB 的仪器操作

在显示器件库中,有电压表和电流表,可以多次选用,其操作方式与元器件的操作方式基本一样。下面仅介绍仪器库中几种仪器的操作方式。首先介绍各种仪器操作相同的两点:

(1) 仪器的选用与联接。选用仪器可以从仪器库中将相应的仪器图标拖曳至电路工作区。仪器图标上有联接端用于将仪器连入电路,拖曳仪器图标可以移动仪器的位置。不使用的仪器可以拖曳回仪器存放栏,与该仪器相连的导线会自动消失。图 11.3.27 是函数发生器图标及其连入电路的情况。

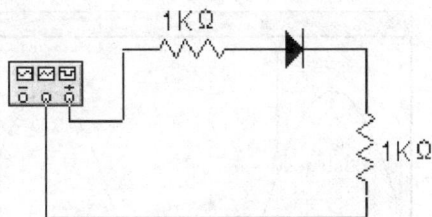

(2) 仪器参数的设置。双击仪器图标,打开仪器面板即可设置仪器参数。

下面说明各种仪器的具体操作。

图 11.3.27　仪器的联接

1. 数字多用表

这是一种自动调整量程的数字多用表。其电压挡与电流挡的内阻、电阻挡的电流值和分贝挡的标准电压值都可任意设置。图 11.3.28 是它的图标和面板。

按 Seting (参数设置)按钮时,就会弹出对话框,可以设置多用表内部参数。

2. 示波器

示波器的图标和面板如图 11.3.29 所示。为了能够更细致地观察波形,可按下示波器面板上的

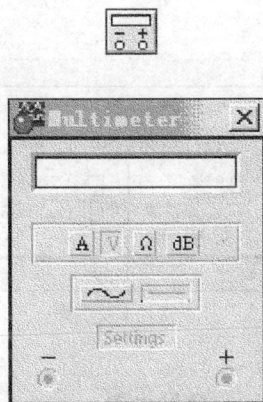

图 11.3.28　数字多用表
图标和面板

Zoom(或 Expend)按钮进一步展开,如图 11.3.30 所示。通过拖曳指针可以详细读

取波形任一点的读数，以及两个指针间读数的差。按下 Reduce 按钮可缩小示波器面板至原来大小。按下 Reverse 按钮可改变示波器屏幕的背景颜色。按下 Save 按钮可按 ASCII 码格式存储波形读数。

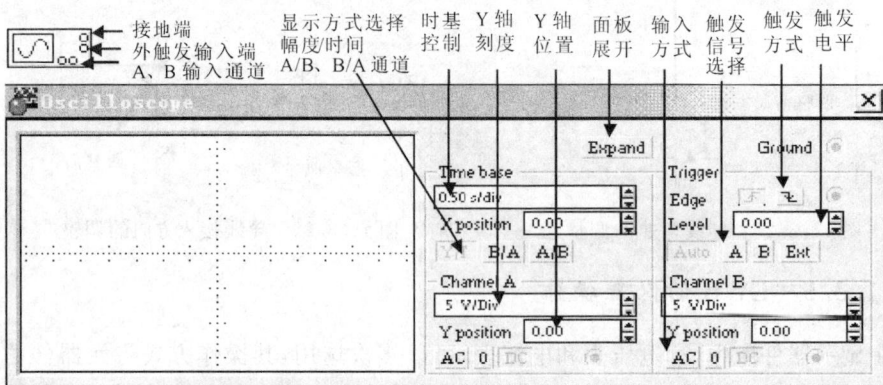

图 11.3.29　示波器图标和面板说明

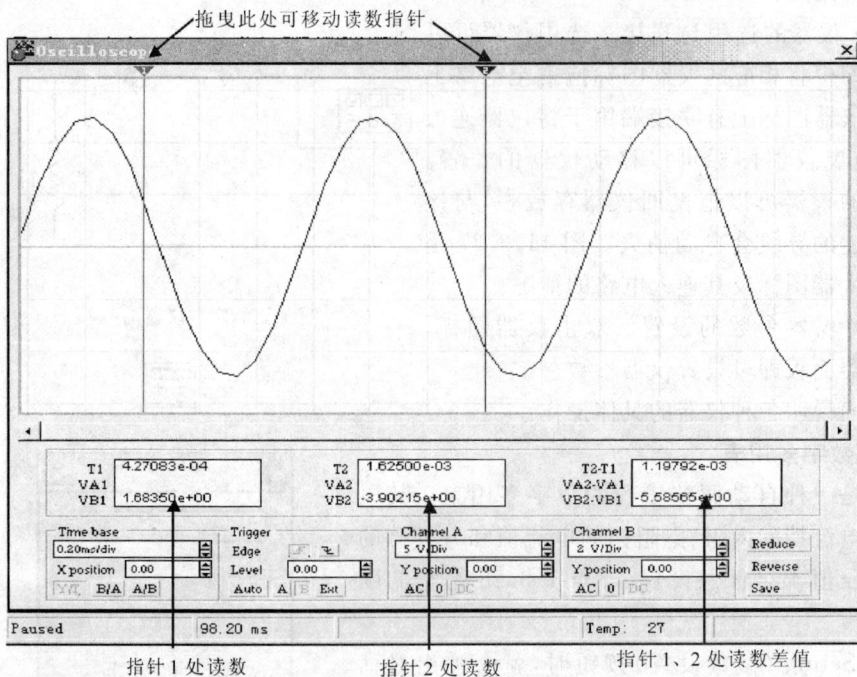

图 11.3.30　示波器面板的展开

3. 函数发生器

函数发生器可用来产生正弦波、三角波和方波信号，其图标和面板见图 11.3.31。占空比参数主要用于三角波和方波波形的调整。幅度参数是指信号波形的峰值。

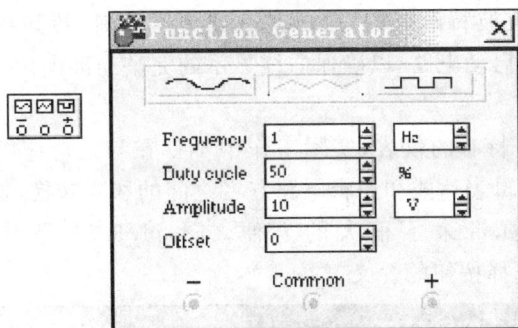

图 11.3.31　函数发生器图标和面板

4. 波特图仪

波特图仪类似于通常实验室的扫频仪,可以用来测量和显示电路的幅频特性与相频特性。波特图仪的图标见图 11.3.32,其面板见图 11.3.33。波特图仪有 IN 和 OUT 两对端口,其中 IN 端口的＋V 端和－V 端分别接电路输入端的正端和负端;OUT 端口 的＋V 端和－V 端分别接电路输出端的正端和负端。此外,使用波特图仪时,必须在电路的输入端接入 AC(交流)信号源,但对其信号频率的设定并无特殊要求,频率测量的范围由波特图仪的参数设置决定。

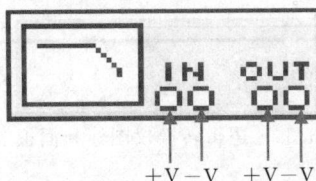

图 11.3.32　波特图仪图标图

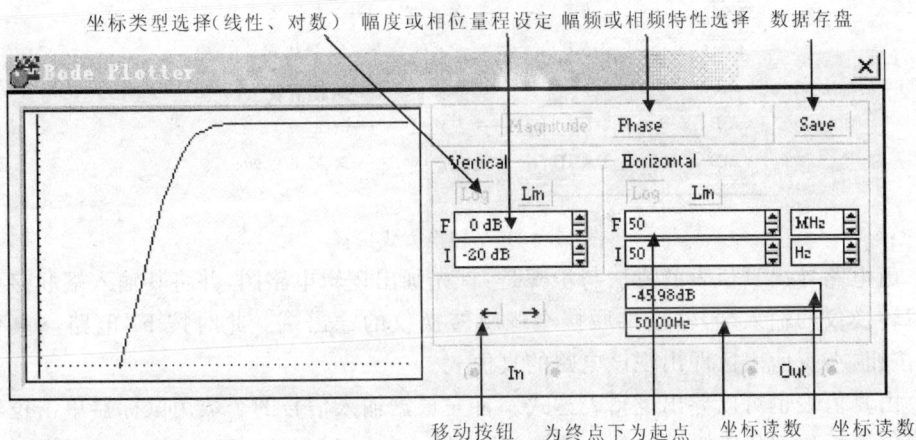

图 11.3.33　波特图仪的面板

电路启动后可以修改波特图仪的参数设置(如坐标范围)及其在电路中的测试点,但修改以后建议重新启动电路,以确保曲线显示的完整与准确。

5. 逻辑转换仪

逻辑转换仪是 EWB 特有的仪表,实际工作中不存在与之对应的设备。逻辑转换仪能够完成真值表、逻辑表达式和逻辑电路三者之间的相互转换,这一功能给数字逻辑电路的设计与仿真带来了很大的方便。图 11.3.34 是其图标和面板。图 11.3.35是转换方式选择按钮的含义。

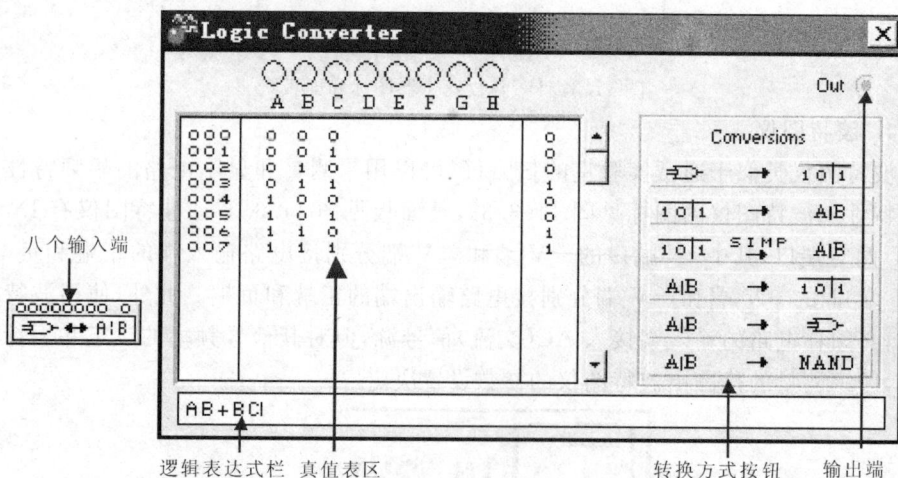

图 11.3.34 逻辑转换仪图标和面板

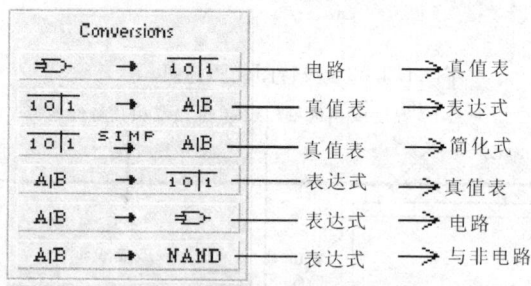

图 11.3.35 转换方式选择

由电路导出真值表的方法与步骤是:首先画出逻辑电路图,并将其输入端联接至逻辑转换仪的输入端,输出端联接至逻辑转换仪的输出端。此时按下"电路→真值表"按钮,在真值表区即出现该电路的真值表。

由真值表也可以导出逻辑表达式。首先根据输入信号的个数用鼠标器单击逻辑转换仪面板顶部代表输入端的小圆圈,选定输入信号(由 A 至 H)。此时真值表区自动出现输入信号的所有组合,而输出列的初始值则全部为零。可以根据所需要的逻辑关系修改真值表的输出值。然后按下"真值表→表达式"按钮,在面板的底部逻辑表达式栏出现相应的逻辑表达式,如果要简化该表达式或直接由真值表得到简化的逻辑表达式,按下"真值表→简化表达式"即可。表达式中的"'"表示逻辑变量的"非"。

可以直接在逻辑表达式栏输入表达式("与-或"式及"或-与"式均可),然后按下"表达式→真值表"按钮得到相应的真值表;按下"表达式→电路"按钮得到相应的逻辑电路图;按下"表达式→与非电路"按钮得到由与非门构成的电路。

11.3.6　电子电路的仿真操作过程

电子电路的仿真可按下述步骤进行:

(1) 联接电路与仪器。联接仿真电路可按前述的元器件与仪表操作方法。

(2) 电路文件存盘与打开。电路创建后可以将其存盘,以备调用。方法是选择菜单栏中 File/Save as 命令。弹出对话框后,选择合适的路径并输入文件名,再按"确定"按钮,即完成电路文件存盘。EWB5.1 会自动为电路文件添加后缀".ewb"。若需打开电路文件,可选择菜单栏中的 File/Open 命令,弹出对话框后,选择所需电路文件,按"打开"按钮,即可将选择的电路调入电路工作区。存盘与打开也可使用工具栏中的有关按钮。

(3) 电路的仿真实验。仿真实验开始前可双击有关仪器的图标打开其面板,准备观察被测试波形。按下电路启动/停止开关,仿真实验开始。若再次按下启动/停止开关,仿真实验结束。如果使实验过程暂停,可单击左上角的 Pause(暂停)按钮,也可以按 F9 键。再次单击 Pause 按钮或按 F9 键,实验恢复运行。

(4) 实验结果的输出。输出实验结果的方法有多种,可以存储电路文件;也可用 Windows 的剪贴板输出电路图或仪器面板显示波形;还可以打印输出。

存储电路文件的方法前面已经介绍过。使用剪贴板很方便,可以选择 Edit/Copybits(编辑/比特图形)命令,此时鼠标器指针成为"十"字形。将该"十"字指针移动到电路工作区,按下鼠标左键,然后拖曳形成一个矩形,再释放鼠标按键。这时包围在该矩形区域内的图形即被输出至剪贴板。若要打开剪贴板观察剪贴的图形,可以选择 Edit/Show Clipboard(编辑/显示剪贴板)命令。当然也可以使用 Windows 本身提供的操作方法切换至剪贴板。传送至剪贴板的内容可以再使用 Windows 本身所提供的"粘贴(Paste)"方法传送至其他文字或图形编辑程序。这种方法可用于实验报告的编写。

选择 File/Print 或 File/Print Setup ,可以调出打印机设置对话框,根据要求进行设置选择。全部完成设置后,按下 Print 按钮执行打印输出。

(5) 电路的描述。选择 Window/Description 命令打开一电路描述窗口,根据需要可以在该窗口中输入有关实验电路的描述内容。电路描述窗口的内容将随电路文件一起存储，以便以后查阅。

11.3.7　子电路的生成与使用

　　为了使电路联接简单，可以将一部分常用电路定义为子电路。子电路相当于用户自己定义的小型集成电路，可以存放在自定义元器件库中供以后反复调用。

　　图 11.3.36 是由两个门电路构成的半加器电路。首先选中要定义为子电路的所有器件（器件个数无限），然后单击工具栏上的生成子电路按钮或选择 Circuit/Create Subcircuit(电路/生成子电路)命令，弹出如图 11.3.37 所示的对话框，填入子电路名称，并根据需要单击其中的某个命令按钮，子电路的定义即完成。这时出现子电路窗口如图 11.3.38 所示，并将半加器子电路存入自定义器件库中。以后，若拖曳自定义器件库的图标会弹出如图 11.3.39 所示的对话框，可以选择需要的子电路。双击子电路图标可打开子电路窗口，对它作进一步的编辑和修改。可以在子电路窗口中添加或删除元件；也可以添加引出端，方法是从子电路某一元件拖曳引出导线至子电路窗口的任一边沿处，待出现小块时释放鼠标，即得到一个新的引出端。对某一个子电路的修改，同时影响该子电路的其他拷贝。

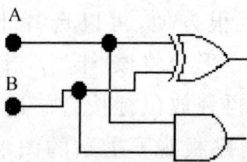

图 11.3.36　半加器电路　　　　　　图 11.3.37　子电路设置对话框

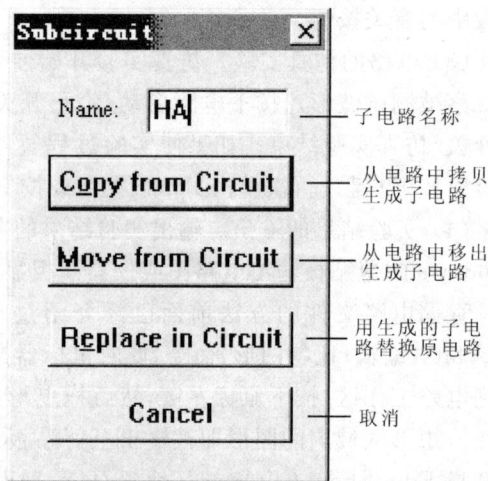

　　一般情况下，生成的子电路仅在本电路中有效。要应用到其他电路中，可使用剪贴板进行拷贝与粘贴操作。也可以将其粘贴到（或直接编辑在）DEFAULT.EWB 电路文件的自定义元件库中。以后每次启动 EWB5.1，自定义元件库中均自动包含该子电路供随时调用。

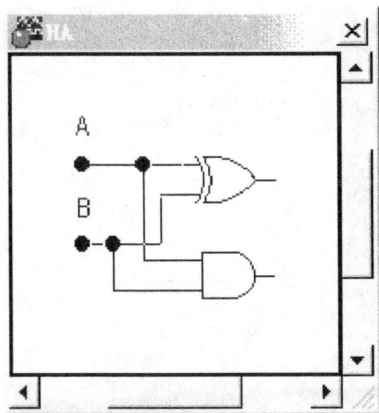

图 11.3.38　子电路窗口和图标　　　　　　图 11.3.39　子电路对话框

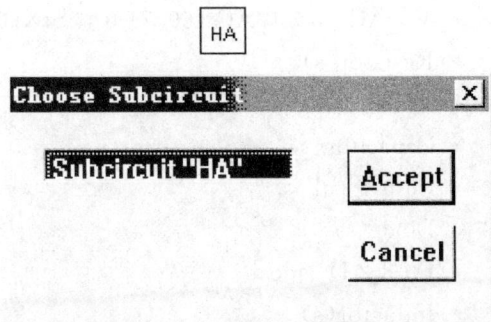

11.3.8　网表文件转换和印刷线路板设计

网表文件是一种采用文本格式描述电路的文件,EWB 可以同 SPICE 的网表文件相互转换,即可以把在工作区内创建的电路以 SPICE 网表文件形式输出,也可以输入 SPICE 网表文件转换成电路图。同时 EWB 还可以把电路图转换成各种印刷线路板排版软件能接受的网表文件,直接排出相应的印刷线路板。

比如有一个二极管整流滤波电路如图 11.3.40 所示。选择文件菜单栏中的"export"项,就可以把在 EWB 软件中的 *.ewb 文件转换成 *.cir 格式的 SPICE 网表文件,该文件可以同 SPICE(Berkeley SPICE3F5)、XSPICE 或 PSPICE 软件之间直接进行电路图和元器件的转换,也可以与其他能接受 SPICE 网表文件的应用软件进行转换。

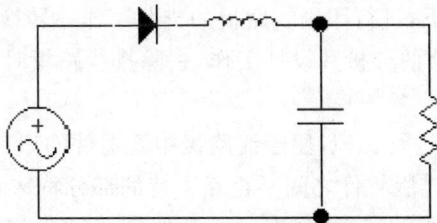

图 11.3.40　二极管整流滤波电路

SPICE 的网表文件,有规定的文本格式,用于说明电路中的元器件型号、标识以及在电路中的位置等情况。使用者可以通过文字处理软件如"WORD"和"WINDOWS"操作系统下的记事本、写字板等文本文件编辑工具把网表文件转换成文本文件的格式。下面给出图 11.3.40 所示电路 SPICE 网表文件的基本内容。

This File was created by：Electronics Workbench to SPICE netlist conversion DLL

　　* AC Voltage Source(s)

　　* V _ AC _ 0 3 0 AC 169. 71 0＋ SIN(0 169. 71 60 Hz 0 0 0)

　　* Resistor(s)

　　* R0 0 1 1Kohm

　　* Capacitor(s)

　　* C0 0 1 1uF

　　* Diode(s)

　　* D0 3 2 D _ ideal

　　* Inductor(s)

　　* L0 2 1 1mH

　　* Connector(s)

　　* node = 1, label =

　　* node = 0, label =

　　* Misc

　　. MODEL D _ ideal D(Is＝10fA Rs＝0ohm Cjo＝0F Vj＝1V Tt＝0s M＝500m BV＝1e＋30V N＝1

　　＋EG＝1. 11 XTI＝3 KF＝0 AF＝1 FC＝500m IBV＝1m TNOM＝27)

　　. END

　　EWB 可以将网表文件送至 PCB 排版软件,与常用的电路设计和排版软件如 ORCAD PCB(＊. NET)、PROTEL(＊. NET)等软件相衔接,直接排出印刷线路板图。

　　当使用者完成电路分析和设计以后,就可以把电路文件转换成各排版软件的网表文件,在排版软件的支持下,进行印刷线路板的排版工作。转换步骤为:

　　(1) 创建电路,完成电路的分析和设计工作,去除排线路板时不需要的测试仪器和多余元器件。

　　(2) 对电路中的元器件进行标识,便于线路板中元器件的识别。

　　(3) 删除 EWB 软件和排版软件之间不相互支持的部分特殊元器件。

　　(4) 选择"文件"栏中的"输出"项,根据对话框要求,将电路以"Save as"的方式转换至在使用的排版软件。

　　(5) 打开排版软件,从"网表文件输入"项,可以得到 EWB 工作区中的电路网表文件。

11.3.9　EWB 的分析功能

EWB 有十几种分析功能,下面介绍几种常用的分析操作过程。

1. 直流工作点分析

该分析主要对创建电路的直流通路进行分析,例如,计算晶体管放大器的静态工作点。直流工作点分析步骤为:

(1) 在 EWB 主窗口的电路工作区创建仿真电路。

(2) 选定菜单栏中的 Circuit/Schematic Option/Show Nodes,则电路的节点标志(ID)显示在电路图上。

(3) 选定菜单栏中的 Analysis/Operating Poingt 项,EWB 会自动把电路中所有节点的电压数值显示在 Analysis/Display Graph 中。

在进行直流工作点分析时,电路中的数字器件将被视为高阻接地。

2. 交流频率分析

所谓交流分析,即分析电路的频率特性。在分析时,电路中的元器件和电源均设置为交流模式,输入信号设定为正弦波。交流频率分析步骤为:

(1) 在电子工作台上创建待分析的电路图,确定输入信号的幅度和相位。

(2) 选定菜单栏中的 Analysis/AC frequency。

(3) 在对话框中,确定需分析的电路节点、起始频率(FSTART)、终点频率(FSTOP)、扫描形式(Sweep type)、显示点数(Number Points)和纵向尺度(Vertical Scale)。

(4) 按 Simulate(仿真)键,即可在显示图上获得被分析节点的频率特性波形。按 Esc 键,将停止仿真。

交流频率分析的结果,可以显示成幅频特性和相频特性两个图。如果用波特图仪连至电路的输入端和被测点,同样也可以获得交流频率特性。

3. 瞬态分析

所谓瞬态分析,是电路选定节点的时域响应。在对选定的节点作瞬态分析时,需根据 Analysis 栏对话框的要求进行选择,一般可先对该节点作"直流工作点分析",其分析结果可以作为瞬态分析的初始条件。

瞬态分析步骤为:

(1) 在电子工作台上创建待分析的电路图。

(2) 选定菜单栏中的 Analysis/Transient。

(3) 根据对话框的要求设置参数。

(4) 按 Simulate 键,即可在显示图上获得被分析节点的瞬态波形。按 Esc 键,将停止仿真。

瞬态分析的结果与用示波器观察的结果是一样的。但采用瞬态分析方法,可以通过设置,更仔细地观察到波形起始部分的变化情况。

4. 傅里叶分析

傅里叶分析方法用于分析一个时域信号的直流分量、基频分量和谐波分量。即把被测节点处的时域变化信号作离散傅里叶变换,求出它的频域变化规律。在进行傅里叶分析时,必须首先选择被分析的节点,一般将电路中的交流激励源的频率设定为基频,若在电路中有几个交流源时,可以将基频设定在这些频率的最小公因数上。

傅里叶分析步骤为:

(1) 在电子工作台上创建待分析的电路图。

(2) 选定菜单栏中的 Analysis/Fourier 项。

(3) 根据对话框的要求设置参数。

(4) 按 Simulate 键,即可在显示图上获得被分析节点的 Fourier 变换波形。按 Esc 键,停止仿真。

傅里叶分析可以显示被分析节点的电压幅频特性,也可以选择显示相频特性,显示的幅度可以是离散波形,也可以是连续曲线,缺省设置为离散型。

5. 失真分析

失真分析用于分析电子电路中的谐波失真和内部调制失真。若电路中有一个交流信号源,该分析能确定电路中每一个节点的二次谐波和三次谐波的幅值,若电路有两个交流信号源,该分析能确定电路变量在三个不同频率处的幅值:两个频率之和的值、两个频率之差的值以及二倍频与另一个频率的差值。

该分析方法是对电路进行小信号的失真分析,尤其适合观察在瞬态分析中无法看到的比较小的失真。

失真分析步骤为:

(1) 在电子工作台上创建待分析的电路图。

(2) 选定菜单栏中的 Analysis/Distortion 项。

(3) 根据对话框的要求设置参数。

(4) 按 Simulate 键,即可在显示图上获得被分析节点的失真波形。按 Esc 键,将停止仿真。

除上述分析功能之外,还有零-极点分析、传递函数分析、灵敏度分析、噪声分析、温度扫描分析等等。其分析步骤与前述情况类似,这里不再赘述。

另外,EWB 提供了丰富的帮助功能,选择 Help/Help Index 命令可调用和查阅有关的帮助内容。对于某一元器件或仪器,"选中"该对象,然后按 F1 键或单击工具栏的帮助按钮,即可弹出与该对象相关的内容。建议充分利用帮助内容。

11.3.10 仿真举例

1. 一般电路的仿真举例

对于复杂交、直流电路的定量分析,可以利用 EWB 来做验证型仿真试验。将抽象的模型分析变成实际的数字测量,以检验电路分析的结果是否正确。如图 11.3.41 所示的直流电路及其仿真结果。

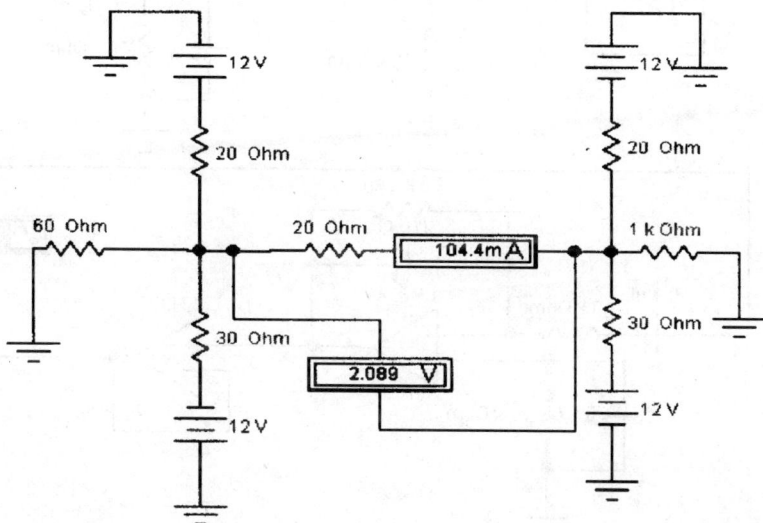

图 11.3.41 直流电路的仿真

2. 模拟电路的仿真举例

下面以远程数据传输系统中的部分接收电路为例,利用 EWB 对该多级放大器的放大特性进行研究。接收部分的前端由两个电压跟随器和三级滤波放大电路组成,如图 11.3.42 所示。传输线路上的信号收到后由该电路进行处理和放大,将其变为单片机可以接收的电平信号。利用 EWB 的仿真方法如下。

首先用 EWB 画出原理图,一般情况下以专线方式传输的信号的频率是在 300～1200 Hz 范围内,所以分别输入 300 Hz、600 Hz、900 Hz、1200 Hz 的正弦波信号,利用示波器观察波形是否失真,如有失真可调整电路元件参数。观察到的波形如图 11.3.43 所示。利用波特图仪获得的频率特性曲线如图 11.3.44 所示。

3. 数字电路的仿真举例

设计题目:试设计一个主要街道和次要街道十字路口的交通灯控制器。当主要街道绿灯亮 6 秒时,次要街道的红灯亮;接着主要街道黄灯亮 2 秒,次要街道的黄灯仍然亮;紧接着次要街道的绿灯亮 3 秒,这时主要街道红灯亮;然后次要街道的黄灯亮 1 秒,主要街道红灯依然亮;最后主要街道绿灯亮,次要街道红灯亮,依此顺序循环

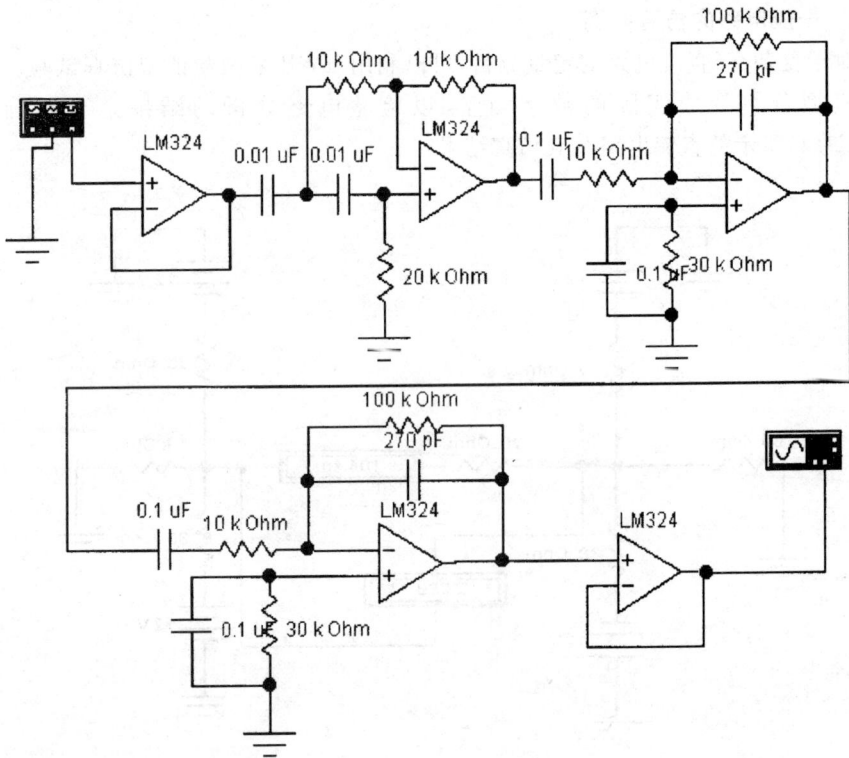

图 11.3.42　远程数据传输系统中的接收电路

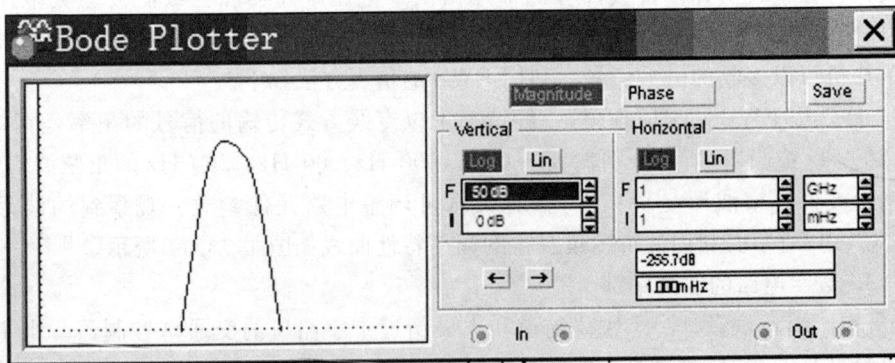

图 11.3.43　用波特图仪获得的频率特性曲线

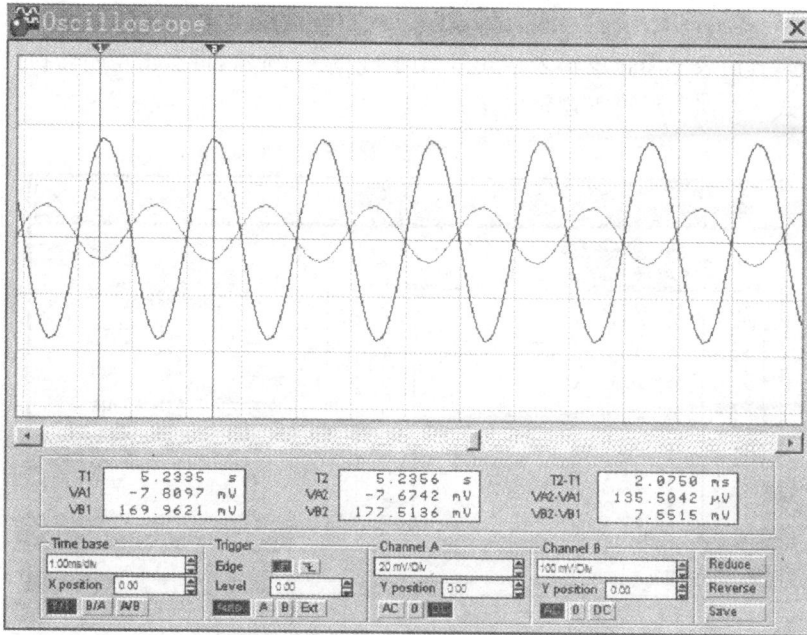

图 11.3.44 示波器观察到的输入、输出波形

控制。

　　根据以上要求可知主要街道从绿灯亮到下一次绿灯亮共需 12 秒,由上述要求可列出这六个灯的真值表,如表 11.3.5 所示,其中 MG、MY、MR、CG、CY、CR 分别表示主要街道的绿灯、黄灯、红灯,次要街道的绿灯、黄灯、红灯。

表 11.3.5　交通灯控制器真值表

Q_d	Q_c	Q_b	Q_a	MG	MY	MR	CG	CY	CR
0	0	0	0	1	0	0	0	0	1
0	0	0	1	1	0	0	0	0	1
0	0	1	0	1	0	0	0	0	1
0	0	1	1	1	0	0	0	0	1
0	1	0	0	1	0	0	0	0	1
0	1	0	1	1	0	0	0	0	1
0	1	1	0	0	1	0	0	0	1
0	1	1	1	0	1	0	0	0	1
1	0	0	0	0	0	1	1	0	0
1	0	0	1	0	0	1	1	0	0
1	0	1	0	0	0	1	1	0	0
1	0	1	1	0	0	1	0	1	0
1	1	0	0	x	x	x	x	x	x
1	1	0	1	x	x	x	x	x	x
1	1	1	0	x	x	x	x	x	x
1	1	1	1	x	x	x	x	x	x

先打开逻辑转换仪面板,在真值表区填入相应的逻辑值。然后点击逻辑转换仪面板上的"真值表→简化逻辑表达式",如图 11.3.45 所示,再点击逻辑转换仪面板上的"表达式→电路",便可得逻辑电路。

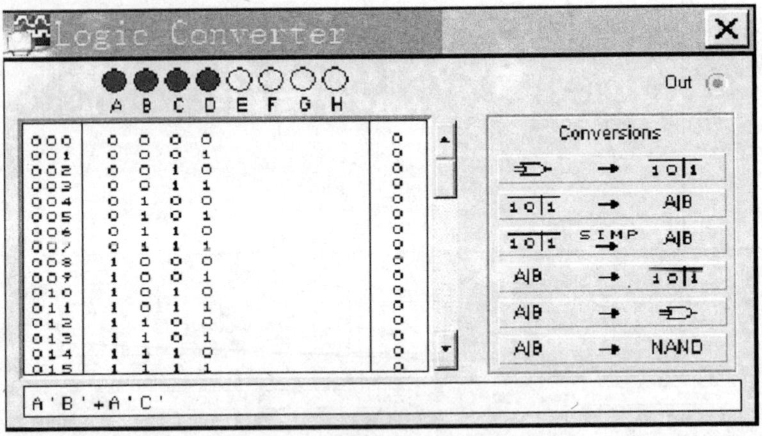

图 11.3.45　真值表与简化逻辑表达式

因为一次循环需要 12 秒,所以输入端可采用四位二进制计数器 74LS163 芯片设计一个模为 12 的计数器。CP 时钟端输入 1 Hz 的脉冲信号(这一元件可在电源元件库中找到,点中该元件后按鼠标右键,在属性一栏中修改它的输出频率为 1Hz);最后,根据所得的函数表达式完成电路设计如图 11.3.46 所示。观察指示灯的亮灭可对所设计电路进行验证是否符合设计要求。

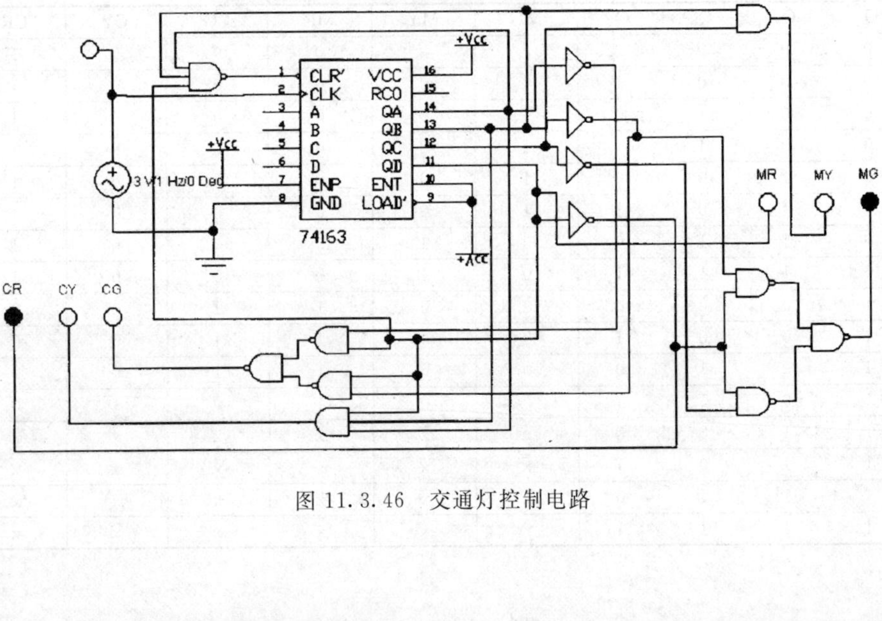

图 11.3.46　交通灯控制电路

习　题

11.1　用 ispPAC10 设计一增益为 8.8 的放大器。

11.2　用 ispPAC10 设计一加法器，实现 $V_O = 5 V_1 + 2 V_2$。

11.3　用 ispPAC10 设计一减法器，实现 $V_O = 10 V_1 - 2 V_2$。

11.4　用 ispPAC10 设计一截止频率为 10 kHz 的低通滤波器。

11.5　用 ispPAC20 设计一压力测量及上限报警电路。设压力传感器的测量范围为 0~1 MPa，输出信号为 0~100 mV，要求测量电路的输出电压为 0~5 V，报警上限压力为 0.9 MPa。

11.6　用 ispPAC20 设计一液位上、下限报警电路。设液位传感器的测量范围为 0~100 m，输出信号为 0~100 mV，要求测量电路的输出电压为 0~5 V，报警上限液位为 90 m，报警下限液位为 10 m。

11.7　题图 11.1 所示为与阵列固定或阵列可编程的 PLD 电路。

(1) 直接写出 X、Y、Z 的表达式；

(2) 写出 X、Y、Z 的简化表达式。

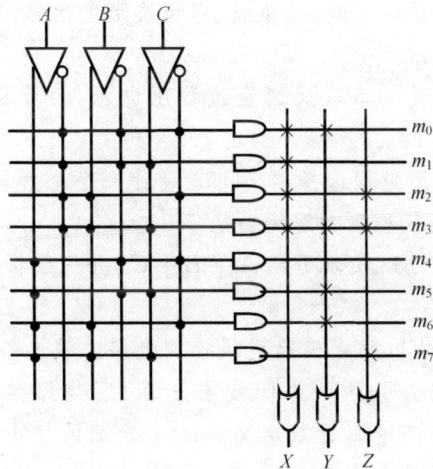

题图 11.1　习题 11.7 的图

11.8　用 PLD 实现三中取二多数表决器，试画出题图 11.2 所示电路中阵列的编程结果。

(1) 用 PLA 实现；

(2) 用 PAL 实现。

11.9　编写用 ispPLSI1016 实现 BCD 码到 7 段译码显示器的 ABEL 语言源文

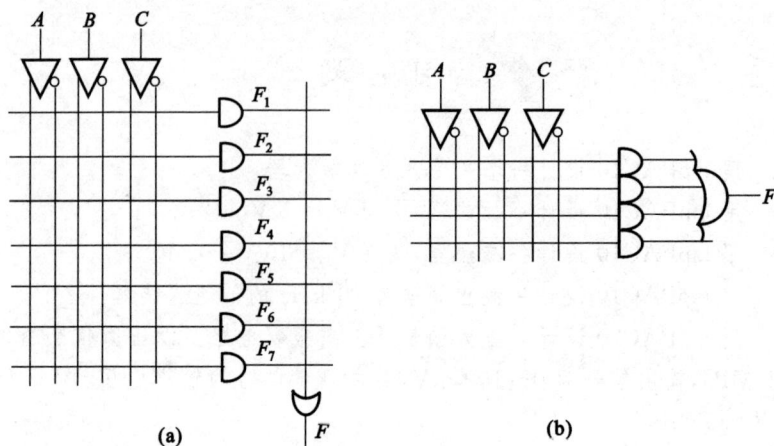

题图 11.2　习题 11.8 的图

件。

11.10　用 EWB 设计一低通滤波器,用波特图仪测量其频率响应曲线;输入不同频率的信号,用示波器观察其输出波形。

11.11　用 EWB 设计一 RC 移相式正弦波发生器,观察波形并测量振荡频率。

11.12　用 EWB 设计一方波、三角波、锯齿波形发生器,观察波形并测量振荡频率。

11.13　用 EWB 设计一串联反馈直流稳压电源,测量稳压电源的有关技术指标。

11.14　用 EWB 和用数据选择器 74153 设计一个全加器电路,按 F1 键了解该器件的功能,用逻辑转换仪检测其逻辑功能。

11.15　用译码器 74138 实现 $F = A \oplus B \oplus C$,并用逻辑转换仪检测其逻辑功能是否符合要求。

11.16　设计四位 BCD 码奇校验逻辑检测电路。该电路 4 个输入端,当同时出现奇数个 1 时,电路输出为 1,否则为 0(要求分别用门电路和中规模集成电路实现)。

11.17　用同步可逆二进制计数电路 74191 分别设计 10 进制和 6 进制计数电路,并用显示译码器显示输出结果。

11.18　用 555 设计一多谐振荡器,用示波器观察输出波形,改变参数调节振荡频率。

第12章

智能建筑信息系统

现在人类社会已经跨入信息化时代,现代化的建筑离不开智能信息系统。本章主要介绍一般建筑常用的信息通信系统中的程控数字用户交换机系统、公用天线电视和卫星电视接收系统、建筑的安全防盗系统和火灾报警系统、建筑设备管理自动化系统,并给出了两个设计案例。

基本要求

(1) 了解智能建筑信息系统的基本内容;
(2) 理解民用建筑消防系统的火灾报警方法;
(3) 了解常用防盗系统的种类及其应用;
(4) 掌握智能小区的设计原则和实施方案。

12.1 信息通信系统中的程控数字用户交换机系统

在人员密集的现代建筑中,特别是写字楼、高级宾馆和高级住宅楼等,对通信设施要求极为重要。随着科学技术的高速发展,信息系统越来越先进,通信范围也越来越广。建筑通信系统包括电话、电话传真、电传和无线传呼等。电话通信设计主要有通信设施的种类、交换机程控中继方式和电话站位置等。电话已成了人们密不可分的伙伴,所以我们有必要了解电话交换技术、电话系统的设备、电话配电敷设方式、电话通信系统图和平面图等。

12.1.1 电话交换技术

电话交换技术可分为两大类:一类为布控式,它是用布好的线路进行通信交换,因而通信功能较少;另一类为程控式,它是按软件的程序进行通信交换,可以实现百余种通信功能。

电话交换机可分为人工电话交换机和自动电话交换机。从磁石式交换机经过几代的发展变化,现已被全电子式自动交换机和程控数字用户交换机所取代。由于程控电话交换机功能强大、使用灵活、体积小、重量轻,因而在建筑中得到广泛的应用。程控交换机除了只有多种通话功能外,还可以和传真机、个人用电脑、文字处理机、主计算机等办公自动化设备联接起来,形成综合的业务数据网。这样既可以有效地利用声音、图像进行数据交换,又可以实现外围设备和数字资源的共享。程控交换机产品系列繁多,但就其基本原理来看,可以认为主要由话路系统、中央处理系统和输出系统三部分组成,它预先把交换动作的顺序编成程序集中存放在存储器中,然后由程序的自动执行来控制交换机的工作,进行程序控制。因此数字程控交换机可以根据不同的需要实现众多的服务功能。设计时应根据实际需要参考交换机的产品说明书来确定,程控数字用户交换机系统框图如图 12.1.1 所示。

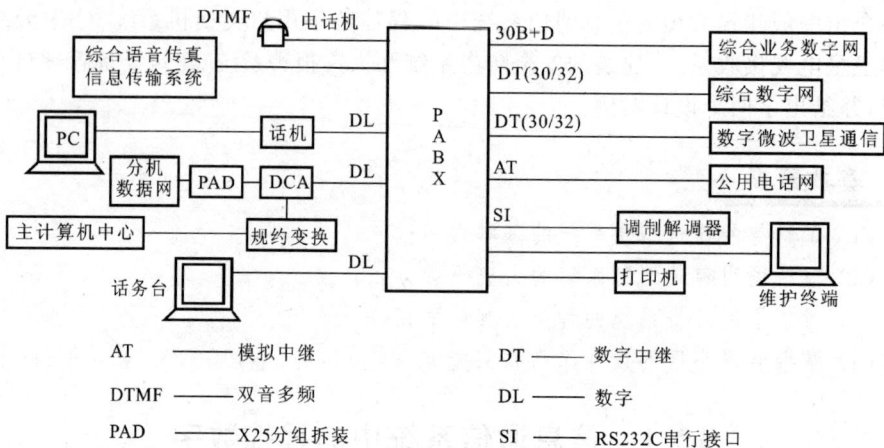

图 12.1.1　程控数字用户交换机系统框图

12.1.2　电话交换站

电话交换站由程控数字用户交换机、配线设备、电源设备、接地装置及辅助设备组成。

1. 电话交换机容量的确定

电话交换机初装机容量按照建筑物的类别、应用的对象、使用的功能以及用户单位所提供的电话数量表为依据,并结合电话用户单位的实际需要量,近期发展的初装容量与远期发展的终装容量进行统筹考虑来确定。

(1)按实际需要来确定。根据电话用户单位提供的实际需要信息进行计算。最高限额容量系数＝用户单位的实际需要量/程控数字用户交换机容量(门数)。

限额容量系数≥80%,如 100 门的程控数字用户机高限额容量为 8 门内线分机。

(2)按初装容量确定。根据电话用户单位提供的近期发展的初装容量进行计算。

初装容量＝1.3×[目前所需的门数＋(3～5)年内近期增容量]

（3）按终装容量确定。根据电话用户单位提供的远期发展的终装容量进行计算。

终装容量＝1.2×［目前所需的门数＋(10～20)年的远期发展总增容量］

2. 配线设备与接地

（1）配线设备。配线设备用于交换机及用户之间的线路联接,使配线整齐、接头牢固,并可进行跨接、跳线,有障碍时作各种测试。配线设备还包括保安设备,其功能是在外线遭到雷击或与电力线相碰超过规定电流、电压时能自动旁路接地,以保护设备和人身的安全。配线设备有箱式和架式两类。配线设备的容量一般为电话机门数的 1.2～1.6 倍。配线架需设置在单独的配线架室内,不大于 360 回线的总配线架落地安装时,一侧可以靠墙,大于 360 回线时,与墙的距离不小于 0.8 m。横列内端子板与墙的距离不小于 1 m。直列保安器排列离墙一般不小于 1.2 m。

（2）电源设备。电源设备包括交流电源、整流装置、蓄电池及直流屏等。电话系统的供电方式分为直供方式及浮充供电制,是目前最常用的。采用交流直供方式一般用于 400 门以下的电话站,且交流停电时间不能超过 12 h,整流设备应有稳压及滤波性能,并应有一台备用整流设备,蓄电池应有一组备用。电话站交流电源的负荷登记,应与该建筑工程中的电器设备之最高负荷分类等级相同。电话站交流电源可引自低压配电室或临近的交流配电箱,从不同点引来二路独立的电源,并采用末级自动互投。当有困难时,亦可只引入一路交流电源。蓄电池分为酸性及碱性两类。电话站的蓄电池,应尽量采用密封防爆酸性蓄电池或碱性镉镍蓄电池组。

（3）接地。电话站通信接地装置包括:直流电源接地,电信设备金属框架和屏蔽接地,入站通信电缆的金属护套或屏蔽层的接地,架空明线和电缆入站接地。

上述几种接地均应与全站共用的通信接地装置相连。电话站与办公楼或高层民用建筑合建时,通信用接地装置宜单独设置。如因地形限制等原因无法分设时,通信用接地装置可与建筑物防雷接地装置以及工频交流供电系统的接地装置互相联接在一起,其接地电阻值不应大于 1 Ω。

电话站通信接地装置如与电气防雷接地装置合用时,采用专用接地干线引入电话站内,其专用接地干线应选用截面积不小于 25 mm² 的绝缘铜芯导线。电话站内各通信设备间的接地联接线应采用绝缘铜芯导线。

3. 电话站位置的选择

电话站位置的选择应结合建筑工程远、近期规划及地形、位置等因素确定。电话站与其他建筑物合建时,宜设在四层以下、一层以上的房间,宜朝南并有窗。在潮湿地区,首层不宜设电话交换机时,也不宜设在以下地点:

（1）浴室、热水房、卫生间、水泵房、洗衣房等易积水的房间附近。

（2）变压室、变配电室的楼上、楼下或隔壁。

（3）空调及通风机房等震动的场所附近。

12.1.3 电话电缆线路的配接与线路的敷设

1. 电话线路的配接方式

电话电缆线路的配接方式很多,有单独式、复接式、递减式、交接式和混合式。从经济性和合理性出发,常采用以下三种形式:直接配线方式、交接箱配线方式和混合配线方式。

直接配线方式。直接配线是由总配线架直接引出主干电缆,再从主干电缆上分支到用户的组线箱。其优点是:投资小、施工与维护简单,但线芯使用率低、灵活性差。直配系统的每条电缆容量一般不超过 100 对。

交接箱配线方式。交接箱配线系统是将电话电缆线路网分为若干个交接配线区域,每区域内设一个总交接箱(不大于 100 对)。由总配线架各引一条联络电缆至各区域交接箱中。当某条主干电缆出故障时,能保证重要的通信及部分用户的调整。如 100 对电缆经交接箱后,再配出 20、30 或 50 对电缆分别送给各自交接箱内。由于各楼层的电话电缆线路互不影响,引发故障就少,特别适用于各楼层需要对数不同,且变化较大的场合。由于通信可靠,芯线使用率高,常用于建筑群、办公大楼、高层旅馆等。交接式配线方式,如图 12.1.2(a)所示。

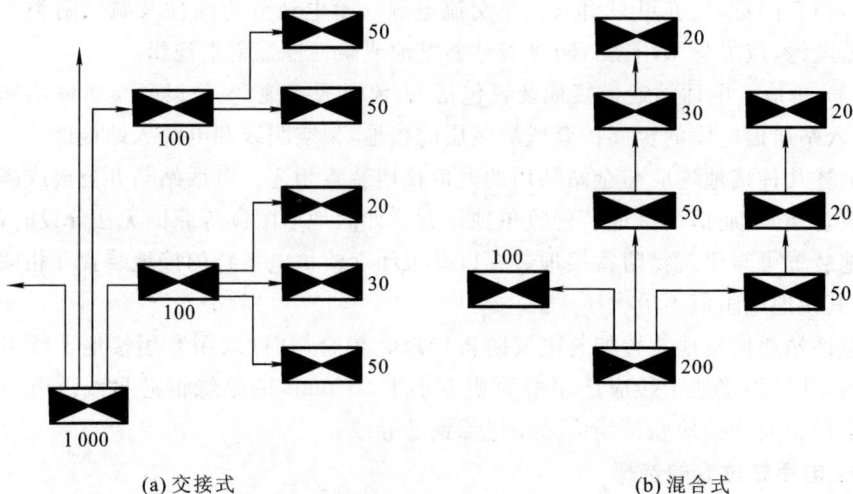

(a) 交接式　　　　　(b) 混合式

图 12.1.2　电话电缆的配线方式

混合配线方式。混合配线方式是结合不同配线方式的优点,在技术和经济上都占有优势。它既有复接式,也有递减式等多种组合。电话组线箱有室外分线箱和室内分线箱两种。它是把电话电缆变为电话配线的交接处,箱内设置专用电话接线端子板,端子板有 5,10,20,30,50,100 对等。将一般为纸包绝缘的主干电缆换接为塑料包绝缘电缆后与电话接线端子板的一端联接,另一端引出普通电话线与电话用户盒联接，内设一对接线端子（一端与线路联接，另一端与电话机联接）。如图 12.1.2(b) 所示。

2. 电话线路的敷设方式

电话线路的敷设方式可分为管道电缆、墙壁电缆、沿电力电缆沟敷设的托架电缆、架空明线、建筑物内明配和暗配线等方式。

（1）室外电话线路的敷设方式。室外电话线路的敷设方式又可分为架空和地下敷设两种。

室外电话线路的架空敷设多采用电话电缆。电话电缆不宜与电力线路同杆敷设，如需同杆敷设时，应采用铅包电缆，且与 380 V 低压线路相距 1.5 m 以上。电话电缆可沿墙卡设，卡构间距 0.5～0.7 m。室外距地架设高度宜为 3.5～5.5 m。室外电话电缆线路架空敷设时宜在 100 对以下。但是冰凌严重地区不宜采用架空电缆。

室外电话电缆线路地下暗敷设多采用直埋电缆。直埋电缆敷设一般采用钢带铠装电话电缆，在坡度大于 30° 的地区或电缆可能承受拉力的地段应采用钢带铠装电话电缆，并采取加固措施。直埋电缆四周铺 50～100 mm 沙或细土，并在上面盖一层红砖或者混凝土板保护，穿越街道时应采用钢管保护，并应适当预留备用管。与市内电话管道有接口要求或线路有较高要求时，宜采用管道电缆，管道电缆敷设可采用混凝土多孔管块、钢管、塑料管、石棉水泥管等。管道内布放裸铅包电缆或塑料护套电缆，管道内不应作电缆的接头。电话电缆可与电力电缆敷设在同一电缆沟内，应尽量分别设置在两侧，宜采用铠装电话电缆。

市内电话电缆的型号规格，见表 12.1.1。

表 12.1.1　市内电话电缆的型号规格

型号	名称	用途	线芯直径/mm	线芯对数
HYQ	聚乙烯绝缘铅护套市内电话电缆	敷设于电缆管道和吊挂钢索上	0.4, 0.5, 0.6, 0.7	10～100
HPVQ	聚乙烯绝缘铅包保护配线电缆	适用于配线架、交接箱、分线盒等配线设备的始端或终端联接，便于与 HQ、HQ₂ 等铅包电缆的套管进行焊接	0.5	5～400
HYV	金属化纸屏蔽聚乙烯护套市内电话电缆	适用于室内或管道内	0.5 0.63	10～300 10～300
HYY		适用于架空或管道内	0.9	10～200
HYVC	聚氯乙烯绝缘聚氯乙烯护套自承式市内电话电缆	可用专用夹具直接挂于电杆上（5、10 对心型自承，20 对及以上为葫芦型自承）	0.5	20～100
HPVV	聚氯乙烯绝缘聚氯乙烯护套自承式配线电缆	适用于配线架、交接箱、分线箱、分线盒等配线设备的始端或终端联接，但不能与铅包电缆的套管焊接	0.5	5～400

（2）室内电话电缆敷设方式。从电话线配出的分支电缆线路的敷设方式有室内电缆沟、托架与金属线槽吊装、钢管与塑料管的明或暗敷设、卡钉明敷设等。

① 进户干线的敷设。电话电缆的进户干线多采用钢管保护暗敷设。进入室内应穿管引入市内电话支线，分为明配或暗配两种。明配线用于工程完成后，根据需要在墙脚板处用卡钉敷设。室内暗敷设可采用钢管（或塑料管）埋于墙内或楼板内。暗敷设时，保护管径的选择应使电缆截面不小于管子截面的 50％。从电话站配出引至弱电竖井的电话线路也可采用托架吊装或金属线槽敷设于吊顶内。井内电缆应穿金属管或线槽沿墙明敷，套管应在离地 2 m 左右处留出 150～200 mm 间隙，供作"T"型节本层电话电缆之用。室内配线应尽量避免穿越楼层的沉降缝。不宜穿越易燃、易爆、高温、高压、高潮湿及有较强振动的地段或房间。

② 电缆支架敷设。从楼层的电话分线箱到用户电话出线盒，可采用塑料绝缘软线穿管暗敷设，但管内不宜超过 10 对，否则改用线槽敷设。市内电话配线的型号规格，见表 12.1.2。

表 12.1.2　室内电话电缆的型号规格

型号	名称	线芯直径 /mm	线芯截面 /(根数×mm²)	导线外径 /mm
HPV	铜芯聚氯乙烯绝缘电话配线	0.5 0.6 0.7 0.8 0.9		1.3 1.5 1.7 1.9 2.1
HVR	铜芯聚氯乙烯绝缘及护套电话软线（用于电话机与接线盒之间的联接）	6×2/1.0		二芯圆型 4.3 二芯扁型 3×4.3 三芯 4.3 四芯 4.3
RVB	铜芯聚氯乙烯绝缘平型软线（用于明敷或穿管）		2×0.2 2×0.28 2×0.35 2×0.4 2×0.5	
RVS	铜芯聚氯乙烯绝缘绞型软线（用于穿管）		2×0.6 2×0.7 2×0.75 2×1 2×1.5 2×2 2×2.5	

12.1.4　配套设备

配套设备有交接箱、电话出线盒和电话机等。

1. 交接箱

交接箱是联络电话与电话分线盒的枢纽,一般按楼层设置。配线干线应不大于100 对,通过电缆送入设于弱电井内的交接箱,并要考虑进出线方便,横向敷设电缆容量不宜超出 50 对。若建筑面积过大(含群房部分)有沉降缝时,按两个分区设置交接箱。电缆过沉降缝穿金属钢管暗设时,两侧加盒采取保护措施或采用电缆桥架吊装过沉降缝。在各层的弱电井内设置电话组线箱,一般明挂墙上,底口距地 1.5 m。若在墙内暗装时,底口距地 0.3 m。

2. 电话出线盒

在办公室、住宅等房间内一般设一个出线盒(或出线插座)。特殊要求的房间应设两个或两个以上出线盒(如总统套房、总经理室、需设传真机等设备的房间)。

3. 电话机

当建筑采用数字程控交换机时,也可采用留言电话机及多功能电话机。

4. 电源与接地

(1)电源。电话线的交流电源,应采用双路独立电源,由末级及自动切换装置引入,以确保供电的可靠性。若供电等级低于二级或交流电源不可靠时,需增加蓄电池容量,延长放电时间,一般采用镉镍电池。

(2)接地。电话站中应设有设备接地和工作接地。通信设备金属外壳或金属建筑物,应同 TN-S 系统的保护线(PE)共用,接地电阻应小于 1 Ω。对于高层建筑选用的程控电话交换机(微机)需用引下线接地,而且不能同房类引下线共用。一般采用 25 mm^2 铜线,直接引入地基基础接地线。条件是,做单独接地线引入电缆入孔内。某办公楼电话系统如图 12.1.3 所示。

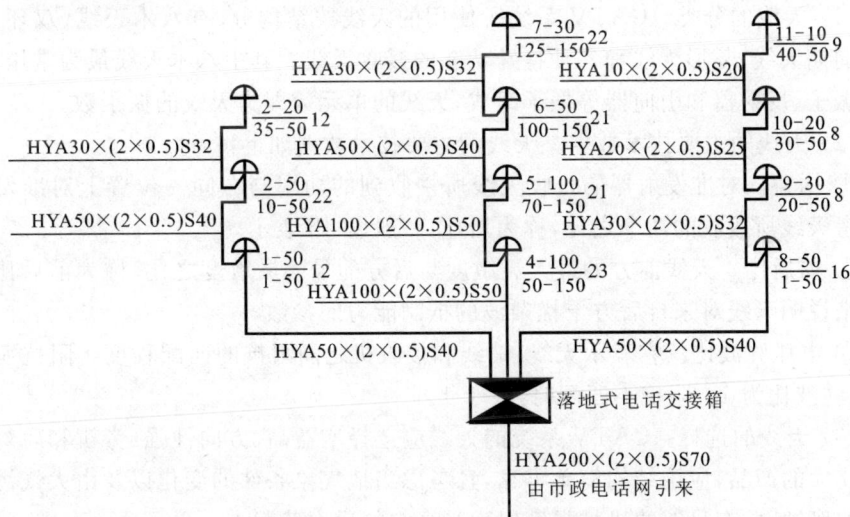

图 12.1.3 某住宅小区电话系统图

12.2　共用天线电缆电视系统

电视是现代社会传播信息的重要工具,为了解决城市民用建筑电视图像收看质量的问题,现在普遍采用的方法是安装共用天线电视系统,简称CATV系统。它是在一幢建筑物或在一建筑群或在一城市中,选择最佳位置安装天线和前端设备,经传输分配系统传送至各个用户的电视接收机,各用户都能均等地获得良好的收看效果。

12.2.1　共用天线电缆电视系统主要设备

CATV系统由接收天线、前端设备及分配系统组成。

1. 接收天线

天线是接收空间电视信号的设备。包括各种单频道天线、分频段型天线或全频道型天线、FM接收天线和卫星接收天线等。直接收单一频道信号的称为某个频道的专用接收天线。能接收1～5频道信号的称为VHF低频段接收天线。能接收6～12频道信号的称为VHF高频段接收天线。1～12频道信号都能接收的称为VHF全频段接收天线。能接收13～30或31～44频道信号的称为UHF低频段接收天线。能接收45～68频道信号的称为UHF高频段接收天线。13～68频道信号都能接收的称为UHF全频段接收天线。

目前我国电视信号使用两个频段范围,分为甚高频段、超高频段,这两个频段均属超短波范畴。其中VHF频段的频率范围为48.5～223 MHz。UHF频段的频率范围为470～958 MHz。

(1) 天线的分类。CATV系统所使用的天线按结构分,有八木天线、双环天线、对数周期天线、菱形天线和各种特殊功能的接收天线。其中八木天线最为常用,它由有源振子、反射器和引向器等振子组成,天线的单元数即为天线的振子数。

(2) 天线的主要技术数据。天线的主要技术数据如下:

① 增益。对准发射器的接收天线所接收到的功率与在同一位置上对准发射器的参考天线所接收的功率之比,称为增益,一般以dB表示。

② 前后比。天线前方的最大灵敏度与后方的最大灵敏度之比,称为前后比。它是用来说明天线对来自后方干扰杂波的抵制能力的参数。

③ 电压驻波比。它表示天线、馈线和接收机之间阻抗的匹配程度。阻抗完全匹配时,驻波比为1。阻抗不匹配时,大于1。

(3) 天线的选择。CATV系统的天线应选择增益高、方向性强、旁辫和后辫小及前后比大的产品,应该结构简单牢靠,且考虑当地气象条件的变化以及由大气污染而造成的腐蚀,并有足够的机械强度以承受高空的风力荷载。

2. 前端设备

前端设备是接在天线与传输分配网之间的设备,用来处理要传输的信号。前端一般包括天线放大器、频道放大器、频率变换器、混合器、调制器和分波器等设备。

(1) 放大器的主要技术数据。放大器的主要技术数据包括以下几部分:

① 增益。增益即指放大器对信号的放大倍数,用分贝 dB 表示。增益的调节范围一般为 0~10 dB。

② 噪声系统。它是衡量放大器内部器件引起杂波的一个指标,其值越小越好。

③ 最大输出电平。它是放大器正常工作情况下输出电平的最大值,超过这一数值,所要放大的信号就要失真。

④ 驻波比。驻波比即阻抗的匹配程度。

低电平和中电平放大器的技术数据见表 12.2.1。

表 12.2.1   低电平和中电平放大器的技术数据   单位:dB

类别	标准输入电平	标准输出电平	最大输出电平	标准增益	增益可调范围	噪声系数
低电平放大器	55(50~60)	80	90	25	±5	5~8
中电平放大器	85(80~90)	110	115	25	±5	8~12

(2) 放大器的选型。各类放大器的选型可按以下原则进行选型。

① 天线放大器的选型。由于距离电视台服务半径较远的地区场强较弱,当天线的输出电平低于 75 dB 时,电视机接收的效果就差,因此应尽量选用高增益、低噪声的天线放大器。

② 主放大器的选型。主放大器应能满足工作频率的要求,增益和最大输出电平要高,噪声系数要小。

③ 线路放大器的选型。在全频道 CATV 系统中,应采用全频道宽频放大器,并应具有补偿频响的功能和较高的输出电平。线路放大器还具有斜率补偿特性以抵消电缆的频率衰减。

(3) 混合器的主要技术数据。混合器通常由高通滤波器、低通滤波器及带阻滤波器组成。它的主要技术数据包括插入损失、相互隔离度和电压驻波比等。混合器分为二、三路及多路混合器等。混合器的路数多,则插入损失相应大一些。

① 插入损失。它是混合器的输入输出之间的损耗,此值越小越好。

② 相互隔离度。表示混合器输入端子之间的信号影响程度,当一个端子加信号后,其信号电平与其他输入端子的信号电平之比称相互隔离度。因此,各输入端子之间的电平差越大,相互干扰就越小。

一般情况下,应选用驻波比不大于 2.5,插入损失不大于 2 dB,相互隔离度不小于 20 dB 的产品。VHF 段的混合器的技术数据见表 12.2.2。

表 12.2.2　VHF 段的混合器的技术数据

型号	频率范围（VHF 频段）	插入损失 /dB	相互隔离 /dB	输入输出阻抗 /Ω	电压驻波比
SHH-3	任意不相邻 3 个频道	＜3	＞20	75	＜2.5
SHH-5	任意不相邻 5 个频道	＜3	＞20	75	＜2.5
SHH-7	任意不相邻 7 个频道	＜3	＞20	75	＜2.5
SHH-9	任意不相邻 9 个频道	＜6	相邻频道＞10 不相邻频道＞20	75	＜3

（4）分配器的主要技术数据。

① 分配损失。它是指输入电平与输出电平之差。

② 相互隔离。它是指在分配器的某一输出端加入一个信号时，该信号电平与其他输出端信号电平之差。是衡量分配器输出端相互影响程度的一个指标。

③ 驻波比。它表示阻抗匹配的程度。理想的匹配情况，驻波比为 1。

分配器的技术数据见表 12.2.3。

表 12.2.3　分配器的技术数据

型号	名称	阻抗/Ω 输入	阻抗/Ω 输出	驻波比	分配损失/dB VHF	分配损失/dB UHF	相互隔离/dB VHF	相互隔离/dB UHF
SEP2-UV	二分配器				3.6	4.2		
SEP3-UV	三分配器	75	75	2	5	6	＞20	＞15
SEP4-UV	四分配器				8	8.5		

在不需要线路放大器或由独立电源供电的线路放大器的系统中选用普通型分配器。在线路放大器由前端供电的系统中，应选用电流通过型分配器。

（5）分支器的主要技术数据。

① 插入损失。指分支器主路输入电平与主路输出电平之差。一般在 3～4 dB。

② 分支损失。等于分支器主路输入电平与支路输出电平之差。一般在 7～35 dB。

③ 相互隔离。它是指一个分支器各分支输出端相互影响的程度，一般要求大于 20 dB。

④ 反向隔离。它是指一个分支端加入一个信号电平后对该信号分支器的其他输出端的影响。一般在 16～40 dB，其值越大，抗干扰能力越强。

⑤ 驻波比。它表示分支器输入端和输出阻抗的匹配程度。分支器的技术数据见表 12.2.4。

表 12.2.4　分支器的技术数据

型号	名称	使用频率/MHz	输入、输出阻抗/Ω	插入损失/dB	分支损失/dB	分支隔离/dB	反向隔离/dB	驻波比
SCF-0571-D				≤4	5			
SCF-0971-D	串联			≤2	9			
SCF-1571-D	一分	48.5~223	75	≤0.9	15	20	>26	≤1.6
SCF-2071-D	支器			≤0.6	20			
SCF-2571-D				≤0.6	25			
SFZ-1072				2	10			
SFZ-1372				1	13			
SFZ-1672	二分	48.5~223	75	1	16	20	25	1.6
SFZ-2072	支器			0.7	20			
SFZ-2572				0.5	25			
SFZ-3072				0.5	30			
SFZ-1074				4	10			
SFZ-1474				2.5	14			
SFZ-1774	四分	48.5~223	75	1.6	17	20	25	1.6
SFZ-2074	支器			1	20			
SFZ-2574				1	25			
SFZ-3074				1	30			

在民用住宅中常选用串联一分支器,在高层建筑中采用二分支器或四分支器。设计时根据分支器的插入损失和分支损失合理地选择分支器以保证用户电平均匀。

(6) 同轴电缆的主要技术数据。

① 特性阻抗。它是指无限长传输线上各点电压与电流的比值。

② 衰减常数。信号在馈线里传输时,除有导体的电阻损耗外,还有绝缘材料的介质损耗。前一种损耗随馈线长度的增加而增加,后一种则随工作频率的增高而增加。损耗量的大小用衰减常数表示,单位为 1 dB/100 m。

同轴电缆的技术数据见表 12.2.5。

表 12.2.5　同轴电缆的技术数据

型号	特性阻抗/Ω	衰减常数/(dB/100 m)			电缆外径/mm
		45 Hz	100 Hz	300 Hz	
SYV-75-5-1		8.2	11.3	20	7.3
SYV-75-9	75	4.8	7	13	13
SYV-75-5-4		6	9	16	7
SYV-75-7-4		3.7	6.1	12	10

12.2.2　CATV系统的设计与计算

CATV系统设计是根据已知条件和总的设计要求进行设计,以最合理的方式选择合适的器件来确定系统的组成。系统设计应完成的任务如下:选择合适的天线并确定天线的位置及天线输出电平;确定前端的形式,选择合适的前端器件,以满足系统的要求;确定输出插孔的数量、位置,确定分配网络形式、组成器件型号及位置,计算网络损耗,确定用户电平及网络输出电平。

1. 设计前的资料准备

系统设计前,必须掌握如下资料作为设计依据:明确建筑物的类型和级别;根据建筑物的功能要求和建筑物平面布局,确定CATV系统的规模及用户电视机的台数和位置;调查天线设置点建筑物周围的地形、地貌,并估计可能有的阴影、重影及电磁干扰的影响程度;根据建筑功能要求来确定是否接收调频电台,电台频道及远近,确定是否要求插放录像,从而确定节目和节目的套数,设置防盗闭路电视系统等,从而确定信号源的规模,确定是否要求专用的控制室及其面积和位置;了解本地区的最大风力,以便选择天线的类型和确定天线的安装方式;系统发展规划及被遮挡区输出干线预留的要求。

2. 系统设计步骤

(1)选择天线位置。天线位置的选择是决定系统性能好坏的关键,其选择依据是:选择在广播电视信号场强较强、电磁波传播单一的地方;依靠近前端设备并避开风口的场所;应尽量选择建筑物的最高点。天线朝向电视发射台的方向不应有遮挡物和可能的信号反射,并应尽量远离汽车行驶频繁的公路、电气化的铁路和高压电力线等。必要时可采用室外天线模拟实况来确定接收最佳位置。由于系统的前端设备距离天线安装位置较近,故天线应选在系统内的适中位置,便于向四周展开,以减小主干线的强度,从而尽量减少主干线内串联线路放大器的台数。

群体建筑CATV系统的接收天线,应位于建筑群中心附近的较高建筑物上。不要影响建筑物的美观,并考虑施工的方便性。

(2)估算天线输出电平。天线输出电平按近似公式估算为

$$S_a = E_a + 20\lg(\lambda/\pi) + G_a \qquad (12.2.1)$$

式中,E_a为接收场强,应该是场强计的读数值再加上场强计的修正值,G_a为接收天线的增益,$20\lg(\lambda/\pi)$为波长修正因子,单位为dB,参见表12.2.6。

表 12.2.6　波长修正因子

频道	1	2	3	4	5	6	7	8	9	10	11	12
$20\lg(\lambda/\pi)$	+5.4	+4.3	+3.2	+1.9	+1.0	−4.9	−5.3	−5.7	−6.1	−6.4	−6.8	−7.4

(3)实测天线输出电平。由于上述估算误差较大,应实地测量当地各个电视频道的场强,或利用附近现有建筑的CATV系统的接收天线,用场强计实测出天线输

出电平值。

（4）前端设备及分配系统的方案选择及论证。方案选择与论证应按以下几方面考虑：根据需要场强、当地场强及干扰信号强弱的情况，在 57～83 dB 之间选择用户电平。

（5）粗略制定系统分配图。先确定分配形式，再选用合适的分配器。设计时主要考虑尽可能缩短传输线长度，减少分配器、分支器个数以降低造价。制定分配系统图是以对称形式展开，做到各路均衡，尽可能做到一条支路内穿接线路放大器台数最少。

（6）计算天线输出端到末端用户插座的总损失。计算总损失用于检查方案的可能性。计算总损失的方法如下：

$$总损失＝混合器损失＋分配器损失＋分支器插入损失＋最后一个分支器耦$$
$$合衰减值＋同轴电缆总长度传输损耗值（dB）$$

其中

$$分支器插入损失＝（串接分支器个数－1）×（0.9～1.2）（dB）$$

将天线输出电平减去总损失，其值能满足最末一个用户的设计值要求，则该方案是基本可行的。

（7）计算分配系统各点电平值。分配系统各点电平值的计算采用递推法，从始到末顺序选取分支器的耦合衰减值，从而确定插损值。再用减法，依次得到各个分支器的输出电平值。最后检查各点电平值是否合理，并进行修正。

（8）前端设备设计。前端设备是根据所选频道数量的要求，来正确选取专用频道放大器和混合器。以及根据电平值的计算结果，决定是否增设天线放大器及频道转换器。

（9）绘制共用天线电视系统施工图。共用天线电视系统施工图包括系统图和各层平面布置图。

12.2.3 高层建筑的 CATV 系统

高层建筑如宾馆、饭店、住宅等用户若要接收到频段多、图像清晰、伴音好的电视信号，必须设置 CATV 系统。该系统由天线设备、前端设备及分配系统组成。

1. 天线设备

按天线接收的频段分为甚高频接收天线、超高频接收天线、全频道接收天线和卫星接收天线等。高层建筑 CATV 系统的天线应选用增益高、方向性强的旁瓣和后瓣，以及前后比大的产品。VHF 段应尽可能采用单频道型专用接收天线，UHF 段可采用分频段天线，有条件也可设置卫星天线。天线结构应牢靠，具有足够的机械强度以承受高空风力负载，金属杆应和避雷网可靠焊接。

2. 前端设备

前端设备由调制器、放大器(包括天线放大器和线路放大器)和混合器等组成。在高级宾馆都具有多套电视节目,如播放录像、影碟节目、放映电视剧或电影等。它们均需经过射频调制器和放大器送入各路混合器(调频混合、录像混合等)再送入总混合器混合,经过功率放大器输出后再次分配。前端设备设置在高层建筑的顶部楼层前端室内。

3. 分配系统

分配系统由分配器和分支器组成。分配器是用来分配信号的部件,它将一路电视信号分成几路输出。通常有二分配器、三分配器、四分配器及六分配器。分支器是将耦合信号通过同轴电缆直接馈送给各个用户,其输出阻抗为 75 Ω。高层建筑一般采用二分配器或三、四分配器。

4. 终端器件

终端器件包括各用户插座盒和配用的插夹。用户插座盒的输出标称阻抗有 75 Ω和 300 Ω,分为明装和暗装两种。

12.3　防盗与保安系统及其应用

防盗及保安系统是技术先进、发展迅速的新领域。在 20 世纪 60 年代,美国首先用于军事,70 年代扩大应用于机关、金融、商业等重要部门,80 年代,世界各国已普遍应用于民用建筑和高层建筑、豪华别墅等场合。随着我国国民经济的迅速发展和对外开放的深入,对高层民用建筑和重要公共建筑如仓库、展览馆、博物馆、银行、商场、机场等场所的防盗和保安要求越来越高,因此,有必要介绍一下防盗和保安系统的基本知识,以使大家了解相关知识,为更好地搞好民用建筑这方面的电气设计打好基础。

12.3.1　防盗系统的种类及其应用

防盗系统的种类很多,下面只选取其中一部分加以介绍,以便使读者对防盗系统的原理有所了解。

1. 玻璃破碎防盗报警系统

玻璃破碎报警器是一种探测玻璃破碎时发出特殊信号的报警器。目前国际上已有多种玻璃防碎报警器,有的是利用振动原理来检测的,有的是利用声音来检测的。

BSB 型玻璃破碎报警器是利用探测玻璃破碎时发出的特殊声音来报警,其结构简单,体积小巧,使用方便,可用作防盗报警装置。BSB 主要由报警器和探头两部分组成。探头设置在需保护的现场,探头是直径 1 cm、长 4 cm 的圆柱体,本身不发射能量,易于隐蔽,是一种非接触式警戒,不需黏附于玻璃上。探头灵敏度很高,在探头正方向可探测 5 m 远的信号,有效监测面积在 50 m² 以上。探头安装无严格的方向性要求。探头作用是将声音信号转换为电信号,电信号经信号线传输给报警器。报警器可安装在值班室。

玻璃破碎报警器适宜安装在商场、展览馆、仓库、实验室、办公楼的玻璃橱柜和玻璃门窗处。这类报警装置对玻璃破碎声音具有极强的辨别能力,而对讲话与鼓乐声却无反应。

2. 超声波防盗报警系统

超声波报警器是供室内探测有无异常人侵入的防盗报警装置。它利用超声波来探测运动目标,具有灵敏度高、抗干扰能力和反射率强、穿透率低的特点。当夜间室内有人侵入时,由发射机向现场发射的超声波射向入侵的运动目标,由于人体所产生的反射信号(多普勒频移信号),使得远控报警器获得信号,并立即向值班人员发出报警声、光信号。这种报警器由三部分组成:发射机、接收机和远控报警器。发射机和接收机均安装于需要防范的现场,远控报警器安装在值班室内。这种超声波报警器的监控范围,在四周无阻挡时,最远距离为 9 m,最大宽度为 6 m。由于超声波对固体材料反射率高,经多次反射后易覆盖整个室内空间,所以它适宜于立体空间的监控,不论是外部侵入或从天窗、地下钻出来,都在其监控范围之内。

3. 微波防盗报警系统

微波防盗报警器是应用微波原理工作的一种防盗装置,实际是一种小型化的雷达装置。这种报警器是用来探测在一定距离内的空间出现人体活动目标的,它能迅速报警、显示和记录有关数据。它不受环境、气候及温度影响,能在立体范围内进行防盗监控,而且易于隐蔽安装。

微波报警器的基本组成如图 12.3.1 所示。

微波防盗报警器主要适用于房间、门道和走廊,可对室外特定区域进行监控。报警箱设在值班室,可联接多个传感器,对多区域进行监视。目前,这类防盗报警器多应用于国防、公安、银行、保险等领域。

4. 红外防盗报警系统

红外防盗报警系统也是以防范盗贼入侵为目的的装置。这种报警器具有独特的优点:在相同的发射功率下,红外有极远的传输距离;它是不可见光,入侵者难以发现并躲避它;它是非接触性警戒,可昼夜监控。红外入侵报警装置分为主动式和被动式两种。

主动式红外报警器是一种红外线光束截断型报警器。它由发射器、接收器和信息处理器三个单元组成。

红外发射器发射一束经调制的近红外光束,通过警戒区域,投射至对应定位的红外接收器的敏感元件上。人体对这种近红光具有截断作用,对于有无入侵者两种状态,红外接收器接收到的红外辐射信号差别很大,从而使信号处理器识别警戒区域是

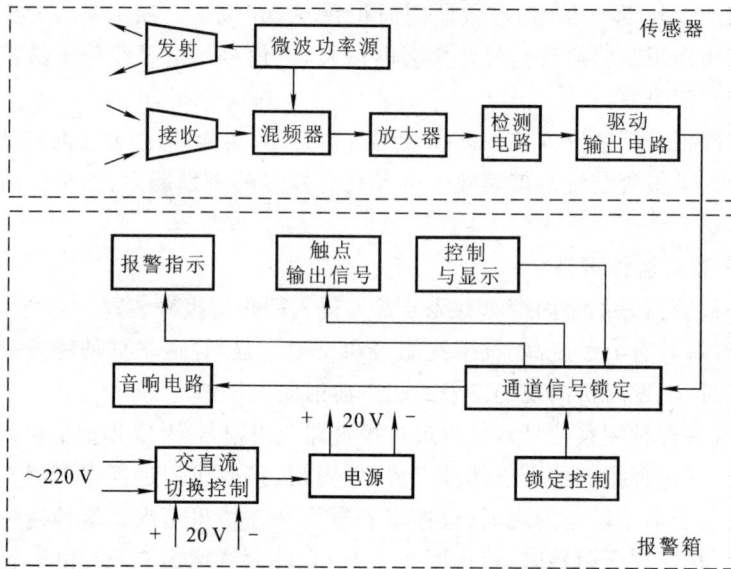

图 12.3.1   微波防盗报警器结构方框

否有人入侵,并控制报警器发出报警信号。这类主动式红外报警器设在室内是最佳的防盗装置。当使用于野外或恶劣气象条件下,仍具有可靠性和灵敏度高、保密性强的优点。在正常气象条件下,检测距离可达 1 km 以上;在一般恶劣气象条件下(如能见度小于 10 m 的强浓雾),仍可保证有 300 m 的检测距离。

被动式红外报警器为一种室内型静默式的防入侵报警器,它不发射红外光线,安装有灵敏的红外传感器。一旦接收到入侵者身体,立即发出波长为 6～18 km 的红外线并可报警。

12.3.2 保安系统

1. 对讲机-电锁门保安系统

高层住宅常采用对讲机-电锁门保安系统。在住宅楼入口,设有电磁门锁,门平时总是关闭的。在门外墙上设有对讲总控制箱。来访者须按下探访对象的层次和住宅号相对应的按钮,则被访家中的对讲机铃响,当主人通过对讲机问清来访者的来意与身份并同意探访时,即可按动附设于话筒上的按钮,使电锁门的电磁铁通电将门打开,客人即可进入;否则,探访者将被拒之门外。图 12.3.2 是这类保安系统的原理图。

2. 可视-对讲-电锁门保安系统

高层住宅的住户除了对来访者直接通话外,还希望能看清来访者的容貌及来访入口的现场,则可在入口门处安装电视摄像机。将摄像机视频输出经同轴电缆接入调制器,再由调制器输出射频信号进入混合器,并引入大楼内共用天线系统,这就构

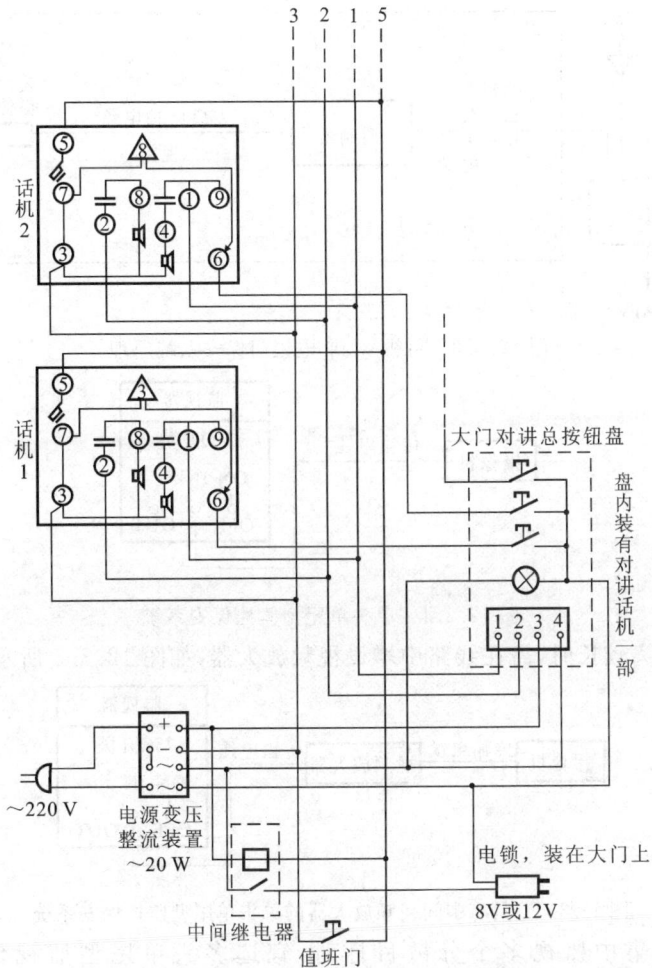

图 12.3.2　对讲机-电锁门保安系统原理

成可视-对讲-电锁门保安系统,如图 12.3.3 所示。

　　当住户与来访者通话的同时,可打开电视机相应的频道,即可看到摄像机传送来的入口现场情况。

3.　闭路电视保安系统

　　闭路监视电视保安系统通常由摄像、控制、传输和显示四部分组成。在办公大厦和高级宾馆或酒店的入口、主要通道、客梯轿厢等处设置摄像机,在保安中心或保安管理处设置监视器。根据监视对象由多种不同形式的监视保安系统,如单头单尾型、多头单尾型、单头多尾型监控保安系统。

　　当在一处连续监视一个固定目标时,宜选用单头单尾型监控保安系统,如图 12.3.4 所示。

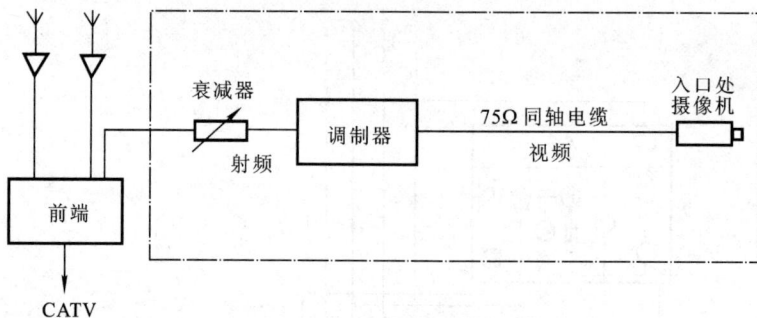

图 12.3.3　可视-对讲-电锁门保安系统原理

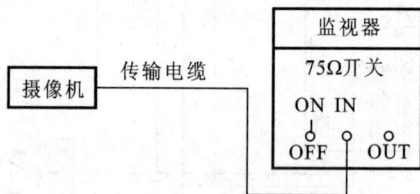

图 12.3.4　单头单尾型监控保安系统

当传输距离较长时,需在线路中增设视频放大器,如图 12.3.5 所示。

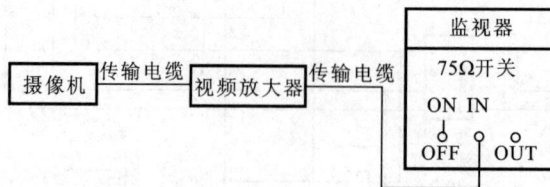

图 12.3.5　具有中间视频放大器的单头单尾型监控保安系统

当在一处集中监视多个分散目标时,宜选多头单尾型监视保安系统,如图 12.3.6所示。

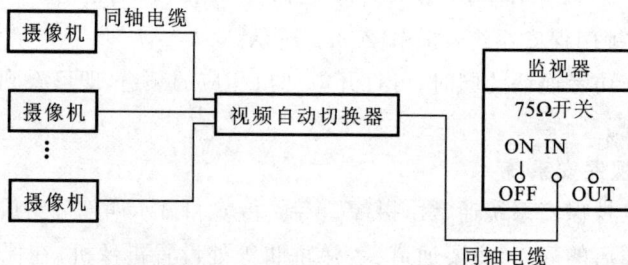

图 12.3.6　多头单尾型监视保安系统

当在多处监视一个固定目标时,宜选用单头多尾型监控保安系统,如图12.3.7所示。

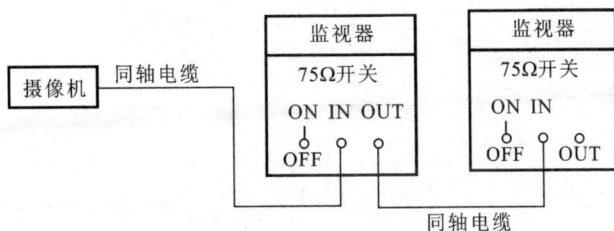

图 12.3.7 单头多尾型监视保安系统

在闭路电视保安系统的传输通道中,当传输距离不超过 200 m 时,可选用多芯闭路电视电缆(SSYV-20 型)传输全电视信号;当超过 200 m 时,宜用同轴电缆传输视频信号,用其他电缆传送控制信号。

12.3.3 自动门在防盗保安系统中的应用

高层办公大厦、宾馆、酒店、大型商场的大门,以及各单元的入口门,大多数采用各类自动门。由于设置了自动门,使得分离各区间的门始终保持关闭状态,这对保安工作的管理提供了条件。

在人流情况下需要加以识别的场所,可采用自动门来组成识别系统。图书馆的开架阅览室、办公大厦的资料室及样品陈列室等,可采用先进的电磁出纳装置和自动门组成的识别保安系统。也就是在这些不许随意带出的图书、资料、样品上加设电磁出纳装置。若要把这些已经加设电磁出纳装置的物品带出门,必须经过消磁出纳手续物品的人走近自动门时才可携带这些物品自由通过自动门;否则,凡携带未办理消磁出纳手续的人走近自动门时将被识别,并发出报警信号通知管理人员,而且,自动门不会开启,起到保安的作用。

任何防盗、保安系统的设计与施工都必须保密,所有设备及线路必须是隐蔽和可靠的,对于系统的组成及现场布置图一旦泄密,就有可能被坏人利用造成损失。对于特种场所的保安系统设计(如银行的金库),应遵照当地保安部门的指示,并在其领导和监督下进行。防盗保安系统应由建设单位委托当地公安部门监管的保安公司负责施工。

12.3.4 现代民用建筑中的智能保安系统

所谓智能保安系统,就是将保安系统探测到的信息,汇接到计算机中进行处理,以识别各类重要的信息,作出判断,并由判断结果作出自动跟踪或进行自动调度。图 12.3.8为智能保安系统的组成框图。

计算机网络

保安管理
系统计算机

出入口控制
系统计算机

防盗报警控制
系统计算机

电视监控
系统计算机

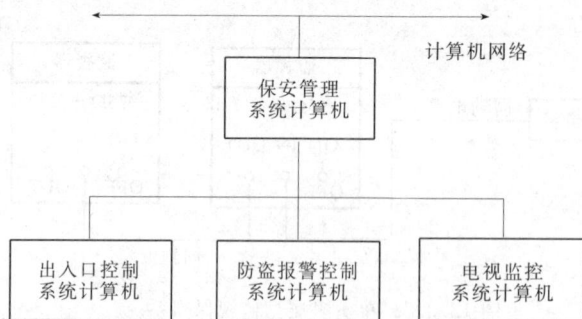

图 12.3.8 智能保安系统

1. 智能保安系统的特点

智能保安系统突出的特点是具有智能性。

（1）智能识别。在许多场合需要计算机识别各种图形、文字和符号。比如在贵重物品仓库或金库等重要部门，只允许少数人进出，这时可采用指纹或眼底视网膜图像识别设备来控制出入。将允许出入人员的指纹信息存储在计算机中，当某人到来时，将其指纹输入，输入的指纹图像与存储的图像按一定规则进行比较，两者相符合的才允许通过。而人的视网膜在正常与病理条件下其图像是不同的，故采用视网膜图像识别的安全性比指纹法要高。指纹法与视网膜图像法均是通过计算机图像处理技术实现的。

（2）智能判断。保安系统的计算机对许多事件的分立数据进行逻辑推理，得出正确的判断，从而进行适当的处理，这就是智能判断。计算机所采用的推理判断方法很多，复杂的可以用人工神经元网络来处理，简单的可以用差分表达式来判断。智能保安系统中常采用"专家系统诊断"的方法。

（3）智能跟踪。智能建筑内，报警探测器和监视用的摄像机的分布可以综合在一起。一旦某个区发生报警，计算机将把图像切换到此区域的摄像机上，随着目标的移动，图像将跟踪到其所有的区域，这就是智能跟踪。

（4）智能调度。智能调度是指出现情况后，如何合理地调度保安设备和力量，来对付突发事件。例如，巡更系统出现异常，在指定的时间没有信号发回或不按规定的次序出现信号，智能保安系统会自动采取一系列措施。如这些区域的摄像机会自动对准出事地点并进行录像；对这些地点的探测设备进行自动检查；计算机屏幕上提示出处理方案供值班人员考虑等。

2. 智能保安系统的基本结构

智能建筑的保安系统主要由出入口控制系统、防盗报警系统、闭路电视监视系统等三部分组成。三个系统均由计算机进行协调控制，共同工作，从而组成智能建筑的保安系统。

（1）出入口控制系统。出入口控制系统也叫门禁管制系统。它由三个层次（计算机、智能控制、最低层次设备)的设备组成。最低层次的设备有读卡机、电子门锁、输出按钮、报警传感器和报警喇叭等,用于直接与出入人员打交道,接受出入人员输入的信息,再转换成电信号送到智能控制器;控制器接收低层次设备发来的有关人员的信息与已存储的信息相比较做出判断,然后发出处理信息;最低层设备中的门传感器根据来自控制器的信号,完成开锁、闭锁等工作。有多个控制器通过通信网络与计算机联接起来就组成了整个建筑的门禁系统。

(2) 防盗报警系统。智能建筑的防盗报警系统主要完成建筑内外各个点、线、面和区域的侦察任务并报警。它一般由探测器、区域控制器和报警控制中心三部分组成。同出入口控制系统一样,它也分为三个层次。最低层次的设备是探测和执行设备,它们是对非法入侵人员的探测,发现异常情况立即发出声光报警,同时向区域控制器发送信息;第二层次为区域控制器,它的功能是对最低层次设备的管理,同时向控制中心传送自己所管辖区域内的报警情况;最高层次为报警控制中心,它可以与保安系统的管理计算机相连。一个区域的报警控制器和一些探测器、声光报警设备等就可以组成一个简单的报警系统。报警控制器一般具有布防与撤放、布防后的延时、防破坏微机联网等功能。

3. 电视监控系统

电视监控系统在近十年来得到了迅速发展,在保安系统的应用也越来越普遍。在楼房保安中,它使管理人员在控制室中能观察到楼内所有重点位置的情况,为保安系统提供了视觉效果,为消防、楼内各种设备的运行和人员活动提供了监视手段。电视监控系统的组成按功能分主要有摄像、传输、控制、显示与记录四个部分。摄像部分安装在现场,由摄像机、镜头、防护罩、支架和电动云台等组成,它的任务是对被监视区域进行摄像并将其转化成电信号;传输部分一般由电缆、调制与解调设备等组成。它的任务是把现场传来的电信号转换成图像信号,并与保安系统的计算机相接。主要包括:电源控制(包括摄像机、灯光、其他设备的电源控制)、云台控制(包括摄像机的电动云台的上、下、左、右和自动控制)、镜头控制(包括受丝、聚丝、光圈控制),切换控制、录像控制、防护罩控制(包括雨刷、除霜、风扇、加热控制)。

以上简要介绍了智能保安系统的基本概念、组成和基本特点。想要详细了解智能保安系统的读者,请参阅相关的中外资料和书籍。

12.4　民用建筑的消防系统

大型建筑与高层建筑等,由于人员密集、设备复杂、装修标准高,存在的火灾隐患就多,使火灾扑救和人员疏散有困难,所以对火灾自动报警消防控制提出了更高的要求。本节主要阐述建筑物火灾的形成及消防设施。

12.4.1　火灾的形成与防护方法

1. 火灾的形成

在建筑物中,火灾的形成与发展有以下几个阶段:

(1) 前期。火灾尚未形成,只出现一定的烟雾,基本上还未造成物质损失。

(2) 早期。火灾刚开始形成,烟量大增已出现火光,造成了较小的物质损失。

(3) 中期。火灾已经形成,火势上升很快,造成了较大的物质损失。

(4) 晚期。火灾已经扩散,造成了一定的物质损失,甚至危及人身安全。

2. 建筑防火灾的保护方式

建筑防火灾的保护方式共有三种:

(1) 超高层建筑的保护方式。超高层建筑应采用总体保护方式,即在建筑物中,所有建筑面积均设火灾探测器,并设置自动喷水灭火设备。

(2) 一类建筑物的保护方式。一类建筑物应采用总体区域保护方式。即在建筑物的主要的场所和部位,都设置火灾探测器,并设置自动喷水灭火设备。

(3) 二类建筑的一般保护方式。二类建筑采用区域保护方式,即在建筑物的主要的区域、场所或部位,设置火灾探测器,重要的区域也可采用总体保护方式。

3. 防火分区、报警区域和消防中心

(1) 防火分区。防火分区按建筑面积大小进行,对于一类建筑,每层每个防火分区为 1 000 m;对于二类建筑,每层每个防火分区为 1 500 m;对于地下室,每层每个防火分区为 500 m。建筑物内如设有上下连通的走廊、自动扶梯、可蔽楼梯等开口部位时,应按上下连通作为一个防火分区。

(2) 报警区域。报警区域按火灾自动报警系统警戒的范围划分,即报警区域应按防火分区和楼层划分。一个报警区域宜由一个防火分区或楼层的几个防火分区组成。

(3) 消防中心。消防中心,又称消防指挥中心。它负责整座大楼的火灾监控与消防工作的指挥,对火灾的早期发现并发出警告,通过消防广播指挥引导疏散,启动消火栓泵、喷淋泵、防排烟机和应急照明等消防设备。它是消灭初期火灾及其他原因所发生事故的处理中心。消防中心内应设置自动报警器,包括:监视器、打印机、消防联动控制器、紧急广播扩大器和紧急通信对讲器等,还要设置直通 119 专用电话。消防中心的电源应采用两路专用电源供电,且互为备用并能自动转换。室内照明宜采用应急日光灯,也由双电源切换箱提供电源。消防中心室应设在首层出入方便的地方,要有直接对外出口。房间面积取决于被监控的点数。可根据火灾报警器、消防联动控制器、消防广播和消防通信等设备进行布置。

12.4.2　火灾报警探测器

火灾报警探测器是一种能自动反应火灾现象的报警信号器，即利用各种不同敏感元件来探测烟雾、温度、火光及可燃气体等火灾参数，并转换成电信号。

1. 火灾探测器的种类

火灾探测器的种类很多，常用的有以下几种：

（1）感烟探测器。感烟探测器能敏感地反映出空气中含有的燃烧产物（悬浮物质）。它分为定点型和线型。定点型包括离子感烟探测器和光电感烟探测器；线型有红外光束线型感烟探测器。

（2）感温探测器。感温探测器能敏感地反映出环境温度的升高变化。它分为定温（热最高值）式、差温（热差值）式探测器和混合（差定温）式探测器。

（3）感光探测器。感光探测器能敏感地反映出由火焰产生的热辐射，即火焰探测器。其分为紫外线火焰探测器和红外线火焰探测器。

2. 火灾探测器的性能指标

（1）工作电压。是指探测器正常工作时所需要的电压值，一般为 DC 24 V±20％。

（2）线制。是指探测器的联接线数，有二线、三线与四线制。二线制的探测器节省布线，安装方便，目前应用较多。

（3）灵敏度。在一定浓度的烟雾作用时，探测器所反应的灵敏程度。灵敏度一般分为三级，感烟探测器的灵敏度用减光率 $\delta\%$ 来表示，感烟探测器的灵敏度则根据响应时间来确定的。

（4）保护面积。探测器保护面积是指其能够有效探测的地面面积。保护面积与很多因素有关，如安装高度、安装位置、安装方式、被监视区的建筑结构以及监视区内存放物的情况等，都影响探测器的实际保护面积。

（5）使用环境。是指正常工作时所需要的工作环境。一般包括温度范围、相对湿度（RH 小于 95％＋－3％）和最大风速为 5 m/（感烟探测器）。

3. 火灾探测器的选择

选择火灾探测器的原则是能及早发现并报告火情，避免误报和漏报。因此，要根据保护区场所的要求，来正确地选择探测器的种类和灵敏度。

（1）火灾初起，产生大量的烟的场所。应选择感烟探测器。如办公室、客房、计算机房、会客厅、营业厅、空调机房、餐厅、楼梯前室、走廊、电井、管道井的顶部及其他办公场所等，宜选择离子感烟探测器和光电感烟探测器。

（2）火灾发展迅速，产生大量热的场所。可选感温、感烟、火焰探测器或其组合。如厨房、发电机房、汽车库、锅炉房、茶水房或者经常有烟雾、蒸汽滞留的场所，宜选用感温探测器。

（3）火灾发展迅速，有强烈的火焰辐射和少量烟的场所。如存放宜燃材料的房间，在散发可燃气体和可燃蒸气的场所，选择感光探测器。

（4）火灾特点不可预测的场所。可先进行模拟试验，根据试验结果来选择探测器。

选择探测器的种类时，还应该考虑房间高度的影响。感烟探测器适于低于 12 m 的房间。感温探测器按其灵敏度来选择：一级灵敏度适于低于 8 m 的房间；二级灵敏度适于低于 6 m 的房间；三级灵敏度适于低于 4 m 的房间；火焰探测器适于低于 20 m 的房间。

4. 火灾探测器的布置与数量计算

（1）火灾探测器的布置。在探测区域内，每个房间至少布置一只火灾探测器。屋顶无梁为平面时，为一个探测区。当屋顶有梁，且梁的高度大于 0.4 m 时，被梁阻挡的每一部分均划分为一个探测区。但对于在楼梯、斜坡路及走廊处，可不受此限制。

（2）感烟、感温探测器的保护面积和保护半径。感烟、感温探测器的保护面积和保护半径，见表 12.4.1。

表 12.4.1　感烟、感温探测器的保护面积和保护半径

地面面积 S/m²	火灾探测器的种类和级别		房间高度 h/m	探测器的保护面积 A 和保护半径 R					
				屋顶坡度 θ					
				θ<15°		15°≤θ≤30°		θ>30°	
				A/m²	R/m	A/m²	R/m	A/m²	R/m
S≤80	感烟探测器		h≤12	80	6.7	80	7.2	80	8.0
			6<h≤12	80	6.7	100	8.0	120	8.0
			h≤6	60	5.8	80	7.2	100	12.0
S>80	感温探测器	一级	6<h≤8	30	4.4	30	4.9	30	5.5
		二级	4<h≤6						
		三级	h≤4						
S≤30		一级	6<h≤8	20	3.6	30	4.9	40	6.3
		二级	4<h≤6						
		三级	h≤4						

（3）火灾探测器的数量计算。在一个探测区域内，所需设置火灾探测器的数量，按下式计算

$$N \geqslant \frac{S}{K \times A}$$

(12.4.1)

式中，N 为一个探测区域内所需设置火灾探测器（取整数）的数量（只）；S 为一个探测区的面积（m^2）；K 为修正系数，一般保护建筑取 1.0，重点保护建筑取 0.7～0.9；A 为一个建筑物的保护面积（m^2）。

12.4.3 火灾报警控制器

火灾报警控制器是给火灾探测器供电、接受、显示及传递火灾报警信号并能输出控制指令的一种自动报警装置。它可以单独用作自动报警，也可以与自动防灾及灭火系统联动，组成自动报警与联动控制系统。火灾报警控制器按其作用性质分为区域报警控制器、集中报警控制器和通用报警控制器三种。区域报警控制器是直接接收火灾报警探测器、手动报警按钮等装置发来报警信号的多路报警控制器。集中报警控制器是接收区域报警控制器发来报警信号的多路报警控制器。通用报警控制器既可作为区域报警控制器，又可作为集中报警控制器的多路报警控制器。

1. 区域报警控制器

区域报警控制器一般由火警部位记忆显示单元、自检单元、总火警和故障报警单元、电子钟、电源、浮充备用电源，以及与集中报警控制相配合的巡检单元等组成。区域报警控制器有多线制和总线制之分，目前应用的大多是总线制形式。与多线制相比，除系统配线有区别外，对探测器也有不同要求。总线制区域报警控制器要求控制器必须具有编码底座，这实际上就是探测器与总线之间的接口元件。编码底座有两种基本形式：一种是采用机械式的微型编码开关；另一种是电子式的专用集成电路。由于这两种编码信息的传输技术不同，前者需要 4 根传输线，称四总线制。后者只需要 2 根传输线，称二总线制。区域报警控制器的技术指标是设计人员选择控制器的主要依据，它的技术指标如下：

（1）容量。是指它的回路数和联接探测器的最大数量。

（2）线制。是指每个回路的导线根数。

（3）电源。AC 220 V ±20％，50 Hz。

（4）使用环境。环境温度为 10～50℃，相对湿度为 95％±3％以下。

（5）输出信号接点。接点有两种：一种是火灾继电器引出的接点两对，一般容量为 DC 30 V，3 A；另一种是外部警铃接线端子，报警时提供 DC 30 V 电压，最大负载能力一般为 0.6 A。

（6）其他接口。有与集中报警控制器的接口，用 RS-485，两种线；打印接口。

（7）功耗。在监视状态时的功耗为 20 W 左右，报警状态时的功耗为 60 W 左右。

（8）安装方式与尺寸。安装方式为挂墙式。

2. 集中报警控制器

由于高层建筑和建筑群体的监视区域大,监视部位多,为了能够全面、随时了解整个建筑物各个监视部位的火灾和故障情况,实现对整个建筑消防系统设备的自动控制,就要在消防控制中心控制室设置集中报警控制器。集中报警控制器巡回检测各区域报警控制器有无火警信号和故障信号,并能显示信号的区域和部位,同时还能发出声光报警信号,也具有外控功能。集中报警控制器的主要性能指标如下:

(1) 电源电压。AC 220 V±20%,50±1 Hz。

(2) 容量与功耗。是指集中报警控制器所能监测的最大部位数和联接区域。

(3) 线制和通信距离。线制一般分为二总线,通信距离可达 1 200 m。

(4) 功耗。在监视状态时的功耗≤10 W,报警状态时的功耗≤40 W。

(5) 使用环境。环境温度为 10~50℃,相对湿度为 90%±3% 以下。

(6) 联动接口。接口为 RS-232,三总线,可与联动控制器联接,构成总线制火灾报警与消防联动控制系统。

(7) 信号输出接点。接点分为火警继电器引出的接点,外部警铃接线端子,图形显示器接口,打印机接口等。

(8) 安装方式与尺寸。一般为台式或柜式,可在控制台上放置或落地安装。

3. 区域报警控制器和集中报警控制器的区别

(1) 区域报警控制器容量小,可单独使用。而集中报警控制器是负责整个系统,不能单独使用。

(2) 区域报警控制器的信号来自各探测器,而集中报警控制器的输入一般来自区域报警控制器。

(3) 区域报警控制器必须具有自检功能,而集中报警控制器应有自检和巡检两种功能。

4. 报警控制器的选择

(1) 区域报警控制器选用原则。区域报警控制器选用原则是使其容量大于或等于探测器回路数,而监视部位点数是其总点数的 80% 以下,以便更改或扩展。另外,还应该与火灾探测器系统相配套,否则会影响本系统的可靠性,以及会给设计、施工、调试及维修带来不便。

(2) 集中报警控制器的选择原则。集中报警控制器的选择原则是使其容量(回路数)大于或等于区域报警控制器的输出火灾报警信号路数,若为二总线联接,则其联接的区域报警控制器的个数应小于所能联接的最大个数,并考虑以后的扩展。

报警控制器的选择还应考虑火灾自动报警的组成形式和针对的特点来选择合适的产品系列,典型的报警控制系统,如图 12.4.1 所示。

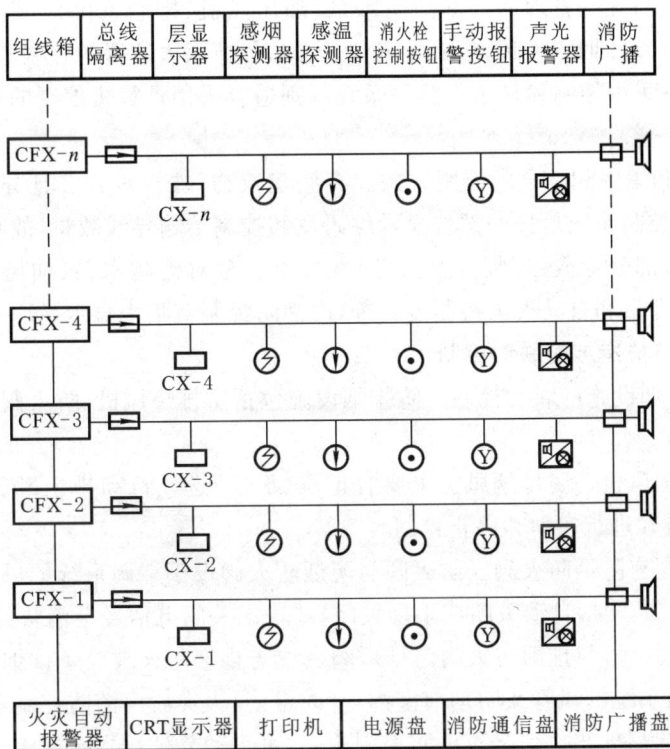

图 12.4.1 火灾报警控制系统

12.4.4 消防联动控制系统

1. 消防联动控制对象与方式

(1)消防联动控制对象。消防联动控制对象要根据各专业的防火要求所设置的设备而定,归纳起来应包括下面几种控制对象:

① 减震防护系统。包括防排烟设施、防火卷帘、水幕、非消防电源的切换控制。

② 自动灭火控制系统。包括消火栓、喷淋系统、气体灭火系统。

③ 疏散与救护控制系统。包括应急照明系统、消防广播系统、消防通信系统和电梯系统。以上设备在建筑物内设置的多少,要根据建筑物的类别、各个专业要求、平面布置、功能的设置和防火措施的具体情况而定。

(2)消防联动控制方式。消防联动控制应根据工程规模、管理体制、功能要求合理确定控制方式,无论采取何种控制方式,应将被控对象执行机构的动作信号送至消防控制室。另外,容易造成混乱带来严重后果的被控对象(如电梯、非消防电源报警器等)应由消防控制室集中管理。控制方式一般采用下列方式:

① 集中控制方式。消防联动控制系统中的所有被控对象,都是通过消防控制室

进行集中控制和统一管理的。如消防水泵、加压风机、排烟风机、防烟防火阀、防火阀、排烟阀(口)、排烟防火阀、防火卷帘、防火门、气体灭火装置的控制和反馈信号,均由消防控制室集中控制和显示。此种系统特别适合采用计算机控制的楼宇自动化管理系统。

　　② 分散和集中相结合的控制方式。有些建筑物,被控对象多且分散,为了使系统简单,减少控制系统信号的部位显示编码数和控制传输导线数量,故将被控对象部分集中控制和部分分散控制。此种控制方式主要是对消防水泵、加压风机、排烟风机、部分防火卷帘和自动灭火控制装置等,由消防控制室集中显示,统一管理。

2. 减灾防护措施的联动控制

　　(1) 防排烟设施的联动控制。防排烟设施包括防排烟风机、防火阀、排烟阀(口)和防烟垂壁等。

　　① 防排烟风机。防排烟风机主要有正压(加压)送风机和排烟风机两种。由消防联动系统对其进行启动和停止控制。

　　② 防火阀与防烟防火阀。防火阀与防烟防火阀设于空调系统的风管中,平时常开,火灾达到 70℃ 时,自动关闭或手动关闭,并输出关闭电信号至消防控制中心。

　　③ 排烟阀(口)与排烟防火阀。排烟阀(口)与排烟防火阀设于排烟系统风管、正压(加压)送风系统的风管或防烟前室内,平时常闭,火灾后由消防控制模块发出指令自动打开,开启后输出电信号至消防控制中心,可手动复位。当排烟阀(口)与排烟防火阀所处环境温度达到 280℃ 时,能自动重新关闭,并输出关闭电信号至消防控制中心,停止排烟风机工作。

　　④ 防烟垂壁。防烟垂壁应由附近专用的感烟探测器就地控制。平时由电磁线圈(DC 24 V、0.9 A)及弹簧锁等组成的防烟垂锁锁住,一旦发生火灾便可自动或手动使其降落。

　　(2) 电动防火卷帘与电动安全门的控制。防火卷帘设在大楼防火分区通道口处,火灾发生时,根据消防控制模块发出指令自动控制或手动方式落下。

　　(3) 非消防电源的切断控制。火灾确认后,消防控制室应发出控制命令,并按防火分区和疏散顺序切断有关部位的非消防电源,如制冷机组、空调机组、自动扶梯、厨房动力设备及正常照明灯等装置的电源。非消防电源的切断可采用如下两种办法:

　　① 在各用电设备的配电箱处切断。

　　② 在配电室的馈出回路处集中切断。

3. 自动灭火系统的联动

　　自动灭火系统的联动视灭火情况而定。灭火方式是建筑专业根据规范要求及建筑物的使用性质等因素而定的,大致可分为消火栓灭火、自动喷淋灭火、气体灭火和干粉灭火等。

（1）消火栓系统。为了使喷水枪在灭火时具有相当高的水压，需要采用加压设备，即消防泵和气压给水装置。此外系统还需消防水池和高位水箱等设备。每个消火栓设备上均设有远距离启动消防泵的按钮和指示灯，并在按钮上装一对常开触点和一对常闭触点。

（2）自动喷淋系统。自动喷淋系统属于固定式灭火系统，主要有湿式和干式系统以及预作用式喷淋系统。该系统需要控制或联接的设备有喷淋泵启动控制箱、水流指示器、压力开关、水池和高位水箱（与室内消火栓系统合用）。

（3）水幕系统。水幕装置的作用是冷却防火卷帘，隔离火灾区域，防止火灾蔓延。水幕系统设有独立的消防泵，其控制方式同喷淋泵。水幕作用的电磁阀则由特定定温探测器及相关水流指示器等控制。

（4）卤代烷灭火系统。工程中采用最多的是介质二氟-氯-溴甲烷（1211）和三氟-溴甲烷的卤代烷灭火剂，其优点是系统灭火能力强，特别是对电气火灾和可燃气体火灾就更显出优越性。

4. 疏散与救护系统的控制

（1）应急照明和疏散指示标志。火灾应急照明包括应急工作照明和疏散照明，疏散指示标志和安全出口标志灯。

（2）消防通信系统。消防通信系统应为独立的通信系统，不得于其他系统合用，系统选用的电话总机应为人工交换机或直通对讲机，消防通信系统中主叫与被叫用户间应为直接呼叫应答方式，中间不应有转接通话，系统的供电装置应选用带蓄电池的电源装置，要求不间断供电。

（3）消防广播系统。集中控制系统和消防控制中心应设火灾事故广播，从而可有效地组织和指挥人员安全迅速地疏散和进行火灾扑救工作。系统形式有两种：

① 专用形式。系统设置专用广播设备和独立的扬声器。

② 合用形式。火灾事故广播与正常广播系统合用，但应满足下列要求：火灾时能在消防控制室将扬声器和广播音响扩音机强制转入火灾事故广播状态；设专用火灾事故广播机；消防控制应能显示火灾事故广播机的工作状态，并能遥控开启扩音机和用话筒播音；床头柜内应有火灾事故广播功能，若无此功能，设在客房通道的扬声器的输出功率不应少于 3 W，且扬声器的间距不应大于10 m。

火灾确认后，消防控制室应按疏散顺序接通火灾报警装置和事故广播：二层与二层以上楼层发生火灾时，宜先接通着火层和其相邻的上下层事故广播；地下室着火时，则宜先接通地下各层和首层事故广播。

（5）电梯系统。高层建筑内的电梯分为扶梯和货梯、客梯和消防电梯等。

① 扶梯和货梯。其中扶梯和货梯所用的电源属于非消防电源，火灾时应首先切断其电源。

② 客梯。客梯虽然属于正常负荷,但在火灾时,不能马上切断电源,而应强迫停在某一层或首层后,才能切断电源。客梯的控制通过消防联动模块给客梯的控制盘一个强制信号来完成。

③ 消防电梯。消防电梯主要供消防人员使用,以扑救火灾和疏散伤员,消防电梯应设火警电话和消防队专用按钮。消防电梯的控制盘(柜)受消防控制室的控制。火灾时应强迫停在首层,待消防队员使用。

12.4.5 消防系统设备的安装与系统的布线

1. 消防系统设备的安装

(1) 消防控制中心设备的安装。消防控制中心室设于主楼的低层,对外有直接出口,门向外开,其面积约为 20 m²。消防系统设备的安装包括以下几部分:

① 消防控制设备。消防控制中心设置火灾自动报警装置、消防联动控制装置、事故广播、微机、彩色显示器、打印机和不间断电源(UPS)等设备,均安装于消防控制柜、台或盘内。

② 电源。消防控制中心设备的电源由双路(变电所或柴油发电机的事故回路)电源自动切换提供,该配电箱设于消防控制中心室的墙上,底口距地 1.5 m。同时设有不间断电源(UPS),保证正常交流电源断电后,能够维持连续工作 24 小时。

③ 消防电话。消防控制中心设置一套消防专用电话系统,用以在火警时进行必要的联络。

④ 空调。消防控制中心设置独立的空调,且不受整幢大楼空调的影响。

⑤ 接地。消防控制中心设备的保护接地是利用配电系统中的接地(PE)线。设备的工作接地是独立设置的。

(2) 火灾探测器的安装。火灾探测器的安装应注意以下几点:

① 在墙上或梁上安装。火灾探测器的安装位置与其相邻的墙壁或梁之间的水平距离应不小于 0.5 m,在该范围内不应有遮挡物。

② 在空调房内安装。在空调房间内,探测器的位置要靠近回风口,远离送风口,距空调器送风口边缘的水平距离不应小于 1.5 m。当探测器装设于多孔送风顶棚房间时,在距探测器 0.5 m 范围内不应有送风口。

③ 在照明灯具附近安装。探测器与照明灯具的水平净距不应小于 0.2 m,感温探测器距离高温光源灯具(如碘钨灯,容量大于 100 W 的白炽灯)的净距不应小于 0.5 m,与各种自动灭火喷头净距不应小于 0.3 m。高度在 2.5 m 以下,面积在 40 m² 以内的居室(称为低矮或狭窄居室),一般应把感烟探测器安装在门入口附近,但要注意保护半径的要求。

④ 在顶棚上安装。探测器在顶棚以水平安装,当必须倾斜安装时,应保证倾斜

角不大于 45°。若倾斜角大于 45°，应采用木台座或其他台座水平安装。

（3）手动报警按钮的设置。手动报警按钮作为火灾报警系统的组成设备，其设置应满足下列要求：

① 报警区域内每个防火区至少设置一只手动按钮。在一个分区内任何一点到最近一个按钮的步行距离不宜大于 25 m。

② 各层楼梯间、电梯前室、大厅、过厅及走道和公共场所出入口处宜设手动报警按钮。

③ 手动报警按钮应在距地 1.5 m 的墙面上，且应有明显的标志和防误动作措施。

（4）其他设备的安装。火警报警器还有声和光两种报警方式，通常情况下，火灾报警控制器均有光信号显示报警和外接警铃触电，音响报警装置一般可用电笛和警铃。另外有些系统还可将电笛直接接入火灾报警回路中。

① 电笛和警铃可在墙面上安装或顶棚安装。一般地下室和无吊顶的设备用房采用墙上安装，安装高度在 2.2～3.0 m 之间；在有吊顶棚的营业厅、走道等处则采用嵌入式安装。

② 火警对讲电话和电话插口一般在墙上或柱子上安装，其安装高度为底边距地 1.5 m。

③ 系统联动控制模块可在墙上安装也可在柜、箱内安装，视具体情况而定。

④ 火灾报警控制器和复示盘等设备均可在墙上安装，安装高度在 1.5 m 左右。

2. 消防电气系统的布线

① 报警系统传输线路。火灾自动报警系统传输线路采用耐高温绝缘铜导线 BV-105 型，二线制或四线制。应采用穿金属管、不燃或难燃型硬质或半硬质塑料管、封闭式线槽保护方式布线。

② 消防联动控制、火灾事故广播和消防通信等线路。该线路采用耐高温绝缘铜导线 BV-105 型，二线制或多线制。应采用穿金属管保护，并宜暗敷设在非燃烧体结构内，其保护厚度不应少于 3 cm。当必须明敷设时，应在金属管上采用防火保护措施。敷设在电井的绝缘和护套为非延燃性材料的电缆时，可不穿金属管保护。

③ 不同系统、不同电压、电流类别的线路。该线路不应穿于同一根管内或线槽的同一槽孔内，应接于不同的端子板上，并做明确的标志和隔离。建筑物内宜采用按楼层分别设置配电线箱做线路汇接。

某工程消防报警局部平面布置如图 12.4.2 所示。图中办公室里设置感烟探测器，会客室里设置感温探测器，走廊里设置感烟探测器和事故广播扬声器，并在墙上设置手动报警按钮和消火栓报警按钮。

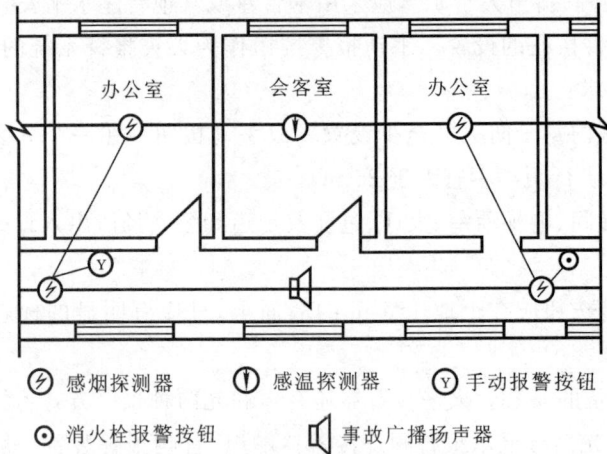

图 12.4.2　某工程消防报警局部平面图

12.5　建筑设备管理自动化系统

对于大型现代化建筑及高层建筑物，为保证整栋建筑的安全性、节能性、现代管理性能，就需要对楼内的照明、动力（空调、给水、采暖、电梯等）、变配电与自备电源、通信、防盗、巡更等进行全面监控，利用电脑技术达到智能化控制目的。采用建筑设备管理自动化系统（Building Automation System，简称 BAS）的建筑物称为智能型大厦。

BAS 系统的整体功能包括：对建筑设备实现以最佳控制为中心的过程控制自动化；以运行状态监视和计算为中心的设备管理自动化；以节能运行为中心的能力管理自动化。

12.5.1　建筑设备管理自动化系统的组成

BAS 系统是通过中央计算机系统的网络将分布在各监控现场的区域分站（子系统）连结起来，共同完成集中操作、管理和分散控制的综合监控系统，共享一套软件进行系统管理。其子系统由变配电监测系统、空调监控系统、冷冻站监控系统、给排水监控系统、热力站监控系统、电梯运行建设系统和照明控制系统等组成。BAS 系统的框图，如图 12.5.1 所示。

1. 建筑设备管理自动化系统的设备

该系统的设备包括传感器、数据采集盘（DCP）和电脑监控中心。

（1）传感器。传感器有模拟量和数字量之分。模拟量有温度、压力、湿度、流量、电流、电压和功率等参数，数字量有设备运行状态信号和故障报警等。这些传感器都装在被监控设备的末端。它们由温度传感器、压力传感器、相对湿度传感器、蒸气流

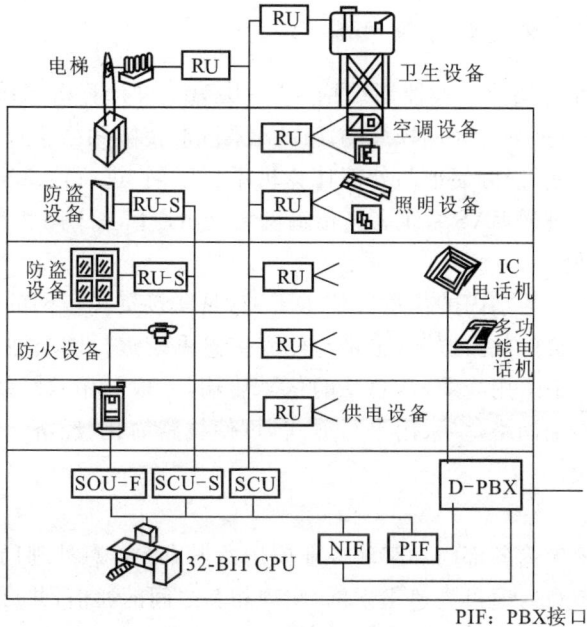

图 12.5.1　BAS 系统的框图

量转换器、液位监测器、水流开关、开关继电器、功率转换器、压差器、调节器等组成。传感器有气动式、电动式和电子式三种，以电子式为最佳。在管理中心发出各种操作指令，将通过继电器、调节器等执行元件对设备进行遥控。

（2）数据采集盘（分站）。数据采集（DCP）盘将设备端传感器送来的模拟量与数字量进行分析处理后，存入存储器中，待中心电脑发出的各种操作指令传送给执行机构。DCP 盘设在被监控设备附近，如空调机房、变电所等地，便于原始数据的搜集采样工作。DCP 盘容量的大小取决于被监控点的多少，可按监控总表及建筑平面图进行编排选定。为保障使用的安全性和发展，应考虑扩展。规定输入量/输出量的总和超过允许量的 80% 时，就应设置扩展箱或设两个分站。DCP 盘一般明设，也可以暗设，底口距地 1.5 m。

（3）监控中心（总站）。电脑监控中心由中央处理机及外围设备组成。电脑对外有多路信号通道，每条通道都可接若干个 DCP 盘。通道由软件控制其工作，以便对 DCP 的访问取得同步，每隔一秒或几秒被询问一次，分站则将采集的数据报告给电脑中心。总站进行连续不断地扫描，若遇紧急警报时，可按优先等级停止扫描，先发警报。监控中心对整栋建筑的被监控设备，进行不断地扫描，扫描周期为 1～2 min。其电脑中心根据收集分站的各项参数，进行比较分析，按照规定的程式，发出指令进行遥控。同时在彩色荧光屏上可显示出设备的运转参数和遥控动作指令，并进行自动打印记录。当发生故障时，除立即警报外，还可将故障点自动打印出来。

12.5.2 BAS 系统的传输网络

BAS 系统采用分层分布式控制结构,第一层为中央计算机系统;第二层为区域控制器;第三层为数据采集与调控终端。BAS 系统的传输网络不仅仅是对楼宇内的子系统进行联络控制,能方便地与外部计算机系统联网,进行信息交换,还可从楼宇外部通过电信网络进入 BAS 系统。其传输网络是由通信主干网和资源子网组成。

1. 通信主干网

通信主干网是由楼宇内的信息通信主干网,是联接资源子网的枢纽。它能为各子网的用户提供中央的数据服务,也是与外界信息系统进行网络通信的主要通道之一。通信主干网一般采用光缆,从总站的信号传输,一般利用双绞线式、宽带同轴电缆及光缆等联接传输网络,多采用串行方式,可使线路简化、经济。线路敷设可用线槽明设和铁管暗设。

2. 资源子网

资源子网是楼宇内各部门和某些专业应用所形成的信息处理局域网。它作为通信网络中的一个节点。通过高速主干网,实现相互之间的通信,并可通过多种方式与外部计算机网络互连。从分站到设备各监控点的数据通信,多采取一对一传输、矩阵码共用传输及多路复用传输。对于小系统主机与现场之间为数不多的信号传输,多采取一对一传输方式,优点是造价低,维护简单。

3. 结构化综合布线系统

为了满足建筑设备管理自动化和办公自动化等系统的通信要求,与国际标准的布线系统接轨,智能型大厦均采用结构化综合布线系统。该系统具有实用、灵活、可靠、模块化、可扩展等特性。

结构化综合布线系统是将计算机网络线、电线、BAS 数据线和同轴线统一采用一套完整的布线系统,以满足今后的扩展。综合布线系统的结构有以下 6 个子系统。

(1) 建筑群子系统。建筑群子系统采用多芯光缆进行建筑物与电信网之间的连通。光缆先进入楼内光纤配线架,经光端机和数字复用设备分路联接到数字配线架,再经数字配线架联接到总配线架,最后分别进入各楼层的垂直子系统。

(2) 设备管理子系统。设备管理子系统由设备间的线缆、联接器和相关支撑硬件所组成,它把公共系统的各种不同设备互连起来。

(3) 主干子系统。主干子系统由建筑物内所有的(垂直)干线多对数线缆所组成,即由多对数铜缆、同轴电缆和多模多芯光纤,以及将此光缆联接到其他地方的相关支撑硬件组成,以提供设备间总(主)配线架(箱)与干线接线间楼层配线架(箱)之间的主干线路。

(4) 管理区子系统。管理区子系统由交叉联接配线的(配线架)联接硬件等设备所组成。以提供干线连线间、中间(卫星)接线间、主设备间中各个楼层配线架(箱)、总配线架（箱）上水平线缆（铜缆或光缆）与干线线缆（铜缆或光缆）之间的通信线路。

（5）水平干线子系统。水平干线子系统由每一个工作区的信息插座开始，经水平布置，一直到管理区的内侧配线架的线缆。水平布线线缆均沿大楼的地面或吊顶中布线，最大的水平布线线缆长度应小于 90 m。

（6）工作区子系统。工作区子系统由工作区内的终端设备和联接到信息插座的联接线缆（3 m 左右）所组成。它包括带有多芯插头的联接线缆和联接器（适配器），起到工作区的终端设备与信息插座插入孔之间的联接匹配作用。

12.5.3　BAS 系统的电源

BAS 系统由于长期联接并对各种参数进行监控，其监控中心的负荷为一级负荷。BAS 对电源的要求为：

（1）监控中心应从变电所引入专用供电回路

（2）监控室设置末端自动互投双电源配电箱，其中备用电源引自柴油发电机组专用回路。

（3）BAS 系统还须配置 UPS 自备电源。

（4）各分站的电源应由监控中心配出，确保供电的可靠性。

12.6　设　计　案　例

12.6.1　智能小区布线系统工程案例

1. 工程背景

为满足现代家居对语音、数据及图像通信的要求，某单位决定采用 NORDX/CDT 的 RUN 智能家居布线系统作为住宅大楼通信网络的高速通道。大楼内所有布点均按照国际及国内智能家居布线系统的标准进行设计，具有高度的灵活性和可靠性，最大限度地保护用户的投资。该住宅大楼东西长 63 m，南北跨度约为 18 m，地下两层，地上九层，其中地上一层至九层为住宅，分为二居室、三居室及四居室三种户型。

2. 设计原则

此项目的设计方案在布线的物理结构方面采用星型拓扑结构，能够满足现在流行的各种网络结构，如以太网、ATM、FDDI 等，配置比较灵活，便于集中管理。在住宅楼的数据系统和语音系统中均采用 NORDX/CDT 的 RUN 智能家居布线产品，既可满足现有应用，同时还可支持快速以太网、ATM、ISDN、B-ISDN 等高速多媒体网络技术，确保 30 年内不落后；可支持通信技术的数字化、可视化、实时化。它完全符合 EIA/TIA-570A 家居电信布线标准。

布线系统将为住宅楼的通信网络及计算机网络提供高速信息通道,在满足现有应用的基础上应可能包括更高更新的应用,使整个系统具有良好的性能价格比,同时具有极高的先进性和灵活性,最大限度地保护用户的投资。

3. RUN 系统设计方案说明

该智能家居布线工程,共有信息点约 780 个,其中话音约占 390 个点,数据约占 390 个点,布线系统将提供全部办公、家居所需话音和数据的联网应用。

垂直主干、水平话音与数据均采用加拿大 NORDX/CDT 公司的 IBDN 五类非屏蔽双绞线,各信息点均采用双孔信息插座(RJ45 插口),全部为墙面暗装。

系统包括信息点约 780 点,按综合型标准设计,所做方案设计包括计算机网络系统、话音系统两部分,其中话音配置约为 390 点,数据点配置约为 390 点。整个工程布线系统由五个子系统组成:工作区了系统,水平子系统,垂直主干子系统,通信中心子系统和设备间子系统。

4. RUN 典型主干布线系统

(1) 工作区子系统。根据大楼的建筑平面图和中国工程建设标准化协会标准的相关规定,二居室单元及四居室单元按起居室、卧室每间房屋设置一个用户点,三居室按起居室设置两个用户点,各卧室设置一个用户点。每个用户点由一个双口信息插座(RJ45 制式接口)组成,其中一个为话音点,一个为数据点或话音点,共设置信息点约 780 个,全部采用墙壁暗装敷设备安装形式。输出端口将采用英式白色双孔埋入式面板。本系统共需要五类信息模块约 780 个。用户的终端设备与用户点根据通信协议不同采用相应的连线联接。所有的信息插座、面板和配线架管理系统模块都有标记。标记符号表明不同特性的应用及物理位置。

(2) 水平子系统。

① 所有水平区线缆全部采用 IBDN 的五类非屏蔽双绞线(UTP),它可以支持 10 Mbps 传输速率,可用于话音和低速数据的传输;又可支持 100 Mbps 传输速率,能满足图形、影像等多媒体信息和高速数据传输要求。

② 将提供每个用户点 1 条五类双绞线。任何系统的改变(如增减用户、用户地址改变等)都不影响整个系统的运行,增减用户只需做必要的跳线即可,使整个系统具有极强的灵活性,同时为系统线路故障检修提供极大方便。

③ 用线标准:大楼平均水平长度约 40 m(最长约为 70 m),用户点约为 390 个,共计用线约为 55 箱。

④ 每一个用户点到通信中心都用水平线缆联接。从通信中心出来的每一根 4 对双绞线都不能超过 100 m,并且遵循下列标准:

· 用颜色标记;

· 符合 ANSI/EIA/TIA-568 民用建筑通信标准;

· 五类非屏蔽双绞线支持数据、语音及多媒体应用;

・ 所有水平线缆都通过 PVC 线管敷设至墙上的暗装信息插座。

（3）直干线子系统。

① 垂直干线子系统由星形中心主配线架敷设至各个楼层通信中心的干线电缆构成。在设计时，应充分考虑到大楼的使用者传输图形、影像等多媒体信息的可能性，并且还考虑到将来的业务需要和技术发展。

② 由于大楼楼不高，水平跨度不大，系统将采用五类 4 对 UTP 作为话音和数据系统的主干电缆（且话音和数据系统可互为备份），每户敷设 3 根五类 4 对 UTP 作为各通信中心到主设备间的主干电缆，共计用线约为 90 箱。

③ 分别在 5 个单元各设置一个垂直竖井，全楼共设置 5 个垂直竖井。

（4）通信中心子系统。

① 由通信中心机柜、6 口模块板及 6 口桥式模块板组成，用于联接水平线缆和垂直主干线。

② 在 1、2、3、5 四个单元的各层设置一个 10 口通信中心，四单元的地下一层、二层、四层、六层及八层各设置一个 10 口通信中心，地下一层及一层各户合用一个通信中心，二层及三层各户合用一个通信中心，四层及五层各户合用一个通信中心，六层及七层各户合用一个通信中心，八层及九层各户合用一个通信中心，共计设置通信中心 45 个。

③ 每一居室内来的水平线缆及垂直主干线均联接到通信中心的模块板上，通信中心内将配置桥式模块板。通过不同的跳线实现工作区与主干的联接，用户可方便地进行各信息出口的联接。

（5）设备间子系统。

① 本系统包括仅一个设备间（MDF），话音和数据系统的主设备间设于大楼地下一层的主机房内，同时作为大楼各子系统的设备主机主房，为星形结构的中心。

② 设备间采用 300 对挂墙卡接式配线架，所有的铜缆均端接在卡接式配线架上，通过各类跳线与各系统设备相联接。

③ 在设备间内均安装 1 个双口的信息点作为测试口，以备机房管理人员进行线路系统的测试、通断的检查。

④ 为了在设备间内建立一个经过仔细调节的、安全而又得到保护的环境，建议要作到以下几点：

・ 室温保持在 18～27℃ 之间，相对湿度保持在 30%～55%（需要采用非冷凝型空调），而且每周 7 天、每天 24 小时均是如此要求。

・ 保持室内无尘，通风良好，亮度至少达到 30 英尺烛光。

・ 安装合适的符合法规要求的消防系统（如果采用湿型消防系统，不要把喷洒头直接对准电子装置）。

・ 使用防火门、至少能耐火 1 小时的防火墙（从地板到天花板）和阻燃漆。

- 提供合适的门锁,至少有一扇窗留作安全出口。
- 提供离地板至少2.55 m高度的无障碍的空间,门的大小至少为高2.1 m宽90 cm,地板的载重能力至少为500 kg/m^2。
- 凡是要安装布线硬件的地方,墙壁均要覆盖涂有阻燃漆的3/4英寸(1.9 cm)胶合板,或者采用耐火胶合板,视当地法规而定。

目前,小区生活已随着物质文明和通信科技的发展而日新月异,传统上的只有电视和电话服务的住宅已经不能满足住户日益增长的需求。智能小区系统除了要实现传统的电视和电话功能以外,还要能够通过ISDN、ADSL连入INTERNET,住户还能够通过交互式影像服务(VOD),随时通过点播欣赏影片,享受足不出户便能检查银行户口的节余,进行网上购物等多项服务,在物业方面,自动抄表、保安自动报警等功能也必须考虑齐备。

12.6.2　智能小区综合管理网络系统设计案例

小区网络管理中心既是小区管理系统的中枢,又是小区与外界进行网络通信的桥梁,小区管理中心通过代理服务器连入Internet。智能小区综合管理系统一般包括五个子系统:家庭智能控制子系统、停车场管理子系统、智能小区安防子系统、智能小区物业管理子系统和信息管理子系统。

智能小区综合管理系统核心子系统为家庭智能控制系统,该子系统为小区每个家庭提供安全、舒适、节能、方便的家居环境,为物业提供方便、灵活、经济的管理方式,使物业管理更加便捷、经济和高效。下面主要介绍该系统的基本情况、家庭智能控制器的技术特性以及整个智能小区综合管理系统管理软件的基本功能和操作。

1. 系统简介

信息化社会导致人们在家庭住房需求概念上的彻底变革,从以往追求居住的物理空间和豪华的装修向着享受现代化精神内涵与浪漫生活情趣的方向发展,追求更高的层次和境界:生活方便、居住安全、信息灵通。家庭智能控制系统就是要解决这样的问题,该系统的内容、构成和配置因家庭的经济实力、家庭的知识结构以及个人喜好的不同而不同,系统配置与住宅小区的定位(安置型、实用型、舒适型还是豪华型)以及住户的类型比例(经济实力、知识结构等)有着密切的关系。

一般从结构上来讲,家庭智能化控制系统由家庭智能控制器、家庭布线、传感器/执行器等构成;每一个家庭智能控制器作为智能小区控制网络中的一个智能节点,互联成网并上联至小区综合管理系统,通过小区的局域网联至广域网,配合使用现有的电话线路实现对受控设备随时、随地的监控。

从信息组成上来讲,家庭智能化控制系统包括语音信息、数据信息、视频信息以及控制信息等;从功能上来讲,家庭智能控制系统包括安防功能(可视对讲、防盗报警、火灾探测、煤气泄露报警、玻璃破碎探测以及紧急呼叫按钮)、控制功能(灯光控制、空调控制、门锁控制及其他家用电器的启停控制)、娱乐 功能(家庭影院、有线/卫星/闭路电视、交互式电子游戏)、通信功能(电子邮件、远程购物/教育、三表远传、多功能电话、ISDN、VOD、信息高速公路的接入)等等。

2. 家庭智能控制器技术说明

家庭智能控制器是智能小区综合管理系统中的智能节点,既是家庭自动化系统的"大脑",又是家庭与智能小区管理中心的联系纽带。该控制器是采用 LON-WORKS 技术、Neurono 芯片开发的高性能控制器,技术先进、功能强、可靠性高。

家庭智能控制器具有多个功能模块,包括:远程抄表模块、自动报警模块、联动控制模块、家电控制功能模块,现就每一模块的功能进行简要介绍。

(1) 远程抄表功能模块。它可以实现对每户的水(冷水表、热水表、纯净水表)、电、气表进行远程抄表并自动计费功能。系统开放性好,互操作性强,组网简单,既可以自成系统,实现住宅能耗的高质量管理,也可以与智能小区系统中的其他子系统无缝的集成到一起。

(2) 自动报警功能模块。营造一个高度安全的住宅环境始终是小区首要的任务,而随着社会的发展,现代化在带给人们极大方便的同时,也使一些危险的隐患潜伏在家庭之中,如天然气的使用、用电器具的增多等等,特别是随着人们安全意识的增强,家庭防盗、防火、防煤气泄露及紧急呼叫等功能正在走入家庭。

家庭报警功能是家庭智能控制器的一个重要功能模块,同家庭的各种传感器、功能按钮、探测器及执行器共同构成家庭的安防体系,是家庭安防体系的"大脑"。

家庭智能控制器以总线型或自由拓扑型在小区联成一个智能控制网络,由微机控制管理。当住宅中出现意外情况时,相应的传感器发出报警信号,根据设防/不设防两种状态,进行相应的处理。

主要功能:

可实现多警种(火警、盗警、天然气泄露警报、紧急呼叫等)、多防区、多路报警;

各种报警信号通过控制网络传至小区管理中心,并可与其他功能模块实现可编程式联动方式(如:天然气报警同控制模块的联动);

火警探测:发现火警并确认后发出声光报警,并通过网络向相邻别墅发出报警信号,同时自动在小区电子地图上显示火警方位;

防盗报警:可实现多种探测方式同时存在,玻璃破碎探测器、红外、双监探头、门磁等,设防/撤防方便;

天然气泄露报警:报警模块接到嗅敏探测器报警信号,启动家庭报警喇叭;控制模块接到报警信号按预先编程作出相应的控制动作;

紧急呼叫按钮:紧急呼叫信号是人在紧急情形下的求助信号,其误报的可能性小,在网络变量传输中,它具有最高的优先级别。

留有电话自动拨号器的接口,电话自动拨号器可预设 4 组电话号码,在系统设防状态下,如有报警,报警信号在通过控制网络传向小区管理中心并在管理软件上声光报警的同时,启动拨号器顺序拨所预设号码,自动识别占线状态,直至拨通为止。各种报警信号都以网络变量的形式在网络上传输,具有很高的可靠性;各种险情都有网络传输的自身优先级别,切实保证了重大警报的及时传送。

(3)联动控制功能模块。家庭智能控制器具有很强的联动/控制功能:

燃气泄露报警联动功能:当燃气泄露传感器检测到燃气泄露,可联动控制排风扇开启、燃气阀关闭以避免发生中毒事件;

在撤防状态下,当各类传感器检测到报警信号后,联动警号现场报警以通知主人采取相应措施;在设防状态下,控制器检测到报警信号,启动拨号器向主人进行 20 s 的语音报警;

在火灾报警情况下,通过控制网络可方便地设置向相邻楼层、相邻楼栋发出报警。

(4)家电控制模块。利用人机操作界面,应用 lonworks 技术的信息数据优势建立起基于家庭收费、短信息查询的信息交换平台,同时在开发出双向通信拨号器的基础上,增强家控器通过电话线的遥控功能,如:可实现对家庭的灯光照明控制、空调启停控制、用电器具的开/断电等控制功能,并可通过电话或 Internet 对家中的情况进行远程监控等等。家庭智能控制器的各功能模块在保证各功能块可靠工作的基础上,功能上既相互独立,又具有很强的互操作性,构成了一个智能化程度很高的家用型控制器。

(5)家庭智能控制器主要技术参数和性能指标。

通信网络:LONWORKS 双绞线;

通信速率:78 kbps;

通信距离:2 700 m(双绞线,78 kbps,超过 2 700 m 加路由器);

最多节点:32 385 个(超过 64 个节点加路由器);

数据安全:内部电池保护数据,可保证数据在停电的状态下三年不丢失;

输出继电器接点容量:≤120 V,0.5 A;

体 积:220 mm×180 mm×120 mm;

重 量:500 g;

供电电压:12 V DC;

工作电流:0.5 A;

工作环境:温度:-45～65℃,湿度:20%～90%RH。

备用电源接入方案:

(1)控制器单独蓄电池供电(电池容量可根据备电工作时间确定),此方案应具备充电故障指示及备电欠压指示,以保证备电的工作可靠性。

(2)控制器集中 UPS 供电。

3. 系统特点

系统适合多种类型的耗能表(包括水、电、煤气表),并且改造非常方便、可靠。根据用户需要,即可实现对住宅水、电、气的集中抄收,也可对其中一项或二项集中自动抄收。

使用独立的用户数据处理装置,使各用户独立运行,不会因相互之间的干扰造成数据丢失和混乱,确保抄收及时、准确,抄表精度不低于传感器精度。

系统采取高可靠性的供电方式,除平时正常交流市电供电外,系统的不间断电源可确保在停电时仍能安全可靠运行。同时,每个用户部件有单独的电源,使得在系统联接总线意外断路和短路情况下,用户部件仍可正常运行。

系统联接采用总线方式,各用户并接在系统总线上,集中抄收用户可达万户以上。

独特的供电工作模式,使系统始终处于低功耗状态工作,从而减小了系统自功耗,确保了系统的高可靠性。

微机耗能管理软件,采用菜单下拉式工作方式,抄表方式灵活,完全抄表、分类抄表、单用户抄表等多种抄收方式共存,可以进行费率的查询和设置、用户查询、收费管理、报表打印,工作界面友好,使管理者操作容易便捷。

系统具有管理和监控功能,能实时检测系统工作情况,及时发现系统异常状况。

系统可以单机使用,也可以联网操作,节省系统投资,方便用户。

4. 系统配置

(1) 硬件支持:Lonworks 网卡,超过 128 个节点需配路由器,586 以上 PC 机。

(2) 软件支持:LonWorks 接口软件、IDMS-2000 物业管理软件、Window98 以上中文操作系统或者 NT。

5. 软件系统简介

软件系统提供一个实现小区智能化功能的操作平台,系统完善的管理模式不仅提高小区的服务水平和档次,同时使得小区的管理更加高效、合理、职责分明。系统实现了模块化,整个软件系统分为:系统管理模块、报警系统模块、远程抄表系统模块、物业管理模块、收费管理模块、人事档案管理模块、设备管理模块、办公管理模块、系统帮助模块等。

(1) 系统管理模块。实现对操作员进行管理、日志管理、六表费率更改、系统数据字典维护以及系统注销重新登录等功能,对操作员起到监督作用。

(2) 报警系统模块。主要实现报警模式的设置、报警的来源、报警信息的记录和处理以及对报警信息的查询等功能。

(3) 远程抄表系统。远程抄表包括设置节点、表初始化、远程抄表子菜单。

(4) 物业管理模块。物业管理模块有车辆登记、车辆查询、添加房屋、住户入住、小区管理、楼区管理、住房查询。

（5）收费管理模块。收费管理模块包括六表费用查询、六表收费登记、物业管理费用查询、单用户物业费用登记、多用户物业收费登记子菜单。主要完成对住户六表费用以及物业费用的查询登记等操作。

（6）人事档案管理。人事管理主要是对住户的管理和物业内部的人事管理。

（7）设备管理模块。小区设备管理模块包括维修登记、维修查询、公共设施管理子菜单。维修登记和维修查询是对住户维修进行的操作及记录；公共设施主要是对小区公共设备的管理，对设备日常检测的记录等。

（8）办公管理。本子系统有收发文件、投诉管理、访问记录子菜单，实现收发文件管理、报表管理、查询管理、投诉管理、回访管理的功能。

【练习与思考】

12.1　什么叫智能信息系统？简述其基本组成原理？

12.2　共用天线电缆电视系统主要由哪几部分组成？

12.3　火灾探测器的种类有几种？基本原理是什么？

12.4　防盗系统的种类有几种？基本原理是什么？

12.5　设计布线工程的基本原则是什么？

12.6　设计一个小型智能小区管理系统。

12.7　谈谈你对智能小区的综合设计理念。

部分习题参考答案

第 1 章

1.2　(1) $V_F = 9$ V, $I_R = I_{DA} = 1$ mA, $I_{DB} = 0$;

　　(2) $V_F = 5.59$ V, $I_R = 0.62$ mA, $I_{DA} = 0.4$ mA, $I_{DB} = 0.21$ mA;

　　(3) $V_F = 4.74$ V, $I_R = 0.53$ mA, $I_{DA} = I_{DB} = 0.26$ mA

1.3　$I_Z = 2.02$ mA, 没超过

1.4　$A_u = 200$, $A_i = 100$; $A_u(\mathrm{dB}) = 46$ dB, $A_i(\mathrm{dB}) = 40$ dB

1.5　$r_o = 100$ Ω

1.6　(1) $I_B = 50$ μA, $I_C = 2$ mA, $U_{CE} = 6$ V

1.7　(2) $R_B \approx 600$ kΩ

1.8　$R_B = 240$ kΩ, $R_C = 4.23$ kΩ, $U_{CE} = 6.77$ V

1.9　考虑 U_{be}, 　(1) $I_C = 1.2$ mA, $I_B = 20$ μA, $U_{CE} = 6$ V;
　　　　　　　　(2) $A_u = -62.5$, $r_i \approx r_{be} = 1.6$ kΩ, $r_o = 3$ kΩ

1.10　(1) $r_i \approx 11.7$ kΩ, $r_o = 3.3$ kΩ; (2) $A_u \approx -9.3$

1.11　(1) $I_B = 0.09$ mA, $I_E = 4.57$ mA, $U_{CE} = 7.4$ V;

　　　(2) $A_u = 0.98$, $r_i = 19.3$ kΩ, $r_o = 0.43$ kΩ

1.12　(2) $A_u \approx -3.3$; (3) $r_i = 2.075$ MΩ

1.13　(1) $I_D = 0.32$ mA, $U_{GS} = -0.84$ V, $U_{DS} = 11.2$ V, $g_m = 0.58$ ms

　　　(2) $A_u \approx 0.78$, $r_i = 400$ kΩ, $r_o \approx 1.1$ kΩ

第 2 章

2.1　(1) $\Delta u = \pm 1.3$ mV; (2) $I_{max} = 0.65$ nA

2.2　(a) R: 级间电流串联负反馈; (b) R_F: 级间电流并联负反馈;

　　(c) 电压串联负反馈; (d) 电压并联负反馈

2.3　(a) $A_{uf} = \dfrac{R_L}{R}$; (b) $A_{uf} = \dfrac{R_C}{R_1}\left(1 + \dfrac{R_F}{R_E}\right)$; (c) $A_{uf} = 1$; (d) $A_{uf} = -\dfrac{R_3}{R_1}$

2.4　$A_f = \dfrac{A_1 A_2}{1 + F_2 A_2 + F_1 A_1 A_2}$

2.5　$u_o = 6 \sim 12$ V, R_L 对 u_o 无影响

2.6　(a) $i_o = \dfrac{u_i}{R}$, R_L 对 i_o 无影响; (b) $i_o = \dfrac{u_i}{R}$, R_L 对 i_o 无影响

2.7　$i_o = \dfrac{U}{R}$, R_L 对 i_o 无影响

2.8　$u_o = 5.5$ V

2.9　$u_o = \dfrac{1}{RC}\displaystyle\int \left(\dfrac{R_F}{R_1}u_{i1} + \dfrac{R_F}{R_2}u_{i2} - \dfrac{R_F}{R_3}u_{i3}\right)\mathrm{d}t$

2.10　$u_o = (1+\dfrac{R_F}{R_1})\dfrac{R_F}{R_1}u_i$

2.11　$U_O = \left(1+\dfrac{R_{F2}}{R_2}\right)U_{I2} - \dfrac{R_{F2}}{R_1}\left(1+\dfrac{R_{F1}}{R_1}\right)U_{I1}$

2.13　$u_o = 10u_{i1} - 2u_{i2} - 5u_{i3}$

2.14　$u_o = (1+k)(u_{i2} - u_{i1})$

2.15　$u_o = \dfrac{R_1+R_2}{R_1}u_i + \dfrac{1}{R_1C}\int u_i\,dt$

2.17　$R_1 = 10\ M\Omega$, $R_2 = 2\ M\Omega$, $R_3 = 1\ M\Omega$, $R_4 = 200\ k\Omega$, $R_5 = 100\ k\Omega$

2.18　$R_{F1} = 1\ k\Omega$, $R_{F2} = 9\ k\Omega$, $R_{F3} = 40\ k\Omega$, $R_{F4} = 50\ k\Omega$, $R_{F5} = 400\ k\Omega$

2.19　$R_x = 500\ k\Omega$

2.22　$u_o = \left(1+\dfrac{R_1}{R_2}\right)\dfrac{u_{i1}}{u_{i2}}$; $u_{i2} > 0$

2.23　(1) $u_o = -(\dfrac{R_E}{R_1}u_i + \dfrac{R_F}{R_2}Ku_i^2 + \dfrac{R_F}{R_3}K^2u_i^3)$

第 3 章

3.7　(1) C; (2) $\overline{A}\,\overline{B}+AB$; (3) $AB+\overline{A}C$; (4) $B+C$

3.8　(1) B; (2) $\overline{C}+AB$; (3) $\overline{B}+\overline{A}\,\overline{D}+C\overline{D}$; (4) $\overline{A}\,\overline{B}+AB+B\overline{C}\,\overline{D}+A\,\overline{C}\,\overline{D}+AC\overline{D}$

第 4 章

4.1　(a) $F = \overline{ABCA}+\overline{ABCB}+\overline{ABCC}$; (b) $F = ABC+\overline{A+B+C}$

4.2　$C=1, F=A$; $C=0, F=B$

4.3　$F_1 = \overline{ABA}$, $F_2 = \overline{ABA}+\overline{ABB}$, $F_3 = \overline{ABB}$

4.4　$F_1 = X\oplus Y\oplus Z$; $F_2 = (X\oplus Y)Z$; $F_3 = Z\oplus(XY)$; $F_4 = XYZ$

4.5　$F = \overline{\overline{ABD}\cdot\overline{CD}}$

4.6　$F=1$ 报警, $F = A\overline{B}+B\overline{C}$

4.9　□, ⌐, ⌐, ∟

4.11　$F = A\overline{B}+C\overline{B}+B\overline{C}D$

第 5 章

5.6　减法计数器　　　　　　　5.7　同步五进制加法计数器

5.8　4 kHz

5.9　(1) 10 个, $Q_3Q_2Q_1Q_0 = 0000$; (2) 11 个, $Q_3Q_2Q_1Q_0 = 1011$

5.10　同步三进制计数器　　　　5.11　$M_1=5$, $M_2=7$, $M_3=6$

5.12　十进制　　　　　　　　　5.13　$M=1$,六进制; $M=0$,八进制

5.14　$M_1=10$, $M_2=10$　　　　5.15　$9\times6=54$

5.16　130

5.18　(1) 4 096×1,1,12; (2) 1 024×4,4,10; (3) 2 048×4,4,11;
　　　(4) 8 192×8,8,13; (5) 16 384×8,8,14

第 6 章

6.1　f_0 的范围为 265.4~132.7 kHz　　6.2　负温度系数

6.3　不能产生自激振荡　　　　　　　6.4　1.1~12.1 s

6.5　回差电压为 2 V

6.6　(1) LED$_1$ 先亮, LED$_2$ 后亮, 两者的时间间隔为 33 s; (2) LED$_1$ 不亮, LED$_2$ 亮

第 7 章

7.1　(1) 90 V, 9 V, 900 mV, 90 mV; (2) 1 000 V 挡; (3) 90 mV; (4) 900 V

7.3　$t_1 = t_2$, $t_3 = t_4$　　　　　　　　7.4　不对

7.6　5%　　　　　　　　　　　　　　7.8　15 r/min

7.9　10^4 rad/s　　　　　　　　　　　7.10　3 333 rad/s

7.11　8 MPa　　　　　　　　　　　　7.12　1~5 V

第 8 章

8.1　9.775 mV　　　　　　　　　　　8.2　1.221 mV, 0.024%

8.3　-1.68 V, -10.2 V　　　　　　　8.4　-6.665 V

8.5　0 V, 0.25 V, 0.5 V, 0.75 V　　　　8.6　01100110, 10011001, 11001100

8.7　0101, 010101　　　　　　　　　8.8　60 kHz, 180 kHz, 不可以, 不能

8.10　前 4 路±1℃, 1%, ±1℃; 后 2 路±5℃, 5%, ±5℃

第 9 章

9.1　(1) A;　　(2) C;　　(3) C;　　(4) B

9.2　(2) $U_L = 0.9U_2$; (3) $U_{RM} = 2\sqrt{2}U_2$; (4) $I_D = 0.45\dfrac{U_2}{R_L}$

9.3　(2) $U_{L1} = 45$ V, $U_{L2} = 9$ V; (3) $U_{RM1} = 141$ V, $U_{RM2} = U_{RM3} = 28.2$ V

9.5　$U_2 = 122$ V; 二极管: $I_{DM} > I_D = 1.1$ A, $U_{DRM} > U_{RM} = 173$ V

9.6　二极管: $I_{DM} > I_D = \dfrac{1}{2}I_o = 75$ mA, $U_{DRM} > U_{RM} = 35.3$ V;

　　电容: $C > \dfrac{5}{2R_L f} = 250$ μF, $U_C > \sqrt{2}U = 35.3$ V

9.7　$U_{Omax} = 4.8$ V, $U_{Omin} = 2.4$ V

9.8　$R_1 = 10$ kΩ, $R_P = 14$ kΩ

主要参考文献

1　刘润华．电工电子学(上、下册)．石油大学出版社,2002

2　唐介等．电工学．高等教育出版社,1999

3　姚海彬．电工技术．高等教育出版社,1999

4　吕厚余．电工电子学(下册)．重庆大学出版社,2001

5　刘全忠．电子技术．高等教育出版社,1999

6　刘润华．模拟电子技术．石油大学出版社,2001

7　董传岱．数字电子技术．石油大学出版社,2001

8　刘润华．电子设计自动化．石油大学出版社,2001

9　卢文科．电子检测技术．国防工业出版社,2002

10　卢文科．实用电子测量技术及其电路精解．国防工业出版社,2000

11　胡国文．民用建筑电气技术与设计．清华大学出版社,2001

12　颜伟中．电工学(土建类)．高等教育出版社,2002

13　刘宝林．简明建筑电气设计图集．中国建筑工业出版社,1994

14　沈兰荪．数据采集技术．中国科学技术大学出版社,1990